Gefühle als Atmosphären
Neue Phänomenologie und
philosophische Emotionstheorie

Herausgegeben von
Kerstin Andermann und Undine Eberlein

Deutsche Zeitschrift für Philosophie

Zweimonatsschrift
der internationalen
philosophischen Forschung

Sonderband 29

Gefühle als Atmosphären

Neue Phänomenologie und philosophische Emotionstheorie

Herausgegeben von
Kerstin Andermann und Undine Eberlein

Akademie Verlag

Gedruckt mit Hilfe der Geschwister Boehringer Ingelheim Stiftung für Geisteswissenschaften in Ingelheim am Rhein und und der Gesellschaft für Neue Phänomenologie

Bibliografische Information der Deutschen Nationalbibliothek
Die Deutsche Nationalbibliothek verzeichnet diese Publikation in der Deutschen Nationalbibliografie; detaillierte bibliografische Daten sind im Internet über http://dnb.d-nb.de abrufbar.

ISBN 978-3-05-004930-4

Das eingesetzte Papier ist alterungsbeständig nach DIN/ISO 9706.

Lektorat: Mischka Dammaschke
Einbandgestaltung: nach einem Entwurf von Günter Schorcht, Schildow
Satz: Frank Hermenau, Kassel
Druck: MB Medienhaus Berlin
Bindung: BuchConcept, Calbe

Printed in the Federal Republic of Germany

Inhalt

Kerstin Andermann/Undine Eberlein
Gefühle als Atmosphären? Die Provokation der Neuen Phänomenologie 7

I. Grundlagen und Kritik

Hermann Schmitz
Entseelung der Gefühle 21

Hermann Schmitz
Emotionale Selbsttäuschung 35

Christoph Demmerling
Gefühle, Sprache und Intersubjektivität. Überlegungen zum Atmosphärenbegriff der Neuen Phänomenologie 43

Hilge Landweer
Der Sinn für Angemessenheit als Quelle von Normativität in Ethik und Ästhetik ... 57

Kerstin Andermann
Die Rolle ontologischer Leitbilder für die Bestimmung von Gefühlen als Atmosphären 79

Manfred Wimmer
Stimmungen im Spannungsfeld zwischen Phänomenologie, Ontologie und naturwissenschaftlicher Emotionsforschung 97

Jan Slaby
Möglichkeitsraum und Möglichkeitssinn. Bausteine einer phänomenologischen Gefühlstheorie 125

II. Anwendungsfelder und Verknüpfungen

Undine Eberlein
Leibliche Resonanz. Phänomenologische und andere Annäherungen 141

Gernot Böhme
Das Wetter und die Gefühle. Für eine Phänomenologie des Wetters 153

Thomas Fuchs
Das Unheimliche als Atmosphäre 167

Nina Trčka
Ein Klima der Angst. Über Kollektivität und Geschichtlichkeit von Stimmungen 183

Burkhard Meyer-Sickendiek
„Spürest du kaum einen Hauch." Über die Leiblichkeit in der Lyrik 213

Donata Schoeller
Der Blick von hier. Die Bedeutung der Erste-Person-Perspektive
bei Hermann Schmitz und Eugene Gendlin 233

Íngrid Vendrell Ferran
Metaphern der Liebe. Alexander Pfänder und Hermann Schmitz 245

Personenverzeichnis 265

Kerstin Andermann/Undine Eberlein

Einleitung

Gefühle als Atmosphären? Die Provokation der Neuen Phänomenologie

In der zeitgenössischen Philosophie wie in unserer westlichen Kultur allgemein werden Gefühle meist als private, innere Zustände der Einzelnen aufgefasst. Sie sind demnach Teil einer subjektiven Innenwelt, die sich in Sprache, Handlungen und körperlichen Signalen äußert und von der Außenwelt durch einen konstitutiven Bruch getrennt ist. Demgegenüber wirkt die Rede von „Gefühlen als Atmosphären" irritierend: Wird in ihr den Gefühlen eine eigenständige und überpersönliche Realität zugeschrieben? Werden Gefühle hier durch eine dem Subjekt äußerliche Seinsweise in einem geteilten Raum ausgezeichnet? Sollen Gefühle hier jenseits aller subjektiven Befindlichkeit angesiedelt werden, und welche ontologische Grundlage kann der Begriff der Atmosphäre haben? Um die Möglichkeit einer derartigen Bestimmung von Gefühlen auszuloten, ist eine theoretische Fundierung und adäquate Beschreibung nötig, die das geläufige Vokabular der Innerlichkeit zu umgehen weiß und Erfahrungshorizonte nicht reduktionistisch vorbestimmt. In dieser Hinsicht hat besonders Hermann Schmitz von sich Reden gemacht und mit seiner Atmosphärentheorie eine radikal neue Grundlage für die Philosophie der Gefühle vorgelegt.

Der vorliegende Band möchte der provokativen Rede von den „Gefühlen als Atmosphären" nachgehen. Seine Beiträge setzen sich affirmativ oder kritisch, allgemein oder auf spezifische Phänomenbereiche bezogen, mit der Neuen Phänomenologie von Hermann Schmitz auseinander.

Diese steht, wie schon ihr Name nahelegt, in der Tradition der klassischen Phänomenologie, wie sie insbesondere mit dem epochalen Werk Edmund Husserls vorliegt. Dessen Anspruch einer strengen philosophischen Beschreibung und Erforschung des phänomenal Gegebenen bleibt letztlich einem bewusstseinsphilosophischen, in vieler Hinsicht cartesianischen Ansatz verpflichtet. Hierin sieht die Neue Phänomenologie eine Verkürzung, ja Missachtung des tatsächlich im subjektiven Erleben erfahrbaren Phänomenreichtums und seiner Gegebenheitsweise. In einer aus der modernen Philosophie mehrfach bekannten Bewegung, einer im Wortsinne ‚radikalen' Kritik und eines daraus folgenden fundamentalen Neuanfangs geht Hermann Schmitz bis zu den Anfängen der abendländischen Tradition zurück und strebt nicht weniger als eine Neuorientierung der gesamten Philosophie an. Diese soll die für ihn fatale Aufteilung des Gegebenen in eine Sphäre ‚objektiver', letztlich nur mathematisch-naturwissenschaftlich angemessen erfassbarer Tatsachen einerseits und eine korrespondierende Sphäre ‚subjektiver' Innerlichkeit korrigieren. Abgesehen von den philosophisch daraus resultierenden Problemen einer notwendigen

,Vermittlung' der so getrennten Sphären sieht Schmitz darin die insbesondere in der Moderne immer wieder aufbrechenden Erfahrungen von ,Entfremdung' und ,Weltverlust' schon angelegt.

Dagegen will die Neue Phänomenologie die synästhetische Mannigfaltigkeit und die Qualitäten des subjektiven Erlebens unverkürzt philosophiefähig machen. Zu diesem Programm gehört insbesondere auch eine Rehabilitierung des ,eigenleiblichen Spürens' und der ,affektiven Betroffenheit' als Grund und Ausgangsbasis aller Welt- und Selbsterfahrung und als Anfangspunkt einer jeden Frage nach Subjektivität und Personalität. Die Perspektive der Ersten Person erhält hier einen systematischen Ort. Allerdings nicht um eine vorintentionale Unmittelbarkeit der Subjektivität zu hypostasieren, sondern um die eigenleiblichen, subjektiven Tatsachen vor ihrer reduzierten Objektivierung explizierbar zu machen und um das Problem der Selbstidentifizierung handhaben zu können. Schmitz nimmt die Frage der Selbstentfremdung ernst, wenn er thematisiert, wie Selbstbewusstsein möglich ist, und er betont, dass zur elementaren Selbsterkenntnis die Gewissheit der leiblich-affektiven Betroffenheit (die sich eben auch in der Wahrnehmung durch andere ereignen kann) gehört.

Eng verbunden mit der Frage der Perspektive des Sprechens ist die nach dem zugrundeliegenden Phänomenbegriff. Dabei muss immer wieder betont werden, dass es auch hier nicht um eine naive Unmittelbarkeit der Erfahrung geht, sondern darum, dass Wahrnehmung immer als Wahrnehmung von etwas rekonstruiert wird. Der Sachverhaltscharakter von Phänomenen, wie Schmitz sie versteht, klammert ihren Bedeutungshof mit ein. Zugleich steht jedes Phänomen damit auch in einem übergreifenden Verweisungs- und Praxiszusammenhang. Entsprechend geht Schmitz von einem insbesondere gegenüber Husserl sehr weit gefassten Phänomenbegriff aus, der nicht nur die traditionell viel diskutierten Formen der sinnlichen Wahrnehmung und der mentalen Vorstellung umfasst, sondern ein breites Spektrum menschlicher Erfahrung einbezieht. Für die Frage nach den Gefühlen bedeutet das, die vielschichtigen Weisen leiblichen Erlebens und Gewahrwerdens von Gefühlen nicht in einer abgeschlossenen Innerlichkeit anzusiedeln, sondern sie als Erfahrungen mit eigener räumlicher Qualität zu verstehen.

Im Zusammenhang mit dieser paradigmatischen Überwindung des Innenweltdogmas steht auch der Begriff der Leiblichkeit und die Unterscheidung von Leib und Körper. Dabei zeichnet sich die Sphäre des Leiblichen gerade dadurch aus, dass sie sich von der allgemeinen Sinneswahrnehmung und der Aufteilung der Sinnesleistungen abhebt. Im Gegensatz zum sicht- und tastbaren Körper ist die Sphäre des Leiblichen im eigenleiblichen Spüren jenseits der herkömmlichen Diskretion der Sinnesleistungen erfahrbar. Ihre spezifische Dynamik ist dabei immer auch von der Kommunikation und dialogischen Bezogenheit auf die Umgebung geprägt. Leiblichkeit und leibliche Betroffenheit, wie sie sich insbesondere im Falle der gefühlten Wahrnehmung von Atmosphären zeigt, ist nicht im Raum abgeschlossener Innerlichkeit zu finden, sondern nur vom Umgebungsraum her und in dialogischer Dynamik zu diesem zu verstehen. Daher ist die Rede von Gefühlen als Atmosphären mit der Konzeption der Leiblichkeit von Hermann Schmitz eng verknüpft.

Diese grundlegende Schicht menschlicher Welterfahrung ist laut Schmitz schon in der Konstitutionsphase der altgriechischen Philosophie weitgehend verdrängt worden. Den ,Sündenfall' der philosophischen Verkürzung aller Erfahrung datiert er dabei insbesondere auf die Philosophien Demokrits und Platons, durch die eine Scheidung von Innen- und Außenwelt etabliert werde, die keine Übergänge und Zwischenlagen mehr dulde: Jedem „Bewussthaber" werde nun eine private Innenwelt zugeschrieben. Der Kontakt zur davon abgeschiedenen Außenwelt werde ausschließlich über physiologische Reizungen der Sinnesorgane erklärt. Übrig blieben auf das Private reduzierte Innenwelten und eine auf primäre Sinnesdaten und ihre mess- und zählbaren Merkmale reduzierte Außenwelt. Schmitz fasst seine Kritik an dieser die abendländische Tradition dominierenden Weltauffassung in der zu bekämpfenden Trias von „Introjektionismus", „Psychologismus" und „Reduktionismus" zusammen. Was nach der Reduktion der Außenwelt auf Sinnesdaten übrig bleibe, werde als ‚Rest' in die privaten Sinnwelten der „Seele" verlagert und so „introjeziert".

Dieses Abschließen des Erlebens in private Innenwelten dient laut Schmitz der Selbstermächtigung eines souveränen Subjekts, das seinen leiblichen Regungen, Gefühlen und Affekten und mithin seiner gesamten Innenwelt als rationaler Akteur und als „Herr im Haus" gegenübersteht. Aus einer solchen Verfassung der Subjektivität ergeben sich zahlreiche Probleme der Philosophiegeschichte. An erster Stelle steht dabei die Frage, wie dieses Subjekt sich seiner isolierten Innerlichkeit entwinden und ‚zur Welt kommen' kann und wie es in die Lage versetzt wird, eine gemeinsame Welt mit anderen zu teilen. Die Problematik der Bezugnahme des Subjekts auf die Welt wird bekanntlich bei Husserl noch ausgehend von der transzendentalen Konstitution und als Leistung eines transzendentalen Subjekts begriffen. Eben diese Logik der Konstitution lässt sich mit der Theorieanlage der Neuen Phänomenologie schon im Ansatz vermeiden. Schmitz bezieht sich auf die primäre Schicht unserer Selbst- und Welterfahrung, nämlich das leibliche Spüren, aus dem sich die komplexeren Formen der Erfahrung, Vorstellung und Rationalität ausdifferenzieren. Die genaue Beschreibung und Analyse des in der Leiberfahrung phänomenal Gegebenen zeigt nämlich weder eine abgeschlossene ‚Innenwelt' noch eine Gliederung der Außenwelt nach Leistungen intentionaler Akte oder gar eine atomistisch verfasste ‚Außenwelt'. Idealistische wie auch naturalistische (bzw. empiristische) Positionen verfehlen für Schmitz die mit der Leiberfahrung verbundene Gewissheit, dass wir vor aller Reflexion in eine gemeinsame, anhand phänomenaler Erlebnisqualitäten sich zeigende Welt eingebunden sind. Im eigenleiblichen Spüren sind wir zugleich unbezweifelbar wir selber und untrennbar verbunden, wobei die entsprechenden Beziehungen und Erfahrungen selbstverständlich keinesfalls harmonisch sein müssen, sondern ebenso antagonistisch und störend sein können. Der Rekurs auf Leiblichkeit indiziert also weder einen naiven Rousseauismus, noch ist mit ihm die historisch-kulturelle Formierung und Prägung dieses Phänomenbereichs ausgeschlossen.

Während Schmitz die Konstruktion und Abschließung der seelischen ‚Innenwelten' radikal infragestellt, anerkennt er die Vorteile der aus dem „Reduktionismus" historisch erwachsenen Beherrschung der Außenwelt durch Naturwissenschaft und Technik, kritisiert jedoch die darin liegende Vereinseitigung und Verarmung der Erfahrung. Durch die psychologistisch-reduktionistisch-introjektionistische Intellektualkultur würden die grundlegendsten Lebenserfahrungen vergessen bzw. durch verstümmelte Surrogate in den „Seelen" ersetzt: So insbesondere der spürbare, aber nicht sichtbare Leib, die leibliche Kommunikation als immer schon den je eigenen Leib überschreitende Form der ‚solidarischen' oder ,antagonistischen' Bezogenheit auf andere/s sowie die Gefühle als räumlich ergossene, leiblich ergreifende Atmosphären. Die ,Atmosphärentheorie' der Gefühle entspricht der doppelten Frontstellung der Neuen Phänomenologie gegen die mathematisch-naturwissenschaftliche ,Verarmung' der Außenwelt (wie sie im szientistischen Positivismus, aber auch in vielen Formen des Naturalismus bzw. Empirismus vorliegt) und gegen die ,Einschließung' alles Subjektiven in die Innerlichkeit eines ,homo clausus' (wie sie in idealistischen Ansätzen, aber vielfach auch in unserer Alltagskultur konzipiert wird).

Dabei steht die Theorie der Gefühle von Hermann Schmitz freilich in mehrfacher Hinsicht quer zu den in der wissenschaftlichen und philosophischen Emotionsforschung üblichen Ansätzen: Einerseits geht sie konsequent von der sonst meist zugunsten kausaler Erklärungen oder funktionaler Ansätze vernachlässigten Erste-Person-Perspektive aus und spricht nicht nur abstrakt von „Qualia" etc., sondern beschreibt und untersucht sehr differenziert die tatsächlichen Empfindungsqualitäten und leiblichen Aspekte von Emotionen. Andererseits aber – und dies versteht auch Hermann Schmitz als größte Provokation des philosophisch und kulturell herrschenden Verständnisses – versteht sie Gefühle als „räumlich ergossene, leiblich ergreifende Mächte",[1] die als „Atmosphären" bzw. „Halbdinge" eine eigenständige Existenz haben. Dabei geht es wohlgemerkt um mehr als um eine relative Eigenständigkeit von Gefühlen im Sinne subjektiver Unverfügbarkeit, wie sie etwa in Erfahrungen der Überwältigung und des Ausgeliefertseins an Gefühle, der kollektiven Gefühlserregungen usw. deutlich werden. Vielmehr beharrt Schmitz darauf, Gefühle seien auch unabhängig von Subjekten z. B. in Wetterlagen, Landschaften oder Räumen anwesend. Indem er „scharf zwischen dem Gefühl selbst und dem Fühlen des Gefühls unterscheidet und das Fühlen nochmals differenziert: als affektives Betroffensein oder bloßes Wahrnehmen des Gefühls",[2] gewinnt er eine Grundlage für differenzierte und oftmals beeindruckende phänomenologische Untersuchungen exemplarischer Gefühlsszenarien und provoziert den herrschenden ,common sense' ebenso wie die geläufigen Ansätze der Emotionsforschung.

Die Untersuchung von Gefühlen als Atmosphären führt zur Herauslösung der Phänomene aus der Umklammerung durch reduktionistische, introjektionistische und psychologistische Paradigmen und ermöglicht zugleich einen neuen Blick auf die Rolle von Gefühlen für die Geltung und Anwendung von Normen. Deren Verbindlichkeit und Wirksamkeit wird durch Gefühle stabilisiert und habitualisiert. Sowohl die Einschätzung der moralischen Relevanz eines Geschehens als auch dessen moralische Bewertung setzen eine Fähigkeit zur Erschließung und zum Verstehen von Situationen voraus, die auf Perspektivenübernahme u. a. durch Mit- und Nachfühlen basiert.

Das vorliegende Buch soll dazu beitragen, die Provokation der Neuen Phänomenologie und ihren Beitrag zur Debatte um die Gefühle in Anregung und Streit fruchtbar werden zu lassen. Die Beiträge zu diesem Band sind im Kontext einer Tagung des Kollegs Friedrich Nietzsche der Klassik Stiftung Weimar entstanden, die unter dem Titel „Gefühle als Atmosphären. Zur Neuen Phänomenologie von Hermann Schmitz" 2008 im

1 Hermann Schmitz, *Kurze Einführung in die Neue Phänomenologie*, Freiburg/München 2009, S. 79.
2 Hermann Schmitz, *Was ist Neue Phänomenologie?*, Rostock 2003, S. 44.

Goethe Nationalmuseum in Weimar stattgefunden hat. Ziel dieser Tagung war es, das interdisziplinäre Gespräch über den Beitrag der Neuen Phänomenologie zur Emotionsforschung verstärkt in Gang zu bringen. Dabei wurden die Möglichkeiten und Grenzen der Neuen Phänomenologie im Hinblick auf die Frage nach Gefühlen als Atmosphären aus ganz unterschiedlichen Perspektiven beleuchtet.

Der erste Teil des vorliegenden Bandes ist der grundlegenden Darstellung relevanter Theorieelemente der Neuen Phänomenologie und der grundsätzlichen Kritik der These von den Gefühlen als Atmosphären gewidmet. Den Auftakt machen zwei einführende Beiträge von *Hermann Schmitz* selbst, die unter den Titeln „Entseelung der Gefühle" und „Emotionale Selbsttäuschung" stehen. Ausgehend von seiner These der psychologistisch-reduktionistisch-introjektionistischen Vergegenständlichung und in Auseinandersetzung mit den Diagnosen einer Abschleifung der Erfahrungswelt, einer Reduktion der Außenwelt auf wenige Merkmale und einer Abschließung der Erfahrung in eine private Innenwelt, legt Schmitz in seinem ersten Beitrag die Theorie der Gefühle als Atmosphären dar. In den unterschiedlichen Varianten des psychophysischen Problems sieht er einen grundsätzlichen Fehler, der in der Voraussetzung einer unzutreffenden Vorstellung vom Selbstbewusstsein besteht. Selbstbewusstsein in diesem Sinne ist für Schmitz lediglich eine Form der Selbstzuschreibung. Das heißt eine Bestimmung des Verhältnisses des Bewussthabers zu seiner privaten Innenwelt, also die Fähigkeit des Bewussthabers etwas für sich selbst zu halten und mithin eine Fähigkeit der Selbstzuschreibung. Die Funktion der Selbstzuschreibung basiert aber unabdingbar auf der Grundlage eines Selbstbewusstseins, das dem Subjekt möglich ist, ohne sich immer wieder selbst identifizieren zu müssen. Ein solches Selbstbewusstsein sieht Schmitz in Form des affektiven Betroffenseins vorhanden und er unterscheidet es als eine subjektive Tatsache von objektiven neutralen Tatsachen, die ein jeder aussagen kann. Subjektive Tatsachen zeichnen sich durch eine Form eigentlicher Ergriffenheit und eine spezielle Intensität der mich angehenden Erfahrung aus, die Schmitz wiederum mit dem Begriff der primitiven Gegenwart kennzeichnet und anhand einer fünfgliedrigen Attributierung ausdifferenziert. Wesentlich ist dabei die Bestimmung der leiblich-affektiven Betroffenheit und ihre spezifische Räumlichkeit, d. h. die Flächenlosigkeit der leiblichen Regungen. Nachdem diese wichtigen Bestimmungen vorgenommen und die Theorieelemente ausdifferenziert sind, sieht Schmitz die Basis einer Herauslösung der Gefühle aus der abgeschlossenen, privaten, seelischen Innenwelt gelegt. Vorgenommen wird nun die dezidierte Bestimmung der Gefühle als räumlich ausgedehnte Atmosphären und in Abhängigkeit davon die Definition von Atmosphären als Besetzungen eines flächenlosen Raumes. Zentral ist der Beitrag von Hermann Schmitz auch, weil dieser sich hier bereits mit den einschlägigen Einwänden gegen seine These von den Gefühlen als Atmosphären auseinandersetzt. Dabei diskutiert er zum Beispiel den Einwand, dass Gefühle nicht als dreidimensionale Körper zu verstehen seien, die an einem Ort zu finden wären. Oder auch den Hinweis, dass unter der Voraussetzung der Gefühle als Atmosphären ein jeder im Bereich der Ausbreitung einer Atmosphäre in der Lage sein müsse, diese auf dieselbe Art wahrzunehmen. Ist es im ersten Fall die Unterstellung, Gefühle als Atmosphären seien von flächenhaltigen Räumen getragen, so ist im zweiten Fall eine falsche Verdinglichung der Gefühle am Werk, die diese im Sinne von Volldingen versteht. Gefühle sind, wie Schmitz anhand zahlreicher Beispiele zu plausibilisieren sucht, nur als Halbdinge in flächenlosen Räumen zu verstehen.

In seinem zweiten Beitrag unter dem Titel „Emotionale Selbsttäuschung" geht Schmitz der Möglichkeit einer unbewussten Ergriffenheit von Gefühlen nach und setzt sich mit der Frage auseinander, inwieweit das affektive Betroffensein von Gefühlen notwendig bewusst verlaufen muss. Das bewusste Erkennen der Identität von etwas kann nur unter der Bedingung einer Abhebung aus der primitiven Gegenwart erfolgen und diese Abhebung ist an das Erkennen der Einzelheit von etwas als Fall einer Gattung gebunden. So ist die affektive Betroffenheit von etwas möglich, ohne dass der Betroffene es als solches, also im Sinne einer Abhebung des Einzelnen als Fall einer Gattung, erkennt. Sich einer Sache bewusst zu sein heißt nicht immer, sie auch zu bemerken, da das Niveau personaler Emanzipation sehr unterschiedlich ausfallen kann und es sogar möglich ist, dass eine Person zugleich auf verschiedenen Niveaus personaler Emanzipation steht. So z. B. wenn man von Scham zutiefst betroffen ist, sich aber gleichzeitig über die zugrunde liegenden Normen erheben kann.

Eine kritische Auseinandersetzung mit dem Kern der Schmitzschen Konzeption von Gefühlen als Atmosphären bietet *Christoph Demmerling* in seinem Beitrag „Gefühle, Sprache und Intersubjektivität. Überlegungen zum Atmosphärenbegriff der Neuen Phänomenologie". Er rekonstruiert wesentliche Aspekte dieser Konzeption und diskutiert maßgebliche Argumente, welche zu ihrer Verteidigung angeführt werden, fragt dann aber kritisch, ob die Betrachtung von Gefühlen als Atmosphären eigentlich mehr als eine Analogie sei. Gegen die einschlägige Schmitzsche Rede von „Halbdingen" schlägt er vor, Gefühle als intersubjektive und nicht als objektive Phänomene zu begreifen. Die Rede von der Intersubjektivität der Gefühle lasse es zwar zu, Gefühle als Atmosphären anzusehen, der Gedanke hingegen, dass Gefühle objektive Atmosphären sind, sollte aufgegeben werden. Mit seiner Betonung der Eigenständigkeit der Ebene der Intersubjektivität will Demmerling den Verkürzungen einer innerlichkeitsorientierten Auffassung von Gefühlen entgegentreten, ohne die mit dem Schmitzschen Ansatz für unser alltägliches und fachwissenschaftliches Verständnis von Gefühlen verbundenen Irritationen in Kauf zu nehmen.

Hilge Landweer argumentiert in ihrem Beitrag „Der Sinn für Angemessenheit als Quelle der Normativität in Ethik und Ästhetik" ausgehend vom Situationsbegriff der Neuen Phänomenologie, dass bereits die einfache Situationswahrnehmung notwendig eine emotionale Kompetenz erfordert und dass diese Fähigkeit für jede Form von Normativität vorausgesetzt werden muss. Dabei erscheint es ihr jedoch wenig sinnvoll, in der sinnlichen Wahrnehmung selbst bereits etwas Normatives oder gar Moralisches zu sehen. Ihre programmatischen Überlegungen zielen vielmehr darauf ab, den Sinn für Angemessenheit in seinem Verhältnis zu Normen einerseits und zur Wahrnehmung andererseits näher zu bestimmen. Dabei skizziert sie zuerst, welche Normen hier in Betracht kommen und wie genuin moralische Normen von anderen Normen, etwa von bloßen Konventionen, unterschieden werden können. Ziel dabei ist, einen Vorbegriff von Moral zu gewinnen, um auf dieser Basis bestimmen zu können, in welchem Verhältnis der Sinn für Angemessenheit, der wahrscheinlich in allen Bereichen des Lebens eine Rolle spielt, zu moralischen und zu nicht-moralischen Normen steht. Nach einer näheren Untersuchung der Wahrnehmung von Situationen gibt sie Beispiele für unterschiedliche Kultivierungen des Sinns für Angemessenheit und skizziert einige Linien der Tradition, die auf ähnliche Phänomene abzielen wie der von ihr beschriebene „Sinn für Angemessenheit". Der Beitrag schließt mit Überlegungen über das Verhältnis dieses Sinns zu Ethik und Ästhetik.

In ihrem Text über „Die Rolle ontologischer Leitbilder für die Bestimmung von Gefühlen als Atmosphären" zeigt *Kerstin Andermann*, dass die Ontologie für die Phänomenologie von besonderer Bedeutung und nicht auf abstrakte Spekulationen im Bereich der theoretischen Philosophie beschränkt ist. Sie beschreibt die Bemühungen von Herrmann Schmitz um eine Erneuerung der ontologischen und der erkenntnistheoretischen Grundlagen der Phänomenologie, die darauf abzielen, die Begriffe und Kategorien, anhand derer wir die Wirklichkeit des Seienden erklären, aus ihrer Orientierung an ontologischen Leitbildern zu lösen, durch die sie reduziert und verengt werden. Ein zentrales Beispiel für diesen Vorgang sei die Orientierung des Denkens an der Substanz (An-sich-sein) und deren Auszeichnung vor den Relationen (Sein-für-andere), wie Schmitz sie bereits in der Kategorienlehre des Aristoteles sieht. Die Betonung des Einzelnen führt zu einer Orientierung am Modell fester Körper, die zählbar sind und als Träger von Eigenschaften identifiziert werden. Die Kritik solcher Strukturmodelle ist die Voraussetzung der Möglichkeit, plausibel über Gefühle als Atmosphären sprechen zu können und sie z. B. als Halbdinge auszuzeichnen. In Auseinandersetzung mit herrschenden ontologischen Strukturmodellen und im Durchgang durch die Grundlagen der phänomenologischen Bestimmung von Gefühlen als Atmosphären betont Andermann, dass Schmitz mit seiner Kritik des ontologischen Denkens die „phänomenwidrige Beschneidung des Spektrums des Wahrnehmbaren" nicht nur diagnostiziere, sondern dass er auch Alternativen anbiete, die eine völlig neue Bestimmung des Wahrzunehmenden und des Wahrnehmungsvorgangs ermöglichen und insbesondere im Bereich der Gefühle erst zu einer angemessenen phänomenologischen Beschreibung ihrer affektuellen und personalen Dimensionen führen.

Manfred Wimmer stellt die einschlägigen Konzepte der Neuen Phänomenologie in seinem Aufsatz „Stimmungen im Spannungsfeld zwischen Phänomenologie, Ontologie und naturwissenschaftlicher Emotionsforschung" in einen interdisziplinären Kontext. Bekanntlich stellten Stimmungen, Affekte, Gefühle, Gemütsregungen etc. seit Langem Gegenstandsbereiche unterschiedlichster Forschungsbemühungen dar. Vor allem im Phänomen der Stimmungen trete dabei ein Überschneidungsbereich auf, innerhalb dessen unterschiedliche Zugänge konvergieren. In einer Gegenüberstellung dieser heterogenen Ansätze zeigt Wimmer die jeweiligen methodologisch bedingten Grenzen auf, innerhalb derer die entsprechenden „regionalen Ontologien" zum Ausdruck kommen. Diese Gegenüberstellung geht dabei von der Annahme aus, dass disziplinübergreifende Brückenschläge möglich sind, welche zu einer produktiven Erweiterung der jeweils beteiligten Disziplinen beitragen können.

Auch *Jan Slaby* diskutiert in seinem Text über „Möglichkeitsraum und Möglichkeitssinn. Bausteine einer phänomenologischen Gefühlstheorie" einen spezifischen Aspekt der Neuen Phänomenologie. Die Gefühle seien in den letzten Jahren zu einem Modethema der Humanwissenschaften geworden, sodass auch philosophische Ansätze auf dem Theoriemarkt stärker nachgefragt würden als zuvor. Philosophen, die sich mit den Gefühlen beschäftigen, stünden indes vor einer besonderen Herausforderung. Einerseits müssten sie ihre Gedanken in einer Sprache formulieren, die auch von nicht philosophisch geschulten Wissenschaftlern verstanden und produktiv aufgenommen werden kann. Andererseits müssten sie sicherstellen, dass die theoretische Beschreibung von Gefühlsphänomenen nicht durch Vereinfachungen und Verkürzungen verfälscht werde. Slaby will ein phänomenologisches Gefühlsverständnis so artikulieren, dass der interdisziplinären Gefühlsforschung Anschlüsse erleichtert werden, gleichzeitig aber der Eigenwert der phänomenologischen Herangehensweise erwiesen wird. Zu diesem Zweck beschreibt er fünf zentrale Aspekte, die für eine solche Konzeption zentral sind und die in vielen nicht-phänomenologischen Ansätzen entweder gar nicht oder nur in stark verkürzter Form berücksichtigt werden. Bei diesen Merkmalen handele es sich erstens um die besondere Art des Weltbezugs (Intentionalität) der Gefühle, zweitens um die spezifische Interpersonalität bzw. den überpersönlichen Charakter des Fühlens, drittens um den engen Zusammenhang zwischen Fühlen und Handeln, viertens um die gefühlsspezifische Art des Selbstbezugs und fünftens um die Leiblichkeit des Fühlens. Zuerst aber versucht Slaby eine provisorische Globalcharakterisierung der Gefühle des Menschen. Dabei stellt er eine Hinsicht heraus, die (grob gesagt) die Rolle der Gefühle für die menschliche Existenz insgesamt deutlich werden lasse: Es ist die These, dass Gefühle als Situierungen in Möglichkeitsräumen betrachtet werden können. Die menschliche Affektivität ist ein fundamentaler Möglichkeitssinn. Im Fühlen manifestiert sich der fühlenden Person die Welt als ein Feld möglicher und unmöglicher Vollzüge und Geschehnisse. Insbesondere im Hinblick auf die Affektivität des Menschen weist seine Konzeption ein konstruktives Verhältnis zur Theorie der Gefühle von Hermann Schmitz auf.

Im zweiten Teil des Bandes werden Elemente der Neuen Phänomenologie im Allgemeinen und die Auffassung von Gefühlen als Atmosphären im Besonderen als Ausgangspunkte für verschiedene Anwendungsfelder und Verknüpfungen aufgezeigt und diskutiert.

Den Auftakt macht hier *Undine Eberlein* mit ihrem Beitrag „Leibliche Resonanz. Phänomenologische und andere Annäherungen". Sie verknüpft die Neue Phänomenologie mit der Tanzforschung, um mittels des phänomenologischen Konzepts „leiblicher Resonanz" ein besseres Verständnis des modernen (Bühnen-)Tanzes und des teilweise präreflexiven und vorsprachlichen Dialogs u. a. zwischen Tänzern und Zuschauern zu ermöglichen. An Beispielen aus dem Bereich des Tanzes, aber auch anhand anderer Körperpraktiken, erläutert sie zuerst das phänomenologische Konzept der leiblichen Resonanz, mit dem sich das spürende Verstehen zwischen Publikum und Tänzern, aber auch der Tänzer untereinander, besser als in objektivistischen oder subjektivistischen Ansätzen erklären lasse. In einem zweiten Schritt geht sie dann auf einige schon existierende Annäherungen an den entsprechenden Phänomenbereich in der Geschichte des modernen Tanzes sowie der heutigen Tanzwissenschaft ein, die die Fruchtbarkeit ihres an Schmitz anknüpfenden Ansatzes bestätigen sollen. Abschließend skizziert Eberlein die weitergehende Fragestellung, ob und bis zu welchem Grad die menschliche Leiberfahrung ihre eigene Historizität und Kulturspezifik habe und mit der Einübung etwa von spezifischen Tanzformen oder Bewegungstechniken qualitativ veränderbar sei.

Gernot Böhme greift in seinem Beitrag „Das Wetter und die Gefühle“ ein Kernstück der Rede von Atmosphären auf, indem er das Verhältnis von Wetter und Gefühlen umdreht und zeigt, dass das Wetter, sofern nicht einfach seine naturwissenschaftliche Bestimmung gemeint ist, als ein Korrelat unseres leiblich-sinnlichen Spürens erscheint und durch die Bestimmung unserer Gefühle charakterisiert ist. Der Begriff der Atmosphäre dient indes nicht nur der meteorologischen Bestimmung des Luftraums, sondern ist ebenso eine Bezeichnung emotionaler Tönungen des Raums, für die Böhme verschiedene Beispiele anführt. Wir haben es also mit zwei verschiedenen Bestimmungen von Atmosphären zu tun, und zwar insofern, als man das Wetter als subjektiv vernehmbare Tatsache und das Gefühl als quasi objektive Tönung oder Stimmung eines Raums versteht. Böhme hebt nun besonders darauf ab, dass das Wetter als ein Naturphänomen verstanden werden müsse, was Schmitz selbst in seiner Auseinandersetzung mit dem Wetter nicht weiter betont. Als Naturphänomen ist dem Wetter eine Autonomie zuzuschreiben, die sich in seiner naturwissenschaftlichen Messbarkeit verdeutlicht, was gleichwohl nichts an der Tatsache ändert, dass es als Totalität, ebenso wie der Gesamteindruck einer Landschaft, nur in leiblich-subjektiver Betroffenheit auszumachen ist. In Goethes Witterungslehre findet Böhme den fundamentalen Unterschied zwischen einer durch Apparate vermittelten Wahrnehmung des Wetters und dessen sinnlicher Wahrnehmung als subjektive Tatsache. Dass Goethe hier dem Glauben an die Apparatewahrnehmung aufsitzt, während er doch mit seiner Farbenlehre ein paradigmatisches Beispiel gelungener Phänomenologie der Natur gezeigt hat, wird von Böhme in enger Auseinandersetzung mit beiden Werken deutlich gemacht. Vor allem geht es ihm aber darum zu zeigen, dass Goethe die sinnlich-sittliche Wirkung der atmosphärischen Zustände im Blick hat, die das Wetter erzeugt, wenngleich der Begriff der Atmosphäre hier auch vornehmlich eine Sphäre gespürter leiblicher Anwesenheit bezeichnet und damit vor allem dem Atmosphärenbegriff Böhmes entspricht. Der Begriff der Atmosphäre im Sinne der Schmitzschen Kennzeichnung des Gefühlsraums findet sich bei Goethe nicht, und insgesamt hält Böhme fest, dass die Erwähnung von Wetterphänomenen im Werk Goethes einen auffälligen Objektivierungszug trägt, was angesichts der ansonsten stark affektbetonten, empfindsamen Naturschilderung und der permanenten Bezugnahme auf die umgebende Landschaft verwundert. Goethes Empfindsamkeit richtet sich auf die Landschaft, das Wetter hingegen ist für ihn, wie Böhme herausstellt, ein rein meteorologisches Phänomen. Eine Phänomenologie des Wetters muss sich also dem Wetter als Totaleindruck zuwenden und es als Modifikation des Raumes im Sinne der Atmosphären verstehen. So differenziert Böhme zuletzt verschiedene Wettercharaktere und verschiedene Typen des zeitlichen und des räumlichen Ursprungs spezifischer Charaktere des Wetters. Er versäumt es nicht, immer wieder zu betonen, dass die Phänomenologie des Wetters ein Desiderat ist, welches in seiner Geltung als subjektive Tatsache längst nicht erfasst ist.

In seinem Beitrag „Das Unheimliche als Atmosphäre“ geht *Thomas Fuchs* nicht nur mit der Fachkenntnis des Psychiaters auf den spezifischen Fall eines Gefühls als Atmosphäre ein, sondern zeigt die Fruchtbarkeit einer phänomenologischen Analyse für die empirischen Wissenschaften vom Menschen einschließlich der Medizin. In Absetzung von den psychologischen Deutungen des Unheimlichen durch Jentsch und Freud unternimmt der Beitrag eine phänomenologische Analyse des Unheimlichen als einer Atmosphäre. Ihr Charakteristikum lasse sich als eine Ambiguität von Vorder- und Hintergrund beschreiben, die im Wahrnehmenden den Anschein einer verborgenen Intentionalität erzeugt. Paradigmatisch wird die Wahnstimmung in der beginnenden Schizophrenie als Erfahrung des Unheimlichen beschrieben und auf eine Störung der Intentionalität der Wahrnehmung zurückgeführt. Abschließend geht der Beitrag der Frage nach, ob und inwiefern die Atmosphäre des Unheimlichen als eine überpersönliche, objektive Macht aufgefasst werden kann. Exemplarisch werden so die Möglichkeiten und Grenzen der Auffassung von Gefühlen als Atmosphären aus fachwissenschaftlicher Sicht verdeutlicht.

Ein anderes wichtiges Beispiel einer kollektiven „Atmosphäre" untersucht *Nina Trčka* in ihrem Beitrag „Klimata der Angst. Über Kollektivität und Geschichtlichkeit von Stimmungen". Innerhalb der Rezeption der Schmitzschen Philosophie sei die Auffassung von Gefühlen als Atmosphären einer der umstrittensten Punkte. Neben den Gefühlen als Atmosphären und den leiblichen Regungen gebe es aber noch einen weiteren, von der Forschung bisher wenig beachteten Aspekt der Rolle der Gefühle für die *conditio humana*: Die leiblichen Atmosphären oder leiblichen Klimata oder auch leiblichen Dispositionen, wie Schmitz diese Phänomene, abweichend vom üblichen Wortgebrauch, nennt. Trckas Beitrag zu den Klimata der Angst führt das Schmitzsche Konzept dieser „ganzheitlichen und relativ beharrlichen, obwohl im Verlauf der Geschichte doch vielfach sich wandelnden und abwechselnden Atmosphären, in die das jeweilige leibliche Befinden mit seinen momentanen Regungen, oft unauffällig und unbemerkt, gleichsam eingetaucht ist", vor. Zum anderen wird dieser Theorieteil unter Bezugnahme auf empirische Studien der Politikwissenschaften über kollektive Angst in sozialistischen Staaten angewendet, verifiziert und wiederum von den Beispielen her produktiv gedeutet. Trcka argumentiert, dass die Beharrlichkeit bestimmter kollektiver Gefühle besser mit dem Konzept der leiblichen Atmosphären erklärt werden kann als mithilfe der Gefühle als Atmosphären. Denn indem letztere auf den vielschichtigen Situationen nach Schmitz beruhen, sind sie stärker nicht-kontinuierlich gefasst. Es wird gezeigt, dass ein ganzheitliches, kollektives leibliches Befinden, das eine Art leibliche Grundstimmung ausmacht, auch von politischen und gesellschaftlichen Faktoren geprägt wird und diese unter Umständen sogar reproduziert. Es bildet eine Basis bzw. einen Hintergrund für das Aufkommen von Gefühlen als Atmosphären und von leiblichen Regungen. Insofern bildet es eine spezifisch gefühlsmäßige Vergangenheit, vielleicht mit einer Gefühlsmatrix vergleichbar. Als Klima bzw. Atmosphäre sei es – bei einiger Nähe – jedoch deutlich von Bourdieus Habituskonzept unterschieden.

Burkhard Meyer-Sickendiek möchte mit seinem Beitrag „Spürest du kaum einen Hauch. Über die Leiblichkeit in der Lyrik" den Begriff des „leiblichen Spürens" in die Lyriktheorie einführen. Er bezieht sich dabei auf die Neue Phänomenologie und deren für das Spüren wesentliche Unterscheidung zwischen Körperlichkeit und Leiblichkeit: Im Unterschied zum menschlichen Körper kennzeichne den Leib eine Dynamik von „Engung und Weitung", die sich im „Erspüren räumlich ergossener Atmosphären" wie etwa Heiterkeit oder Trostlosigkeit äußere. Der Aufsatz untersucht die sprachliche Manifestation eigenleiblichen Spürens anhand moderner Lyrik und beruft sich dabei auf die Ästhetik Gernot Böhmes, die unter Rückgriff auf die Neue Phänomenologie die Synästhesien moderner Kunst als „Charaktere des eigenleiblichen Spürens" definierte. Das „Spüren" wird bei Böhme wie Schmitz auf Atmosphären bezogen. Die Prozesse der „Ingression" als „Hineingeraten in Atmosphären bzw. Stimmungen" seien Kennzeichen der ästhetischen Erfahrung. Sickendieks Beitrag erweitert die Ästhetik Böhmes um eine sprachanalytische Dimension. Auf sprachlicher bzw. textueller Ebene werden Ingressionsprozesse in der Gattung der Stimmungslyrik artikuliert. Stimmungslyrik als Zusammenspiel von Ingression, leiblicher Erfahrung und sprachlich-lyrischem Ausdruck ist – so die zentrale Erkenntnis – kein Relikt der Romantik, sondern ein hochmodernes lyrisches Motiv.

Donata Schoeller erhellt in ihrem Beitrag „Der Blick von hier. Die Bedeutung der Erste-Person-Perspektive bei Hermann Schmitz und Eugene Gendlin" die Problematik des Konzepts der „subjektiven Tatsachen" durch einen Vergleich von Hermann Schmitz und Eugene Gendlin. Beide arbeiteten an den Grenzen eines dominanten Paradigmas und damit gegen eine wissenschaftliche Sprachlosigkeit an, um Gegenperspektiven zum „Blick von Nirgendwo" (Thomas Nagel) zu entwerfen. Während von jedem einzelnen (eigenen) Leben aus jeder Augenblick mit einer gefühlten und gespürten Bedeutung einhergeht, die für sich selbst spricht (wenn auch nicht immer verständlich), fehle dieser Perspektive eine wissenschaftlich anerkannte Sprache, um über ihre Relevanz und Bedeutung zu sprechen. Das Problem beginne damit, wie diese Perspektive zu einer wissenschaftlichen werden kann, ohne sich dabei zwangsläufig zu marginalisieren oder zu verdinglichen. Das Nachdenken über die Eigenart der Bedeutung dessen, was durch den „Blick von Nirgendwo" nicht zu erschließen ist, sei nach wie vor Pionier-Arbeit. Die Prozessphilosophie von Eugene Gendlin und die neue Phänomenologie von Hermann Schmitz seien Beispiele für dieses Bemühen. Sie müssten Wege in einem kaum bearbeiteten Terrain bahnen und gegen den Strom allgemein akzeptierter Denk- und Sprachgewohnheiten neues Vokabular kreieren.

Dem Phänomen der Liebe widmet sich *Íngrid Vendrell Ferran* in ihrem Beitrag über „Metaphern der Liebe – Alexander Pfänder und Hermann Schmitz", in dem sie die ersten phänomenologischen Untersuchungen der Liebe mit den letzten Entwicklungen der Neuen Phänomenologie in Zusammenhang bringt und die Beiträge von Alexander Pfänder und Hermann Schmitz einander gegenüberstellt. Diese Auswahl werde dadurch motiviert, dass beide Philosophen auf ähnliche Art und Weise mit Metaphern arbeiten, durch die sie die Beschränkungen der für die Gefühle als ungenügend empfundenen Alltagssprache überwinden und wesentliche Aspekte des Phänomens der Liebe genauer artikulieren. Diese Parallele biete folglich die Möglichkeit eines fruchtbaren Vergleichs. Nach einer Darstellung der allgemeinen Auffassung von Gefühlen bei beiden Autoren, baut *Vendrell Ferran* ihren Beitrag auf vier Fragen auf: Ist Liebe ein Gefühl? Ist sie ein statisches oder ein dynamisches Phänomen? Kann man in Gefühllosigkeit fallen? Sind Liebe und Hass absolute Gegenpole? Der Vergleich beider Autoren erfolgt anhand dieser systematischen Fragestellungen und wird mit einer Reflexion über die Liebesmetaphern beider Philosophen abgeschlossen.

Es ist ein wesentliches Anliegen dieses Bandes, die vielfach fremdartig wirkende Gefühlstheorie von Hermann Schmitz besser als bisher in die philosophische und fachwissenschaftliche Diskussion über Gefühle einzubeziehen und einen fruchtbaren Dialog der Debatten um die Gefühle anzustoßen.

I. Grundlagen und Kritik

Hermann Schmitz

Entseelung der Gefühle

Der Zugang zu meiner These, dass Gefühle räumlich ergossene, leiblich ergreifende Atmosphären sind, steht und fällt mit einer Revolution der Anthropologie, wodurch ich die Leitlinie des menschlichen Selbstverständnisses, das seit Demokrit und Platon die europäische Intellektualkultur beherrscht, durch eine andere ersetzen will. Wenn man diese Revolution mitmacht, wird die neue Ansicht der Gefühle leicht und natürlich; andernfalls bleibt sie befremdlich. Die von mir angefochtene Leitlinie besagt, dass der Mensch aus Körper und Seele besteht. Auf das Wort „Seele" kommt es dabei nicht an; der Vorwurf bleibt, wenn es durch Wörter wie „Geist", „mens", „mind" ersetzt wird, oder – wie seit Descartes über Locke, Kant, James, Husserl, Sartre bis zu allen ihren Epigonen üblich geworden ist – durch die Vorstellung von einem Bewusstsein als Tummelplatz von Seelenzuständen, die mit einem inneren Sinn durch Introspektion wahrgenommen würden. Diese Vorstellungsweise beruht auf dem in der 2. Hälfte des 5. vorchristlichen Jahrhunderts in Griechenland eingeführten Paradigma des menschlichen Selbst- und Weltverständnisses, das ich als die *psychologistisch-reduktionistisch-introjektionistische Vergegenständlichung* bezeichne und so charakterisiere: Die Erfahrungswelt wird dadurch zerlegt, dass jedem Bewussthaber eine private Innenwelt, in die sein gesamtes Erleben eingeschlossen wird, zugeordnet wird, zunächst unter dem Namen einer Seele; die zwischen den Seelen verbleibende Außenwelt wird bis auf Merkmale aus wenigen Sorten, die durch intermomentane und intersubjektive Identifizierbarkeit, Messbarkeit und selektive Variierbarkeit für Statistik und Experiment optimal geeignet sind, und deren hinzugedachte Träger abgeschliffen; der Abfall der Abschleifung wird entweder ausdrücklich – wie die spezifischen Sinnesqualitäten – in den Seelen untergebracht oder schlicht übersehen, aber auch dann landet er, gleichsam unter der Hand, in den Seelen. Dazu gehören die Gefühle, weiter der spürbare Leib und leibliche Kommunikation (z. B. des Blickwechsels), die bedeutsamen Situationen und unter diesen die vielsagenden Eindrücke, die Halbdinge mit unterbrechbarer Dauer und Zusammenfall von Ursache und Einwirkung zu bloß zweigliedriger Kausalität, die flächenlosen Räume mit ihrer Besetzung z. B. durch Wind und Wetter. Der größte Teil der unwillkürlichen Lebenserfahrung gerät so aus dem Blick begreifender Aufmerksamkeit.

Die psychologistisch-reduktionistisch-introjektionistische Vergegenständlichung mit ihrem anthropologischen Folgedogma von Seele und Körper scheitert daran, dass sich das Verhältnis des Bewussthabers zu seiner privaten Innenwelt nicht befriedigend bestimmen lässt. Zwar gibt es dafür vielerlei Vorschläge. Manche, so Hume und Mach, halten den

Bewussthaber für ein Bündel von Seelenzuständen, z. B. Perzeptionen oder Empfindungen. Das kann man nur so lange glauben, wie man ruhig am Schreibtisch sitzt; wenn es ernst wird, indem man z. B. brennt oder von brennender Scham gepeinigt wird, merkt man sofort, dass man selber leidet und nicht bloß ein Bündel von Perzeptionen gewisse Veränderungen durchmacht. Platon identifiziert einen jeden mit seiner Seele.[1] Aristoteles meint, jeder sei eigentlich sein übermenschlicher Geist, das Bessere und Herrschende in ihm.[2] Kant[3] und Husserl[4] setzen ein Subjekt, das nach Husserl „reines Ich und nichts weiter" ist, allem beobachtbaren Seelischen oder Körperlichen vor. Der neueste Vorschlag kommt mit der Parole „Ich bin mein Gehirn" von der Avantgarde materialistischer Hirnforscher. Jede dieser Selbstdeutungen steht schon für sich auf ziemlich schwachen Füßen, aber alle zusammen teilen sich in einen Grundfehler: Sie kommen zu spät. Sie sind nämlich Angebote an den Bewussthaber, etwas für sich selbst zu halten. Ein Selbstbewusstsein dieses Typs bezeichne ich als *Selbstzuschreibung*. Auf ihr beruhen die spezifisch personalen Fähigkeiten der Rechenschaft von sich, Platzanweisung für sich, Übernahme von Verantwortung usw.; daher bestimme ich die Person, zu der sich der normal gesunde Mensch nach der Säuglingszeit entwickelt, geradezu als Bewussthaber mit Fähigkeit zur Selbstzuschreibung. Diese ist eine vom Bewussthaber vorgenommene Identifizierung von etwas mit sich, bei leicht zu erreichender Verschärfung der Bestimmtheit eine eindeutige Kennzeichnung seiner selbst. Sie unterscheidet sich aber von allen übrigen Kennzeichnungen durch eine eigentümliche Unzulänglichkeit. Durch jede Kennzeichnung, die nicht Selbstzuschreibung ist, kann man mit der gekennzeichneten Sache bekannt gemacht werden, z. B. mit einem zur Übernachtung angewiesenen Hotelzimmer durch Angabe von Stadt, Straße, Hausnummer, Stockwerk und Zimmernummer. Nur im Fall der Selbstzuschreibung muss das Relat der Identifizierung (womit etwas identifiziert wird) schon vor der Identifizierung bekannt sein. Sonst ergäbe sich z. B. in meinem Fall ein Fortschreiten zu immer neuen Bestimmungen, z. B. von einem 1928 in Leipzig geborenen Mann zu einem emeritierten Philosophieprofessor, jeweils mit zu eindeutiger Kennzeichnung genügenden Ergänzungen. Niemals würde sich ergeben, dass gerade ich dieses Individuum bin; denn in allen zutreffenden Angaben über Hermann Schmitz einerseits, Alexander den Großen oder irgend einen Anderen andererseits ist nichts enthalten, das darauf deuten könnte, dass ich z. B. Hermann Schmitz und nicht Alexander bin. Um das zu wissen, muss ich vor jeder Identifizierung schon mit mir bekannt sein; dann kann ich mich auf Grund von Erfahrungen, die ich mache, mit anschließender Besinnung auf die Umstände an den mir zustehenden Platz in der Welt, in diesem Fall an den des Hermann Schmitz, einordnen. Wenn ich mich dabei irre, z. B. im Traum oder auf Grund einer Wahnvorstellung, ist das, was ich mit mir identifiziere, gründlich verschoben, aber nichts ändert sich an dem, womit ich es identifiziere, nämlich daran, dass es sich um mich selbst handelt; denn die Bekannt-

1 *Gesetze* 959 a.b.

2 *Nikomachische Ethik* 1178 a 2-4.

3 Akademieausgabe, Bd. 20, S. 270 (Preisschrift über die Fortschritte der Metaphysik).

4 Edmund Husserl, *Ideen zu einer reinen Phänomenologie und phänomenologischen Philosophie*, 1. Buch, Halle a. d. Saale 1913, S. 160 und 109.

schaft mit dieser Sache bringe ich zur Identifizierung schon mit und behalte sie quer durch alle Selbstzuschreibungen.

Selbstzuschreibung ist also nur möglich, wenn ihr ein Selbstbewusstsein ohne Identifizierung zu Grunde liegt. Und das gibt es wirklich, in Gestalt des affektiven Betroffenseins. Wenn ich z. B. Schmerzen habe, weiß ich sofort, dass ich leide, ohne einen Gequälten finden zu müssen, dem ich Identität mit mir zuschreibe. Auch gibt es fassungslose Zustände mit gesteigerter oder im Gegenteil gelähmter Beweglichkeit – rasenden Zorn, panische Angst, Massenekstasen, hingegebenen Kampf im Eifer des Gefechts, Versunkenheit in Schwermut –, in denen der Bewussthaber sich gar nicht mehr als Gegenstand oder Relat einer Identifizierung zur Verfügung hat und sich dennoch in der Intensität der Erregung oder Umnachtung deutlich spürt. Solches Selbstbewusstsein ohne Selbstzuschreibung ist durch die dem affektiven Betroffensein eigenen subjektiven Tatsachen möglich, die schon in ihrer bloßen Tatsächlichkeit die Adresse des Meinigen – entsprechend für jeden des Seinigen – enthalten, mit der Folge, dass höchstens einer im eigenen Namen sie aussagen kann, im Gegensatz zu den objektiven oder neutralen Tatsachen, die jeder aussagen kann, sofern er genug weiß und gut genug sprechen kann. Die für jemand subjektiven Tatsachen sind um diese Subjektivität reicher als die blasseren neutralen, die durch Abschälung oder Abfall der Subjektivität aus ihnen hervorgehen. Wenn ich z. B. ernsthaft „Ich bin traurig" sage, liegt darin mehr als darin, dass Hermann Schmitz ohne Rücksicht darauf, dass ich er bin, traurig ist, nämlich die eigentliche Ergriffenheit, die Intensität des Mich-angehens, obwohl beide Tatsachen im Inhalt, sogar einschließlich der selbstverständlich zur Traurigkeit gehörigen Ergriffenheit, vollständig übereinstimmen. Der Unterschied betrifft eben nicht den Inhalt, sondern die Tatsächlichkeit, die bei den subjektiven Tatsachen reicher ist als bei den blasseren objektiven. Der Unterschied besteht auch nicht in einer bloß privaten innerlichen Gegebenheit gegenüber einer äußerlichen der objektiven Tatsachen. Man erkennt das daran, dass auch Anderen gegenüber das Wort „Ich" nebst seinen Äquivalenten bei Darbietung von Tatsachen des affektiven Betroffenseins nicht als Pronomen fungiert, das gleichwertig durch einen Namen ersetzt werden könnte, wie bei Darstellung neutraler Tatsachen. Beispiele sind Liebeserklärung, Sündenbekenntnis und Hilferuf. „Peter Schulze liebt dich", „Peter Schulze hat gesündigt", „Hilfe, Peter Schulze ertrinkt": Diese Sätze bleiben zurück hinter den der Situation angemessenen Formulierungen „Ich liebe dich", „Ich habe gesündigt", „Hilfe, ich ertrinke".

Tatsachen des affektiven Betroffenseins enthalten also ein Selbstbewusstsein diesseits jeder Identifizierung und Selbstzuschreibung, weil schon in ihrer bloßen Tatsächlichkeit, noch ohne Rücksicht auf ihren Inhalt, die Subjektivität für den Bewussthaber, die „Meinhaftigkeit", wie Kurt Schneider sie nannte, enthalten ist.[5] Das ist nur möglich, wenn im affektiven Betroffensein der Bewussthaber sich selbst ohne Identifizierung bewusst hat. Gelegenheit dazu bietet in erster Linie das plötzliche Betoffensein beim Einbruch des Neuen, das Dauer zerreißt und Gegenwart exponiert, etwa im Schreck, im heftigen Ruck, bei plötzlich aufzuckendem Schmerz, oder wenn man im buchstäblichen

5 Kurt Schneider, *Klinische Psychopathologie*, 3. Auflage Stuttgart 1950, S. 130.

oder übertragenen Sinn vor den Kopf geschlagen ist oder unvermittelt den Boden unter den Füßen verliert. Dann ist die Orientierung, die Umsicht, das Bescheidwissen aufgehoben durch eine Enge, die keinen Spielraum zum Ausweichen lässt, in der aber die Meinhaftigkeit, selbst betroffen zu sein, erhalten bleibt und zusammenfällt mit der Enge, die nur noch dieses da, es selbst in absoluter Identität ohne weitere Bestimmtheit ist. Ich spreche dann von *privativer Gegenwart*, in der die fünf Momente *hier, jetzt, sein, dieses, ich* verschmolzen sind. Der Zusammenfall dieser Momente erübrigt den Brückenschlag einer Identifizierung, die von einem Referens zu einem Relat führen würde. An die Stelle der relativen Identität von etwas mit etwas tritt die absolute Identität, dieses selbst zu sein. So wird der Bewussthaber ursprünglich ohne Identifizierung sich selbst bekannt.

Die primitive Gegenwart ist ein seltener Ausnahmezustand. Sie strahlt aber in alles Bewussthaben, und insbesondere in alles affektive Betroffensein, durch den vitalen Antrieb aus, der durch gegenläufig in einander verschränkte Tendenzen der Engung und Weitung gebildet wird. Wenn die Engung aushakt, wie im heftigen Schreck, ist der Antrieb erstarrt oder gelähmt; wenn die Weitung ausläuft, wie beim Dösen, beim Einschlafen und nach der Ejakulation, ist er erschlafft; er besteht also nur im Ineinandergreifen von Engung und Weitung. In der Engungskomponente des vitalen Antriebs ist die primitive Gegenwart als zugänglich vorgezeichnet, denn nur in ihr kommt das Gleiten der Übergänge so zum Stehen, dass sich etwas als dieses in absoluter Identität, als es selbst, abzeichnen kann. Dafür genügt die Zugänglichkeit durch Engung; es bedarf nicht des vollen Abtauchens in primitive Gegenwart. Deren Zugänglichkeit genügt für alles affektive Betroffensein, auch das weitende in Freude oder Erleichterung, zum Selbstbewusstsein ohne Selbstzuschreibung. Mit der Bindung an leibliche Engung, und sei es auch nur im Spüren des Loskommens von ihr, löst sich sogar das affektive Betroffensein selbst auf und geht über in stumpfe Gleichgültigkeit. Für das Selbstbewusstsein ohne Identifizierung eignen sich demgemäß die engenden Weisen des affektiven Betroffenseins besser als die überwiegend weitenden z. B. der fröhlichen Ausgelassenheit, in der man über sich hinweglebt.

Identität und Verschiedenheit haben ihren ursprünglichen Sitz in der primitiven Gegenwart, Identität als absolute Identität, dieses zu sein, noch vor der relativen Identität mit etwas, Verschiedenheit als Abschied der exponierten Gegenwart von der ins Nichtmehrsein absinkenden zerrissenen Dauer. Der vitale, durch Engung der primitiven Gegenwart anhaftende Antrieb überträgt aus ihr Identität und Verschiedenheit in alle routinierten Verrichtungen, die dadurch vor Verwechslung geschützt sind, z. B. in die zweckmäßig – oft unwillkürlich – geführten komplizierten Körperbewegungen, denen dieser Schutz bei krankhaften Ausfällen in Apraxie mehr oder weniger verloren geht. Das trifft nicht nur auf glatte Abläufe zu, sondern auch auf mehr oder weniger dramatische Auseinandersetzungen in leiblicher Kommunikation. Der Dialog von Engung und Weitung im vitalen Antrieb spreizt sich nämlich gleichsam zu partnerschaftlichen Verhältnissen auf, schon im Schmerz, der nicht nur ein Zustand des Gequälten ist, sondern auch ein auf ihn eindringender Widersacher, mit dem er sich auseinandersetzen muss, weiter im Verhältnis zur reißenden Schwere, wenn man ausgleitet und stürzt oder sich gerade noch fängt, und zum entgegenschlagenden Wind. Ihre volle Breite erreicht die

Spreizung aber erst im Verhältnis zu begegnenden Gestalten, z. B. beim Blickwechsel, der einen gemeinsamen vitalen Antrieb aus Engung und Weitung schafft, und beim Ausweichen vor harmlosen oder gefährlichen Begegnungen unter Führung des Blicks. Leibliche Kommunikation im Kanal des vitalen Antriebs – ich spreche dann von Einleibung – kommt sowohl als antagonistische in Zuwendung zu Partnern wie auch als solidarische ohne solche Zuwendung vor (z. B. als stürmischer Mut oder panische Flucht einer Truppe, beim gemeinsamen Singen, Musizieren, Rudern, Sägen, durch rhythmisches Rufen, Klatschen, Trommeln) und ist die Grundform aller Kontakte, ja des Wahrnehmens überhaupt in Anpassung und Reaktion; sie begründet als wechselseitige Einleibung mit Fluktuieren des dominanten Engepols die Gewissheit, mit einem anderen Bewussthaber zu tun zu haben. Einleibung ist die unabsehbar reichhaltige Quelle von Situationen, in denen Mannigfaltiges ganzheitlich (d. h. nach außen abgehoben und in sich zusammenhängend) vereinigt wird durch eine binnendiffuse (d. h. nicht oder nicht durchgehend in Einzelnes, das eine Anzahl um 1 vermehrt, durchgegliederte) Bedeutsamkeit aus Sachverhalten, Programmen und/oder Problemen. Solche Situationen werden in tierischer (teilweise auch in menschlicher) Rede durch Rufe und Schreie (z. B. Alarm-, Lock-, Klagerufe) als ganze heraufbeschworen, modifiziert und beantwortet, aber nicht analysiert. So entsteht aus gleitender Dauer, primitiver Gegenwart, leiblicher Dynamik und leiblicher Kommunikation ein ungeheuer vielfältiges und fein differenziertes Feld des Geschehens und Erlebens, das ich als *Leben aus primitiver Gegenwart* bezeichne. Die Tiere und die Säuglinge sind darauf eingeschränkt.

Noch aber fehlt die Einzelheit. *Einzeln* ist, was eine Anzahl um 1 vermehrt. Logisch gleichwertig ist die Bedingung: was Element einer endlichen Menge ist. Anzahlen sind Eigenschaften von Mengen. Mengen sind Mengen der Fälle einer Gattung oder Bestimmung, wie die Menge der Menschen, der Zahlen, der Unglücksfälle. Einzeln kann etwas daher nur als Fall einer Gattung sein, wobei der Name „Gattung" alles abdeckt, wovon etwas ein Fall sein kann. Die Einzelheit entsteht dadurch, dass die schon im Leben aus primitiver Gegenwart verfügbare absolute Identität durch die Bestimmtheit als Fall einer Gattung ergänzt wird. Da immer viele verschiedene Gattungen in Betracht kommen, wird die absolute Identität zur relativen von etwas mit etwas fortgebildet, nämlich von etwas unter einer gewissen Bestimmung mit dem Selben unter einer anderen (im tautologischen Grenzfall: noch einmal unter derselben) Bestimmung. Die Bestimmungen oder Gattungen werden dadurch gewonnen, dass satzförmige Rede einzelne Sachverhalte, einzelne Programme, einzelne Probleme aus der binnendiffusen Bedeutsamkeit von Situationen herausholt und kombiniert. Das ist die Grundform menschlicher Selbstbehauptung und Weltbemächtigung, wodurch der Mensch den Tieren überlegen ist: Er nimmt die Situationen in den Griff, indem er sie als Konstellationen oder Netzwerke einzelner Faktoren tunlichst rekonstruiert und die Netze umknüpft, um vorgreifend Möglichkeiten auszuprobieren.

Mit der satzförmigen Rede, die die Einzelheit stiftet, ist der Schritt über das Leben aus primitiver Gegenwart hinaus zur Welt als dem Feld oder Rahmen möglicher Vereinzelung getan. Die so verstandene Welt empfängt ihre Struktur durch Entfaltung der fünf in der primitiven Gegenwart verschmolzenen Momente *hier, jetzt, sein, dieses, ich.* Das Hier der primitiven Gegenwart, der absolute Ort, entfaltet sich zu einem System relativer Orte, die sich durch Lagen und Abstände in der Weise eines Koordinatennetzes bestimmen und den Reden Sinn geben, dass etwas irgendwo ist und bleibt oder sich irgendwohin bewegt. Das Jetzt der primitiven Gegenwart, der absolute Augenblick des plötzlichen Betroffenseins, entfaltet sich zu einer Folge relativer Augenblicke in einer modalen Lagezeit, die die Einteilung in Vergangenheit, Gegenwart und Zukunft (obendrein mit Fluß der Zeit, dass die Vergangenheit wächst, die Zukunft schrumpft und die Gegenwart wandert) mit der Anordnung von Ereignissen durch die Beziehung des Früheren zum Späteren oder Gleichzeitigen verbindet. Das Dieses der primitiven Gegenwart, das absolut Identische, entfaltet sich zum relativ, nach vielen Seiten, mit etwas Identischem. Das Sein der primitiven Gegenwart entfaltet sich durch den Gegensatz zum Nichtsein in dessen ganzer Breite, statt bloß zum Nichtmehrsein der vom Einbruch des Neuen zerrissenen Dauer. Dabei überschreitet die Einzelheit die Grenze vom Sein zum Nichtsein in der Weise, dass Erinnerung, Erwartung, Furcht, Hoffnung, Planung, Phantasie und spielerische Identifizierung möglich werden. Das Ichmoment der primitiven Gegenwart entfaltet sich zunächst, indem der absolut identische Bewussthaber des Lebens aus primitiver Gegenwart durch Selbstzuschreibung als Fall einer Gattung zum einzelnen Subjekt wird. Diesem vereinzeln sich aus der binnendiffusen Bedeutsamkeit von Situationen Sachverhalte, Programme und Probleme, die anfangs sämtlich im vorhin für Tatsachen erklärten Sinn für den Bewussthaber subjektiv sind. Diese Subjektivität fällt von einem Teil dieser Bedeutungen ab, und dadurch geschieht es, dass mit ihnen und durch sie viele Sachen dem Bewussthaber fremd werden, gerückt ins Licht nur noch objektiver oder neutraler Tatsachen sowie ebenso neutraler untatsächlicher Sachverhalte, Programme und Probleme. Dem Fremden gegenüber kann sich eine Sphäre des Eigenen bilden, die ich als persönliche Situation und persönliche Eigenwelt der Struktur, der Entwicklung und dem Verhältnis zum personalen Subjekt nach an anderer Stelle vielfach und eingehend untersucht habe.[6]

Jetzt erst ist die Gelegenheit zur Abrechnung mit der psychologistisch-reduktionistisch-introjektionistischen Vergegenständlichung gekommen. Die philosophische Tradition seit Demokrit und Platon und das in ihren Spuren ausgebildete volkstümliche menschliche Selbstverständnis haben das Subjekt, den Bewussthaber, mit einer Seele oder anders benannten privaten Innenwelt abgefunden und sich nur wenige und fragwürdige, vorhin gestreifte Gedanken darüber gemacht, wie er sich selbst zu dieser Innenwelt verhält. Alle diese Vorschläge kommen zu spät, weil sie nur Angebote vermeintlicher objektiver Tatsachen an die Selbstzuschreibung enthalten, die nur durch eine ursprünglichere Bekanntschaft mit sich in einem nicht identifizierenden Selbstbewusstsein möglich ist. Dieser Spur hätte man nachgehen sollen, um den zu finden, der da schon von Anfang an mit sich bekannt ist, und dann wäre man auf die subjektiven Tatsachen des immer leiblichen affektiven Betroffenseins aufmerksam geworden, und weiter auf den Leib als den Inbegriff der leiblichen Regungen, d. h. derer, die jemand von sich in der Gegend – nicht immer in den Grenzen – seines Körpers spüren kann, ohne sich der fünf Sinne und des von diesen erborgten perzeptiven Körperschemas zu bedienen. Solche Regungen sind

6 Vgl. etwa Hermann Schmitz, *Der Spielraum der Gegenwart*, Bonn 1999, S. 106-136.

z. B. Schreck, Angst, Schmerz, Hunger, Durst, Wollust, Frische, Ekel, Müdigkeit und alles affektive Betroffensein von Gefühlen. Ich habe den spürbaren Leib mit seiner eigentümlichen Räumlichkeit und Dynamik vielfach gründlich untersucht; die primitive Gegenwart und der vitale Antrieb, deren Unerlässlichkeit für die Person und ihr Selbstbewusstsein ich hier herausgearbeitet habe, sind Hauptstücke dieser Dynamik. Die Tradition hat den spürbaren Leib vollkommen ignoriert und mit dem Körper verwechselt, obwohl beide ganz verschiedenen Raumformen zugehören, nämlich der Körper einem flächenhaltigen Raum, der Leib aber wie der Schall, das Wetter, die Stille einem flächenlosen. Keiner leiblichen Regung sind Flächen anzumerken. Die Person ist für ihre Selbstzuschreibung auf einem beständigen Spagat zwischen personaler Emanzipation und personaler Regression angewiesen; personale Emanzipation ist die Neutralisierung von Bedeutungen, wodurch sich das Eigene vom Fremden abhebt, personale Regression dagegen die Resubjektivierung des neutralisierten durch Eintauchen in das leibliche Leben aus primitiver Gegenwart. Für das Referens der Selbstzuschreibung, das, was sie sich zuschreibt, bedarf die Person der personalen Emanzipation, für das Relat dagegen der personalen Regression, wo sie sich im affektiven Betroffensein vor aller Selbstzuschreibung findet. Diese labile Zwiespältigkeit gestattet keine Einschließung alles Erlebens der Person in eine private Innenwelt. Die persönliche Situation, die an deren Stelle tritt, haftet der Person zwar an, aber diese taucht auch immer wieder unter sie in das präpersonale Leben aus primitiver Gegenwart mit leiblicher Kommunikation ab, und außerdem ist ihr ihre persönliche Situation nicht nur Hülle, sondern auch ein Partner, den sie zum Wollen mitunter wie ein Orakel befragen muss. Auch das Bewusstsein mit seinen vielen angeblich introspizierbaren Inhalten ist ein Missverständnis. Man hat ihm eine numerische Mannigfaltigkeit aus vielen einzelnen Bestandteilen zugeschrieben. Vielmehr ist es ein Bewussthaben mit anderem Mannigfaltigkeitstypus, der Einfachheit und Vielfachheit unmittelbar vereinigt. Man sieht das am Beziehungsbewusstsein. Die Vorstellung der Verschiedenheit der Sonne vom Mond enthält drei Teilvorstellungen, aber deren Zusammenstellung würde nichts von ihr ergeben, weil der Verschiedenheit nichts von der Sonne anzumerken ist, der Sonne nichts vom Mond usw. Es würde zu weit führen, hier darauf einzugehen.[7]

Durch diese umständliche Vorbereitung ist endlich der Weg zu einer unbefangenen Würdigung der Gefühle frei. Sie sind aus dem Bann einer abgeschlossenen privaten seelischen Innenwelt befreit, weil diese Innenwelt selbst an ihrer Unfähigkeit, Seele eines Inhabers oder Subjektes zu sein, zerbrochen ist. Die Grundlage der Person ist nicht seelisch, sondern leiblich (keineswegs körperlich) als ein Leben aus primitiver Gegenwart mit leiblicher Dynamik und leiblicher Kommunikation ohne einschließende Innenwelt. Was darüber als spezifisch personal hinausgeht, die persönliche Situation und persönliche Eigenwelt, hat weitreichende Bedeutung im Erleben der Person, ohne es ganz zu umfassen und einzuschließen.

7 Vgl. Hermann Schmitz, „Was bleibt vom Bewusstsein?“, in: *Interdisziplinäre Phänomenologie*, Bd. 1, Kyoto 2004, S. 295-303.

Was diese Öffnung für die Gefühle bedeutet, will ich am Beispiel des Zorns erläutern. Für die Tradition ist er ein introspektiv zugänglicher Seelenzustand, eine passio animae, wie Thomas von Aquino in Anlehnung an Aristoteles sagt. Tatsächlich wird er ohne jeden Bezug auf eine Seele erfahren, nämlich als eine in den spürbaren Leib gleichsam (wie ein Blitz) einschlagende Macht, vergleichbar etwa der reißenden Schwere, wenn man ausgleitet und stürzt oder sich gerade noch fängt, aber nicht wie diese nach unten, sondern eher nach vorne treibend, und mit einem noch wichtigeren Unterschied: Gegen das Reißen der Schwere sträubt man sich; mit der ergreifenden Macht des Zorns geht man mit, wenigstens zunächst und ein Stück weit. Alles affektive Betroffensein ist doppelseitig, nämlich einerseits Erleiden einer Einwirkung und andererseits Aktivität, sich in der einen oder anderen Weise darauf einzulassen, mit einer Gesinnung, wie ich mich in meiner Freiheitslehre[8] ausgedrückt habe. Diese Gesinnung kann eine Abwehrhaltung sein, wie bei Furcht; in der Ergriffenheit von Zorn ist sie zunächst Angriff in Übereinstimmung mit dem Impuls der ergreifenden Macht. Bis dahin ist die Ergriffenheit präpersonal, ein Leben aus primitiver Gegenwart; die personale Stellungnahme in Preisgabe und/oder Widerstand kann erst nachträglich einsetzen, wenn der zugleich präpersonale und personale Bewussthaber sich schon dem Zorn hingegeben hat. Dies ist das Unterscheidungsmerkmal der Ergriffenheit durch Gefühle vom affektiven Betroffensein bloß durch leibliche Regungen, die wie Hunger, Durst, Müdigkeit und Schmerz keine Gefühle sind: Solche leiblichen Regungen kann die Person fast immer von Anfang an beobachtend und Stellung nehmend an sich herankommen lassen, während sie sich, bevor eine absichtliche Stellungnahme einsetzen kann, mit dem Gefühl durch Einsatz einer Gesinnung immer schon in der einen oder anderen Weise arrangiert hat und ihm nun nicht mehr unbefangen begegnen kann, eventuell sogar in Zwiespalt mit sich selbst, der unwillkürlichen anfänglichen Stellungnahme, gerät. Davon ist die Folge, dass sich die Ergriffenheit von Gefühlen viel schlechter beobachten und registrieren lässt als das affektive Betroffensein von bloßen leiblichen Regungen. Gleichwohl ist auch das affektive Betroffensein von Gefühlen, die Ergriffenheit, primär selbst eine leibliche Regung. Diese Leiblichkeit erweist sich durch die überraschende Gebärdensicherheit des Ergriffenen: Der Bekümmerte versteht sich darauf, zu stöhnen, schlaff und gebückt zu sitzen, der Beschämte, den Blick zu senken, der Zornige, die Faust zu ballen und mit gereizter, ja schneidender Stimme zu sprechen, der Frohe bringt ein sehr kompliziertes Ausdrucksverhalten – leichter, federnder Gang, lachende Augen, Neigung zum Lächeln, befreite Atemzüge, unbeschwerte Vokalisierung – ohne Weiteres zu Stande, obwohl ein versierter Schauspieler nötig wäre, um dies glaubhaft nachzustellen. Nur wenn die Ergriffenheit nicht ganz echt, d. h. die Gewinnung nicht voll in das Erleiden des Impulses der ergreifenden Macht eingegangen ist, wie oft beim Mitleid, tritt Verlegenheit ein, wie man dem Gefühl angemessenen Ausdruck geben soll, welche Kondolenzbezeugung die passende ist. Nur wenn das Mitleid so spontan und stürmisch mitreißt wie eigenes Leid, wird ganz selbstverständlich, wie man es zeigt.

8 Hermann Schmitz, *Freiheit*, Freiburg i. Br./München 2007.

Gefühle sind räumlich ausgedehnte Atmosphären. Eine Atmosphäre im hier gemeinten Sinn ist die im Bereich erlebter Anwesenheit vollständige Besetzung eines flächenlosen Raumes, wofür als Besetzer außer den Gefühlen auch das am eigenen Leib als ihm umhüllend gespürte Wetter oder die (z. B. feierliche oder drückende oder morgendlich zarte) Stille in Betracht kommen. Es gibt auch Atmosphären, die den Raum erlebter Anwesenheit nicht so vollständig in Anspruch nehmen: die ganzheitlichen leiblichen Regungen, die den Leib ohne Verteilung auf einzelne Leibesinseln mit einem Schlag durchziehen, z. B. am Morgen nach dem Aufwachen, wenn man sich frisch oder lahm und matt usw. fühlt und oft gedrängt ist, mit einigen Tassen Kaffee diesem ganzheitlichen Befinden nachzuhelfen. Solche bloß leiblichen Atmosphären sind örtlich umschrieben, im Gegensatz zu der randlosen Ergossenheit, die die Gefühle, wie ich gleich verdeutlichen werde, haben oder mindestens beanspruchen. Einwände gegen die Räumlichkeit der Gefühle von der Art, dass diese doch nicht dreidimensionale Körper, Flächen oder Strecken, nicht rund oder eckig, nicht an diesem oder jenem nach Lage und Abstand befindlichen Ort sein könnten, beruhen auf der verkehrten Unterstellung eines flächenhaltigen Raumes, da doch der Raum der Gefühle so flächenlos ist wie der Raum des Schalls und der Stille, der Raum des Wetters und des treibenden oder entgegenschlagenden Windes (mit Bewegung ohne Ortswechsel), der Raum des dem Schwimmer begegnenden und von ihm durchzogenen Wassers, der Raum der frei sich entfaltenden Gebärde, des Spürens am eigenen Leibe.

Man ist, verführt durch das Leitbild der mit Zirkel und Lineal in der Fläche konstruierenden griechischen Geometrie und ihrer Fortsetzung in der cartesischen Koordinatengeometrie, viel zu schnell bereit, den Raum als ein System relativer Orte zu verstehen, die sich gegenseitig durch Lagen und Abstände bestimmen. Lagen und Abstände werden an umkehrbaren Verbindungen abgelesen, die des Eintrags in Flächen bedürfen, um ein gegen Wechsel der Zuwendung stabiles Netz räumlicher Orientierung zu ergeben. Dabei setzt ein solcher flächenhafter Ortsraum rein logisch flächenlose Räume voraus. In ihm kann nämlich Bewegung nur als Wechsel des Ortes, Ruhe nur als Beharren am Ort verstanden werden. Andererseits setzt der Ort begrifflich Ruhe voraus. Er kann nämlich nur durch seine Lage und seinen Abstand zu ruhenden Objekten bestimmt werden; wenn diese sich bewegten, wären seine Lagen und Abstände zu ihnen verschoben, und der Ort wäre ein anderer geworden, sodass die an ihm befindlichen Objekte den Ort gewechselt, d. h. sich bewegt hätten, obwohl sie am Ort beharrt haben, also in Ruhe gewesen sind. Ruhe wäre dann Bewegung, was unmöglich ist. Der Ort setzt also Ruhe voraus, Ruhe aber, ortsräumlich verstanden, den Ort. Daraus ergibt sich, dass bei Auffassung des Raumes als bloßer Ortsraum gar nicht zirkelfrei gesagt werden kann, was ein Ort und was Ruhe ist. Das gilt ebenso für absolute wie für von der Wahl eines Koordinatensystems abhängige Räume. Die Lehre aus diesem Zirkel der Begriffsbildung ist, dass Ruhe schon bekannt sein muss, wenn man daran geht, einen Ortsraum einzuführen, und diese Bekanntschaft kann nur aus flächenlosen Räumen stammen. Es lohnt also nicht, vom hohen Ross des Glaubens an ein Monopol des mathematischen und physikalischen Raumes auf die flächenlosen Räume als poetische Illusionen oder Metaphern für irgend ein vages Zumutesein mit höchstens psychologischem Wert herabzusehen, denn ein solches Monopol lässt sich schon aus rein begrifflichen Gründen nicht halten.

Ein anderer Einwand gegen die These von der Räumlichkeit der Gefühle beruht auf der Erwartung, dass bei Aufenthalt in einem Gebiet, in dem ein Gefühl ausgebreitet ist, im Allgemeinen jeder in der Lage sein müsste, es zu fühlen, wie er das Wetter fühlt; tatsächlich werden verschiedene Leute aber von ganz verschiedenen, oft dem Nachbarn unzugänglichen Gefühlen heimgesucht, weitgehend unabhängig von ihrem Aufenthalt an dieser oder jener Stelle. Der Einwand beruht auf einer falschen Verdinglichung der Gefühle, der anfangs auch ich Vorschub geleistet habe, indem ich, allzu temperamentvoll der Verseelung der Gefühle entgegentretend, den Ausspruch wagte, Gefühle seien nicht weniger objektiv als Landstraßen, nur weniger fixierbar. Landstraßen sind Volldinge und teilen mit allen Dingen im Vollsinn zwei Eigenschaften: Erstens ist ihre Dauer nur als zusammenhängende, ohne Unterbrechungen, möglich; zweitens bewirken sie als Ursachen, unterschieden von ihrer Einwirkung, den Effekt, etwa ein Stein (Ursache) durch einen Stoß (Einwirkung) Verrückung oder Beschädigung des gestoßenen Gegenstandes (Effekt) oder ein Pharmakon (Ursache) durch Einspritzung (Einwirkung) Narkose oder Durchfall (Effekt). Gefühle sind dagegen Halbdinge wie der Wind, die Stimme, die reißende Schwere, der elektrische Schlag, der Schmerz, Melodien und viele Geräusche wie ein durchdringender Pfiff oder stechender Lärm, die Nacht, die Zeit, wenn sie in Langeweile oder gespannter Erwartung unerträglich lang wird. Halbdinge dauern unterbrechbar; die charakteristische Stimme eines Menschen ertönt, verstummt und ertönt abermals, ohne dass es Sinn hat, zu fragen, wie sie die Zwischenzeit verbracht hat. In der Kausalität der Halbdinge fallen Ursache und Einwirkung zusammen; zwar konstruiert die Physik für das Ertönen der Stimme viele Zwischenglieder wie Schallwellen und elektrische Nervenleitungen, aber dabei handelt es sich um allerdings höchst nützliche Gedankendinge im Dienst schematischer Prognostizierbarkeit; für eine erkenntnistheoretische Würdigung der Naturwissenschaft ist hier kein Platz. Die wissenschaftliche und die vorwissenschaftliche Physik sind gleichermaßen daran interessiert, Halbdinge wegzuschaffen, weil die Prognose eine durchgeordnete Welt verlangt, in der die Ursachen schon vor der Einwirkung auf ihr Wirkvermögen hin abgeschätzt werden können. Deswegen wird der erfahrene Wind in bewegte Luft – ein erdachtes Vollding – umgedeutet, elektrischer Schlag in elektrischen Strom als schlagenden Arm, neuestens sogar die reißende Schwere in Gravitonen, kleinste Schwereteilchen. Phänomenologisch gesehen, schlägt die Stimme unmittelbar ein, ohne Unterschied von Ursache und Einwirkung. Von bloßen Sinnesdaten unterscheiden sich Halbdinge durch ihren im Wechsel ihrer Gesichter beharrenden Charakter. Die Schallfolge wächst, die Stimme nicht.

Gefühle sind Halbdinge. Sie ergreifen den Bewussthaber unmittelbar leiblich affektiv, nicht als von der Einwirkung unterschiedene Ursachen, und sie dauern mit Unterbrechungen wie der Schmerz als eindringender Widersacher, mit dem man sich auseinandersetzen muss. Manchmal überfallen sie den Ergriffenen unversehens wie aus dem Nichts;[9] sehr oft werden sie durch Ereignisse in der Lebensgeschichte des Einzelnen immer wieder einmal mit Unterbrechungen wachgerufen, etwa ein Gefühl der Bitterkeit nach einer Kränkung oder Versagung, oder durch die augenblickliche Lebenslage, und

9 Vgl. Mörikes Gedicht *Verborgenheit.*

sind dann nur dem Einzelnen in der durch seine persönlichen Erfahrungen bedingten Perspektive zugänglich. Daher ist es kein Wunder, dass der Nachbar oft nichts von der Atmosphäre spüren kann, die seinen Nachbarn als Gefühl ergreift. An dieser Undurchlässigkeit sind auch Unterschiede der Ergreifbarkeit beteiligt. Sie sind zum Teil leiblich bedingt. Das Gefühl ergreift leiblich, indem es den vitalen Antrieb aus Engung und Weitung aufrührt. Wie leicht das gelingt, hängt von der Bindungsform des vitalen Antriebs ab. Ein schwingungsfähiger Antrieb, in dem Phasen des Übergewichts der Engung oder der Weitung zu rhythmischem Wechsel neigen, sowie ein spaltungsfähiger, aus dem Anteile der Engung und Anteile der Weitung leicht abgespalten werden können, sind der Ergriffenheit aufgeschlossener als ein kompakter Antrieb, in dem Engung und Weitung nur schwer auseinanderkommen. Zum anderen Teil wirken lebensgeschichtliche Prägungen darauf hin, dass die Person den leiblichen Impulsen des ergreifenden Gefühls offener oder verschlossener begegnet. Andererseits ist es nicht richtig, dass Gefühle immer Privatsache, also je nur einem zugänglich seien. Es gibt ebenso, vielleicht kaum minder häufig, kollektiv ergreifende Gefühle, z. B. stürmischer Mut oder panisches Entsetzen einer Gruppe als augenblickliche Ereignisse und die Liebe als Atmosphäre der gemeinsamen zuständlichen Situation eines Paares oder größeren Personenkreises, ein Gefühl, das aber nur im Lieben der Beteiligten, in der Weise unübertragbarer, je für sie subjektiver Tatsachen unterhalten und verwaltet wird.[10]

Zum Schluss will ich noch durch einige Beispiele für meine Auffassung der Gefühle als räumlich ergossene, leiblich ergreifende Atmosphären werben. Besonders eignen sich dazu Abläufe, in denen zunächst eine über den Bereich des Anwesenden räumlich ergossene Atmosphäre bloß wahrgenommen wird und diese dann leiblich den Wahrnehmenden ergreift oder in anderer Weise bestimmt. Goethes Faust, als lüstern verliebter Spion Gretchens Zimmer betretend, ruft aus:

> Wie atmet hier Gefühl der Stille,
> Der Ordnung, der Zufriedenheit![11]

Sein eigenes Fühlen ist zunächst konträr, aber es lässt sich leicht vorstellen, dass etwas von der Atmosphäre ergreifend, vielleicht nur streifend, auf ihn übergeht, wie die Atmosphäre eines Kirchenraumes einen Halunken oder Zerrissenen zu seiner eigenen Überraschung friedlicher oder gar frömmer stimmen kann. Feierlicher Ernst ist ein Gefühl, das einem Menschen als Atmosphäre einer Umgebung – z. B. der tiefen Stille einer weiträumigen Landschaft – ansprechen und dann auch beschleichen kann. Solcher Ernst ist ein mächtiges Gefühl, aber ohne Lust oder Unlust; damit erledigt sich die seit Jahrtausenden[12] übliche Bindung des Gefühls an Lust und Unlust (bis zur Identifizierung bei Kant und in der anschließenden Psychologie). Entgegengesetzt ist die Atmosphäre alberner Fröhlichkeit, die dem ernsthaften Beobachter eines Festes als über die Festge-

10 Hermann Schmitz, *Situationen und Konstellationen*, Freiburg i. Br./München 2005, S. 99-111: Die Liebe und das Lieben.

11 Goethe, *Faust*, Vers 2691f.

12 Schon bei Aristoteles (*Nikomachische Ethik* 1105 b 21-23).

sellschaft verbreitete Atmosphäre aufdringlich entgegenschlägt und ihn mit Unmut und Verlegenheit erfüllen, aber auch direkt ergreifen kann. In diesen Fällen werden entweder wirklich vom Gefühl Ergriffene vorgefunden, oder die Atmosphäre haftet an einer geeigneten, sie suggerierenden Umgebung. Es kommt aber auch vor, dass ein Gefühl, das keiner fühlt, ohne solche Anbindung gleichsam in der Luft liegt und durch ein Gefühl anderer Art hindurch mittelbar aufdringlich wird. Am Schuldgefühl nach einer schlimmen Tat beteiligt sich oft eine Furcht als Vorgefühl eines Zorns, der in der Furcht als Drohung gespürt wird, obwohl kein Zürnender zu finden ist. So ruft der böse Geist als gleichsam innere Stimme der Ergriffenheit dem schuldigen Gretchen in *Faust* zu: „Grimm fasst dich.“[13] Es wäre unnütz, zu fragen, wer da grimmig sei. Hier geht es um die Schuld der Tötung eines Verwandten, ebenso beim Orestes des Aischylos, der noch vor der Begegnung mit den Erinnyen die Überwältigung durch seine Schuld als Furcht erlebt, die Vorgefühl eines Zorns ohne Zürnenden ist:

> Doch, dass ihr's wisst: nicht weiß ich, wohinaus das treibt.
> Gleichsam mit Rossen fahrend, lenk ich aus der Bahn
> Seitwärts heraus. Fort reißt mich, den Bezwungnen, fort
> Mein Sinn unbändig. Nah dem Herzen macht sich Furcht
> Zum Sang bereit, zum Tanz dabei im Ton des Grolls.[14]

Ein besonders intimes Gefühl ist die Scham, weil sich der Beschämte von seiner Umgebung abwendet. Es kommt aber auch vor, dass der Beschämte sich gar nicht schämt, sodass keine Gefühlsansteckung durch ihn in Betracht kommt, während sein beschämendes Verhalten den Umstehenden oder auch den Angehörigen, selbst wenn sie nicht zur Stelle sind, peinlich ist. Daran zeigt sich, dass sogar dieses intime Gefühl, auch ohne volle Ergriffenheit von ihm, eine ausstrahlende Atmosphäre ist, denn dieselbe Peinlichkeit kommt sowohl als akute katastrophale Beschämtheit vor – man sagt dann wohl: „Es ist mir entsetzlich peinlich, dass ...“ –, als auch als abgeschwächtes Ausklingen dem Rande, wo die Teilnehmer nur noch peinlich berührt sind und nicht mehr den Blick senken, wie der im Vollsinn sich Schämende, sondern etwa nur die Augen etwas zukneifen. Ich habe die komplizierte Atmosphäre der Scham analysiert.[15] Weniger kompliziert ist die Atmosphäre der Freude, durchzogen von einer levitierenden Tendenz, in der der physisch unveränderte Druck der Schwere nicht mehr imponiert (Freudensprung, „Schweben in Seligkeit“). Das kann an durch die Freude gesteigertem Kraftgefühl liegen. Es gibt aber auch eine passivere Freude, in die man sich entspannt fallen lässt, etwa bei Erleichterung von einer schweren Sorge, und trotzdem hebt auch dann die Freude, was nur der gerichteten Atmosphäre des ergreifenden Gefühls verdankt sein kann. Besonders eindrucksvoll ist die Ausstrahlung der Atmosphäre im Fall der Trauer. Ich zeige sie am

13 Goethe, *Faust*, Vers 3806.

14 Aischylos, *Cheophoren*, Vers 1021-1025.

15 *System der Philosophie* III Teil 3, Bonn 1973, Studienausgabe 2005, S. 35-43; „Braucht die Scham einen Zeugen?“, in: *Ethik und Sozialwissenschaften* 12, 2001, S. 319-321; „Kann man Scham auf Dauer stellen?“, in: *Berliner Debatte Initial* 17, 2006, S. 100-105.

sozialen Gefühlskontrast und vergleiche zu diesem Zweck Freude und Trauer mit zwei ihnen verwandten leiblichen Regungen, die keine Gefühle sind, Frische und Mattigkeit. Der feinfühlig Fröhliche, der unvorbereitet in eine Gesellschaft tief trauriger Menschen kommt, wird die Äußerung seiner Fröhlichkeit etwas dämpfen, z. B. scheu verstummen; wenn er dagegen als Frischer auf die Matte trifft, wird ihm solche Zurückhaltung nicht so nahe liegen, sondern er wird sie eher, wenn er etwas von ihnen will, mit Worten oder handgreiflich aufzurütteln suchen, ihnen eine Stärkung reichen, sie zum Arzt schicken u. dgl. Dieser Unterschied liegt nicht am Respekt vor der Menschenwürde der Trauernden, denn der würde eher gebieten, sie aufzurütteln, um ihnen die aufrechte Haltung des Stolzes und der Würde zurückzugeben. Vielmehr wirkt die Atmosphäre der Trauer als den Fröhlichen leiblich ergreifende Macht, nicht so, dass er selber traurig würde, aber so, dass er sie als Autorität spürt, die den Raum der Anwesenheit zu füllen beansprucht und seine minder gewichtige Fröhlichkeit, die von sich aus einen gleichen Anspruch stellt, zurückweist. Bloße leibliche Regungen wie Frische und Mattigkeit sind weder so total raumfüllende Atmosphären, noch besitzen sie wie die Gefühle eine Autorität, die an den Gehorsam des von ihnen affektiv Betroffenen appelliert.

Hermann Schmitz

Emotionale Selbsttäuschung

Affektives Betroffensein kann nicht unbewusst sein, weil es dann nicht affektiv wäre, d. h. dem Betroffenen nicht nahe ginge. Wenn er z. B. in ruhigem Behagen gleichmäßig sein Leben genießt, hat es keinen Sinn, zu sagen, er sei in tiefe Trauer versunken, merke nur nichts davon. Wenn die Trauer ihn so wenig angreift, dass er behaglich darüber hinweglebt, kann er nicht traurig sein. Wer stolz zufrieden durchs Leben geht, kann nicht, auch nicht unbewusst, von vernichtender Scham heimgesucht werden. So einleuchtend diese Beispiele für das unvermeidliche Bewusstsein des Affekts auch sind, gibt es doch einige Vorkommnisse, die den Verdacht auf unbewusste Ergriffenheit von Gefühlen so sehr nähren, dass er sich schwer entkräften lässt. Ich will dafür drei Belege anführen:

1. Ein Psychiater erzählte mir kürzlich, dass er im Gespräch an seinem Partner, als die Rede auf einen für diesen wunden Punkt kam, ein unverkennbares Zeichen affektiver Reaktion auf dessen Gesicht beobachtet habe, doch habe sich dieser, gleich darauf befragt, an nichts von der Art erinnern können.

2. Christoph Demmerling fingiert, als Beispiel für unechte Gefühle, zwei Männer, Stephan und Michael, die einst mit einander studiert haben, danach aber entgegengesetzte Schicksale hatten. Michael ging ins Finanzgeschäft und verdiente dabei so viel, dass er sich ein leichtes Leben mit wenig Arbeit, viel Vergnügen, schöne Frauen und große Autos leisten kann. Stephan muss sich als Lehrer mit kargem Lohn und großer Familie durchs Leben schleppen. „Stephan empört sich dem Kollegen gegenüber über Michaels ‚unehrliche' Arbeit, seine Frauengeschichten und seinen insgesamt leichtfüßigen Lebensstil. Er hält dessen Lebensform auf der ganzen Linie für moralisch verwerflich. Darauf, dass er – eingespannt in den Lehrer- und Familienalltag und durch eine Immobilienfinanzierung dazu gezwungen, auf bescheidenem Fuß zu leben – einfach nur neidisch sein könnte, kommt Stephan nicht."[1]

3. Kleists Penthesilea hat, gekränkt durch vermeintlich unerwiderte Liebe, den geliebten Achilleus mit ihren Hunden zusammen zerfleischt und ist, von Entsetzen über ihre Tat erfasst, in einen Stupor verfallen, aus dem sie in einen Anfall von Entzücken übergeht: „Ich bin vergnügt." (Nach einer Pause mit einer Art von Verzückung) „Ich bin so selig, Schwester! Überselig!" Sobald sie die zerfleischte Liebe sieht, bricht diese

1 Christoph Demmerling, „Echte und unechte Gefühle", in: *Information Philosophie*, Jahrgang 2009, Heft 4, S. 7-15, hier S. 10.

Ekstase zusammen, und schließlich fasst sie sich zu einer Selbsttötung ohne materielle Waffe, indem sie ein vergrabenes Gefühl hochzieht und als tödliche Waffe gegen sich einsetzt:

> Denn jetzt steig ich in meinen Busen nieder,
> Gleich einem Schacht, und grabe, kalt wie Erz,
> Mir ein vernichtendes Gefühl hervor
> (...)
> Und schärf und spitz es mir zu einem Dolch
> Und diesem Dolche reich ich meine Brust.
> So! So! So! So! Und wieder! – Nun ists gut.
> Sie fällt und stirbt.[2]

Die Darstellung suggeriert, dass das Gefühl des Entsetzens über die eigene grausige Tat und Schuld unbewusst unter der Ekstase brodelte und diese als kompensatorisches Ausweichen hervortrieb, bis es durch die Schuldige, die sich ihm endlich stellt, ans Licht des Bewusstseins für sie gehoben wird.

Diese drei Herausforderungen an die einleuchtende These, dass affektives Betroffensein – auch als Ergriffensein von Gefühlen, erst recht als bloße leibliche Regung, z. B. Schmerz – nicht unbewusst sein kann, verlangen nach vermittelnden Erklärungen, die in der Tat möglich sind, aber nur mit Rückgang auf ontologische und anthropologische Grundlagen, die ich in den letzten Jahren freigelegt habe, während ich früher durch solche Einwände mehr in Verlegenheit gesetzt worden wäre. Auf diesem Weg will ich nun die Klärung des Problems versuchen.

Identität wird zu leicht genommen, wenn man sie für selbstverständlich hält, wie der amerikanische Logiker Quine, dem der Slogan zugeschrieben wird: „No entity without identity."[3] Er meint damit die relative Identität, mit etwas identisch zu sein, d. h. als Fall einer Gattung oder Bestimmung Fall weiterer Gattungen oder auch noch einmal (tautologisch) derselben Gattung zu sein. Diese relative Identität ist aber noch weniger selbstverständlich als die absolute, die von ihr vorausgesetzt wird: die Eigenschaft von etwas, selbst und von anderem verschieden zu sein. Zum Stoff der Welt, aus dem die Dinge (im allgemeinsten Sinn: die „Etwasse") gemacht sind, gehört keineswegs, dass etwas selbst oder es selbst ist (noch ohne Rücksicht darauf, womit es identisch ist). Die absolute Identität muss dem Gleiten abgewonnen werden, das Menschen beim Dösen oder in selbstvergessener Routine erleben. Jedem routinierten Autofahrer ist es schon einmal passiert, dass er ein Stück weit gefahren ist, die Straßenführung, die Verkehrsschilder, die übrigen Fahrzeuge usw. korrekt beachtet hat und erst beim Anhalten etwas davon merkt; in der gleitenden Ausübung seiner Könnerschaft ist ihm während dieser Zeit nichts selbst geworden. Um etwas zur absoluten Identität zu wecken, muss solches

2 Heinrich v. Kleist, *Penthesilea*, Verse 2856, 2864, 3025-3027, 3034.

3 So (nicht wörtlich) W. V. Quine, *The Ways of Paradox and other essays*, Cambridge [Mass.]/London 1976, S. 113.

pflanzenhaftes Gleiten durch einen Einschnitt aufgehalten und zerrissen werden. Das geschieht beim plötzlichen Einbruch des Neuen, der die gleitende Dauer ins Vorbeisein verabschiedet und statt ihrer die von mir so genannte primitive Gegenwart exponiert, in der die absolute Identität mit Subjektivität (dass etwas einen angeht und herausfordert), mit Wirklichkeit (die im Gleiten keine Rolle spielt) und mit absolutem Hier und Jetzt (noch ohne zeitliche und räumliche Orientierung) verschmolzen ist. Keineswegs bedarf es immer solcher Erschütterung bis zur Fassungslosigkeit, damit jemand zu sich selbst kommt und anderes als es selbst findet. Der Autofahrer, der endlich wieder merkt, wo er ist, braucht das nicht als tiefen Einschnitt zu erfahren. Aber er könnte sich nicht so besinnen, wenn ihm nicht die Aussicht auf primitive Gegenwart durch seine leibliche Dynamik freigegeben wäre, in Gestalt des vitalen Antriebs, in dem Engung und Weitung konkurrierend verschränkt sind. Wenn die Engung aushakt, wie im heftigen Schreck, ist der Antrieb erstarrt oder gelähmt; wenn die Weitung ausläuft, wie beim Dösen oder Einschlafen, ist er erschlafft; also ist er an die Verschränkung beider Impulse gebunden. Der Engungsimpuls hält die Aussicht auf primitive Gegenwart offen, desto mehr, je mehr er in der Verschränkung dominiert, etwa in Schreck, Angst, Schmerz und Beklommenheit. Ohne diese vitale Grundlage absoluter Identität hätte niemand ein Mittel, um diese, die dem Gegebenen nicht von selbst zukommt, auf etwas so anzuwenden, dass etwas dieses oder jenes ist.

An den plötzlichen Einbruch des Neuen schließt sich das Leben aus primitiver Gegenwart mit gleitender Dauer, primitiver Gegenwart, leiblicher Dynamik (mit dem vitalen Antrieb) und leiblicher Kommunikation vom Typ der Einleibung an; Einleibung entsteht, wenn ein gemeinsamer Antrieb mehrere Partner verbindet. Tiere und Säuglinge sind auf dieses Leben beschränkt; erwachsene Menschen stecken gleichsam bis zum Hals darin und reichen nur mit der Spitze ihrer Personalität darüber hinaus. Im Leben aus primitiver Gegenwart sind absolute Identität und Verschiedenheit aus der primitiven Gegenwart verfügbar; deswegen ist dieses Leben vor Verwechslungen geschützt, z. B. bei allen flüssigen Körperbewegungen (Gehen, Greifen, Kauen, Sprechen usw.), die ohne solchen Schutz in Apraxie entgleiten würden. Jede flüssige Gliederbewegung ist eine Situation, d. h. Mannigfaltiges, das zusammengehalten und mehr oder weniger herausgehoben wird durch eine binnendiffuse Bedeutsamkeit aus Bedeutungen, die Sachverhalte, Programme oder Probleme sind. Binnendiffus ist die Bedeutsamkeit, weil nicht alle Bedeutungen in ihr (sehr oft gar keine) einzeln sind. Einzeln ist, was eine Anzahl um 1 vermehrt. Wenn eine flüssige Körperbewegung für jeden Schritt (z. B. beim Kauen) auf einzelne Programme und (für die Orientierung) einzelne Sachverhalte sowie (wenn es einmal schwierig wird) einzelne Probleme zurückgreifen müsste, geriete sie von vornherein ins Stottern und gewänne gar nicht ihre Flüssigkeit. Das Leben aus primitiver Gegenwart ist voll von Situationen leiblicher Dynamik und leiblicher Kommunikation, die ganzheitlich mit Rufen und Schreien angesprochen, heraufbeschworen, modifiziert und beantwortet, aber nicht durch Entbindung einzelner Bedeutungen aus der binnendiffusen Bedeutsamkeit expliziert werden. Solche Explikation ist erst das Werk der menschlichen, satzförmigen Rede, die aus der binnendiffusen Bedeutsamkeit von Situationen einzelne Sachverhalte, Programme und Probleme, meist im Verbund, herausholt und zu Konstellationen vernetzt, um durch diese die Situationen rekonstruierend in den

Griff zu nehmen sowie phantasierend und planend zu überholen. Einzeln ist, was eine Anzahl um 1 vermehrt, das heißt, was Element einer endlichen Menge ist, also – da endliche Mengen Umfänge von Gattungen, Mengen der ..., sind – was Fall einer Gattung ist. Einzeln kann etwas demnach nur als etwas sein, in Hinsicht auf eine Bestimmung, als Fall einer Gattung, die manchmal nur diesen einzigen Fall hat, meist aber allgemein ist. Einzelheit besteht demnach in der Verbindung absoluter Identität mit dem Fallsein. Wenn mehrere Gattungen zur Verfügung stehen, ergänzt sich die absolute Identität zur relativen, indem etwas als Fall einer Gattung zugleich Fall einer anderen Gattung ist, z. B. als Mann zugleich Professor oder Schuster. Ein degenerierter Grenzfall relativer Identität ist die tautologische Identität von etwas mit sich selbst, indem es als Fall einer Gattung Fall eben dieser Gattung ist. Wenn etwas aber Fall mehrerer Gattungen ist, bedarf es für seine Einzelheit eines explikativer Rede fähigen Subjekts oder Bewussthabers, der in der Lage ist, willkürlich oder zufällig (dann ohne eigenes Zutun) eine von diesen Gattungen auszuzeichnen, sodass es als Fall eben dieser Gattung einzeln sein kann. Das geht aber nicht so weit, als ob etwas einzeln nur sein könnte, wenn gerade jemand daran denkt.

Diese ontologisch-anthropologischen Überlegungen gestatten eine Stellungnahme zur Vermutung unbewussten affektiven Betroffenseins, wenigstens für die ersten beiden vorhin angeführten Belege, während der dritte (aus der *Penthesilea*) noch weitergehender Klärung bedarf. Es kann leicht dazu kommen, dass jemand im Leben aus primitiver Gegenwart affektiv betroffen ist, aber nicht dahin gelangt, dieses Betroffensein als Fall auf eine Gattung zu beziehen, sodass es ihm nicht einzeln wird. Man sagt dann, ihm sei das Ereignis zwar bewusst gewesen, er habe es aber nicht bemerkt. Diese Unterscheidung ist im Alltag und in der Wissenschaft bekannt,[4] aber bisher immer auf undurchsichtige Umschreibungen angewiesen gewesen; ihr Sinn kann jetzt so präzisiert werden: Bloßes Bewusstsein – besser: Bewussthaben – kommt auch ohne Vereinzelung vor; bemerkt ist etwas, wenn es als Fall von etwas und damit einzeln bewusst ist. Mit dem Instrument dieser Unterscheidung kann die Diskrepanz zwischen dem Affektsignal eines Betroffenen und dessen Unfähigkeit, sich auf einen zugehörigen Affekt zu besinnen, der erste Beleg für vermeintlich unbewusstes affektives Betroffensein, leicht aufgeklärt werden: Der Betroffene mag sein Betroffensein bewusst erlebt haben, aber er hat es nicht bemerkt, weil ihm gerade keine Gattung einfiel, als deren Fall er es verstehen konnte, und deswegen vermag er es bei der Rückbesinnung, die das Erlebte auf einzelne Vorkommnisse abtastet, nicht zu entdecken. Ähnlich ist der zweite Beleg aufzuklären, bezüglich auf den als Empörung verkannten Neid. Hier kommt es auf die Unterscheidung von Zorn und Empörung an. Zornig war Demmerlings Stephan jedenfalls auf den nach seiner Meinung unverdienten Lebenserfolg eines Mannes von wenig achtbarer Gesinnung, verglichen mit seiner trotz redlichen Bemühens dürftigen Lage. Diesen Zorn dürfte er bei sich bemerkt haben und wohl auch einzugestehen bereit sein. Er versteht ihn aber als Empörung. Empörung ist nicht nur, wie jeder Zorn, Wendung gegen ein als Unrecht

4 Vgl. z. B. Carl-Friedrich Graumann, „Bewußtsein und Bewußtheit", in: *Handbuch der Psychologie*, 1. Band, 1. Halbband, hg. v. W. Metzger, Göttingen 1966, S. 79-127, hier S. 98.

gefühltes Ereignis, sondern ein qualifizierter Zorn, der mit dem emphatischen Anspruch allgemeingültiger Berechtigung und Anerkennungswürdigkeit einhergeht. Indem Stephan seinen Zorn zu so exquisiter Würdigkeit hochschraubt und diese zur Subsumtion seines Gefühls benützt, steht ihm keine Gattung zur Verfügung, um dieses als einen Fall des als niederträchtig bewerteten Neides zu verstehen. Ein Subsumtionsfehler hindert ihn daran, sein Gefühl von Zorn aus Neid, das ihm sehr wohl bewusst sein kann, mit einem passenden Titel zu benennen. Nicht sein Fühlen, sondern dessen intellektuelle Verarbeitung durch Eitelkeit verbirgt ihm sein Gefühl.

Der dritte Fall emotionaler Selbsttäuschung in vorstehender Aufzählung, die zeitweilige Verdeckung fortwirkenden schweren Schuldgefühls durch ekstatische Seligkeit bei Kleists Penthesilea, bedarf etwas komplizierterer Aufklärung, weil zusätzlich der Unterschied mehrerer Niveaus personaler Emanzipation berücksichtigt werden muss. Um deutlich zu machen, worum es sich dabei handelt, muss ich auf die ontologisch-anthropologischen Ausführungen zurückgreifen. Der Mensch erhebt sich über das Leben aus primitiver Gegenwart, indem er sich selbst als Fall von Gattungen versteht und dadurch seine aus der primitiven Gegenwart stammende absolute Identität als Bewussthaber zur Einzelheit ergänzt. Dann ist er Person, d. h. ein Bewussthaber mit Fähigkeit zur Selbstzuschreibung, etwas für sich selbst zu halten. Das ist ein identifizierendes Selbstbewusstsein (besser: Sichbewussthaben). Es bedarf der Fundierung in einem nicht identifizierenden. Niemand kann durch bloßes Identifizieren zum Bewusstsein seiner selbst (dass es sich um ihn selber handelt) kommen. Auf diese Weise würde er endlos vom Fall (oder Inhaber) einer Bestimmung (Gattung) zum Fall einer anderen geführt werden, ohne je zu merken, dass er selber alle diese Fälle ist. Diesen Gedanken muss er zur identifizierenden Kennzeichnung schon mitbringen, und zwar aus den Tatsachen seines affektiven Betroffenseins, die, wie ich oft gezeigt habe, für ihn subjektiv (an ihn adressiert) sind, mit der Folge, dass höchstens er sie aussagen kann. Wie aber findet er im affektiven Betroffensein identifizierungsfrei sich als den, für den diese Tatsachen subjektiv sind? Dazu bedarf er der von der Engungskomponente seines vitalen Antriebs ihm vorgehaltenen primitiven Gegenwart, in der absolute Identität mit der Subjektivität, selbst betroffen zu sein, verschmolzen ist, aber noch keine relative Identität für Identifizierungen zur Verfügung steht. Jede Person bedarf für ihre Personalität, d. h. Fähigkeit zur Selbstzuschreibung, also einer Ausspannung zwischen den neutralen oder objektiven Sachverhalten – d. h. solchen, die im Gegensatz zu den für jemand subjektiven jeder aussagen kann, sofern er genug weiß und gut genug sprechen kann –, die sie sich in der Selbstzuschreibung als Fall von etwas zuschreibt, auf der einen Seite, und der Subjektivität ihres affektiven Betroffenseins bis hin zu deren Wurzel, der primitiven Gegenwart, auf der anderen. Daher kann die Person nicht Person mit Sichbewussthaben sein, ohne gleichsam zu pendeln zwischen der Objektivierung und Neutralisierung, die ihr Zugang zu den neutralen Sachverhalten gibt, die sie sich in der Selbstzuschreibung als echte oder vermeintlichen Tatsachen ihres Fallseins von Bestimmungen zuschreibt, und umgekehrt der Resubjektivierung im affektiven Betroffensein, dessen subjektive Tatsachen in der primitiven Gegenwart verankert sind. Die eine Richtung des Pendelns ist personale Emanzipation. Sie führt zur Vereinzelung und zur Neutralisierung von Bedeutungen (Sachverhalten, Programmen, Problemen), aus der in von mir anderswo beschriebener Weise das Fremdwerden von Sachen und damit die Chance, dem Fremden etwas Eigenes gegenüberzustellen, hervorgeht. Die andere Richtung des Pendelns ist personale Regression. Sie führt von der Neutralisierung von Bedeutungen und der damit verbundenen Gegenüberstellung des Eigenen und Fremden zurück in das Leben aus primitiver Gegenwart, in dem alle Bedeutungen für jemand subjektiv sind, und zwar schon Verschiedenheit, aber noch nicht Fremdheit (als Entfremdung) vorkommt. Lachen und Weinen sind zwei Gestalten der Integration von personaler Emanzipation und personaler Regression.

Personale Emanzipation und personale Regression bilden Niveaus aus, deren Höhe sich nach dem Abstand vom Leben aus primitiver Gegenwart bemisst, d. h. nach dem Ausmaß der Neutralisierung von Bedeutungen und der sauberen Sonderung des Eigenen und Fremden. Von einem höheren Niveau personaler Emanzipation aus ist ein niedrigeres ein Niveau personaler Regression. Auf den Niveaus gibt es verschiedene Stile der Abstandnahme, z. B. nüchterne Sachlichkeit, Ironie, reife Besonnenheit. Humor ist die Fähigkeit, immer noch ein Niveau zur Verfügung zu haben, um ein anderes dem Belächeln oder der Lächerlichkeit preiszugeben. Affektives Betroffensein von Personen ist ein dreistelliges Verhältnis zwischen einer Person, dem betroffen machenden Affekt (z. B. einem Gefühl) und einem Niveau personaler Emanzipation dieser Person, die nämlich auf verschiedenen Niveaus affektiv verschieden betroffen sein kann. So kann man im Bann gesellschaftlicher Konventionen von sogar heftiger Scham befallen werden und zugleich auf einem höheren Niveau personaler Emanzipation wie mit den Achseln zucken. Überhaupt ist es der Person möglich, zugleich auf mehreren Niveaus personaler Emanzipation zu stehen. Das ist das Geheimnis der Akrasie, der vermeintlichen Willensschwäche (weakness of will), die dann vorliegt, wenn jemand gegen seine Überzeugung vom Vorrang eines Verhaltens ein anderes, ihm als nachrangig geltendes wählt. Von Aristoteles bis zur modernen analytischen Philosophie der Angelsachsen ist man über die Akrasie nicht zu einem befriedigenden Ergebnis gekommen, weil man sie als Willensschwäche statt als Ausspielen eines Niveaus personaler Emanzipation gegen ein anderes verstand. Ein Beispiel solchen akratischen Ausspielens liefert der faule Bettgenießer, der morgens überzeugt ist, wegen einer wichtigen Erledigung aufstehen zu müssen, es aber so schön wohlig und warm im Bett findet, dass er trotzdem liegen bleibt. In diesem Fall setzt sich ein subjektiveres Niveau mit stärkerem Rückhalt im affektiven Betroffensein gegen ein neutralisierteres durch. Willensschwäche läge nur vor, wenn die Entscheidung blockiert oder wenigstens gehemmt wäre.

Der faule Bettgenießer besitzt zwar mehrere Niveaus seiner personalen Emanzipation, kann aber zwischen ihnen wechseln; er könnte sich ja auch aufraffen. Eine psychopathologische Erkrankung (besser: Erkrankung der Subjektivität) liegt vor, wenn der Vorrat an Niveaus zwar zum Wechseln zwischen ihnen ausreicht, die Person aber keine eigene Kraft zu solchem Wechseln hat, sondern zwischen den Niveaus ohne selbst gestaltete Übergänge herumgeworfen wird. Dann ergibt sich das Krankheitsbild der Hysterie. Der Hysteriker weicht vom Normalen nur darin ab, dass er den Übergang von Niveau zu Niveau nicht regulieren kann; auf dem jeweiligen Niveau kann er elastisch wie ein Normaler reagieren. Im Extremfall ergibt sich die hysterische Persönlichkeitsspaltung in scheinbar auseinanderfallende Persönlichkeiten, eigentlich aber in abnorm unverbundene Niveaus personaler Emanzipation einer Person. Eine solche Hysterika ist Kleists Penthesilea. Aus der leiblichen Engung durch den Druck des Schuldgefühls voller Entsetzen flieht sie in die privative, d. h. aus der Enge sich lösende Weitung überschwänglicher Seligkeit, aber sie flieht nicht mit eigenem Fluchtwillen, sondern sie wird von dem höheren, urteilsfähigen Niveau auf ein Niveau personaler Regression versetzt, auf dem ihr dank privativer Weitung das engende Entsetzen nicht mehr zugänglich ist. Das grausame Gefühl, das auf dem höheren Niveau lauert, ist sie nicht los, denn es handelt sich weiterhin um ein ihr zugehöriges Niveau, aber es ist ihr gerade nicht zugänglich, bis es wieder einschnappt und nun in voller, selbstkritischer Besonnenheit zur Selbsttötung mit mentaler Waffe führt. In diesem Fall kann man vielleicht am ehesten von unbewusstem affektivem Betroffensein sprechen, aber es handelt sich um kein aktuelles Betroffensein im Vollsinn, sondern um ein aufgeschobenes in Wartestellung.

Christoph Demmerling

Gefühle, Sprache und Intersubjektivität

Überlegungen zum Atmosphärenbegriff der Neuen Phänomenologie

In weiten Teilen des Alltagslebens, aber auch in den Wissenschaften und in vielen philosophischen Theorien ist die Auffassung verbreitet, Gefühle seien in erster Linie als seelische oder psychische Zustände einzelner Individuen aufzufassen. Im Rahmen dieser Vorstellung sind Gefühle als Vorgänge in einer Innenwelt von Subjekten oder als Zustände dieser Innenwelt anzusehen. Sie besitzen, so das geläufige Bild, eine organische, biologische Grundlage und bilden sich in der Interaktion eines Individuums mit seiner Umwelt aus. Man unterscheidet in diesem Zusammenhang häufig zwischen Gefühlen, die als Ergebnisse einer vergleichsweise festen biologischen Verdrahtung von Lebewesen angesehen werden können, und solchen, die komplexere, kulturell geformte Muster des Lebens und der Wahrnehmung voraussetzen. Furcht dient häufig als Beispiel für ein Gefühl mit tiefer biologischer Verwurzelung, was zum Teil durch den Hinweis auf seine Verbreitung in allen Kulturen sowie durch die Tatsache belegt werden kann, dass dieses Gefühl bzw. ein funktionales Äquivalent dieses Gefühls sich bei vielen Lebewesen findet. Bei Gefühlen wie Neid oder Scham hingegen ist strittig, ob es sich um kulturell invariante Zustände handelt und ob sie auch bei nicht menschlichen Lebewesen vorkommen. Aber ganz gleich wie das Spektrum der Gefühle im Einzelnen aufgeteilt wird, die Voraussetzung, dass Gefühle subjektive Zustände sind, wird zumeist nicht angezweifelt.

Innerhalb der phänomenologischen Tradition ist vereinzelt darauf aufmerksam gemacht worden, inwieweit das skizzierte psychologistische Verständnis von Gefühlen diese Phänomene von vornherein in einer falschen Perspektive betrachtet. Heidegger zum Beispiel (der nicht von Gefühlen, sondern von Stimmungen spricht, was aber ohne Anstrengung auf Gefühle übertragen werden kann) bemerkt anlässlich der Traurigkeit: „Die Stimmung ist sowenig darinnen in irgendeiner Seele des anderen und sowenig auch daneben in der unsrigen (...) sie ist *nicht ‚darinnen'* in einer Innerlichkeit und erscheint dann nur im Blick des Auges; aber deshalb ist sie *ebensowenig draußen.*" Seine Antwort auf die Frage nach dem Ort der Stimmungen bzw. der Gefühle lautet, sie seien als eine Weise unserer Miteinanderseins anzusehen, „wie eine Atmosphäre, in die wir je erst eintauchten und von der wir dann durchstimmt würden."[1]

1 Martin Heidegger, *Grundbegriffe der Metaphysik. Welt – Endlichkeit – Einsamkeit*, Frankfurt am Main 1983, S. 100.

Heidegger verwendet eine Analogie, wenn er sagt, Gefühle bzw. Stimmungen seien *wie* Atmosphären, in die man eintauche. Zieht man vielfältige lebensweltliche Erfahrungen in Betracht und vergegenwärtigt sich, auf welche Weise man häufig mit Gefühlen konfrontiert wird, drängt sich diese Analogie auf. Man betritt einen Raum und erlebt dessen Atmosphäre als bedrückend oder heiter. Man trifft auf eine Gruppe von Menschen und kann auch deren Gegenwart als geprägt von einer bedrückenden oder heiteren Atmosphäre erleben, die zwischen den Personen herrscht. Kollektive Gefühlslagen, sei es im Fußballstadion, bei einem Rockkonzert oder auf einer Beerdigung, lassen sich ebenfalls ohne Schwierigkeiten als atmosphärische Phänomene beschreiben. Streng genommen gilt das auch für die Gefühle eines einzelnen Individuums. Nach einem Verlust oder einer Niederlage erlebt man alles so, als sei es in eine Atmosphäre der Traurigkeit oder Schwermut eingetaucht. Die Frage, die ich in dem vorliegenden Beitrag diskutieren möchte, lautet: Ist die Betrachtung eines Gefühls als Atmosphäre mehr als eine Analogie? Handelt es sich bei der Rede davon, dass sich ein Gefühl wie eine Atmosphäre ausgebreitet hat, lediglich um eine metaphorische Redeweise oder ist mehr im Spiel? Gibt der Atmosphärenbegriff gar geeignete Mittel zur Überwindung des psychologistischen Paradigmas in der Theorie der Gefühle an die Hand?

Mit der leibphänomenologisch fundierten Gefühlsauffassung von Hermann Schmitz liegt ein Ansatz vor, dem zufolge Gefühle nicht nur als Atmosphären aufgefasst werden können, sondern Atmosphären sind. Bei Gefühlen soll es sich – dies ist die eigentlich provozierende und auch irritierende These – um Atmosphären im Raum handeln, die im Prinzip einen objektiven Charakter haben. Das ist auf den ersten Blick eine erstaunliche Auffassung und so kann es nicht überraschen, dass seine Position in vielfältiger Weise auf den Prüfstand gestellt wurde und unterschiedliche kritische Reaktionen nach sich gezogen hat.[2] Im ersten Teil meiner Überlegungen formuliere ich eine Rekonstruktion der Idee, dass Gefühle Atmosphären sind, indem ich die maßgeblichen Argumente diskutiere, welche zur Verteidigung dieser Idee angeführt werden (I). Im zweiten Teil schlage ich vor, Gefühle als intersubjektive und nicht als objektive Phänomene zu begreifen. Die Rede von der Intersubjektivität der Gefühle ist mit der Idee vereinbar, sie als Atmo-

2 Wichtige kritische Beiträge zum Atmosphärenbegriff, die der Stoßrichtung der Analysen von Schmitz in einer grundsätzlichen Perspektive etwas abgewinnen können, stammen von: Michael Hauskeller, *Atmosphären erleben. Philosophische Untersuchungen zur Sinneswahrnehmung*, Berlin 1995; Gernot Böhme, *Atmosphäre. Essays zu einer neuen Ästhetik*, Frankfurt am Main 1995, insbesondere S. 28ff.; Jens Soentgen, *Die verdeckte Wirklichkeit. Einführung in die Neue Phänomenologie von Hermann Schmitz*, Bonn 1998; Hilge Landweer, *Scham und Macht. Phänomenologische Untersuchungen zur Sozialität eines Gefühls*, Tübingen 1999, v. a. 146ff.; Thomas Fuchs, *Leib Raum Person. Entwurf einer phänomenologischen Anthropologie*, München 2000; Andreas Wildt, „Gefühle als Atmosphären. Schmitz' Gefühlstheorie, ozeanische Erfahrungen und tiefenpsychologische Psychotherapien", in: *Logos*, N.F. 7 (2001), S. 464-505; Anna Blume, *Scham und Selbstbewusstsein: Zur Phänomenologie konkreter Subjektivität bei Hermann Schmitz*, Freiburg/München 2003, v. a. S. 63ff.; Anna Blume/Christoph Demmerling, „Gefühle als Atmosphären? Zur Gefühlstheorie von Hermann Schmitz", in: Hilge Landweer (Hg.), *Gefühle – Struktur und Funktion*, Berlin 2007, S. 113-133, 129ff.; Jan Slaby, *Gefühl und Weltbezug. Die menschliche Affektivität im Kontext einer neoexistentialistischen Konzeption von Personalität*, Paderborn 2008, insbesondere S. 334ff.

sphären betrachten zu können. Der Gedanke, dass Gefühle objektiv sind, sollte aber aufgegeben werden (II).

I.

Als atmosphärisch werden Gefühlsphänomene von Schmitz aufgefasst, sofern sich diese nicht auf ein Individuum beschränken und in seine Innenwelt eingesperrt sind, sondern sich ohne klar umrissene Grenze im Sinne objektiver Phänomene, die von Schmitz als Halbdinge angesehen werden, in den Raum erstrecken. Im Unterschied zu Dingen, die raumzeitlich lokalisierbar auf konstante Weise in der Außenwelt anzutreffen sind, gelten *Unterbrechbarkeit*, d. h. nicht-konstante Dauer, und *zweigliedrige Kausalität*, womit Schmitz das Zusammenfallen von Ursache und Einwirkung meint, als einschlägige Charakteristika von Halbdingen. Neben Gefühlen werden die Stimme, der Wind, schneidende Kälte oder brütende Hitze als Beispiele für Halbdinge angeführt.[3] Die Auffassung, Gefühle seien als Halbdinge Atmosphären, die im Raum stehen, lässt sich im Rückgriff auf verschiedene Indizien plausibel machen. Eine erste wichtige Unterscheidung, die Schmitz im Zusammenhang mit seinen diesbezüglichen Überlegungen trifft, ist die zwischen Gefühlen im Sinne *überpersönlicher Atmosphären* und *personengebundenen Gefühlen.*

Von einer überpersönlichen Atmosphäre spricht Schmitz, wenn Betroffene ein Gefühl gar nicht unmittelbar und primär als eigenen Zustand erfahren, sondern sie in etwas hineingeraten und von etwas erfasst werden, was sie umgreift. Um einen derartigen Prozess zu verdeutlichen, verweist er immer wieder auf Phänomene wie das Wetter und das Klima. Aber auch die Stimmung des Sonntags, die Begeisterung nach einer gelungenen Darbietung, sei sie musikalischer oder sportlicher Art, sind Beispiele, die sich anführen lassen und zum Teil von Schmitz diskutiert werden. Personengebundene Gefühle sind Schmitz zufolge ebenfalls als Atmosphären anzusehen, die über den menschlichen Leib hinausreichen und ihn einbetten, wie er unter anderem am Beispiel der Freude deutlich machen möchte: „In der Freude springt und hüpft der Mensch, aber nicht unbedingt, weil er gesteigerte Spannkraft austoben müsste; man kann sich in die Freude ja auch fallen lassen. Vielmehr hat sich ihm die räumliche Atmosphäre, in der er aufgeht, zur leiblich hebenden Freude verwandelt (...).“[4]

Auf der Grundlage derartiger Beschreibungen leuchtet es nicht unbedingt ein, warum personengebundene Gefühle notwendigerweise als Atmosphären betrachtet werden sollten, die zwar vielleicht nicht unabhängig vom Menschen existieren, aber doch *vor* oder *neben* ihm. Selbstverständlich kann die Freude, gleiches gilt für die Trauer oder Scham und andere personengebundene Gefühle, dadurch, dass sie einen Ausdruck findet, eine Atmosphäre schaffen, die dann über die von diesem Gefühl betroffenen Personen hinauswirkt und sich so auch anderen mitteilt. Aber ist sie darum ihrerseits als eine Atmosphäre

3 Vgl. Hermann Schmitz, *Was ist Neue Phänomenologie?*, Rostock 2003, S. 104ff.; auf eine kritische Diskussion der Kategorie der Halbdinge und ihrer Merkmale verzichte an dieser Stelle.

4 Hermann Schmitz, *Höhlengänge. Über die gegenwärtige Aufgabe der Philosophie*, Berlin 1997, S. 146.

anzusehen? Ich meine, nein, jedenfalls nicht unbedingt. Werden mit dem Verständnis von Gefühlen als Atmosphären nicht an bestimmten Beispielen (Sonntagsstimmung) gewonnene Einsichten zu Unrecht verallgemeinert und auf das gesamte Spektrum affektiver Phänomene übertragen? Bezogen auf an Personen gebundene Gefühle wie Scham, Neid oder Furcht, scheint der Atmosphärenbegriff nicht besonders plausibel zu sein. Handelt es sich bei diesen typischen Beispielen für Gefühle nicht eindeutig um personengebundene Zustände? Aber ziehen wir erst einmal die Argumente in Betracht, die für die Auffassung sprechen, alle Gefühle, auch die personengebundenen, als Atmosphären anzusehen.

Richtig an der Explikation von Gefühlen mithilfe des Atmosphärenbegriffs ist, dass ein personengebundenes Gefühl wie Freude nicht ausschließlich subjektiv ist. Wie die meisten Gefühle durchlaufen auch Gefühle wie Freude und Trauer soziale Modulationen und markieren einen Spielraum für das eigene Handeln und Verhalten. Außerdem wird in der Freude oder Trauer etwas erfahren, was gegenüber dem Individuum, welches dieses Gefühl hat, jeweils mit einem ‚objektiven' Anspruch auftritt: in der Freude etwas von Wert, in der Trauer ein Verlust. Damit sind Gefühle von vornherein in eine Sphäre gestellt, die über den Kreis des Subjektiven im engeren Sinne hinausreicht.

Wenn ich recht sehe, sind es ganz unterschiedliche Indizien, die immer wieder angeführt werden, um die Atmosphärentheorie zu belegen: neben den überpersönlichen Gefühlen (1) sind dies das Phänomen der sogenannten Gefühlskontraste (2), die Autorität von Gefühlen (3), die Sicherheit im Ausdruck eines Gefühls auf der Seite desjenigen, der dieses Gefühl verspürt (4), die Zugänglichkeit der Gefühle anderer (5) sowie schließlich Sympathiegefühle wie Mitleid und Mitfreude (6), Gefühle, die eher von der Umgebung oder Objekten in der Umgebung eines Individuums als von diesem Individuum auszugehen scheinen (7), und schließlich die Tatsache, dass jemand mit einem Gefühl konfrontiert sein kann, ohne von diesem im Vollsinn und auf der ganzen Linie betroffen zu sein (8).[5] Ich gehe diese Indizien der Reihe nach durch, um ihre Tragfähigkeit zu prüfen. Zeigen sie, dass Gefühle Atmosphären mit objektivem Charakter sind?

Was die *überpersönlichen Gefühle* betrifft, so kann man – wie bereits angeführt – an die heitere Stimmung eines Sommernachmittags am Badesee oder an die Erregung im Fußballstadion denken, die sich bei spielentscheidenden Szenen einstellt. Um solche Phänomene zu charakterisieren, eignet sich der Atmosphärenbegriff, zumal er auch in der Alltagssprache in diesem Zusammenhang verwendet wird. Man spricht von der heiter-gelösten Atmosphäre am Badesee oder der aufgeheizten Atmosphäre im Stadion, die einen unvermutet erfassen kann. Überpersönliche Gefühle veranschaulichen den atmosphärischen Charakter von Gefühlen besonders gut. Die Frage, die sich trotz dieser auf den ersten Blick so überzeugenden Belege für die Atmosphärenhaftigkeit von Gefühlen stellt, lautet: Bedürfen nicht auch die überpersönlichen Gefühle einer mitschwingenden Subjektivität? Auch überpersönliche Gefühle sind in einem bestimmten Sinne subjekt-

5 Vgl. zur Diskussion einiger dieser Indizien, die für die Auffassung sprechen, Gefühle seien insgesamt als Atmosphären und objektive Phänomene anzusehen, Andreas Wildt, „Gefühle als Atmosphären", S. 482ff., an dessen Überlegungen ich anschließe.

relational und nicht ganz und gar subjektlos. Zu ihnen gehören Subjekte, die sich von ihnen ansprechen lassen.

Das Phänomen der *Gefühlskontraste*, welches im Rahmen der Neuen Phänomenologie von Schmitz ebenfalls angeführt wird, um den Nachweis der Atmosphärenhaftigkeit auch personengebundener Gefühle zu erbringen, erklärt sich vor dem Hintergrund des sozialen Spielraums, der durch Gefühle eröffnet wird, sowie der objektiven Ansprüche, die mit Gefühlen verbunden sind. Ein Fröhlicher, der in eine Trauergemeinde gerät, kann sich der dort vorherrschenden Trauer nicht entziehen. Ist damit bereits der Nachweis erbracht, dass die Trauer eine Atmosphäre ist? Oder sollte man nicht vielmehr sagen, die Trauer könne wie andere Gefühle auch die Atmosphäre einer Situation bestimmen oder schaffen, sodass wir uns dann mit bestimmten Verhaltenserwartungen konfrontiert sehen, auf deren Grundlage sich unsere Gefühle ändern. Dies sind zwei ganz unterschiedliche Behauptungen. Die zweite halte ich für richtig, aus ihr folgt jedoch nicht unbedingt die erste.

Die Berücksichtigung von Verhaltenserwartungen kann auch den Unterschied zwischen Gefühlskontrasten und leiblichen Regungen erklären. Schmitz kommt gelegentlich auf diesen Unterschied zu sprechen, um ein weiteres Argument für den Atmosphärenbegriff zu gewinnen: anders als der Fröhliche, der sich der Stimmung einer Trauergemeinde nicht entziehen kann, werde eine matte Person, die unter frische und unternehmungslustige Zeitgenossen gerate, nicht unbedingt frisch. Diese Beschreibung mag im Großen und Ganzen richtig sein, die Schlussfolgerung ist aber nicht unbedingt zwingend. Ein Matter, der sich mit bestimmten Verhaltenserwartungen von Frischen konfrontiert sieht, steckt in einer ähnlichen Situation wie der Fröhliche unter Trauernden. Wird von ihm erwartet, dass er sich an sportlichen Übungen oder ausgedehnten Wanderungen beteiligt, kann er von einem Ruck erfasst werden und wie bei dem Fröhlichen in der Trauergemeinde ändert sich seine Gesamtverfassung.[6]

Ein weiterer Gesichtspunkt, der immer wieder genannt wird, um Gefühle als Atmosphären zu explizieren, ist die *Autorität der Gefühle*. Schmitz spricht von der Autorität der Gefühle, um den Umstand zu akzentuieren, dass wir von Gefühlen betroffen werden. Wenn wir von Gefühlen betroffen sind, dann ergreifen sie uns, wir nehmen nicht einfach nüchtern etwas zur Kenntnis, sondern es geschieht etwas mit uns. Gefühle, so heißt es bei Schmitz einmal an einer Stelle, an welcher sich sein gesamter Ansatz in einem einzigen Satz verdichtet, „sind als ortlos ergossene Atmosphären zu bestimmen, die einen Leib, den sie einbetten, in der Weise des affektiven Betroffenseins heimsuchen, wobei

6 Kritik an Schmitz' Überlegungen zu Gefühlskontrasten äußert auch Michael Hauskeller, *Atmosphären erleben*, S. 22f.; Schmitz macht gegen Hauskeller geltend, dass durch Kontrast die Fröhlichkeit des Fröhlichen unter Traurigen gedämpft, während die Trauer des Traurigen unter Fröhlichen verstärkt wird, weshalb sein Einwand nicht steche. Vgl. Hermann Schmitz, „Gefühle als Atmosphären im Raum", in: Hermann Schmitz/Gabriele Marx/Andrea Moldzio, *Begriffene Erfahrung. Beiträge zur antireduktionistischen Phänomenologie*, Rostock 2002, S. 65-75, 70. Ich vermute, dass sich der von Schmitz aufgewiesene Umstand spezifischen Eigenschaften der Trauer und nicht unbedingt dem kategorialen Unterschied zwischen Gefühlen und leiblichen Regungen verdankt.

dieses die Gestalt der Ergriffenheit annimmt."[7] Man kann sich diesen Umstand vergegenwärtigen, wenn man an die unterschiedlichen Reaktionen denkt, welche die Mitteilung über bestimmte Sachverhalte bei uns hervorrufen kann. Die Mitteilung, dass Mikronesien aus insgesamt acht Inselgruppen besteht, werden wir zur Kenntnis nehmen und zum Tagwerk übergehen, sofern Informationen über Mikronesien für uns nicht weiter von Belang sind. Ganz anders ist die Reaktion, wenn uns die Nachricht vom Tod einer nahe stehenden Person erreicht. Man gerät in Aufruhr und wird von Trauer und Schmerz heimgesucht.

Die Rede von der Autorität der Gefühle ist nun auf mindestens zwei Weisen interpretierbar. Man kann sie in einem sozialen und in einem individuellen Sinne verstehen. Autorität in einem sozialen Sinne besitzen Gefühle deshalb, weil uns die Gefühle anderer bestimmte Verhaltensweisen auferlegen oder uns zu bestimmten Reaktionen zwingen können. Das zeigt sich besonders eindringlich am Beispiel konträrer Gefühle, aber nicht nur dort: Nicht nur ein Fröhlicher kann in den Bann der Trauer anderer geraten, sondern auch auf jemand indifferent Gestimmten kann solche Trauer ‚dämpfend' wirken oder ihn ‚herunterziehen'. Und die Trauer eines Trauernden kann durch eine trauernde Umgebung verstärkt werden. Gefühle, ganz gleich welcher Art, verlangen nach Reaktionen. Dabei ist aber zweifelhaft, ob es in erster Linie eine den Gefühlen als solchen zukommende Autorität ist, welche die betreffenden Reaktionen nach sich zieht. Ich bin der Auffassung, dass diese Autorität mit ganz bestimmten kulturellen Emotionsnormen zusammenhängt, die im Rahmen von sozialen Praktiken etabliert werden und von Trauernden und solchen, die auf Trauernde stoßen, ein ganz bestimmtes Verhalten verlangen.

In einem individuellen Sinne besitzen Gefühle Autorität, sofern sie denjenigen, der von ihnen betroffen ist, zumeist ohne dessen Zutun und gegen seinen Willen, ja sogar gegen seinen Widerstand ergreifen können. Im Falle heftiger und intensiver Emotionen kann das gesamte Denken und Handeln von ihnen bestimmt werden. Aber das liegt daran, dass uns Gefühle, wie vieles andere, was uns ausmacht, ‚widerfahren' können, was ebenfalls nicht notwendig mit einer für sie spezifischen Autorität zusammenhängen muss. Auch ein Gedanke kann von uns Besitz ergreifen und keinen Raum mehr für anderes lassen. Im Übrigen gilt, dass sich auch Gefühle in Grenzen von uns selbst modellieren lassen: man kann sich in sie hineinsteigern, sie umdeuten, sie sich ausreden. Nach alledem lässt sich bezweifeln, ob die These von der Autorität der Gefühle richtig ist. Mit ihr scheint jedoch auch der Verweis auf die Atmosphärenhaftigkeit und Objektivität bestimmter Gefühle zu stehen und zu fallen.

Der Hinweis auf die *Sicherheit im Ausdruck* eines Gefühls auf der Seite desjenigen, der dieses Gefühl hat, ist ebenfalls ein Gesichtspunkt, der den Gedanken plausibel machen soll, dass Gefühle als Atmosphären aufzufassen sind. „Nur dadurch, dass das Gefühl als atmosphärische Macht den Leib unmittelbar mit solchen Bewegungssuggestionen ergreift, lässt sich (...) die erstaunliche Sicherheit und Selbstverständlichkeit der Gebärde verstehen, mit der jeder, auch der Ungeschickteste, seinem Gefühl Ausdruck zu verleihen vermag: Der Freudige weiß zu hüpfen, (...) der Beschämte den Kopf so hängen

7 Hermann Schmitz, *Der Gefühlsraum. System der Philosophie III/2*, Bonn 1969, S. 343.

zu lassen und die Schultern einzuziehen, als ob er sich in sich verkriechen wollte; niemand, der so betroffen ist, muss erst danach fragen, wie man so etwas macht."[8] Ich muss gestehen, dass mir der Hinweis auf die Ausdruckssicherheit als Indiz für die Richtigkeit der Auffassung, Gefühle seien Atmosphären, am wenigsten einleuchtet. Jede im weitesten Sinne naturalistische Erklärung von Gefühlen, man denke etwa an die verschiedenen Ansätze, die unter dem Titel einer Theorie der Affektprogramme kursieren und von Charles Darwin über Paul Ekman bis hin zu Joseph LeDoux reichen, bietet Erklärungen der Gebärdensicherheit, die nichts zu wünschen übrig lassen. Um die Sicherheit im Ausdruck zu erklären, wird der Rückgriff auf die Idee, Gefühle seien Atmosphären, nicht benötigt. Man muss einfach davon ausgehen, dass Gefühle auf der Grundlage biologischer Mechanismen fest mit einem bestimmten Ausdrucksverhalten verdrahtet sind.

Auch die Tatsache, dass uns die Gefühle anderer in der Regel zugänglich sind, würde ich nicht unbedingt als ein Indiz dafür ansehen, dass Gefühle Atmosphären sind. Zunächst einmal sind uns die Gefühle anderer deshalb zugänglich, weil sie mit bestimmten Arten von mimischem, gestischem und sprachlichem Ausdrucksverhalten verbunden sind. Zugänglich sind sie uns aber auch deshalb, weil wir mit den Situationen und Lebensumständen vertraut sind, in denen sich Gefühle – ganz gleich, ob es sich um Freude oder Trauer handelt – einstellen. Ausdrucksverhalten und Kenntnisse des Hintergrundes sind als wesentliche Voraussetzungen für die Wahrnehmung der Gefühle anderer anzusehen. Ich würde Schmitz zustimmen, wenn er sagt, die Gefühle anderer könnten direkt wahrgenommen werden, d. h. ohne Analogieschlüsse durchzuführen oder andere gedankliche Zwischenschritte einzuschalten. Wir nehmen die Gefühle anderer wahr, was aber nicht unbedingt heißt, dass uns diese als objektive Atmosphären entgegentreten.

Eng verbunden mit der Frage nach der Wahrnehmung der Gefühle anderer ist der Hinweis auf die Funktion von Sympathiegefühlen. Auch diese lassen sich Schmitz zufolge als ein Indiz für den Umstand ansehen, dass Gefühle atmosphärische Phänomene sind. Sympathiegefühle wie Mitleid oder Mitfreude werden von Schmitz „als Ausläufer der Wellen fremden Leids oder fremder Freude, die den Sympathisierenden erreichen" aufgefasst.[9] Derjenige, der mit jemandem fühlt, fühlt dabei nicht in derselben Weise wie derjenige, mit dem mitgefühlt wird. Schmitz unterscheidet Mitgefühle explizit vom Phänomen der Gefühlsansteckung, also dem Fall, in dem jemand von einem Gefühl erfasst wird, welches auch um ihn herum verbreitet ist. Ein schönes Beispiel für ein Mitgefühl ist die Teilnahme des Erwachsenen an der Weihnachtsfreude des Kindes. Die Erwachsenen verspüren nicht dieselbe Art von Freude wie das Kind, aber durch ihre Anteilnahme sind sie in ganz besonderer Weise auf die Gefühle des Kindes bezogen. Obwohl die Unterscheidung zwischen Mitgefühlen und Gefühlsansteckung sowie der Hinweis auf die Differenz zwischen den Gefühlen des Mitfühlenden und desjenigen, mit dem mitgefühlt wird, triftig sind, sprechen sie nicht notwendigerweise für eine Sicht der Dinge, der zufolge Gefühle Atmosphären und objektiv sind. Die fraglichen Unterscheidungen

8 Hermann Schmitz, *Höhlengänge*, S. 146.

9 Hermann Schmitz, *Der Gefühlsraum. System der Philosophie III/2*, S. 154.

könnten im Prinzip auch von einem ausgemachten Anhänger des Psychologismus getroffen werden.

Von besonderer Relevanz im Zusammenhang mit einem Plädoyer für Gefühle als Atmosphären im Raum sind auch Gefühle, die einem Individuum vermeintlich aus seiner Umgebung entgegentreten. Schmitz spricht von den Gefühlen „begegnender Objekte".[10] Folgt man Schmitz, vermögen solche Gefühle von einer Landschaft, einem Raum oder auch einem Gegenstand auszugehen. Eine Landschaft kann uns bezaubern, ein Zimmer kann uns betören und von einem Gegenstand kann ein Gefühl des Ernstes oder der Ruhe ausgehen, was er am Beispiel von Mörikes Gedicht *Auf eine Lampe* diskutiert.[11] Vom „sanften Geist des Ernstes" und von der „Seligkeit" ist im Zusammenhang mit Mörikes Lampe die Rede. Nun könnte man einwenden, dass es sich in Fällen, wo eine Lampe von sanftem Ernst oder Seligkeit umgeben zu sein scheint, um projektive Phänomene handelt. Das Gefühl geht nicht vom begegnenden Objekt aus, sondern stellt sich anlässlich des betreffenden Objektes ein und wird vom Individuum als am Objekt haftend aufgefasst.

Als ein letztes Indiz schließlich sei auf das von Schmitz angeführte Phänomen der Dissoziation verwiesen. Jemand ist mit einem Gefühl konfrontiert, ohne von diesem im Vollsinn betroffen zu sein. In Anbetracht einer erschreckenden oder gefährlichen Situation spürt man zwar Furcht, aber nicht in der richtigen Weise, nicht mit der angemessenen Intensität. Man ist lediglich mit einer Spur, einem schwachen Schimmer des betreffenden Gefühls konfrontiert und leidet gegebenenfalls darunter, dass einen das Gefühl nicht zur Gänze erreicht.[12] Dieses Phänomen lässt sich aber allenfalls als ein Argument dafür anführen, dass Gefühle jenseits oder neben Subjekten existieren können und nicht unbedingt und ausschließlich als psychologische Zustände aufgefasst werden dürfen. Außerdem würde ich die Dissoziation als einen Sonderfall ansehen, der nicht unbedingt für eine Beschreibung der ‚Normalphänomene' heranzuziehen ist.

Der Hinweis auf eine mögliche Dissoziation zwischen Gefühl und Gefühlserleben gibt Gelegenheit, eine ganz grundsätzliche Unterscheidung in Betracht zu ziehen, welche für Schmitz ganz wesentlich ist: Die Unterscheidung zwischen einem Gefühl und dem (affektiven) Betroffen-sein durch ein Gefühl. Mit dieser Unterscheidung wird darauf hingewiesen, dass jemand ein Gefühl wahrnehmen kann, ohne es zu verspüren. Dies scheint mir ein trivialer Umstand zu sein, aus dem hinsichtlich der Frage nach der Objektivität von Gefühlen nichts folgt. Gefühle ‚begegnen' uns oft, ohne dass wir sie haben: als die Gefühle anderer, in literarischen Beschreibungen, in theoretischen Erörterungen, im Theater oder Kino.

Die Belege für die These, dass es sich bei Gefühlen um Atmosphären und objektive Phänomene handelt, sind – soviel hat bereits der erste Durchgang gezeigt – allenfalls teilweise überzeugend. Sie liefern zwar zahlreiche Anhaltspunkte für eine Relativierung psychologistischer Theorien des Gefühls, ob sie aber darum schon die Auffassung recht-

10 Ebd., S. 367.

11 Ebd., S. 372.

12 Vgl. ebd., S. 95f.

fertigen, dass Gefühle als Atmosphären auf objektive Weise im Raum existieren, bleibt fraglich. Keines der von Schmitz angeführten Indizien stützt die Auffassung, dass es sich bei Gefühlen um Atmosphären mit objektivem Charakter handelt auf zwingende Weise. Aber seine Beispiele machen auf beeindruckende Weise deutlich, dass Gefühle nicht, jedenfalls nicht ausschließlich als subjektive Zustände zu betrachten sind. So überzeugend die Überlegungen von Schmitz in ihrer kritischen Stoßrichtung auch sind, so sehr bleiben Zweifel an seinen positiven Behauptungen.

II.

Die Idee, dass Gefühle Atmosphären sind, ist bei Schmitz eng mit der Auffassung ihrer Objektivität verbunden. Die Annahme von der Objektivität der Gefühle ist ein ganz entscheidendes Glied in der Kette seiner Argumente gegen den Psychologismus. Atmosphärentheorie und Objektivitätsgedanke lassen sich jedoch voneinander trennen, wie Andreas Wildt deutlich gemacht hat, der ebenso wie Schmitz der Auffassung ist, dass Gefühle auf eine atmosphärische Weise räumlich sind, aber dessen These von der Objektivität der Gefühle kritisiert und ablehnt.[13] Vieles hängt im Kontext derartiger Diskussionen davon ab, wie die jeweils verwendeten Begriffe verstanden werden. In welchem Sinne ist die Unterstellung, Gefühle seien objektiv, sinnvoll? Im Kontext seines Plädoyers für die Objektivität der Gefühle findet sich bei Schmitz unter anderem die folgende Formulierung: „Alle vermeintlichen Inhalte des Bewusstseins passen nicht in ein mythisches Privathaus, mit dem der Mensch gleichsam in die Welt hineingeboren würde, sondern sie kommen, soweit sie nicht bloße Erdichtungen sind, in der gemeinschaftlichen Welt nicht prinzipiell anders vor als Häuser und Bäume. Gefühle sind nicht subjektiver als Landstraßen, nur weniger fixierbar“.[14]

Was ihr Vorkommen betrifft, so werden Gefühle mit Häusern, Bäumen und Straßen verglichen, mit Dingen also, die auch von anderen Menschen als solche wahrgenommen werden und angesprochen werden können. Gefühle sind in dem Sinne objektiv, so könnte man den zitierten Passus interpretieren, als es sich bei ihnen ebenso wenig um Einbildungen handelt wie bei den Häusern, in denen wir wohnen, den Bäumen, die uns Schatten spenden oder den Straßen, die wir befahren. Ich würde Schmitz Recht geben und sagen: In der gemeinschaftlichen Welt kommen Gefühle so vor wie Häuser, Bäume und Straßen. Sie sind da und wir können uns über sie verständigen und sie finden Berücksichtigung in unseren Handlungszusammenhängen. Sofern wir uns über Gefühle, aber auch über Bäume und Häuser verständigen, begegnen sie uns in erster Linie als Gegenstände, über die wir uns mit den Mitteln der Sprache austauschen. Hierdurch gewinnen sie ihre Gestalt und werden in die Formen und Zusammenhänge eingebettet, die sie für uns haben und in denen sie stehen.

13 Andreas Wildt, „Gefühle als Atmosphären“, insbesondere S. 482ff.

14 Ebd., S. 87.

Aus dem Umstand, dass Gefühle in der gemeinsamen Welt in erster Linie als Gegenstände der Rede vorkommen, folgt aber nicht, dass Häuser, Bäume und Straßen aus demselben Holz geschnitzt sind wie Gefühle. In einer Welt ohne Subjekte kommen keine Gefühle vor, Häuser, Bäume und Straßen hingegen schon. Stellen wir uns eine Welt vor, in der sich gerade eben die letzten Menschen ausgelöscht haben: Alles Leben ist dahin, übrig geblieben sind einzig Reste der technischen Zivilisation. Straßen und Häuser sind noch da, aber Gefühle nicht mehr. Diese Szenerie ist weder heiter noch auch bedrückend. Sie hat keine Wertigkeit, weil niemand mehr da ist, der Heiterkeit oder Bedrückung erfahren könnte. Trotz aller Schwierigkeiten, mit denen ein psychologistisches und gänzlich subjektorientiertes Verständnis von Gefühlen konfrontiert werden kann, ist zu konstatieren: zu Gefühlen gehört jemand, der sie hat. In diesem Sinne involvieren Gefühle Subjekte, was Häuser, Bäume und Straßen nicht unbedingt tun. Dass da immer jemand ist (oder: sein muss), heißt ja nicht, dass das Gefühl in die Seele des einzelnen Menschen eingesperrt ist. Wenn man Gefühle nicht als individuelle Seelenzustände, sondern als Weisen des Zur-Welt-seins begreift, müssen sie als relationale Phänomene begriffen werden, zu denen jemand gehört, der in der Welt ist und der Beziehungen zur Welt pflegt.

Gefühle sind also nicht objektiv in dem Sinne, in dem es Häuser oder Straßen sind. Bei aller Richtigkeit der Argumente gegen eine subjektivistische und psychologistische Sicht der Gefühle will ich zwei Aspekte zu bedenken geben, die aus meiner Sicht wesentlich sind: Gefühle sind deshalb keine subjektiven Phänomene, weil es sich um intersubjektive Phänomene handelt, um Phänomene, die in einem gemeinsamen Raum zwischen Menschen anzusiedeln sind. Aber deshalb handelt es sich nicht nur nicht zur Gänze um subjektive Phänomene, sondern auch nicht um schlechterdings objektive Phänomene. Gefühle sind aber auch deshalb keine subjektiven Phänomene, weil zu ihnen Merkmale der Welt in derselben Weise gehören wie die subjektiven (und intersubjektiv vermittelten) Reaktionen darauf.

Gefühle sind intersubjektive Phänomene. Das ist ein Gedanke, den im Grunde genommen bereits Heidegger anspricht, wenn er Stimmungen in erster Linie als Weisen des Miteinanderseins begreift.[15] Auch in den Analysen von Schmitz nehmen Ausführungen zur Intersubjektivität von Gefühlen einen breiten Raum ein und werden vorrangig im Rahmen einer Theorie der leiblichen Kommunikation behandelt. Aber viele der Beweismittel, die Schmitz anführt, um sein Verständnis von Gefühlen als Atmosphären zu belegen, weisen in die Richtung einer Intersubjektivität der Gefühle. Ich erinnere an die überpersönlichen Gefühle, an die Gefühlskontraste, aber auch an die Autorität von Gefühlen, ihre Zugänglichkeit und die Sympathiegefühle. Alle diese Stichworte benennen Aspekte, die mit der Intersubjektivität von Gefühlen zusammenhängen.

Überpersönliche Gefühle (erinnert sei an die Sonntagsstimmung oder die aufgeheizte Atmosphäre im Stadion) ergeben sich ja geradezu daraus, dass verschiedene Menschen aufeinander einwirken und so eine Atmosphäre schaffen, die dann auch andere erfasst und ihnen als etwas entgegentritt, was ihnen primär gar nicht zugehörig zu sein scheint.

15 Vgl. Martin Heidegger, *Die Grundbegriffe der Metaphysik*, S. 100f.

Auch die sozialen Gefühlskontraste verdanken sich einer sozialen Abstimmung von Erwartungshaltungen, auch hier also geht es primär um intersubjektive Phänomene. Die Autorität der Gefühle verdankt sich ebenfalls den Erwartungshaltungen anderer sowie dem Umstand, dass die Verhaltensweisen anderer bestimmte Reaktionen und Gefühle herausfordern können, uns zu bestimmten Gefühlen zwingen können. Dass Mitgefühle von vornherein in eine intersubjektive Sphäre gehören, versteht sich fast von selbst, sofern Mitgefühle in unmittelbarer Form auf andere Personen bezogen sind.

Vorhin hatte ich bemerkt, dass Gefühle – wie Landstraßen oder Bäume – deshalb auf eine prinzipiell ähnliche Weise da sind, weil sie zunächst einmal als Gegenstände der Rede da sind. Im Zusammenhang mit Gefühlen und anderen Phänomenen, die gemeinhin in einer Innenwelt verortet werden, spielt die Sprache eine besondere Rolle. Gefühle gewinnen erst durch sprachliche Artikulation Gestalt und können auf diese Weise in einen gemeinsamen Raum des Verstehens gestellt werden. Die Rolle der Sprache für die Artikulation und Explikation von Gefühlen spricht einmal mehr dafür, Gefühle als intersubjektive Phänomene anzusehen.

Bei Schmitz hat die Befreiung der Gefühle aus der Seele und den Innenwelten eines Subjekts einen – wie ich meine – vergleichsweise hohen Preis. Schmitz' Überlegungen zu Gefühlen als Atmosphären sind nicht immer frei von objektivistischen Anklängen. Die bereits angeführte Rede von Gefühlen als Halbdingen steht in der Gefahr, einer Verdinglichung der Gefühle den Weg zu bereiten. Ich würde ontologische Sparsamkeit empfehlen, um nicht in den Verdacht des Obskurantismus zu geraten. Schmitz gebraucht gelegentlich Wendungen, die eine substantialistische Auffassung von Atmosphären nahe legen, obwohl ihm das der Sache nach fernliegen dürfte. Aus der richtigen Kritik an einem durch und durch subjektivistischen Verständnis von Gefühlen gemäß dem Innenweltparadigma wird gefolgert, dass Gefühle im Grunde genommen als überpersönliche Phänomene von ihren Trägern ablösbar sind. Auch die in diesem Zusammenhang verwendete Unterscheidung zwischen einem Gefühl und dem Fühlen eines Gefühls ist nicht frei von der Gefahr einer Verdinglichung der Gefühle, indem diese als vom Fühlen unabhängige Phänomene aufgefasst zu werden scheinen, die auf eine bestimmte Art und Weise für sich bestehen. Gefühl und Betroffen-sein durch ein Gefühl lassen sich jedoch ebenso wie Gefühlsakt (Fühlen) und Gefühlsinhalt (Gefühl) nicht nur nicht unabhängig voneinander explizieren, sie existieren auch nicht unabhängig voneinander, sondern gehören von vornherein zusammen, auch wenn es möglich ist, mit einem Gefühl konfrontiert zu sein, ohne von ihm in einem Vollsinn betroffen zu sein.

Ich komme zum zweiten der vorhin genannten Gesichtspunkte. Wie ist der Fall zu beschreiben, in dem es so aussieht, als würden Gefühle einem manchmal aus der Umgebung bzw. von einem Objekt aus der Umgebung entgegentreten? Fälle, in denen eine Landschaft als bezaubernd, ein Naturereignis als erhebend erlebt werden, sind Fälle, in denen Merkmale eines Gegenstandes und Reaktionen eines Subjekts auf diesen Gegenstand vor dem Hintergrund intersubjektiv geteilter Reaktionsnormen zusammentreffen.

Bestimmte Merkmale oder Eigenschaften von Gegenständen und bestimmte subjektive Reaktionen auf diese Gegenstände sind füreinander oder zumindest wie füreinander gemacht. Ohne das Bezaubert-sein als Reaktion eines Subjekts gäbe es keine bezaubernden Objekte, aber ohne bezaubernde Objekte gäbe es auch kein Bezaubert-sein. Die

Entstehung einer bezaubernden oder erhebenden Atmosphäre könnte man nun so beschreiben, dass sie aus einer wechselseitigen Formierung von Gegenstandsmerkmalen und subjektiven Reaktionen hervorgeht. Damit so etwas funktioniert, müssen sich gemeinsame kulturelle Praktiken etabliert haben, in deren Rahmen verschiedene Individuen gemeinsam auf die betreffenden Merkmale reagieren können. Auch in den Fällen also, in denen Gefühle aus der Umgebung zu kommen scheinen, ist ein Hintergrund intersubjektiver Reaktions- und Beurteilungspraktiken vorausgesetzt.

Das Verhältnis zwischen einer vermeintlichen Innenwelt von Subjekten und deren sprachlichen Fähigkeiten, das Verhältnis zwischen Gefühl und sprachlicher Artikulation ist nicht gerade einfach zu klären. Einige Gedanken zu diesem Themenkomplex seien abschließend zumindest angedeutet. Nicht haltbar ist die Auffassung, Gefühle seien Phänomene, die von sprachlichen Fähigkeiten unberührt sind. Das Gefühlserleben ist zwar nicht seinerseits etwas Sprachliches, aber für Wesen, die über eine Sprache verfügen, ist es immer schon in durch Sprache gestiftete Zusammenhänge hineingestellt. Auch wenn man zwischen dem Spüren von etwas und seiner sprachlichen Vergegenwärtigung unterscheiden muss, gehört beides von vornherein zusammen und das leibliche Spüren ist eingebettet in eine sprachliche Praxis. Bei Wesen, die ihr Leben mit Begriffen führen, treten Sprache und leibliches Spüren gleichzeitig auf. Die sprachliche Praxis ist zwar auf nicht-sprachliche Mitspieler angewiesen, diese Mitspieler finden allerdings erst im Rahmen von gemeinsamen sprachlichen Praktiken zur Artikulation.

Mit dem Begriff der Artikulation möchte ich auf folgenden Sachverhalt hinweisen: Mit der Sprache lernen wir nicht nur Laute zu artikulieren oder Zeichen zu gebrauchen, die uns dann primär dazu dienen, uns auf etwas in der Welt zu beziehen, sondern mit der Sprache erwerben wir die maßgeblichen Muster unseres Welt- und Selbstverständnisses. Muster, mithilfe derer sich uns die wesentlichen Aspekte der Welt und unserer selbst erschließen. Dadurch, dass wir etwas sagen und mit der Sprache Handlungen vollziehen, wird allererst der Rahmen eröffnet, innerhalb dessen wir uns auf etwas beziehen können. Dies wird auf besondere Weise deutlich, wenn wir über uns selbst sprechen, über jene Belange, die man gemeinhin in einer Seele oder Innenwelt verortet und die man – anders als raumzeitlich lokalisierbare Gegenstände in der Außenwelt – niemals direkt zu fassen bekommt oder wahrnehmen kann. Wenn jemand über seine Gefühle spricht, repräsentiert er nichts, was in ihm vorgeht, sondern er artikuliert etwas, was dadurch, dass es artikuliert, wird zu bestimmten Wirkungen findet, sich manifestiert und belangvoll wird.[16] Indem man für ein Gefühl nach den passenden Worten sucht und sie

16 Ich beziehe mich hier auf Charles Taylor, der den Artikulationsbegriff als Zentralbegriff einer philosophischen Anthropologie verwendet; vgl. u. a. Charles Taylor, „Bedeutungstheorien“, in: ders., *Negative Freiheit. Zur Kritik des neuzeitlichen Individualismus*, Frankfurt am Main 1992, S. 52-117; siehe dazu auch Hartmut Rosa, *Identität und kulturelle Praxis. Politische Philosophie nach Charles Taylor*, Frankfurt am Main 1998, insbesondere S. 145-163; systematisch weitreichende Anschlussmöglichkeiten diskutiert Matthias Jung, „Making us explicit. Artikulation als Organisationsprinzip von Erfahrung“, in: ders./Markus Schlette (Hg.), *Anthropologie der Artikulation. Begriffliche Grundlagen und transdisziplinäre Perspektiven*, Würzburg 2005, S. 103-142; vgl. inzwischen auch ders., *Der bewusste Ausdruck. Anthropologie der Artikulation*, Berlin 2009.

findet, es in ein Muster oder eine Geschichte einbettet, verleiht man dem Gefühl einen identifizierbaren Inhalt, der mit anderen Inhalten in bestimmten Beziehungen steht bzw. in bestimmte Beziehungen gesetzt werden kann. Als Artikulation bezeichne ich den Prozess, in dem Empfindungen und einfache Reaktionen mit den Mitteln der Sprache in einen Raum des Verstehens hineingestellt und zum Gegenstand von Explikationsbemühungen werden. So werden Gefühle verständlich. In diesem durch Artikulation eröffneten Raum gewinnen spontane und unwillkürliche Empfindungen und Regungen ihren Platz, indem sie als Bestandteile eines komplexen Welt- und Erlebniszusammenhangs erfahren werden. Der Raum, der auf diese Weise mit den Mitteln der Sprache eröffnet wird, ist der Raum einer gemeinsamen Welt. In ihm begegnen uns die Gefühle.[17]

Eine Konsequenz aus den vorstehenden Überlegungen lautet: Manche Gefühle lassen sich als Atmosphären ansehen, was wesentlich ihrem intersubjektiven Charakter geschuldet ist. Gefühle als Atmosphären ansehen zu können heißt aber nicht, dass Gefühle Atmosphären sind. Und es heißt vor allem nicht, dass Gefühle objektiv sind.

17 Eine Auseinandersetzung mit den überaus fruchtbaren sprachphilosophischen Überlegungen von Schmitz muss ich mir an dieser Stelle ersparen, da sie einen Kommentar im Rahmen eines eigenen Aufsatzes erfordern würden. Nur soviel: Grundsätzlich unterscheidet Schmitz zwischen der binnendiffusen Bedeutsamkeit von Situationen, in denen sich das Leben aus primitiver Gegenwart vollzieht, und der Bedeutung auf der Ebene der satzförmigen Rede, die nicht gestaltet, sondern Bestimmtheit im Sinne von Einzelheit ermöglicht. Die satzförmige Rede hat Schmitz eine explikative Funktion, da sie „aus der Bedeutsamkeit von Situationen einzelne Sachverhalte (...) entbindet (...), um die Situation mehr oder weniger als Konstellation (...) zu rekonstruieren und damit herauszufinden, worauf es ankommt" (Hermann Schmitz, *Logische Untersuchungen*, Freiburg/München 2008, S. 41). Die Frage, die sich in systematischer Perspektive stellt, lautet: Wie verhält sich der Umstand, dass wir sprechende Wesen sind, Wesen, die ihr Leben mit Begriffen führen, zu den Tatsachen unseres in einer naiven Perspektive häufig so genannten Innenlebens? Wie verhält sich die binnendiffuse Bedeutsamkeit, welche bereits für Situationen sprachlosen Lebens charakteristisch ist, zu strukturierter Bedeutung? Ich denke, dass es das Konzept der Artikulation erlaubt, diese Frage einer ausführlichen Antwort zuzuführen. Vgl. zu diesem Problem auch meine Überlegungen „Kein Etwas und auch nicht ein Nichts. Nachdenken über Empfindungen und Gefühle im Anschluss an Wittgenstein", in: Stefan Tolksdorf/Holm Tetens (Hg.), *In Sprachspiele verstrickt – oder: Wie man der Fliege den Ausweg aus dem Fliegenglas zeigt. Verflechtungen von Wissen und Können*, Berlin 2010, S. 239-256.

Hilge Landweer*

Der Sinn für Angemessenheit als Quelle von Normativität in Ethik und Ästhetik

1. Die These

Große Gefühlsinszenierungen, etwa rituelle Ereignisse wie Weltmeisterschaften, Parteitage, Vereidigungen und öffentliche Einweihungs- oder Trauerfeiern erzeugen kollektive Gefühle und beabsichtigen, sie in eine bestimmte Richtung zu lenken. Sie können nur erfolgreich sein, weil sie auf einem Sinn für Angemessenheit beruhen, denn solche Inszenierungen laufen Gefahr, als zu bombastisch, lächerlich oder langweilig wahrgenommen zu werden und so ins Leere zu laufen. Jede Gestaltung besonderer Ereignisse kann die Situation aber auch als zu wenig feierlich verfehlen. Kollektive Gefühlsinszenierungen müssen das richtige Maß an weihevoller Stimmung, aber auch ein wenig Lockerheit und Modernität in Szene setzen, sie dürfen nicht als durchgängig verkrustet und steif erscheinen. Dabei folgt das „richtige Maß" der Gestaltung keiner universell gültigen Norm. Beispielsweise gelten in China bei öffentlichen Inszenierungen stärkere Ritualisierungen als angemessen, die aus europäischer Sicht steifer erscheinen als in der westlichen Kultur. Aber auch für einen spezifischen Kontext lassen sich die Vorstellungen darüber, was dort als angemessen gilt, nicht ohne weiteres ausbuchstabieren.

Vorstellungen über Angemessenheit spielen in vielen Bereichen eine Rolle, auch in der Ethik und in der Moral. Ausgangspunkt meiner Überlegungen ist die Annahme, dass neben Motiven, Urteilen und Handlungen auch die Wahrnehmung von Situationen unmittelbar für die Moral von Belang ist. Um moralische Urteile überhaupt fällen und ihnen gemäß handeln zu können, muss zunächst einmal die entsprechende Situation als moralisch relevant wahrgenommen werden. Reicht dafür die sinnliche Wahrnehmung aus? Oder ist für das Erfassen des Ganzen der Situation ein für Wertungen empfängliches und damit vielleicht auch zugleich emotionales Vermögen erforderlich? Denn Gefühle zeigen, was für uns wertvoll und wichtig ist. Meine These lautet, dass wir Situationen mit Gefühlen erschließen, und dass wir mit Gefühlen auch die normativen Gehalte von Situationen erfassen können. Das Erfassen derartiger Gehalte stellt ohne

* Ich danke Nina Trcka für wertvolle Hinweise, ihr und Stefanie Rosenmüller für anregende Diskussionen über den *sensus communis* bei Kant und bei Arendt sowie allen Teilnehmerinnen und Teilnehmern meines Colloquiums für das Interesse an ersten Überlegungen zum Sinn für Angemessenheit.

Zweifel eine wichtige Voraussetzung für das moralische Urteilen und Handeln dar. Nur wenn wir durch unsere Gefühle in der Lage sind zu werten, können wir überhaupt bemerken, dass eine Situation Ansprüche moralischer Art an uns stellt. Erst dadurch sind wir motiviert, unsere Urteilskraft zur Prüfung unserer moralbezogenen Wahrnehmung, unseres Urteilens und Handelns einzusetzen.

Manche Situationen nehmen wir offenbar neutral wahr, ohne uns in irgendeiner Weise moralisch gefordert zu sehen, in anderen fühlen wir uns zu einem Handeln genötigt, das nicht durch unsere eigenen unmittelbaren Interessen motiviert ist und ihnen sogar entgegenstehen kann. Stellen wir uns beispielsweise eine offensichtlich völlig enervierte Frau im Kaufhaus vor, die ein etwa dreijähriges, bitterlich weinendes Kind schüttelt, sodass es noch mehr weint, und anherrscht, es solle endlich still sein. Ist dies eine Situation, in der wir eingreifen sollten? Das Handeln der Frau ist offenkundig kontraproduktiv, aber wir wissen nicht, was vorher vorgefallen ist. Geht uns die Situation überhaupt etwas an? Wie können wir beide Typen von Situationen – die moralisch indifferenten und die ethisch relevanten – unterscheiden? Was für eine Fähigkeit ist dazu erforderlich?

Es ist ein auffälliger Befund, dass in manchen Situationen nicht erkannt wird, dass gegen ethische Prinzipien verstoßen wird – und zwar nicht etwa deshalb, weil diese Prinzipien nicht bekannt wären oder nicht für gut gehalten würden, sondern aus dem einfachen Grund, weil das Gespür für die ethische Dimension der Situation nicht ausgebildet ist oder ausgeblendet wird.

Das Gefühl für das, was eine Situation an ethischen Ansprüchen stellt, ist eine Voraussetzung dafür, dass die Urteilskraft im Bereich der Moral überhaupt tätig werden kann; es ist ihr gewissermaßen vorgelagert. Kant bestimmt die Urteilskraft als das Vermögen zu prüfen, ob ein Fall unter die Regel, im Bereich der Moral also unter das Sittengesetz, fällt oder nicht. Ihre Maxime lautet: „An der Stelle jedes anderen denken.“[1] Ich möchte diese Maxime für die Ethik folgendermaßen modifizieren: nicht nur an der Stelle jedes anderen denken, sondern auch an der Stelle jedes anderen fühlen[2] können. Diese modifizierte Maxime der Urteilskraft kann als eine pointierte Formulierung desjenigen sozialen Wahrnehmens gelten, das ich als Sinn für Angemessenheit bezeichne: einen Gemeinsinn oder *sensus communis*, der die Ausbildung von Sitten, von Moral, Recht und Ästhetik fundiert.

Ich verstehe den Sinn für Angemessenheit und ihm ähnliche Fähigkeiten wie das Gerechtigkeits- und das Taktgefühl als emotionale Dispositionen, auf Situationen adäquat reagieren zu können. Das heißt immer auch: Diese Fähigkeiten setzen eine ganzheitliche Situationswahrnehmung[3] voraus, die normative Gehalte im weitesten Sinne erfassen kann

1 Immanuel Kant, *Kritik der Urteilskraft*, hg. v. Heiner Klemme, Hamburg 2001 (zuerst 1790), § 40, S. 175.

2 Auf das epistemologische Problem, wie das Fühlen „an der Stelle eines anderen“ vorgestellt werden kann, werde ich im 3. Abschnitt zurückkommen.

3 Diese ganzheitliche Wahrnehmung von Situationen umfasst neben Sachverhalten immer auch Atmosphärisches und andere Aspekte, die noch unentschieden sind hinsichtlich Identität und Verschie-

und die möglichen Antworten auf die Situation präformiert. Ein solcher ‚Sinn' integriert zweifellos kognitive Vermögen, aber er muss auch über sie hinausgehen, da Kognitionen allein – unabhängig von Emotionen – nicht die nötigen Feinabstimmungen bei gleichzeitigem Erfassen des Ganzen der Situation erlauben würden.

Ich möchte für die These argumentieren, dass die einfache Situationswahrnehmung bereits notwendig eine emotionale Kompetenz erfordert und dass zweitens diese Fähigkeit für jede Art von Normativität vorausgesetzt werden muss. Dabei erscheint es wenig sinnvoll, in der sinnlichen Wahrnehmung selbst bereits etwas Normatives oder gar Moralisches zu sehen, zumindest dann, wenn man diese als eine natürliche sinnliche Gegebenheit ansieht. Die folgenden Überlegungen zielen darauf ab, den Sinn für Angemessenheit in seinem Verhältnis zu Normen einerseits und zur Wahrnehmung andererseits zu bestimmen. Im folgenden Abschnitt soll kurz skizziert werden, welche Normen hier in Betracht kommen und wie genuin moralische Normen von anderen Normen, etwa von bloßen Konventionen, unterschieden werden können. Ziel dabei ist, einen Vorbegriff von Moral zu gewinnen, um auf dieser Basis bestimmen zu können, in welchem Verhältnis der Sinn für Angemessenheit, der wahrscheinlich in allen Bereichen des Lebens eine Rolle spielt, zu moralischen und zu nicht-moralischen Normen steht. Der dritte Abschnitt hat die Wahrnehmung von Situationen zum Thema. Beispiele für unterschiedliche Kultivierungen des Sinns für Angemessenheit werden im vierten Abschnitt genannt und einige Linien aus der Philosophiegeschichte skizziert, die auf ähnliche Phänomene abzielen wie der Sinn für Angemessenheit. Der Beitrag schließt mit Überlegungen über das Verhältnis dieses Sinns zu Ethik und Ästhetik.

2. Gefühle und Normen. Vier Kriterien für moralische Geltung

Wegen des weiten Anwendungsbereichs des Sinns für Angemessenheit beziehen sich meine Überlegungen auf das gesamte Spektrum normativer Orientierungen. Die Moral stellt nur das eine Extrem einer besonders tiefen Bindung an Normen dar, während auf der anderen Seite Konventionen und Üblichkeiten stehen. Ich verwende den Begriff „Norm" als Oberbegriff für allgemeine Verhaltenserwartungen, die auch im Falle ihrer Enttäuschung beibehalten werden. Er umfasst neben moralischen Normen auch Konventionen sowie bestimmte Ideale – nämlich die, deren Erfüllung von demjenigen, der sich an ihnen orientiert, auch von anderen erwartet wird.

Viele Konventionen zeigen sich häufig erst bei ihrer Übertretung, und zwar durch die dann eintretenden Sanktionen. Sanktionen gegen Normverstöße können in durchaus verschiedener Gestalt auftreten, im Extremfall als Strafe (dies gilt nicht nur für das Recht), als Reglementierung, als Tadel und als andere Formen von Kritik. Durchaus wirkungsvoll sind auch solche Sanktionen, die nicht sprachlich artikuliert sind, wie etwa Emotionen. Oft wird ein Verstoß gegen Normen erst über Gefühle vermittelt registriert:

denheit. Es deuten sich häufig Tendenzen oder Anmutungen an, die bedeutsam sind im Ganzen der Situation, ohne bereits propositional artikulierbar zu sein.

Moralische Normen werden durch Emotionen wie Scham, Schuldgefühl, Zorn und Empörung sanktioniert (darin sind sich Autoren wie Ernst Tugendhat,[4] Bernard Williams[5] oder Hermann Schmitz[6] einig), nicht-moralische Normen durch Verlegenheit, Peinlichkeit, Ärger, Gereiztheit und Ungeduld, durch Liebesentzug, schlimmstenfalls durch Verachtung, manchmal ebenfalls durch Scham. Dabei sagt selbstverständlich ein einzelnes Gefühl noch nichts Eindeutiges darüber aus, um welche Art von Norm es sich handelt.

Eine Norm gilt dann, so das hier vertretene Normverständnis, wenn sie von jemandem in dem Sinne anerkannt wird, dass er oder sie sich an die Norm gebunden fühlt. Ohne Selbstbindung kann keine Norm in Geltung sein, sondern allenfalls kann ihre Befolgung durch massiven äußeren Zwang aufrechterhalten werden. Woran lässt sich festmachen, dass eine Norm ernsthaft für jemanden gilt? Üblicherweise wird in der rationalistischen Moralphilosophie[7] die Einsicht in die Richtigkeit einer Norm zum Kriterium für ihre Geltung erhoben. Allerdings erkennen die meisten Menschen deutlich mehr moralische Prinzipien als gut begründet an, als tatsächlich in ihrem Handeln leitend sind.

Das könnte dazu verleiten, das faktische Handeln als Kriterium zu wählen, also den Sachverhalt, ob jemand tatsächlich eine Norm befolgt oder nicht. Das Handeln allein ist aber nicht aussagekräftig genug, weil es immer externe Gründe geben kann, die moralische Handlungen verhindern oder erschweren.

Können unsere Motive das Kriterium für die Moralität einer Handlung liefern? Den Unterschied zwischen einer wirklich moralischen und einer nur dem Anschein nach der Moral entsprechenden Handlung hat bekanntlich Kant mit der Unterscheidung von Moralität und bloßer Legalität einer Handlung benannt. Diese Differenzierung wäre nicht mehr möglich, würde man das faktische Handeln zum Kriterium für das Gelten einer Norm machen. Für Kant entscheidet sich die Moralität einer Handlung an der Frage der Motive: Handle ich aus Pflicht, d. h. aus Einsicht in das Sittengesetz, oder aus Neigung? Handlungen aus Pflicht können zwar unter Umständen auch gern vollzogen werden und insofern einen gewissen Neigungsaspekt enthalten, aber das Motiv, welches sie hervorgebracht hat, darf nach Kant nicht in der Neigung liegen, wenn es sich um eine genuin moralische Handlung handeln soll. Die Frage nach den Motiven für das moralische Handeln kann nicht ohne weitere Differenzierungen ein pragmatisch anwendbares Kriterium liefern in dem Sinne, dass faktisch lediglich die Motive befragt werden müssten, um zu erfahren, ob eine Handlung moralisch ist oder nicht. Denn auch im Bereich der Moral sind Selbsttäuschungen nicht ausgeschlossen.

Lässt sich nicht doch ein Kriterium dafür finden, ob eine Norm oder eine Handlung moralisch ist oder nicht, das weniger anfällig für Selbsttäuschung ist? Verworfen hatten

4 Ernst Tugendhat, *Vorlesungen über Ethik*, Frankfurt am Main 1993.

5 Bernard Williams, *Shame and Necessity*, Berkely/Los Angeles/London 1993.

6 Hermann Schmitz, *System der Philosophie*, Bd. III.3, *Der Rechtsraum. Praktische Philosophie*, Bonn 1973, § 172d, S. 44-47.

7 Vgl. z. B. Rainer Forst, „Praktische Vernunft und rechtfertigende Gründe. Zur Begründung der Moral", in: Stefan Gosepath (Hg.), *Motive, Gründe, Zwecke*, Frankfurt am Main 1999; Christine M. Korsgaard, *Sources of Normativity*, Cambridge 1996.

wir bereits die Vorschläge, nach welchen die tatsächliche Geltung einer moralischen Norm an der Überzeugung von deren Richtigkeit, am eigenen Urteil über die moralische Dignität unserer Motive oder gar am tatsächlichen Handeln festgemacht werden sollte. Es bleibt noch die Möglichkeit, diese Geltung an den emotionalen Sanktionen festzumachen, die auf eine Übertretung antworten. Diese These möchte ich im Folgenden erläutern. Danach zeigt sich die Selbstbindung darin, dass eigene und fremde Übertretungen der Norm mit bestimmten Gefühlen sanktioniert werden. Dies gilt auch für Konventionen; bei genuin moralischen Normen ist die Selbstbindung allerdings deutlich stärker; sie gelten, wie Hermann Schmitz es ausdrückt, mit unbedingtem Ernst.[8]

Wie soll ein Gefühl darüber Auskunft geben können, ob die Norm, die ich gerade übertreten habe, eine moralische ist? Wie bereits konstatiert, kann dies kein einzelnes Gefühl leisten. Wohl aber sind die Gefühle in gewisser Weise ‚grammatisch' strukturiert in dem Sinne, dass sie nicht in beliebigen Kombinationen auftreten; gerade die moralrelevanten Gefühle bilden einen systematischen Zusammenhang.

Scham, Schuldgefühl und Empörung können als Anzeichen dafür fungieren, dass aus der Perspektive derjenigen, die diese Gefühle haben, ein Verstoß gegen moralische Normen begangen wurde. Um solche Gefühle überhaupt haben zu können, muss man die Normen, gegen die verstoßen wurde, als moralische anerkennen. Ebenfalls ist zu beachten: Wenn jemand auf eigene oder fremde Normverletzungen *nicht* mit Scham oder Empörung reagiert, besitzt die entsprechende Norm in einem praktisch relevanten Sinn für diese Person offensichtlich keine Geltung, er nimmt sie nicht ernst.[9] Denn wenn eine Norm für jemanden gilt, wenn er also die Orientierung an dieser Norm Ernst nimmt, so wird er oder sie auf eine Übertretung dieser Norm mit Gefühlen reagieren – mit Scham oder Schuldgefühl, wenn der Betreffende selbst die Norm verletzt hat, mit Zorn oder Empörung, wenn ein anderer dies getan hat. Gefühlsreaktionen haben in diesem Zusammenhang häufig den Charakter von Sanktionen; so können insbesondere Scham- und Schuldgefühle als ‚innere' Sanktionen begriffen werden.

Im Anschluss an Ernst Tugendhat lässt sich die Korrelation von Scham und Empörung als Möglichkeit in Betracht ziehen, genuin moralische Normverstöße von solchen anderer Art zu unterscheiden. Als moralisch wird die Scham von Tugendhat aufgefasst, sofern sie mit der Empörung eines potentiellen Beobachters korreliert.[10] Löst der Verstoß gegen eine Norm bei einer ersten Person das Gefühl der Scham aus, sei er genau dann als moralisch einzustufen, wenn er bei zweiten und dritten Personen Empörung auslöst. Ich möchte Tugendhats Kriterium etwas modifizieren und den Begriff der moralischen Norm von der faktischen oder potentiellen Anerkennung durch andere ablösen. Man müsste dann sagen, dass für jemanden eine Norm in einem moralisch relevanten Sinne gilt, wenn er sich bei eigenen Verstößen dagegen schämen und sich schuldig

8 Vgl. z. B. Hermann Schmitz, *Der unerschöpfliche Gegenstand. Grundzüge der Philosophie*, Bonn 1990, S. 330 und 347.

9 Zu diesem Begriff der Normengeltung vgl. ebd., S. 323-333, sowie Hilge Landweer, *Scham und Macht. Phänomenologische Untersuchungen zur Sozialität eines Gefühls*, Tübingen 1999, S. 53-84.

10 Vgl. Ernst Tugendhat, *Vorlesungen über Ethik*, S. 59.

fühlen würde und sich außerdem bei denselben Normüberschreitungen durch andere über diese empören würde.

Der Scham desjenigen, der einen moralischen Normverstoß begangen hat, entspricht Empörung auf der Seite derjenigen, die diesen Normverstoß missbilligen. In diesem Sinne lassen sich moralische Scham und Empörung als komplementäre Gefühle auffassen. Man empört sich, wenn jemand gegen eine moralische Norm verstößt, die eigentlich befolgt werden sollte. Man denke an die Korruptionsaffäre eines Politikers, an einen Vertrauensbruch in einem Freundschaftsverhältnis. Es handelt sich um Verhaltensweisen und Ereignisse, die typischerweise Empörung oder Zorn auslösen.[11]

Aus dieser strukturellen Zusammengehörigkeit der moralischen Gefühle Scham und Empörung lässt sich ein Begriff von moralischer Geltung gewinnen. Ich werde im Folgenden vier Kriterien angeben, die beanspruchen, den gängigen intuitiven Vorbegriffen von Moral nicht zu widersprechen, die jede Überlegung über Moral unumgänglich leiten. Sie erlauben aber eine Schärfung dieser Vorbegriffe, sogar ihre Prüfung, indem die Fälle, in denen sich die Frage stellt, ob die Norm als moralische zu bezeichnen ist, einem pragmatischen Test unterzogen werden.

Wie ist das Verhältnis dieser pragmatischen Überprüfung und der philosophischen Rechtfertigung von Normen? Nun, eine Norm kann mit sehr verschiedenen Typen von Gründen gerechtfertigt oder bestritten werden; ob sich jemand durch Argumentationen in seinen tiefsten moralischen Überzeugungen – denn als moralische müssen sie tief in der Person verankert sein und nicht bloß oberflächlich geglaubt werden – erschüttern lassen kann, ist selbst eine philosophische Frage, die hier nicht erschöpfend behandelt werden kann.[12] Die philosophische Rechtfertigung von moralischen Normen setzt diese nicht in Geltung, sie kann allerdings Gründe dafür liefern, warum sie in Geltung sind.

Eine Norm gilt für jemanden in einem moralischen Sinn, wenn folgende vier Kriterien erfüllt sind:

1. Er oder sie schämt sich, wenn er selbst gegen die Norm verstoßen hat, und zugleich würde sie oder er sich bei den entsprechenden Normübertretungen anderer empören (Reziprozitätsbedingung).

11 Dieser Zusammenhang wirft die Frage auf, ob die Empörung ebenso wie die Scham als moralisches und als nicht-moralisches Gefühl angesehen werden kann. Vgl. dazu Andreas Wildt, „Die Moralspezifizität von Affekten und der Moralbegriff", in: Hinrich Fink-Eitel/Georg Lohmann (Hg.), *Zur Philosophie der Gefühle*, Frankfurt am Main 1993, S. 188, sowie Christoph Demmerling/Hilge Landweer, *Philosophie der Gefühle. Von Achtung bis Zorn*, Stuttgart 2007, S. 237 ff.

12 In der Geschichte der Philosophie wie in der Gegenwart (z. B. Thomas Nagel, *Die Möglichkeit des Altruismus*, Berlin 2005, S. 41-67) gehen manche Positionen davon aus, dass Einsichten motivationale Kraft haben, etwa wenn Platons Sokrates der Überzeugung ist, dass, wer das Gute kennt, es auch tut (Platon, *Werke in acht Bänden*, Bd. 1, hg. v. Gunther Eigler, Darmstadt 1990, *Protagoras* 352 b ff.). Gegen eine solch uneingeschränkte Macht der Vernunft spricht bereits das Phänomen der Willensschwäche, auch unabhängig von moralphilosophischen Erwägungen. Für jegliches Handeln, aber auch für moralisches Handeln und die dafür unabdingbare Anerkennung von Normen, sind, so die hier vertretene These, Gefühle als Motivation erforderlich („Motivationsthese").

2. Die Person würde sich auch schämen, wenn niemand den Normverstoß bemerken würde (Scham vor sich selbst).
3. Wenn es einen Geschädigten gibt, hat sie außer Scham- auch Schuldgefühle.
4. Es muss eine stabile Disposition zu reziproker Scham und Empörung bei entsprechenden Normverletzungen ausgebildet sein.

„Scham vor sich selbst" bezeichnet ein Schamgefühl, das unabhängig von möglichen anderen ausgelöst wird, etwa auch dann, wenn niemand den Normverstoß bemerkt hat oder bemerken könnte.[13] Scham und Schuldgefühl, die im 3. Kriterium genannt werden, lassen sich danach unterscheiden, wer jeweils im Zentrum des Gefühls steht, um wen es sich gleichsam verdichtet.[14] Mit Scham bezieht man sich schützend[15] auf die eigene Person, während das Schuldgefühl auf die geschädigte Person gerichtet ist, zumeist begleitet von Wiedergutmachungsimpulsen.

Die vier Kriterien benennen jeweils notwendige Bedingungen, die zusammen mit den anderen hinreichend sind. Sie sind aber strukturell etwas unterschiedlich gewichtet. Kriterium 1 und 4 haben eine Sonderstellung; sie sind bereits *zusammen* hinreichend, und sie sind die einzigen von den vier Kriterien, für die das gilt. Dagegen beziehen sich das 2. und 3. Kriterium nur dann auf Verstöße gegen moralische Normen, wenn sie zugleich mit dem 1. und/oder dem 4. auftreten. Schuldgefühle und Scham vor sich selbst können ohne die 1. Bedingung keine Kriterien für Moralität bereitstellen. Sie sind offenbar strukturell in der Reziprozität von Scham und Empörung angelegt, nicht aber umgekehrt. Beispielsweise ist es denkbar, dass jemand besonders hohe Ansprüche an sich selbst stellt und sich bei einem Versagen angesichts dieser Forderungen heftig schämt und vielleicht sogar Schuldgefühle hat, während er sich keineswegs über jemand anderen empören würde, der sich in genau derselben Weise verhielte wie er sich selbst. Oder man denke an die Schuldgefühle, die Überlebende einer Katastrophe oder Überlebende des Holocaust oft gegenüber denjenigen haben, die mit ihnen in derselben Situation waren, aber umgekommen sind bzw. ermordet wurden. Wüssten die Geretteten von anderen, die unter exakt den gleichen Umstände überlebt haben wie sie selbst, so würden sie sich darüber nicht empören. Wohl aber empfinden sie aufgrund ihrer Traumatisierung

13 Vgl. Hilge Landweer, *Scham und Macht*, S. 100-117.

14 Vgl. ebd., 46-50.

15 Viele psychologische Schamtheorien betonen diejenigen Aspekte von übermäßiger Scham, die das Selbstwertgefühl beschädigen. Dies betrifft aber nur pathologische Formen. Die normale psychische Funktion der Scham besteht darin, das Selbst zu schützen. Denn mit dem Schamgefühl wird signalisiert, dass die Person, die sich wegen eines Normverstoßes schämt, sich an dieser Norm trotz deren Überschreitung orientiert, denn sonst würde sie sich nicht schämen. Sie erkennt die Norm gewissermaßen nachträglich durch die eigene Sanktionierung mit dem Gefühl an. Würde Scham tatsächlich prinzipiell das Selbstwertgefühl schädigen, so könnte sie keinesfalls die wichtige Rolle in der Moral einnehmen, die sie offenkundig erfüllt. Die Unterscheidung von „normaler" und „pathologischer" Scham folgt selbst bereits Angemessenheitsvorstellungen. Hier gibt es kein objektives Maß. Die Funktionalität der Scham für das Selbst ist sehr stark vom soziokulturellen Kontext, genauer: von den dort geltenden Vorstellungen von Angemessenheit abhängig.

wegen ihres Überlebens oft heftige Scham- und Schuldgefühle, die nicht daran gebunden sind, wie andere ihr Überleben bewerten.[16]

Die 1. Bedingung ist nicht für sich allein hinreichend: Nicht selten empören wir uns aufgrund kontingenter Umstände in Situationen (und wir hätten uns entsprechend geschämt, hätten wir in derselben Situation gegen die Norm verstoßen), die wir mit etwas Abstand nicht als die Empörung rechtfertigend ansehen würden. Die Norm muss aber selbstverständlich situationsübergreifend für die Person gelten, wenn sie zu Recht als „moralisch" bezeichnet werden soll. Das 4. Kriterium ist nur dann hinreichend, wenn sie die Reziprozitätsbedingung im 1. Kriterium enthält. Denn es ist durchaus möglich, eine stabile Disposition zu Scham bei bestimmten Anlässen auszubilden, ohne sich zu empören, wenn andere gegen dieselbe Norm verstoßen. Umgekehrt ist es auch denkbar, eine anhaltende Disposition zu Empörung in bestimmten Fällen zu entwickeln, ohne sich bei eigenen Verstößen gegen die entsprechende Norm zu schämen, etwa wenn man sich darüber empört, dass andere aus Eigeninteresse lügen, aber es selbst gelegentlich ohne Scham tut. In diesen beiden Fällen behandeln die Betreffenden die infrage stehende Norm nicht wirklich als eine moralische. Nicht jedes Auftreten von akuter Scham oder Empörung lässt also Rückschlüsse darauf zu, dass in moralischer Hinsicht relevante Normenverstöße vorliegen. Allerdings lässt sich der Negativtest machen: Wenn jemand auf eigene oder fremde Normverletzungen in einer bestimmten Angelegenheit dauerhaft nicht mit Scham oder Empörung reagiert, so kann *nicht* davon ausgegangen werden, dass die entsprechende Norm in einem praktisch relevanten Sinn für diese Person Geltung besitzt.

Die vier Kriterien sind so angelegt, dass sie die Normengeltung immer nur relativ zu der betreffenden Person bestimmen, welche die jeweiligen Gefühle hat beziehungsweise haben würde. Selbstverständlich ist es denkbar, dass jemand zwar eine stabile Disposition zu reziproker Scham und Empörung ausbildet und die entsprechende Norm entsprechend als für sich moralisch geltend ansieht, dass aber andere ein davon abweichendes Normverständnis haben. Die vier Kriterien für Moralität ermöglichen gerade die Anerkennung von fremden Moralvorstellungen als durchaus ernsthafte Orientierungen, ohne deswegen mit beliebigen Behauptungen über bloß vorgebliche fremde Moralauffassungen politisch oder ideologisch missbraucht werden zu können. Denn diese Kriterien erlauben eine Einschätzung, ob eine infrage stehende Norm tatsächlich für jemanden Geltung hat oder ob er – aus welchen Gründen auch immer – bloß vorgibt, an ihr orientiert zu sein.

Weitergehend noch als die These, dass aufeinander bezogene Scham und Empörung auf moralische Normverstöße hinweisen, ist die Behauptung, dass die entsprechende Norm nur dann in einem praktisch relevanten Sinne von einem Handelnden ernst genommen wird, wenn er auf ihre Übertretung mit diesen Gefühlen reagiert. Diese These

16 Schamgefühle gehören zu vielen Traumata, etwa auch bei Opfern von sexuellem Missbrauch und von Vergewaltigung. Vgl. Léon Wurmser, *Die Maske der Scham. Die Psychoanalyse von Schamaffekten und Schamkonflikten*, Berlin 1990, S. 146-150, S. 178-188 und S. 288-292, sowie Andrea Moldzio, „Nach dem sexuellen Mißbrauch. Über ein traumatisches Schamgefühl", in: *Berliner Debatte Initial 1/2 „Scham und Macht"*, 2006, S. 117-122.

ist deshalb weitergehend, weil sie ausschließt, dass Moralität sich ebenso zuverlässig in anderen Reaktionen wie in denen durch Gefühle zeigen könnte. Sie schließt aus, dass moralisches Handeln ohne Beteiligung von Gefühlen oder Gefühlsdispositionen überhaupt möglich ist, und sie impliziert, dass es ohne Gefühle die Institution der Moral nicht geben kann. Aber auch diese weitergehende These ist noch nicht gleichbedeutend damit, Moral letztlich auf Gefühle zurückzuführen und sie in irgendeinem Sinne als darin „begründet" oder dadurch „gerechtfertigt" anzusehen, denn Gefühlsreaktionen könnten, auch wenn sie das einzig sichere Anzeichen von moralischer Geltung der Norm wären, dennoch auch auf ein moralisches Urteil folgen. Wenn sie Folge eines Urteils sind, können sie nicht dessen Grund sein.

So ist etwa Kants Achtung vor dem Sittengesetz als Folge der Einsicht in die Gültigkeit des kategorischen Imperativs konzipiert; das Gefühl folgt hier auf das rationale Urteil, nicht umgekehrt.

Kant führt den schwierigen Begriff eines „intelligiblen Gefühls", nämlich der Achtung, ein, um das Problem der moralischen Motivation zu lösen. Denn auch aus seiner Sicht kann die reine Einsicht in das Sittengesetz nicht allein und nicht direkt zu moralischem Handeln führen. Wie aber ist das Problem der moralischen Motivation zu lösen, wenn man anders als Kant von einem sinnlichen Gefühl ausgeht? Welches sollte das sein? Ich empfinde weder Scham noch Empörung, bevor, während und nachdem ich mich übereinstimmend mit moralischen Normen verhalte, und zumeist dürften wir auch nicht durch die Angst motiviert sein, dass uns eigene Gefühlssanktionen treffen könnten. Es mag zwar vorkommen, dass man bestimmten Konventionen folgt, aus Angst, anderenfalls Situationen von Peinlichkeit auszulösen oder gar den Zorn der Anwesenden auf sich zu ziehen. Aber dabei wird bereits eine gewisse Distanz zu der betreffenden Konvention vorausgesetzt. Normalerweise besteht das Motiv dafür, sich an moralischen Normen und Konventionen zu orientieren, nicht in der Angst vor Sanktionen im Falle ihrer Übertretung, und also auch nicht in der Befürchtung, durch die Gefühle von anderen oder durch eigene Emotionen sanktioniert zu werden. Ausgangspunkt der bisherigen Überlegungen war der Befund, dass eine Selbstbindung an Normen nötig ist, damit diese überhaupt wirksam sein können, und das ist mit jeder Angst vor Strafe als Motiv unvereinbar.

Wenn ich hier die These verteidigt habe, es bedürfe bestimmter Gefühle, damit eine Einsicht zum Handeln führen kann, so ist damit ein fundierendes Zugehörigkeitsgefühl gemeint, ein positives Gefühl dafür, mit sich und anderen in Übereinstimmung zu leben.[17] Während bei Konventionen die Übereinstimmung mit anderen ausschlaggebend ist, muss bei moralischen Normen die Übereinstimmung mit sich selbst stärker gewichtet werden,

17 Dass es sich bei dem Wunsch nach dem Teilen einer Einstellung, etwa eines Gefühls, um eine grundlegende kognitive Eigenschaft von Menschen handelt, die eine basale Funktion für die Sprachentstehung hat, darauf weisen Tomasellos entwicklungspsychologische Forschungen hin. Vgl. Michael Tomasello, *Die Ursprünge der menschlichen Kommunikation*, Frankfurt am Main 2009; Hilge Landweer, „Zeigen, Sich-zeigen und Sehen-lassen. Evolutionstheoretische Untersuchungen zu geteilter Intentionalität in phänomenologischer Sicht", erscheint in: Karen van den Berg/Hans Ulrich Gumbrecht (Hg.), *Politik des Zeigens*, München 2010.

ein Sich-abstimmen mit anderen ohne eigene Haltung liefe auf bloße Anpassung hinaus und hätte (noch) nichts mit Moral zu tun. Man befolgt moralische Normen, um sich im Spiegel ansehen zu können: wegen einer anderen Sicht auf das eigene Handeln als die, welche die unmittelbaren Neigungen und Impulse vorgeben, aber das nicht deshalb, weil das auch die Sicht von anderen ist – vielmehr sieht man sich selbst in einer Perspektive, die bewertend und damit emotional ist. Für diese Perspektive haben wir die Begriffe des Gewissens und der Scham vor sich selbst, die unabhängig davon sind, ob andere unsere Normübertretung überhaupt bemerken. Ein positives Zugehörigkeitsgefühl zu dem sozialen Zusammenhang, in welchem die jeweilige Norm Geltung besitzt, muss, so die These, als Voraussetzung eigenen moralischen Handelns im Sinne dieser Norm verstanden werden.

3. Zur Wahrnehmung von Situationen mit dem Sinn für Angemessenheit

Gefühle sind mit moralischen und anderen sozialen Normen nicht nur über Sanktionen verbunden, sondern bereits durch die Wahrnehmung der Situation als etwas, das Ansprüche an uns stellen kann. Es ist diese Wahrnehmung von Situationen, durch welche die Weichen dafür gestellt werden, wie wir auf sie antworten.

Was macht eine Situation aus? Eine Situation ist charakterisiert durch Ganzheit, d. h. durch Zusammenhalt und durch eine Abgehobenheit nach außen, und sie ist bestimmt durch eine integrierende Bedeutsamkeit mindestens aus Sachverhalten, zumeist auch von Programmen (wie Erwartungen, Absichten, Normen) und von Problemen.[18] Um auf die Situation antworten zu können – sei es mit Emotionen, sei es mit Urteilen und Verhalten –, muss die Situation zunächst erfasst werden, und zwar bevor einzelne Sachverhalte eindeutig aus ihr isoliert werden können. Denn diese sind, ebenso wie einzelne Aussagen, nur interpretierbar in ihrem Kontext. Reicht für diese ganzheitliche Situationswahrnehmung die Sinneswahrnehmung, verbunden mit Urteilen oder Überzeugungen, aus? Oder ist für das Erfassen des Ganzen der Situation bereits eine Art emotionales Vermögen erforderlich?

Allein dadurch, dass wir Situationen mit ihrer jeweiligen Bedeutsamkeit wahrnehmen, sind wir leiblich in sie hineingezogen; wir treten auf dieser leiblichen Basis in eine auch emotionale Interaktion mit der Situation: Wir registrieren, ob eine Situation uns ‚angeht' oder nicht, ob sie uns vielleicht nicht persönlich angeht, aber doch betroffen macht, wie etwa die fiktive Frau mit dem weinenden Kind. Entsprechend stimmen wir unsere Emotionen und Handlungen mit den Erfordernissen der Situation ab. Dieses Abstimmen bedarf eines Sinns für Angemessenheit, der zumeist weit unterhalb der Bewusstseinsschwelle operiert, aber auch gezielt ausgebildet und sogar kultiviert werden kann. Er beruht auf leiblicher Interaktion, die für viele höher entwickelte Tiere einen wichtigen Aspekt der Situationswahrnehmung ausmacht und bei Menschen in soziokulturellen Prozessen spezifisch ausgeprägt wird.

18 Vgl. Hermann Schmitz, *Der unerschöpfliche Gegenstand*, S. 65-79.

Wenn ich von einem „Sinn“ spreche, so ist damit eine Wahrnehmungsaktivität und eine funktionale Einheit angesprochen, die im Prozess der Wahrnehmung analytisch isolierbar ist. Das gilt auch für die einzelsinnliche Wahrnehmung, welche die Wahrnehmung von Situationen begleitet. Jeder einzelne Sinn kann defekt sein oder ganz ausfallen, und jeder einzelne Sinn stellt eine anthropologische Disposition dar, die in besonderer Weise trainiert und kultiviert werden kann. Die Musikerin schult in besonderer Weise ihr Gehör, der bildende Künstler hat gelernt, anders und anderes zu sehen als ein Laie, die Ärztin kann ein Ultraschallbild interpretieren. Jeder Sinn spricht auf bestimmte Gegebenheiten der Umwelt an und trägt dazu bei, dass wir uns in unserer Welt orientieren können.

Der Sinn für Angemessenheit hat, anders als die fünf Einzelsinne, stets die Gesamtheit der Situation zum Gegenstand. Sein Tätigsein bezeichne ich als „leibliche Interaktion“, weil er darauf basiert, dass Menschen sich in einer Situation normalerweise leiblich aufeinander einspielen. Auch in anonymen Situationen, etwa in einer Fußgängerzone, nehmen Menschen sich wechselseitig wahr, wenn auch nur flüchtig, und stimmen ihre Bewegungen aufeinander ab; Zusammenstöße sind selten. Dieses Abstimmen erfolgt nicht als bewusstes Abschätzen von Entfernungen und von Geschwindigkeiten und einem Errechnen, wie schnell man sich selbst bewegen muss, um nicht anzustoßen, sondern es geschieht gewissermaßen passiv: Wir müssten schon sehr bewusst gegensteuern, um die leibliche Kommunikation zu verhindern, etwa durch bewusstes Abwenden, um den anderen nicht mehr im Horizont der eigenen Wahrnehmung zu haben.

Ich spreche von „leiblicher“ Interaktion anstatt von „körperlicher“, da ich zwischen dem Körper, so wie er aus der Perspektive beliebiger dritter Personen wahrgenommen werden kann, dem Körper als ‚Ding‘ also, und dem Leib als dem, was nur aus der Perspektive der ersten Person in der Gegend des Körpers[19] gespürt wird, das heißt dem Leib als einem bestimmten Modus des Erlebens, unterscheide. Mit dem Begriff der „leiblichen Interaktion“ ist jenes wechselseitige Spüren oder Erleben angesprochen, das nicht den eigenen oder den fremden Körper zum Wahrnehmungsgegenstand macht, sondern den anderen gewissermaßen an der Resonanz im eigenleiblichen Befinden spürt, etwa im Sich-anblicken. Dabei sind die Blicke der anderen nicht nur objektivierend, wie Sartre es beschreibt.[20] Im wechselseitigen Blicken kann sich ebenso Annäherung und Gemeinschaft herstellen wie auch Distanz, vor allem aber erfährt jeder im Sich-gegenseitig-Anblicken die Evidenz eines Du, eines Gegenübers. Metaphorisch könnte man sagen, die leibliche Interaktion ist der Kanal, durch den wir uns in der Situation zu anderen leiblich ins Verhältnis setzen, mit ihnen auf eine basale Art kommunizieren, und zwar ohne

19 Die Formulierung, leiblich sei das, was „in der Gegend“ des Körpers gespürt werde, bezieht sich auf den Befund, dass das Spüren nicht auf die Grenzen des Körpers beschränkt ist. Der Blick als leibliches Phänomen geht weit über den eigenen Körper hinaus, und auch Phantomglieder werden außerhalb der Grenzen des Körpers gespürt. Leibliche Phänomene wie z. B. Schmerzen oder ein dumpfes Gefühl in der Magengrube sind im Unterschied zu Körpern, die von außen wahrgenommen werden, örtlich nicht scharf umgrenzt. Vgl. Hermann Schmitz, *Der unerschöpfliche Gegenstand*, S. 115-135.

20 Jean-Paul Sartre, *Das Sein und das Nichts. Versuch einer phänomenologischen Ontologie*, hg. von Traugott König, Reinbek bei Hamburg 1993 (zuerst 1943), S. 457-538.

dass dafür ein direkter Kontakt der Körper oder ein gezielter Einsatz von Körpersprache notwendig ist.

Leibliche Interaktion ist nicht auf Sprache angewiesen. Auch höher entwickelte Tiere interagieren leiblich untereinander und mit Menschen; sie stimmen ihre Eigenbewegungen auf die Bewegungen der sie umgebenden Wesen ab. Selbstverständlich erfolgt das wechselseitige Sich-einspielen von Tieren nicht auf der Basis von Vorstellungen über Angemessenheit, sondern in unmittelbarer Anpassung und Reaktion auf die Umwelt. Menschen dagegen entwickeln schon sehr früh, und zwar deutlich vor dem Spracherwerb, ein Bedürfnis, Einstellungen und Gefühle mit anderen zu teilen. Diese Fähigkeit, sich in geteilter Intentionalität auf Sachverhalte zu beziehen, aber auch emotionale Einstellungen zu teilen, ist – folgt man entwicklungspsychologischen Forschungen – spezifisch menschlich.[21] Sie ist die Basis dafür, nicht nur im Eigeninteresse agieren zu können, sondern daneben wirklich gemeinsame Absichten und Ziele mit anderen entwickeln zu können. Dazu gehört die Fähigkeit, die Perspektiven von anderen kognitiv und emotional übernehmen und auf ihre Erwartungen positiv oder negativ antworten zu können. Die emotionale und kognitive Verbindung mit anderen ist die Quelle für Normativität; sie ermöglicht es wenigstens prinzipiell, „an der Stelle jedes anderen fühlen" zu können.

Der Sinn für Angemessenheit beruht auf leiblicher Interaktion, einer Fähigkeit, über die auch viele andere Tierarten verfügen, aber er geht deutlich über ein wertneutrales leibliches Interagieren hinaus. Er ist anders als bei den anderen Primaten nicht am unmittelbaren Eigeninteresse orientiert, sondern an den möglichen normativen Ansprüchen in Situationen. Die Ausbildung dieses Sinns durch Sozialisation erlaubt es, die Perspektiven anderer Individuen zum Tragen kommen zu lassen, ohne diese notwendig reflexiv mit zu bedenken. Er kann als eine besondere Form impliziten Wissens begriffen werden, das durch leibliche Interaktion die Befindlichkeit anderer am eigenen Leib registriert.

Der These, wonach ein Sinn für Angemessenheit bereits unsere basale Situationswahrnehmung begleitet, liegt die Heideggersche Annahme zugrunde, dass wir nicht umhin können, gestimmt zu sein, und dass unser Verstehen von Situationen in der Befindlichkeit fundiert ist. Der Prozess der kognitiven Wahrnehmung von Situationen ist nur nachträglich und analytisch loszulösen von Emotionen und dem Wahrnehmen evaluativer Gehalte. Wie ich verschiedentlich im Anschluss an die schottische *moral sense*-Philosophie,[22] an Hermann Schmitz und an die neuere Philosophie der Emotionen[23] gezeigt habe, sind Wertungen das Ergebnis von emotionalen Prozessen: Emotionen erschließen uns, was uns wichtig und für uns wertvoll ist – und das heißt auch: welche

21 Vgl. Michael Tomasello, *Die Ursprünge der menschlichen Kommunikation*; Hilge Landweer, „Zeigen, Sich-zeigen und Sehen-lassen".

22 Christoph Demmerling/Hilge Landweer, „Hume: Natur und soziale Gestalt der Affekte", in: Hilge Landweer/Ursula Renz (Hg.), *Klassische Emotionstheorien von Platon bis Wittgenstein*, Berlin 2008.

23 Hilge Landweer, „Gefühle als Formen der Werterkenntnis?", in: Barbara Merker (Hg.), *Leben mit Gefühlen. Emotionen, Werte und ihre Kritik*, Paderborn 2009, S. 163-181.

Ansprüche von anderen wir als an uns gerichtet wahrnehmen, und welche davon wir anerkennen und beantworten.

Meine These lautet: Für die Wahrnehmung einzelner Sachverhalte ist es erforderlich, zugleich mit ihnen die Ganzheit der Situation zu erfassen, und dafür ist insbesondere ein Gespür für die Atmosphäre und damit eine emotionale Kompetenz entscheidend. Ohne dieses emotional fundierte Gesamtverstehen ist es nicht möglich, mit Emotionen auf einzelne Sachverhalte und mit dem entsprechenden Handeln adäquat auf die Situation zu reagieren.

4. Beispiele, Traditionslinien, Anknüpfungspunkte

Welche Art von Kompetenz mit dem Ausdruck „Sinn für Angemessenheit" gemeint ist, kann anhand einiger seiner Spezialfälle angedeutet werden. Das Gerechtigkeits- oder moralische Gefühl, das Taktgefühl und nicht zuletzt das, was bei Kant Geschmack heißt – all diese Fähigkeiten und Dispositionen können als Spezifikationen und als besondere Kultivierungen des Sinns für Angemessenheit angesehen werden. Der praktische Sinn, den Pierre Bourdieu beschreibt, bezeichnet eine klassenspezifische Ausprägung des Sinns für Angemessenheit. Eine im weitesten Sinne ethische Haltung, an der die Wirkung des Sinns für Angemessenheit sich deutlich zeigt, ist die Höflichkeit. Sie ist nicht vollständig durch das Befolgen von Konventionen zu erreichen; jemand, der sich höflich verhält, nimmt die Situation anderer mit besonderer Aufmerksamkeit und mit Respekt wahr. Taktgefühl und Höflichkeit gehören zweifellos zum Bereich des Supererogatorischen, das heißt zu dem, was moralisch gut, aber nicht moralisch erforderlich ist. Von ebenfalls ethischer und zudem von deutlicher gesellschaftlicher Brisanz ist das Rechtsgefühl, die Orientierung am Rechtsideal der Gerechtigkeit, mit der unter anderem positives Recht kritisiert werden kann. Eine etwas andere Bedeutung erfährt der Begriff des Rechtsgefühls als *sensus juridicus* oder Judiz, womit das speziell ausgebildete Rechtsempfinden und die Urteilskraft des Richters bezeichnet wird.

All diese Beispiele verdeutlichen, dass der Sinn für Angemessenheit nicht in demselben Sinne ein angeborenes natürliches Vermögen darstellt wie das Sehen oder Hören. Er geht offenbar nicht ganz auf in leiblicher Interaktion, die für alle höher entwickelten Tiere dasjenige Wahrnehmungsvermögen darstellt, das ihnen Orientierung in Situationen ermöglicht, und auch für den Sinn für Angemessenheit von einer kaum zu überschätzenden Bedeutung ist. Dieser Sinn ist als Quelle für Normativität spezifisch menschlich, er wird in der Kindheit in weitgehend vorsprachlichen Prozessen erworben und kann, wie die Beispiele zeigen, in bestimmten Bereichen durch Erfahrung in besonderer Weise kultiviert und zu Höchstleistungen ausgebaut werden. Er stellt in ganz ähnlichem Sinne wie das Sprachvermögen eine anthropologische Ausgangsbedingung dar, die in kulturellen Prozessen eingeübt und spezifisch ausgeprägt wird, aber der Sprache vorgelagert ist. Seine Kultivierungen im Zuge des Aufwachsens, in einer speziellen Ausbildung oder in der Verarbeitung bestimmter praktischer Erfahrungen werden zumeist von sprachlicher Vermittlung begleitet sein. Immer aber geht es nicht um das Ausbuchstabieren bestimmter Normen, sondern um das Erkennen dessen, was für die jeweilige Situation gerade das Spezifische ist, um eine besondere Art von Aufmerksamkeit also, die immer eine Aufmerksamkeit für andere ist und geteilte Intentionalität[24] voraussetzt.

Der Begriff der Aufmerksamkeit steht im Zentrum der Moralphilosophie von Iris Murdoch.[25] Ihre Thematisierung von *„attention"* zielt auf Situationen ab, in denen es darauf ankommt, die Befindlichkeit anderer wahrzunehmen. Deutlich spricht Murdoch aus, dass es dabei um eine Orientierung geht, die Abstand nimmt von ausschließlich egoistischen Perspektiven. *„Attention"* ist ein Bestreben, das sich unabhängig von eigenen Interessen für das Wohlergehen anderer interessiert, ihnen mentale Zustände zuschreibt und ihre Perspektive einzunehmen versucht. Mit der Reziprozität ist die wichtigste Voraussetzung gegeben, um einen Sinn für Angemessenheit ausbilden zu können, denn sie ermöglicht die Entwicklung gemeinsamer Intentionen und Kooperation. Diese wiederum stellen die zentralen Bedingungen dafür dar, im Unterschied zu Tieren für Normativität überhaupt empfänglich und zur Ausbildung von Konventionen in der Lage zu sein. Geteilte Intentionalität ist die logische Voraussetzung für normative Orientierungen.[26] Die sinnliche Verankerung dieser Empfänglichkeit nenne ich „Sinn für Angemessenheit".

Weitere Anknüpfungspunkte für die Beschreibung des Phänomens und die Ausarbeitung des Begriffs dieses spezifisch menschlichen Sinns lassen sich mit Bezug auf verschiedene philosophiegeschichtliche Traditionslinien skizzieren.

Zunächst einige Worte zu Aristoteles. Die Mesotēs-Lehre in der Ethik, nach der die Tugend in der Ausbildung einer Haltung der Mitte zwischen zwei negativ bewerteten Extremen liegt, wird oft wegen verschiedener Mehrdeutigkeiten als problematisch angesehen, da klar ist, dass es sich um keine geometrische oder irgendwie errechenbare Mitte handelt.[27] Die Lehre von der rechten Mitte wird verständlicher, wenn man sie als Bild für Angemessenheit interpretiert, die gerade nicht aus verallgemeinerbaren Prinzipien gewissermaßen zusammengesetzt ist, sondern ein Gespür für das Spezifische einer Situation und für die eigenen Stärken und Schwächen meint.[28] Aristoteles bezeichnet

24 Michael Tomasello, *Die Ursprünge der menschlichen Kommunikation*; Hans-Bernhard Schmid, *Wir-Intentionalität. Kritik des ontologischen Individualismus und Rekonstruktion der Gemeinschaft*, Freiburg/München 2005.

25 Iris Murdoch, *The Sovereignity of Good*, London 2006.

26 Vgl. Michael Tomasello, *Die Ursprünge der menschlichen Kommunikation*.

27 Z. B. Ursula Wolf, *Aristoteles' ‚Nikomachische Ethik'*, Darmstadt 2002, S. 91.

28 Aristoteles erläutert seine Mesotēs-Lehre u. a. anhand individueller Präferenzen: Die rechte Mitte im Hinblick auf die Tugend der Tapferkeit desjenigen, der eine Neigung zur Tollkühnheit hat, sollte sich an dem orientieren, was dieser Person als feige erscheint, und umgekehrt. In jedem Fall sind die beiden Extreme „Tollkühnheit" und „Feigheit" zwar gleichermaßen schlecht, aber je nachdem, zu welchem Extrem die Person eher tendiert, sollte sie sich an dem jeweiligen Gegenteil orientieren, um der rechten Mitte näher zu kommen. Diese Mitte ist weder arithmetisch zu verstehen noch als ein gegen Leidenschaften indifferentes Handeln, und sie lässt sich nicht als Imperativ formulieren. Die Mesotēs-Lehre zielt auf das ab, was der Situation angemessen ist und was die beiden denkbaren Extreme meidet. In moderner Terminologie könnte man sagen: In der Sicht der Extreme als „gleichermaßen schlecht" ist die wertende Perspektive verallgemeinerter anderer angelegt. Die Person soll sich bei der Ausbildung ihrer Handlungsdispositionen an die Seite der beiden Extreme

das Verhalten des Tugendhaften ganz allgemein als angemessen; die ethischen Tugenden können geradezu dadurch definiert werden, dass man im sozialen Umgang jedem das Angemessene zuteil werden lässt.[29]

Der Ausdruck *prepon* (angemessen) taucht bei Aristoteles in verschiedenen Kontexten auf. Während in der *Nikomachischen Ethik* eher am Rande von angemessenem Verhalten die Rede ist,[30] kommt der Begriff der Angemessenheit *(prepon)* in Aristoteles' *Rhetorik* zwar an prominenter Stelle vor, nämlich als Stilprinzip der Rede,[31] aber er wird auch hier nicht inhaltlich bestimmt. Angesprochen wird, in welcher Weise Charakter, Affekt und sprachlicher Ausdruck zueinander passen müssen, um den Zuhörer zu erreichen. Dies gilt besonders für die Poesie. Da die sprachliche Ausdrucksweise unter anderem von Alter, Geschlecht, Herkunft und Nationalität abhängt, kommt es darauf an, dass die Redeweise dies berücksichtigt, damit der Redner bei den Zuhörern Vertrauen erwecken und bei ihnen die gewünschten Affekte erzielen kann. Aber auch für die Affekte selbst lassen sich Bedingungen für ihre Angemessenheit an die jeweilige Situation nennen;[32] das ist der Grund, warum die Psychologie der einzelnen Affekte im II. Buch der *Rhetorik* umfänglich behandelt wird.

Auch in der an Aristoteles anschließenden rhetorischen Tradition ist das Kernelement der Angemessenheit die Situation.[33] Das in der Rede angesprochene *ēthos* kann nur dann die Zuhörer ansprechen, wenn es sich in den Grenzen des Angemessenen, des *prepon*, bewegt. Dieses Maß wird dabei weniger von allgemeinen ethischen Normen bestimmt, als vielmehr von den Vorstellungen der Hörer. Das moralische *ēthos* muss vom Zuschauer anerkannt werden, denn es kann nur dann auf die Affekte wirken, wenn es den Anschauungen der Zuhörer nicht widerspricht.[34] Was als angemessen anzusehen

halten, die ihre Schwächen kompensiert. Vielleicht kann man in freier Anknüpfung an Aristoteles sagen, dass die „rechte Mitte" im Sich-einspielen von dem liegt, was die Situation verlangt, und dem, was der Person möglich ist, wenn sie sich an den jeweiligen Vorstellungen über Angemessenheit orientiert. Je nachdem, welche Dispositionen die Person mitbringt, die mehr *aretē* (Tugend) erwerben will, ändert sich die Situation: es gibt kein objektives Maß der rechten Mitte, sondern immer nur ein situations-relatives. – Auch Philipp Brüllmann, Artikel „prepon", in: Otfried Höffe, *Aristoteles-Lexikon*, Stuttgart 2005, S. 491-492, weist darauf hin, dass bei Aristoteles der Ausdruck *prepon* (passend, angemessen) eine ähnliche Funktion hat wie *meson*, der Ausdruck für das Mittlere.

29 Aristoteles, *Nikomachische Ethik*, übers. und hg. von Ursula Wolf, Reinbek bei Hamburg 2006, X 8, 1178a10-13 und IV 12, 1127a2; vgl. Philipp Brüllmann, Artikel „prepon", S. 492.

30 In der *Nikomachischen Ethik* etwa in Buch IV, 4 in der Erläuterung der Großzügigkeit: „Was angemessen ist, ist also relativ zur Person, zur Situation und zum Gegenstand." (NE 1122a25f.).

31 Aristoteles, *Rhetorik*, übers., mit einer Bibliographie, Erläuterungen und einem Nachwort von Franz G. Sieveke, München 1993, 1404 b, 1408 a. – Vgl. auch Franz G. Sieveke, ebd. S. 282, Anm. 158 und S. 285f., Anm. 166.

32 Vgl. z. B. *Nikomachischen Ethik*, Buch X:8, 1178a10-13: Im vertraglichen Umgang, in Notlagen, in Handlungen aller Art und bei den Affekten soll das beachtet werden, was einem jeden angemessen ist.

33 Vgl. Bernhard Asmuth, Artikel „Angemessenheit", in: G. Ueding (Hg.), *Historisches Wörterbuch der Rhetorik*, Bd. 1, Tübingen 1992, Sp. 579-604.

34 Vgl. Antje Hellwig, *Untersuchungen zur Theorie der Rhetorik bei Platon und Aristoteles*, Göttingen 1973 (Hypomnemata 38), S. 265f.

ist, muss dabei ausdrücklich von Fall zu Fall verschieden beantwortet werden. Damit ist Angemessenheit im Unterschied zu Normen gerade nicht etwas, das situationsübergreifend bestimmt werden könnte, auch wenn sich manche Vorstellungen von Angemessenheit zu einer weiter reichenden normativen Geltung verfestigen können. Im Kern gilt das Angemessene ausdrücklich nicht als reguliert: Hier gibt es nach Quintilian kein festes Maß; statt dessen kommt es, wie man sagen könnte, auf das „Fingerspitzengefühl" an.[35]

Im rhetorischen Verständnis von Angemessenheit (*aptum* und *decorum*)[36] verbinden sich optische und mechanische Elemente. Einerseits bezeichnet der Ausdruck zunächst das, was an der äußeren Erscheinung ins Auge fällt und dem, der so auftritt, mehr oder weniger „ansteht".[37] Diese Bedeutungsnuance zielt auf eine optische Passung und gewinnt im Verlauf der Philosophiegeschichte immer mehr einen ästhetischen Sinn. Andererseits ist das Angemessene aber auch das, was sich als Teil nahtlos in ein gegebenes Ganzes ohne Reibung einfügt. Dieses mechanische Bild – man könnte fast sagen: des Einrastens – bietet den Hintergrund für die soziale Sicht der Angemessenheit als das, was sich schickt.

Auch wenn das optische Passen zunächst einen eher ästhetischen Sinn hat und die mechanische Passung eine soziale Bedeutung, so ist das Interessante an dieser rhetorischen Tradition von Angemessenheit, dass beide Dimensionen von Beginn an vielfältige Verknüpfungen eingehen.

Diese enge Beziehung von ästhetisch-sinnlicher Bedeutung und sozialem Sinn teilt die *aptum*-Tradition mit der in sich äußerst vielschichtigen und nuancenreichen Begriffsgeschichte des *sensus communis*. Sie beginnt mit Aristoteles' *koinon aisthētērion* und hat zunächst eine ganz andere Bedeutung als der deutsche Ausdruck „Gemeinsinn": Bei Aristoteles ist ein gemeinsames Sensorium der Einzelsinne angesprochen, das die einzelsinnliche Wahrnehmung zu einem Ganzen bündelt;[38] es ermöglicht etwa die Identifizierung des Gesehenen mit dem Ertasteten. Diese Bedeutung kommt auch noch bei Descartes vor. In der Nachfolge von Aristoteles wird der *sensus communis* aber immer mehr im Sinne von gemeinschaftlichen Überzeugungen als Grundlage des Erkennens verstanden; er geht im 18. Jahrhundert in *common sense* über[39] – ein Aspekt, der die *moral sense*-Philosophie beeinflusst und auch Kants Verständnis des *sensus communis* bestimmt.

35 Vgl. Bernhard Asmuth, Artikel „Angemessenheit".

36 Cicero übersetzt in Orat. 21.70 das griechische *prepon* mit *decorum*, Quintilian I 5.1. mit *aptum*. Cicero, *De oratore – Über den Redner*, lat.-dt. hg. und übers. von H. Merklin, Stuttgart 1978.

37 Max Pohlenz, „Τὸ πρέπον [Tò prépon]", in: *Nachrichten von der Akademie der Wissenschaften zu Göttingen*, Philologisch-historische Klasse (1933) 55, Neudruck in: ders., *Kleine Schriften*, Bd. 1, hg. v. H. Dörrie, Hildesheim 1965, S. 53.

38 Aristoteles, *Über die Seele*, mit Einleitung, Übersetzung (nach W. Theiler) und Kommentar hg. v. Horst Seidl, Hamburg 1995, 425a14-30, spricht von einem gemeinsamen Wahrnehmungssinn *(koinē aisthēsis)*; vgl. Hubertus Busche, *Die Seele als System. Aristoteles' Wissenschaft von der Psyche*, Hamburg 2001.

39 Vgl. Heidi Salaverria, *Spielräume des Selbst. Pragmatismus und kreatives Handeln*, Berlin 2007.

Die eigenständige Entwicklung der *moral sense*-Philosophie im schottischen Empirismus des 18. Jahrhunderts modifiziert die *common sense*-Vorstellung, die auf gemeinsames Erkennen abzielt, in Richtung auf gemeinsames Wahrnehmen oder Fühlen. Der *moral sense* lässt sich als eine Fähigkeit zur Wahrnehmung der normativen Gehalte von Situationen verstehen, wobei Gefühle und Urteile verschmolzen sind, aber bei den einzelnen Autoren in dieser Tradition in unterschiedlicher Akzentuierung.[40] Während der „Sinn für Angemessenheit", so wie er hier aufgefasst wird, die Vorstellung ästhetischer Normativität einschließt, ist dies beim *moral sense* nicht der Fall.

Kant setzt sich mit seiner Auffassung des *sensus communis* explizit von der Vorstellung ab, wonach im Bereich der Moral Gefühle eine Rolle spielen könnten. Ihm geht es um ein Urteilsvermögen, das die möglichen Urteile anderer immer schon mit einbezieht und als Geschmack (im Ästhetischen) und als gemeiner Verstand vorkommt. Ihre Maxime lautet: „An der Stelle jedes anderen denken können".[41] Dabei verfährt die reflektierende Urteilskraft, die im Geschmacksurteil zum Tragen kommt, anders als die bestimmende Urteilskraft, die für moralische Urteile zuständig ist: Erstere geht vom Konkreten zum Allgemeinen, ohne zu einem Begriff gelangen zu können, weil es vom Schönen keinen Begriff geben kann, während letztere vom Allgemeinen, dem Sittengesetz, zum Konkreten, der Situation mit ihren ethischen Anforderungen, übergeht, um die richtige Anwendung des Allgemeinen zu prüfen.

Allerdings ist diese strikte Gegenüberstellung vielleicht zu scharf, da für die Urteilskraft im Bereich der Moral doch eher ein Hin- und Hergehen zwischen Allgemeinem (dem Sittengesetz) und dem Besonderen (der Situation, in der sich die Frage stellt, nach welchen Maximen gehandelt werden soll) sachlich angemessen zu sein scheint: Die möglichen Anforderungen, die in der Situation eine Rolle spielen, müssen zunächst wahrgenommen werden, bevor sie anhand des Kategorischen Imperativs beurteilt werden können. Gelingt dies nicht – denn nicht immer lassen sich passende Maximen finden oder verschiedene Maximen in eine eindeutige hierarchische Ordnung bringen –, dann muss wiederum das Konkrete danach befragt werden, um welches allgemeine moralische Problem es sich handelt.[42] Wenn es tatsächlich zutrifft, dass die bestimmende Urteils-

40 Vgl. Angelica Baum/Ursula Renz (2008), „Shaftesbury: Emotionen im Spiegel reflexiver Neigungen", in: Hilge Landweer/Ursula Renz (Hg.), *Klassische Emotionstheorien von Platon bis Wittgenstein*, Berlin, S. 351-369; Aaron V. Garrett, „Hutcheson: Leidenschaften und *moral sense*", ebd., S. 373-391; Christoph Demmerling/Hilge Landweer, „Hume: Natur und soziale Gestalt der Affekte"; und Christian Strub, „Smith: Sympathie, moralisches Urteil und Interesselosigkeit", ebd.

41 Immanuel Kant, *Kritik der Urteilskraft*, § 40.

42 Kants Konzeption der beiden Arten der Urteilskraft ist vor allem durch Gadamer kritisch hinterfragt worden, der Elemente des Geschmacksurteils in jedem moralischen Urteil finden zu können meint: „Von Subsumption der Einzelnen unter ein gegebenes Allgemeines (Kants bestimmende Urteilskraft) kann man allenfalls bei der reinen theoretischen wie praktischen Vernunftübung sprechen. In Wahrheit liegt selbst da eine ästhetische Beurteilung mit vor. Das findet bei Kant eine indirekte Anerkennung, sofern er den Nutzen der Beispiele für die Schärfung der Urteilskraft anerkennt." Hans-Georg Gadamer, *Wahrheit und Methode*, Bd. 1, Tübingen [6]1990 (zuerst 1960), S. 44. Nach Gadamer ist der als Beispiel fungierende Fall stets noch etwas anderes als nur der Fall dieser Regel; die Unterscheidung der bestimmenden und der reflektierenden Urteilskraft, auf die Kant die

kraft im Bereich der Moral nicht so eindeutig deduzierend ist, wie Kant annimmt, sondern wie die reflektierende zumindest auch vom Konkreten ausgeht – erinnert sei hier an Murdochs *„attention"* –, so rückt diese doppelte Gerichtetheit den Prozess des ethischen Urteilens doch wieder in eine gewisse Nähe zum ästhetischen. Die Bestimmung des Schönen aber kann, so Kant, „nur durch Gefühl"[43] geschehen, und dieses Gefühl wird durch das freie Spiel der Erkenntniskräfte ausgelöst: das ist die spezifische Lust am Schönen. Kant nennt das entsprechende Prinzip „Gemeinsinn."[44]

Kants *sensus communis* ist für das Vorhaben, einen Sinn für Angemessenheit zu bestimmen, also in mehrfacher Hinsicht aufschlussreich. Es wäre zu untersuchen, unter welchen Bedingungen die Maxime der Urteilskraft „An der Stelle jedes anderen denken" in die Maxime „An der Stelle jeder anderen fühlen" umgewandelt werden kann. Klar ist, dass das „originäre" Gefühl, wie Husserl sich ausdrückt, nur von einer Person gefühlt werden kann.[45] Dennoch ist emotionale Empathie möglich, ohne dabei das eigene Gefühl mit dem der anderen Person zu verwechseln. Ob die Basis für Empathie rein kognitive Prozesse des Schlussfolgerns sind oder eher Phänomene leiblicher Resonanz, kann hier nicht untersucht werden.

Aber nicht nur das epistemologische Problem einer Reziprozität des Fühlens wäre zu prüfen, wenn die Ausarbeitung eines Sinns für Angemessenheit an Kant anknüpfen soll. Zudem wäre gemäß seiner Analyse des Geschmacksurteils zu prüfen, in welchem Verhältnis Begriff und Beispiel in der Ethik stehen und ob der Begriff des Guten möglicherweise ebenso wenig bestimmt werden kann wie der Begriff des Schönen.

Damit ist ein weiter Horizont von Fragen umrissen. Für meine Sicht des Sinns für Angemessenheit sind die einzelnen Verästelungen der äußerst verschlungenen *sensus*

Kritik der Urteilskraft gründet, sei „keine unbedingte" (ebd.); es handle sich nie ausschließlich um die logische (bestimmende), sondern immer auch um eine ästhetische Urteilskraft: „Der Einzelfall (...) ist nie bloß Fall; er erschöpft sich nicht darin, die Besonderung eines allgemeinen Gesetzes oder Begriffes zu sein. Er ist vielmehr stets ein ‚individueller Fall'. (...) Jedes Urteil über ein in seiner konkreten Individualität Gemeintes, wie es die uns begegnenden Situationen des Handelns von uns verlangen, ist streng genommen ein Urteil über einen Sonderfall. Das besagt nichts anderes, als daß die Beurteilung des Falles den Maßstab des Allgemeinen, nach dem sie geschieht, nicht einfach anwendet, sondern selbst mitbestimmt, ergänzt und berichtigt. Daraus folgt letzten Endes, daß alle sittlichen Entscheidungen Geschmack verlangen." (ebd., S. 44f.) Nach Gadamer ist diese „individualste Auswägung" zwar nicht das allein bestimmende, aber doch ein „unentbehrliches Moment" (ebd.).

43 Immanuel Kant, *Kritik der Urteilskraft*, § 20.

44 Hannah Arendt, die den Begriff der Urteilskraft für das Politische entdeckt, stellt die strikte Trennung von einer apriorischen bestimmenden und einer aposteriorischen reflektierenden Urteilskraft infrage. „Der Grund, warum Kant den Schritt vom Apriori zum Aposteriori nicht vollziehen kann, mag darin liegen, dass die Entdeckung der Urteilskraft das Schema von apriori – aposteriori sprengt. Denn die Allgemeingültigkeit des Urteils ist nicht apriori (...), sondern ist abhängig von dem Gemeinsinn, d. h. der Präsenz der Anderen." (Hannah Arendt, *Denktagebuch 1950 bis 1973*, hg. v. Ursula Ludz und Ingeborg Nordmann, München 2002, S. 569f.).

45 Edmund Husserl, *Cartesianische Meditationen*, Gesammelte Schriften, hg. v. Elisabeth Ströker, Bd. 8, Hamburg 1992, bes. die V. Meditation.

communis-Tradition eine wichtige Quelle, aber noch dringender erscheint mir die Frage, wie diese verschiedenen Stränge wieder zusammengeführt werden können. Insbesondere erscheint mir der alte, inzwischen beinahe in Vergessenheit geratene Strang des *koinon aisthētērion*, der Bündelung der einzelsinnlichen Wahrnehmung zu einem Ganzen, angesichts von neurowissenschaftlichen Forschungen zu Synästhesien und allgemein zur Wahrnehmung Berücksichtigung finden zu müssen.

5. Der Sinn für Angemessenheit zwischen Ethik und Ästhetik

Der Sinn für Angemessenheit zielt auf andere Fühl- und Handlungsdispositionen als auf das Befolgen vorgegebener Normen ab. Normen gelten stets übersubjektiv und situationsübergreifend, während der Sinn für Angemessenheit gerade das Gespür für das Spezifische einer Situation meint – für das, was an ihr nicht vorhersehbar und nicht ohne weiteres verallgemeinerbar ist, ein kreatives Element also.

Dieser Aspekt des Kreativen ist für die Ästhetik von besonderem Belang, in der es um neue Wahrnehmungsweisen geht. Als eine emotionale Kompetenz ist der Sinn für Angemessenheit eine Voraussetzung dafür, dass Brüche in Literatur und Kunst in ihrer avantgardistischen Funktion überhaupt wahrgenommen werden können; nur so lässt sich das „Neue" vom ausschließlich „Traditionellen" einerseits und vom bloßen Tabubruch oder schlichtem Scheitern andererseits unterscheiden.

Wie kann das Spezifische künstlerischer Tabubrüche genauer bestimmt werden? Mit ästhetischen Brüchen ist zumeist eine Geste des Zeigens verbunden; es handelt sich darum, auf andere und damit neue Wahrnehmungsweisen in und mit den Medien der Kunst hinzuweisen, das heißt unter weitgehendem Verzicht auf sprachliche Erläuterungen. Dies ist aber nur dann möglich, wenn zwei Voraussetzungen erfüllt sind: Die Wahrnehmungs- und Rezeptionsgewohnheiten des jeweiligen Publikums, an das der künstlerische Akt adressiert ist, müssen bekannt sein: also dessen Sinn für Angemessenheit. Und es muss zweitens eine große Sensibilität für prägnante Wahrnehmungs- und Erlebensmöglichkeiten entwickelt sein, also eine Art Vision einer differenzierteren, volleren Wahrnehmung – das gilt für Musik, Film, künstlerischen Tanz und bildende Kunst gleichermaßen.

Neue Wahrnehmungsformen können nur erkannt werden vor dem Hintergrund des Vertrauten. Deshalb ist die Kenntnis geltender ästhetischer Üblichkeiten Voraussetzung dafür, dass bestimmte Aspekte dieser Gewohnheiten durch einen Bruch zur Anschauung gebracht und in diesem Sinne thematisch werden können. Ob die jeweiligen Zeige-Akte gelungen sind oder nicht, darüber streiten sich KunstkritikerInnen und RezipientInnen. Um erfolgreich in der Kunstszene zu sein, ist über die Rezeptionsgewohnheiten des Publikums hinaus auch die Kenntnis der Bedingungen des (jeweiligen) Kunst-Systems erforderlich, also der spezifische Sinn für Angemessenheit, den die Kunstkritik ausgebildet hat.

In welchem Verhältnis steht der Sinn für Angemessenheit zur Moral? Wenn diesen Sinn zu haben lediglich bedeuten würde, sich leiblich mit der Situation und ihren Elementen abzustimmen und dies nur unwillkürlich zu tun – dann würde es sich tatsächlich um einen ethisch indifferenten ‚Sinn' handeln, vergleichbar dem Gesichtssinn, dessen „Organ" statt des Auges lediglich der Leib ist, der interagiert und sich affizieren lässt. Vor den üblichen fünf Einzelsinnen ist dieser aber dadurch ausgezeichnet, dass er erlaubt, mit der Befindlichkeit normative Gehalte wahrzunehmen. Er identifiziert das Besondere, um das es in einer Situation geht. Denn Moral heißt nicht nur, allgemeine Prinzipien auf bestimmte Einzelfälle anzuwenden, sondern auch eine Treffsicherheit zu entwickeln, diese besonderen Fälle überhaupt wahrnehmen zu können. Dies betrifft in dem eingangs angeführten Beispiel die Frage, ob die Situation mit der Frau und dem weinenden Kind eine ist, auf die irgendwie – und sei es nur mit einer Miene – reagiert werden müsste, oder ob wir die Situation nur am Horizont unserer Wahrnehmung als kleine Störung wahrnehmen, die uns nichts weiter angeht. Damit erstreckt sich der Sinn für Angemessenheit in den Bereich der Moral, ohne selbst schon Handlungen oder Normen als moralische qualifizieren zu können.

Der Sinn für Angemessenheit verbindet uns mit anderen, insofern er das Gemeinsame der verschiedenen Perspektiven in einer Situation zumeist unterhalb der Bewusstseinsschwelle in leiblichem Bezogensein wahrnimmt und die eigene Reaktion damit abstimmt. Er impliziert ein Gespür für die Atmosphäre einer Situation und für die Programme und Probleme, die in ihr enthalten sind, auch jenseits der möglichen eigenen leiblich-affektiven Betroffenheit. Im Sinn für Angemessenheit ist gewissermaßen Heideggers „Man" zusammen mit einem eigentlichen „Wir" noch ungeschieden enthalten – ein unthematisches, vorreflexives Wir, wie Hans Bernhard Schmid es in seiner Untersuchung über Wir-Intentionalität genannt hat – mit allen Problemen, die in einem solchen „Man" enthalten sein können. Der Sinn für Angemessenheit registriert jederzeit Anlässe, die moralische, ästhetische und im engen Sinne soziale Urteilskraft gewissermaßen in Gang zu setzen; er bietet prinzipiell die Möglichkeit zur Explikation[46] dessen, was in der Situation angelegt ist. Er kann natürlich im Extremfall zu unselbstständiger Angepasstheit führen – eben zu jenen in den negativen Konnotationen des „Man" transportierten Aspekten. Bei einer ernsthaften Störung der Angemessenheit drängt er geradezu Reflexion und Artikulation auf. Als Taktgefühl ist er nicht in Normen überführbar, aber für ethisches Handeln von hoher Relevanz.

In vielen, auch moralischen Situationen erscheint ein starres, schematisches Befolgen eiserner Prinzipien oft unangemessen. Zum Sinn für Angemessenheit, so wie ich ihn verstehe, gehört eine gewisse Elastizität, auf wechselnde Bedingungen der Situation geschmeidig reagieren zu können. Insofern bezeichnet er ein kreatives Vermögen zur Situationsbewältigung, das durchaus auch neue Handlungsmöglichkeiten zu etablieren vermag.

46 „Explikation" ist hier nicht als Erklärung zu verstehen, sondern als „Ausfaltung".

Literatur

Arendt, Hannah (2002), *Denktagebuch 1950 bis 1973*, hg. v. Ursula Ludz u. Ingeborg Nordmann, München.

Aristoteles (1995), *Über die Seele*, mit Einleitung, Übersetzung (nach W. Theiler) und Kommentar hg. v. Horst Seidl, Hamburg.

Aristoteles (2006), *Nikomachische Ethik*, übers. und hg. v. Ursula Wolf, Reinbek bei Hamburg.

Aristoteles ([4]1993), *Rhetorik*, übers., mit einer Bibliographie, Erläuterungen und einem Nachwort v. Franz G. Sieveke, München.

Asmuth, Bernhard (1992), Artikel „Angemessenheit", in: G. Ueding (Hg.), *Historisches Wörterbuch der Rhetorik*, Bd. 1, Tübingen, Sp. 579-604.

Baum, Angelica/Ursula Renz (2008), „Shaftesbury: Emotionen im Spiegel reflexiver Neigungen", in: Hilge Landweer/Ursula Renz (Hg.), *Klassische Emotionstheorien von Platon bis Wittgenstein*, Berlin, S. 351-369.

Brüllmann, Philipp (2005), Artikel „prepon", in: Otfried Höffe, *Aristoteles-Lexikon*, Stuttgart 2005, S. 491-492.

Busche, Hubertus (2001), *Die Seele als System. Aristoteles' Wissenschaft von der Psyche*, Hamburg.

Cicero (1978), *De oratore – Über den Redner*, lat.-dt. hg. und übers. von H. Merklin, Stuttgart.

Demmerling, Christoph/Hilge Landweer (2007), *Philosophie der Gefühle. Von Achtung bis Zorn*, Stuttgart.

Demmerling, Christoph/Hilge Landweer (2008), „Hume: Natur und soziale Gestalt der Affekte", in: Hilge Landweer/Ursula Renz (Hg.), *Klassische Emotionstheorien von Platon bis Wittgenstein*, Berlin.

Forst, Rainer (1999), „Praktische Vernunft und rechtfertigende Gründe. Zur Begründung der Moral", in: Stefan Gosepath (Hg.), *Motive, Gründe, Zwecke*, Frankfurt am Main.

Gadamer, Hans-Georg ([6]1990, zuerst 1960), *Wahrheit und Methode*, Bd. 1, Tübingen.

Garrett, Aaron V. (2008), „Hutcheson: Leidenschaften und *moral sense*", in: Hilge Landweer/Ursula Renz (Hg.), *Klassische Emotionstheorien von Platon bis Wittgenstein*, Berlin, S. 373-391.

Hellwig, Antje (1973), *Untersuchungen zur Theorie der Rhetorik bei Platon und Aristoteles*, Göttingen (*Hypomnemata* 38).

Husserl, Edmund (1992), *Cartesianische Meditationen*, Gesammelte Schriften, hg. v. Elisabeth Ströker, Bd. 8, Hamburg.

Kant, Immanuel (2001, zuerst 1790), *Kritik der Urteilskraft*, hg. v. Heiner Klemme, Hamburg.

Korsgaard, Christine M. (1996), *Sources of Normativity*, Cambridge.

Landweer, Hilge (Hg.), *Gefühle – Struktur und Funktion*, Berlin 2007.

Landweer, Hilge (1999), *Scham und Macht. Phänomenologische Untersuchungen zur Sozialität eines Gefühls*, Tübingen.

Landweer, Hilge (2009), „Gefühle als Formen der Werterkenntnis?", in: Barbara Merker (Hg.), *Leben mit Gefühlen. Emotionen, Werte und ihre Kritik*, Paderborn, S. 163-181.

Landweer, Hilge (2010), „Zeigen, Sich-zeigen und Sehen-lassen. Evolutionstheoretische Untersuchungen zu geteilter Intentionalität in phänomenologischer Sicht", erscheint in: Karen van den Berg/Hans Ulrich Gumbrecht (Hg.), *Politik des Zeigens*, München.

Moldzio, Andrea (2006), „Nach dem sexuellen Mißbrauch. Über ein traumatisches Schamgefühl", in: *Berliner Debatte Initial 1/2 „Scham und Macht"*, S. 117-122.

Murdoch, Iris (2006; drei Essays: zuerst 1964, 167 und 1969), *The Sovereignity of Good*, London.

Nagel, Thomas (2005), *Die Möglichkeit des Altruismus*, Berlin.

Platon (1990), „Protagoras", in: *Werke in acht Bänden*, Bd. 1, hg. v. Gunther Eigler, Darmstadt.

Pohlenz, Max (1965, zuerst 1933), „Tò πρέπον [Tò prépon]", in: *Nachrichten von der Akademie der Wissenschaften zu Göttingen*, Philologisch-historische Klasse (1933) 55, Neudruck in: ders., *Kleine Schriften*, Bd. 1, hg. v. H. Dörrie, Hildesheim.

Quintilian (1988), *Institutio oratoria*, hg. und übers. v. H. Rahn, Darmstadt.

Salaverria, Heidi (2007), *Spielräume des Selbst. Pragmatismus und kreatives Handeln*, Berlin.

Sartre, Jean-Paul (1993, franz. zuerst 1943), *Das Sein und das Nichts. Versuch einer phänomenologischen Ontologie*, hg. v. Traugott König, Reinbek bei Hamburg.

Schmid, Hans-Bernhard (2005), *Wir-Intentionalität. Kritik des ontologischen Individualismus und Rekonstruktion der Gemeinschaft*, Freiburg/München.

Schmitz, Hermann (1973), *System der Philosophie*, Bd. III.3, *Der Rechtsraum. Praktische Philosophie*, Bonn.

Schmitz, Hermann (1990), *Der unerschöpfliche Gegenstand. Grundzüge der Philosophie*, Bonn.

Sieveke, Franz G. (^{4}1993), „Anmerkungen“, in: Aristoteles, *Rhetorik*, übers., mit einer Bibliographie, Erläuterungen und einem Nachwort v. Franz G. Sieveke, München, S. 226-303.

Strub, Christian (2008), „Smith: Sympathie, moralisches Urteil und Interesselosigkeit“, in: Hilge Landweer/Ursula Renz (Hg.), *Klassische Emotionstheorien von Platon bis Wittgenstein*, Berlin, S. 413-434.

Tomasello, Michael (2009), *Die Ursprünge der menschlichen Kommunikation*, Frankfurt am Main.

Tugendhat, Ernst (1993), *Vorlesungen über Ethik*, Frankfurt am Main.

Tugendhat (1992), „Zum Begriff und zur Begründung von Moral“, in: ders.: *Philosophische Aufsätze*, Frankfurt am Main, S. 315-333.

Wildt, Andreas (1993), „Die Moralspezifizität von Affekten und der Moralbegriff“, in: Hinrich Fink-Eitel/Georg Lohmann (Hg.), *Zur Philosophie der Gefühle*, Frankfurt am Main, S. 188-217.

Williams, Bernard (1993), *Shame and Necessity*, Berkely/Los Angeles/London.

Wolf, Ursula (2002), *Aristoteles' ‚Nikomachische Ethik'*, Darmstadt.

Wurmser, Léon (1990), *Die Maske der Scham. Die Psychoanalyse von Schamaffekten und Schamkonflikten*, Berlin.

Kerstin Andermann

Die Rolle ontologischer Leitbilder für die Bestimmung von Gefühlen als Atmosphären

Die Rede von Atmosphären ist in der alltagsweltlichen Praxis geläufig. Wir verständigen uns über Atmosphären von Räumen ebenso wie über Atmosphären in zwischenmenschlichen Beziehungen und können diese sogar in der Beschreibung nachempfinden, ohne unmittelbar in sie einzutreten. Je deutlicher wir uns die Präsenz und die Bedeutung von Atmosphären im menschlichen Lebenszusammenhang vor Augen führen, desto erstaunlicher erscheint die Tatsache, dass diese in der wissenschaftlichen und philosophischen Bestimmung der conditio humana bisher eine derart marginale Rolle spielen.[1] Die Gründe für diese Vernachlässigung eines konstitutiven Bereichs menschlichen Lebens und menschlicher Erfahrung mögen die Gleichen sein wie jene, die zur allgemeinen Vernachlässigung von Emotionen und zum Verkennen der Bedeutung von Gefühlen (auch in moralischen Geltungszusammenhängen) geführt haben. Im Falle der Gefühle als Atmosphären ist besonders hervorzuheben, dass die Möglichkeit ihrer philosophischen Bestimmung nicht lediglich ein begriffliches Problem ist, sondern dass dieses begriffliche Problem einen ontologischen Hintergrund hat. Die etablierte Kategorisierung des Erfahrbaren ist es, die nicht nur die Verständigung über Atmosphären so schwierig macht, sondern die auch die Erfahrung von Atmosphären selbst bestimmt. Nicht allein die wissenschaftliche und philosophische Bestimmung des Atmosphärischen, sondern auch die Fähigkeit seiner Wahrnehmung und seines alltagsweltlichen Verstehens untersteht bereits herrschenden Kategorien der Evidenz. Die Bedingungen der Möglichkeit des Atmosphärischen als Seiendes stehen daher im Mittelpunkt dieses Beitrags.[2]

Dass die Ontologie für die Phänomenologie von besonderer Bedeutung und nicht auf abstrakte Spekulationen im Bereich der theoretischen Philosophie beschränkt ist, wurde von Herrmann Schmitz immer wieder betont. Seine Bemühungen um eine Erneuerung der ontologischen und der anthropologischen Grundlagen der Erkenntnistheorie zielen darauf ab, die Begriffe und Kategorien, anhand derer wir die Wirklichkeit des Seienden erreichen wollen, aus ihrer Orientierung an ontologischen Leitfäden zu

1 Die umfangreichste Auseinandersetzung mit dem Phänomen dürfte wohl bisher im allgemeinen Rahmen der Ästhetik stattgefunden haben.

2 Das heißt es geht nicht in erster Linie um die Diskussion der Angemessenheit der These von den Gefühlen als Atmosphären. Die Frage, ob Gefühle Atmosphären sind und ob es richtig ist, das Gefühl selbst in dieser Weise außenräumlich zu objektivieren, wird in verschiedenen Beiträgen dieses Bandes diskutiert (so vor allem von Christoph Demmerling).

lösen, durch die sie in ihrer spezifischen Seinsweise unerreichbar bleiben. „Ontologie, verstanden als Wissenschaft von den allgemeinsten Strukturen, mag manchem als ein trockenes und müßiges Spiel mit Begriffen imponieren. Tatsächlich trägt sie aber eine enorm folgenreiche Verantwortung, weil die Strukturbegriffe gar nicht so formal und neutral gefasst werden können, dass nicht ein offenkundiges oder uneingestandenes Leitbild die Blickrichtung bestimmt und zu verengen droht, indem es die Thematisierung dessen, was dazu nicht passt, verhindert oder verkünstelt."[3] Der systematisch zentralen Stellung der Ontologie innerhalb der Philosophie von Hermann Schmitz entspricht ihre Stellung in der Tradition, die mit Kant und dem Neukantianismus durchaus nicht an ihr Ende gekommen ist – wie die Philosophie des 20. Jahrhunderts zeigt. Nach- und nichtmetaphysische Konzeptionen der Ontologie finden in Husserls Orientierung auf die Bewusstseinserfahrung der Objekte in der Welt und die Bestimmung der verschiedenen Seinsregionen durch die Wissenschaften ihren neuen Ausgangspunkt.[4] Allgemeiner könnte man sagen, ontologisches Denken finden wir letztlich dort, wo Philosophie als Grundlagentheorie verstanden wird und zwar in dem Sinne, dass sie einen praktischen Gegenstand (seien es die Gefühle oder die Wahrnehmung des Menschen im Allgemeinen) in (kritisch) metaphysischer Abbildung seiner verharrenden Struktur nach zu erfassen sucht, wobei gerade die Phänomenologie auf die metaphysische Spekulation über Ideen und Gründe zu verzichten hat.

Die Leistung der Neuen Phänomenologie besteht nun besonders darin, die Konzeption von Erfahrung und Subjektivität neu zu fundieren, indem die Bestimmung von Subjektivität, Gefühl, Raum, Leib und affektivem Betroffensein systematisch auf eine Überwindung der Introjektion der Gefühle und der Verkennung der Räumlichkeit von Atmosphären angelegt ist. Die Bestimmung von Gefühlen als Atmosphären steht dabei aber vor allem auch im Kontext einer Erneuerung der ontologischen Grundlagen. Sie muss auch von den Bedingungen der Möglichkeit des Atmosphärischen und seiner Kenntnisnahme her in Angriff genommen werden und sollte sich nicht allein auf die anthropologischen Grundlagen, die leibliche Dynamik, die Subjektivität und die Situation konzentrieren, wenngleich Schmitz seine Bestimmung der Lebenserfahrung auf der Grundlage eines Subjektivitätsbegriffs vornimmt, der als Voraussetzung einer jeden Selbstbestimmung das affektive Betroffensein setzt und die Lebensbedeutsamkeit der Leiblichkeit, der Gefühle als Atmosphären und der Einbindung in Situationen als fundamental bestimmt. Eine Umstellung der ontologischen Kategorisierungen des Weltbezugs ist für die Frage nach den Gefühlen besonders bedeutsam, denn sie macht deutlich, dass Gefühle nicht einfach nur Ausdruck einer bestimmten, je aktuellen, psychophysischen Bedingung sind, sondern eine fundamentale Rolle in den verschiedenen Formen des Weltbezugs (Handeln, Erkennen, Urteilen, Wahrnehmen) spielen. Vor allem aber ist die begriffliche Arbeit an ontologischen Kategorisierungen nicht nur kritisch-

3 Hermann Schmitz, *Der unerschöpfliche Gegenstand. Grundzüge der Philosophie*, Bonn 1990, S. 36.

4 Selbstverständlich ist hier nicht der Ort, die lange Tradition ontologischen Denkens darzustellen und es geht an dieser Stelle auch nicht um seine philosophiegeschichtlichen Ausprägungen, sondern um das systematische Verständnis der Wirkungsmächtigkeit ontologischer Kategorienbildung.

diagnostisch, sondern sie entwickelt gleichzeitig Alternativen, anhand derer Erfahrbares begriffliche Evidenz verliehen bekommt.

Phänomenologie und Ontologie

Auf der Grundlage der Annahme einer chaotischen Mannigfaltigkeit bestimmt Schmitz den Ausgangspunkt seiner Phänomenologie der Erfahrung in der Frage, wie sich für das Subjekt etwas aus der Wirklichkeit abhebt und in der Entfaltung einer Gegenwart expliziert. Im Sinne der klassischen Phänomenologie Husserls setzt er den Ausgangspunkt nicht in der Untersuchung einer Wirklichkeit an sich, sondern in der Wirklichkeit, wie sie uns in der gegebenen Erfahrung erscheint.[5] Wie für Husserl stehen Phänomenologie und Ontologie für Schmitz gewissermaßen in einem Bedingungsverhältnis. Husserls Formulierung von der Phänomenologie als „Mutterboden, aus dem alle ontologischen Einsichten entstammen",[6] weist auf die allgemeine Funktion einer jeden Phänomenologie, das Vorliegende erst durch den phänomenologischen Blick sichtbar zu machen und die Grundlagen einer jeden Ontologie dadurch freizulegen. Die Phänomenologie umfasst in dieser Hinsicht jede „formale Ontologie", aus der wiederum die „Formen aller möglichen Ontologien",[7] wie sie die Grundlage einer jeden Erfahrungswissenschaft darstellen, überhaupt erst hervorgehen. Für Husserl ist die Ontologie eine „dogmatische Wissenschaft"[8] und sie untersucht in allgemeinen eidetischen Urteilen, wie die Dinge sind. Als ihre Aufgabe versteht er es, im „Umkreise unserer individuellen Anschauungen die obersten Gattungen von Konkretionen zu bestimmen" und die Regionen „alles anschaulichen individuellen Seins" zu unterscheiden, „deren jede eine prinzipiell, weil aus radikalsten Wesensgründen unterschiedene eidetische und empirische Wissenschaft (bzw. Wissenschaftsgruppe) bezeichnet."[9] Man vermutet in dieser Unterscheidung nun bereits die Wirkung der cartesianischen Aufteilung der Seinsregionen, doch selbstverständlich sieht auch Husserl die methodologische Gefahr einer derartigen „aus radikalsten Wesens-

5 Für Husserl geht es in der Phänomenologie nicht zuerst darum, „wie die Dinge überhaupt *sind*", sondern vielmehr darum, wie das „Bewusstsein von Dingen ist" und wie uns diese als Korrelationen der intentionalen Einstellung erscheinen. Edmund Husserl, *Ideen zu einer reinen Phänomenologie und phänomenologischen Philosophie*, Drittes Buch, Husserliana V, hg. von Marly Biemel, Den Haag 1952 (zuerst 1913 – 1930), S. 84. Es ist bekanntermaßen dieses Primat des Bewusstseins, das durch die nachfolgende Phänomenologie (nicht nur durch Schmitz, sondern vor allem auch durch Merleau-Ponty) in Richtung auf die Leiblichkeit überwunden wird. Während Merleau-Ponty diese Leiblichkeit in seinem Frühwerk, noch in enger Anlehnung an Husserl, als eine fungierende Intentionalität des Körpers kennzeichnet, verabschiedet Schmitz den bewusstseinstheoretisch geprägten Begriff der Intentionalität zugunsten einer völlig anderen Bestimmung der Bezugnahme auf die Welt, im Sinne einer leiblichen Verfasstheit als Kommunikation, vollständig. Vgl. dazu Kerstin Andermann, *Spielräume der Erfahrung*, München 2007.

6 Edmund Husserl, *Ideen zu einer reinen Phänomenologie*, Drittes Buch, S. 105.

7 Edmund Husserl, *Ideen zu einer reinen Phänomenologie*, Erstes Buch, S. 27.

8 Edmund Husserl, *Ideen zu einer reinen Phänomenologie*, Drittes Buch, S. 80.

9 Edmund Husserl, *Ideen zu einer reinen Phänomenologie*, Erstes Buch, S. 39.

gründen" hergeleiteten Unterteilung der Wissenschaftsgruppen. Er betont weiter, dass die Unterscheidung der eidetischen Wissenschaften ihre „Verflechtung" und „partielle Überschiebung" nicht ausschließe, denn „materielles Ding" und „Seele" sind zwar verschiedene Seinsregionen, „doch ist die letztere in der ersteren fundiert und daraus erwächst die Fundierung der Seelenlehre in der Leibeslehre."[10] Die Bestimmung der Ontologie als eine „dogmatische Wissenschaft" kann also nicht einfach bedeuten, dass diese das Faktische in seinen kategorialen Formen lediglich feststellen würde (und die Wissenschaftsgruppen dementsprechend unterteilte). Sie muss vielmehr seine inneren Möglichkeiten und das Verhältnis der Formen in ihren Relationen und als Ganzes reflektieren.

Die Ontologie spielt eine fundamentale Rolle für die Begriffe, die wir uns von der Wirklichkeit machen – sie erschließt oder verschließt uns Regionen des Seienden. Ihre Bildung von Strukturmodellen der Wirklichkeit muss der Anforderung gerecht werden, das Seiende und seine Relationen nicht durch implizite und unkritisch vorausgesetzte Denkbilder in einer Weise zu bestimmen, die die Phänomene verstellt und ihnen äußerlich bleibt. Der voraussetzungskritische Umgang des philosophischen Denkens mit sich selbst ist für die Ontologie von besonderer Bedeutung, zumal sich ihre kategorialen Bestimmungen ebenso auf andere Wissensgebiete wie auch auf die Erfahrung selbst übertragen. In diesem Sinne muss also mit und gegen Husserl betont werden, dass nicht nur die Phänomenologie den Boden der Ontologie bildet, sondern dass umgekehrt die Ontologie der Phänomenologie erst die Begriffe an die Hand gibt, anhand derer diese die Wirklichkeit expliziert. Wir haben es hier also mit einem Verhältnis reversibler Abkunft zweier Bereiche voneinander zu tun, bei dem es vor allem darauf ankommt, sich der Herkunft von Begriffen eben aus der phänomenologischen Beschreibung oder aus ontologischen Bestimmungen (wie sie sich latent etablieren und geradezu habitualisieren) bewusst zu sein.

Eine besondere Problematik im Verhältnis von phänomenologischer Erfahrungsanalyse und ontologischer Struktur- und Formenbestimmung ergibt sich aus der Frage nach dem erkenntnistheoretischen Standpunkt dessen, der die ontologische oder die phänomenologische Analyse betreibt. In beiden Fällen betrifft die Analyse die natürliche Erfahrungswelt des Subjekts, das „universale Phänomen" einer für mich seienden Welt.[11] Für Schmitz ist diese Frage unhintergehbar, da es in der phänomenologischen Themati-

10 Ebd.

11 Edmund Husserl, *Ideen zu einer reinen Phänomenologie*, Drittes Buch, S. 145. Dieses Problem trifft den Kern der Auseinandersetzung zwischen Husserl und Heidegger. Heideggers Daseinsanalyse kämpft mit dem Problem, dass die ontologische Analyse sich nicht nur auf den Gegenstand wendet, sondern eben auch auf den Betrachter selbst, insofern es auch sein Dasein ist, um das es geht. „Die Ontologie des Daseins betrifft immer auch das Sein des ontologischen Betrachters selbst." (Günter Figal, „Phänomenologie und Ontologie", in: Günter Figal/Hans Helmuth Gander (Hg.), *Heidegger und Husserl. Neue Perspektiven*, Frankfurt am Main 2009, S. 19) Figal untersucht hier das Verhältnis von Phänomenologie und Ontologie mit Blick auf die Differenzen Heideggers und Husserls und thematisiert dabei die Umstellung der Ontologie von einer eidetischen Wissenschaft des allgemeinen Gegenstandes auf eine Ontologie des Daseins, in der das verstehende Dasein selbst zum Gegenstand wird.

sierung von Erfahrung gerade um die Perspektive des Erfahrenden geht. Ein (phänomenologisches) Sprechen ohne die Betroffenheit der ersten Person macht für ihn keinen Sinn, da jede Aussagefähigkeit, wie die Fähigkeit „Ich" zu sagen und sich personale Identität zuzuschreiben, unmittelbar von der Affektivität desjenigen abhängt, der dies vollzieht. Es ist naheliegend, dass dieses grundsätzliche Verständnis der Möglichkeit des Sprechens über Subjektivität auch für den Phänomenologen selbst gilt, und so stellt sich die Frage, wie der phänomenologische Betrachter sich aus der Situation befreien kann, selbst Teil dessen zu sein, was er sich objektiv zu untersuchen vornimmt. Dieser erkenntnistheoretische Zirkel war Husserl freilich bewusst und er hat ihn eben dadurch zu lösen gesucht, dass er auf die Bedingungen der Möglichkeit des Gegebenen abhebt und die Teilhabe des phänomenologischen Betrachters für den Moment der Erkenntnis einklammert. Die Epoché, „jene transzendental-phänomenologische Reduktion, jene Umwandlung der natürlichen und innenpsychologischen Einstellung", das „Außer-Vollzug-Setzen des Seinsglaubens", der die „Geltung als Reales in der naiv erfahrungsmäßig vorgegebenen Welt gibt",[12] ist der Trick des Phänomenologen, um eine „gegenüber den natürlichen Erfahrungs- und Denkeinstellungen völlig geänderte Weise der Einstellung"[13] zu erlangen. Sie ermöglicht die Untersuchung des Daseins, ohne immer wieder nur auf die Tatsache zurückzukommen, dass es keinen Modus der Analyse gibt, der nicht in ihm selbst seinen Ausgang nimmt. Die Formen der Ontologie, wie Husserl sie bestimmt, sind Formen der Wesenserkenntnis, die der Phänomenologie zwar vorgeordnet sind, deren Ausweisung aber erst im Rückgang auf ein durch die phänomenologische Reduktion ermöglichtes transzendentales Bewusstsein gelingen kann. Von der Phänomenologie zur Ontologie ist es also nur ein Schritt, wie Figal mit Heidegger bestimmt: „Der ontologische Blick hält sich im Offenen an das Faktische; der phänomenologische kommt vom Offenen her, und dabei wird ihm das Faktische zum Phänomenalen."[14]

Was sind ontologische Leitbilder?

Es ist also festzuhalten, dass die Phänomenologie nicht Ontologie sein sollte, dass beide aber in einem wechselseitig außerordentlich determinierten Verhältnis stehen. Von dieser Voraussetzung ausgehend erweist sich die Problematisierung ontologischer Leitbilder, wie Schmitz sie vornimmt, als eine zentrale Aufgabe der Phänomenologie.[15] Schmitz stellt die Kategorisierungen, anhand derer die Wirklichkeit gegliedert und expliziert wird,

12 Edmund Husserl, *Ideen zu einer reinen Phänomenologie*, Drittes Buch, S. 145.

13 Edmund Husserl, *Ideen zu einer reinen Phänomenologie*, Erstes Buch, S. 5.

14 Günter Figal, „Phänomenologie und Ontologie", S. 22.

15 In Reaktion auf den Vorwurf Gernot Böhmes, die Phänomenologie von Hermann Schmitz weise den Atmosphären eine „Wirklichkeit jenseits der Dichotomie von Subjekt und Objekt" zu, entziehe sich aber einer ontologischen Rechtfertigung dieser Annahme, verweist Schmitz besonders auf seine Untersuchung der ontologischen Grundlagen der Erkenntnistheorie. Vgl. Gernot Böhme, *Atmosphäre*, Frankfurt am Main 1995, 137f., sowie Hermann Schmitz, *Neue Grundlagen der Erkenntnistheorie*, Bonn 1994, S. 1-161.

in den Kontext der Ontologie, denn deren Durchleuchtung der Wirklichkeit darf keine Durchleuchtung einer Wirklichkeit an sich sein, sie ist nicht als Wesensanalyse zu betreiben, sondern muss sich der Wirklichkeit verpflichtet fühlen, wie sie für uns ist.[16] Die Wahrnehmung dieser Wirklichkeit und der in ihr enthaltenen Phänomene hängt aufs engste von den Strukturierungen ab, anhand derer wir sie gliedern, wie von den Kategorisierungen, die wir dafür zur Hand haben. Die Leitlinien dieses Vorgangs dürfen sich weder allein aus den kategorialen Apriori der Transzendentalphilosophie noch aus denen eines positivistisch überzogenen Empirismus ergeben.[17] Die Frage der Wahrnehmung und speziell die Frage der Wahrnehmung von Gefühlen ist vielmehr der ureigenste Gegenstand der Phänomenologie und so fällt die voraussetzungskritische Aufklärung der Paradigmen, die das Nachdenken über die Bedingungen der Wahrnehmung vorstrukturieren, ebenso in das Aufgabengebiet der Phänomenologie.

Vor diesem Hintergrund gewinnt die Ontologie ihre zentrale Bedeutung für die phänomenologische Auseinandersetzung mit Erfahrung. Als „Wissenschaft von den allgemeinsten Strukturen“[18] verstanden, ist sie nicht einfach nur eine generalisierende Bestimmungstätigkeit, sondern ihre Begriffsarbeit ist vielmehr immer auch Begriffsschöpfung und sie trägt, wie Schmitz betont, „Verantwortung“ dafür, ihre Begriffe so „formal und neutral“[19] zu fassen, dass die Phänomene, die sie zu bestimmen sucht, von der Bestimmung unbeeinflusst bleiben. Die Ontologie hat die „Wächteraufgabe, eine an Spezialitäten orientierte Begriffsbildung davon abzuhalten, sich illegitim zum Rang der allgemeinsten aufzuschwingen und durch die damit erlangte Maßgeblichkeit die Perspektive der Philosophie und darüber hinaus der Kenntnisnahme, auf der Theorie und Praxis beruhen, gefährlich zu verkürzen.“[20] Die „Kenntnisnahme“ ist es also, auf die es ankommt, und es liegt auf der Hand, dass das ontologische Problem stets auch ein be-

16 Schmitz setzt sich hier in ganz ähnlicher Weise wie Nicolai Hartmann von der Transzendentalphänomenologie Husserls ab, der den metaphysischen Impuls der Erkenntnis transzendenter Wesenheiten auf dem Wege der phänomenologischen Reduktion (bzw. der eidetischen Reduktion) zu überwinden suchte. Die Objektivierung allgemeiner, formaler und gestaltgebender Formen darf nicht zu Ungunsten der realen Verhältnisse und als Verselbstständigung allgemeiner Wesenslehren vollzogen werden. Die Bestimmung des Seienden und seiner Relationen muss vielmehr aus der Wirklichkeit abgeleitet und, wie Hartmann formuliert, „Zug um Zug den Realverhältnissen abgelauscht werden“ (Nicolai Hartmann, *Neue Wege der Ontologie*, Stuttgart 1949, S. 13). Die Wesensontologie wird also zur Realontologie und in dem Maße, in dem sie bei Hartmann eine formale empirische Grundlage verliehen bekommt, wird sie bei Schmitz empirisch individualisiert und in den affektuellen Strukturen der Betroffenheit jedes Einzelnen angesiedelt, die ebenso singulär wie anonym und durchaus ontologisch zu generalisieren sind.

17 Mit dieser Variation der Reduzierung des phänomenal Gegebenen in der Erfahrung hat Merleau-Ponty sich ja bekanntermaßen in *Phénoménologie de la Perception* gründlich auseinandergesetzt. Vgl. besonders deutlich Maurice Merleau-Ponty, *Phänomenologie der Wahrnehmung*, Berlin 1966 (zuerst frz. 1945), S. 19-84.

18 Hermann Schmitz, *Der unerschöpfliche Gegenstand. Grundzüge der Philosophie*, Bonn 1990, S. 36.

19 Ebd.

20 Ebd.

griffliches Problem ist.[21] In diesem Sinne stellt sich die Frage, wie über Gefühle als Atmosphären zu sprechen ist, in einem ganz ähnlichen Sinne wie hinsichtlich der Leiblichkeit. In beiden Fällen darf die Sprache nicht gegen die unbestimmten, phänomenalen Eigenheiten (des Leiblichen wie des Atmosphärischen) ausgespielt werden, sondern die Praxis des Sprechens muss mit der praktischen Erfahrung einhergehen. Im Sprechen über das Leibliche geht es wie im Sprechen über das Atmosphärische nicht nur um Beschreibung entlang gegebener Begriffe, sondern vielmehr darum, unbestimmt Wahrnehmbares der Evidenz zuzuführen, es sichtbar, hörbar, fühlbar zu machen.[22]

Bevor nun die Unterscheidungen verschiedener ontologischer Leitfäden in den Blick genommen werden und die Frage nach ihrer Verantwortlichkeit für das Problem plausiblen Sprechens über Gefühle als Atmosphären gestellt wird, geht es allgemeiner darum zu klären, was ontologische Leitfäden sind und welche Konsequenzen ihrer Wirkungsmächtigkeit zuzuschreiben sind.[23] Wie kaum eine andere ontologische Unter-

21 Vermutlich ist es der theoriegeschichtliche Zusammenhang der phänomenologischen Tradition und die Abgrenzung von diesem Hintergrund, die dazu führt, dass Hermann Schmitz und Gilles Deleuze sich in ihrem theoretischen Anspruch (man könnte vorsichtig sagen, eine phänomenologisch inspirierte Ontologie zu betreiben) so ähnlich sind. Jedenfalls betont auch Deleuze die zentrale Stellung der Begriffsarbeit innerhalb der Philosophie und gelangt, ganz ähnlich und zugleich doch in ganz anderer Weise, zu einer produktiven Neuschöpfung von Begriffen und damit zu neuen evidenten Bestimmungen dessen, was ist, und zwar auch und besonders im Feld des Atmosphärischen (freilich ohne diesen Begriff dabei so systematisch zu entfalten, wie Schmitz es tut). Zur theoretischen Begründung der Begriffsarbeit vgl. vor allem Gilles Deleuze, *Was ist Philosophie?*, München 1996 (zuerst frz. 1991).

22 Eben wie in der Kunst, in der Malerei und der Musik, wo es nicht um die einfache Abbildung geht, sondern um die Sichtbarmachung von Sinndimensionen und Sinnereignissen: Der Maler sieht nicht bloß, er macht sichtbar, wie Merleau-Ponty immer wieder betont hat. Sein Können zeichnet sich gerade dadurch aus, dass er in der Lage ist, den unbestimmten Horizont, das Mehr des Empfundenen, das „*Je ne sais quois*“ im Wahrnehmungsgeschehen sichtbar zu machen. Mit der Begriffsbildung der Phänomenologie verhält es sich also gewissermaßen wie mit der Komposition in Musik und Malerei: Sie muss sich den phänomenalen Gegebenheiten geschmeidig anpassen, um diese, in ihrer ganzen Singularität und Unbestimmtheit, der Kenntnisnahme zuführen können, ohne sich dabei selbst allzu sehr im Unbestimmten zu verlieren.

23 In umgekehrter Richtung betont Ernst Topitsch bereits 1958 die Notwendigkeit, nach der Bedeutung und der Wirkung verdeckter Leitbilder zu fragen. In seiner Studie zur Weltanschauungsanalyse *Vom Ursprung und Ende der Metaphysik* (1958) fragt er nach der Herkunft, der Struktur und der Wirksamkeit von Weltanschauungen und erforscht die diesen zugrunde liegende Kontinuität zwischen vorphilosophischem und philosophischem Denken. Es sind elementare Strukturen des Denkens, die „das vor- und außerphilosophische Weltbild bestimmen und deren Kenntnis nicht selten erst ein echtes Verständnis der sich aus ihnen entwickelnden philosophischen Fragestellungen ermöglicht.“ Diese Leitbilder entstammen, so Topitsch, den Bedingungen und der Auseinandersetzung mit den Grundgegebenheiten menschlicher Wirklichkeit und so werden die elementaren Gegebenheiten unseres Daseins, die „Dinge und Vorgänge der täglichen Lebenswirklichkeit“ zu Modellvorstellungen für das Weltverständnis. Dabei spielen besonders die Analogien eine Rolle, die der unmittelbaren, praktischen und emotional gesättigten Lebenserfahrung entlehnt sind. Topitsch unterscheidet zwischen biomorphen und intentionalen (im Sinne planerischer Absichtlichkeit) Modellvorstellungen und differenziert unter den intentionalen Modellen zwischen soziomorphen und

scheidung der neuzeitlichen Philosophie hat sich die Unterscheidung von Ausdehnung und Denken und das sich daraus ergebende Alternativprinzip von Physischem und Psychischem bei Descartes auf die Wissenschaften vom Menschen und ihre Gliederung ausgewirkt.[24] An ihr lässt sich bereits vortrefflich zeigen, wie eine ontologisch gedachte Bestimmung sich zu einer prinzipiellen Unterscheidung aufschwingen kann, die über alle erfahrungsmäßige Evidenz hinweg herrscht. Helmuth Plessner hat die methodologischen Konsequenzen des cartesianischen Alternativprinzips in den *Stufen* von 1926 hervorragend nachgezeichnet und die Rolle ontologischer Leitbilder an diesem paradigmatischen Fall exemplarisch verdeutlicht. Die Konsequenzen der ontologischen Aufteilung der Seinssphären, so beschreibt Plessner, führen bis hin zur Quantifizierung des Körpers und zur Verlagerung nicht messbarer, qualitativer Gehalte in die Innerlichkeit. Plessner gesteht die Evidenz und den Nutzen der Unterscheidung physisch/psychisch zu, führt allerdings direkt an, dass jeder Empiriker, der es „mit den rätselhaften Verbindungen des Physischen und Psychischen in den Gebilden der Person und ihrer Leistungen" zu tun habe, zu Widerspruch angehalten sei.[25] Jene rätselhafte Verbindung des Physischen und des Psychischen zeigt sich ja insbesondere im Falle der Gefühle, die auch mit Schmitz gerade in ihrer psychophysischen Doppelaspektivität als Verflechtung leiblicher und intelligibler Zustände und Qualitäten zu verstehen sind. Descartes Unterscheidung von *res extensa* und *res cogitans* habe sich als Unterscheidung von Psychischem und Physischem in einer Weise fundamentalisiert, die eine grundsätzliche Aufteilung der Sphären des Inneren und des Äußeren nach sich gezogen habe (obgleich das Psychische nicht mit *res cogitans* gleichzusetzen ist, teilen sich beide doch die Sphäre des Inneren). Der cartesianische Zweifel an den Sinnesleistungen und der sinnlichen Wahrnehmung führe zu der Konsequenz, dass „als einzige Methode zur Erkenntnis der physischen Dinge die mathematisch-mechanische Darstellung oder die Messung"[26] gelte. Die ontologische Unterscheidung von *res extensa* und *res cogitans* ziehe insofern eine methodologische Konsequenz nach sich, als sie die Sphäre des Äußeren bzw. der Ausdehnung der objektivierenden mathematischen Naturwissenschaft überantworte und dieser dadurch zu einer privilegierten Stellung in der Konkurrenz der Weltzugänge verhelfe. Plessner beschreibt hier eine Fundamentalisierung der mathematischen Naturwissenschaft durch den Cartesianismus. Für die Frage der Bestimmung von Wahrnehmungsgehalten wie den Atmosphären ist wiederum die Konsequenz entscheidend, die damit einher geht: Nämlich die Tatsache, dass diejenigen Qualitäten der Wahrnehmung, die sich der messenden Erkenntnis entziehen, in den Bereich der Cogitatio fallen und entsprechend der nunmehr etablierten Unterscheidung von Innen und Außen in den

technomorphen, die sich am planmäßigen Wollen und Handeln und der Orientierung in der Weltdeutung ausrichten. Vgl. Ernst Topitsch, *Vom Ursprung und Ende der Metaphysik. Eine Studie zur Weltanschauungskritik*, Wien 1958, S. 2f.

24 Die Aufteilung der Wissenschaften im Sinne der cartesianischen Teilung des Seinssphären nach Seelenlehre und Leibeslehre kritisiert ja, wie oben erwähnt, bereits Husserl und betont die Notwendigkeit der „Verflechtung" der Wissenschaftsgruppen.

25 Helmuth Plessner, *Die Stufen des Organischen und der Mensch. Einleitung in die philosophische Anthropologie*, Berlin/New York 1975 (zuerst 1926), S. 39.

26 Ebd.

Bereich der Innenwelt verlegt werden. Ähnlich wie Schmitz spricht Plessner hier von einer „intensiven Mannigfaltigkeit der Qualitäten“, die der einzig möglichen „Gegensphäre der Ausdehnung“, nämlich der Innerlichkeit, überantwortet werden.[27] Die cartesianische Aufteilung scheint alternativlos, denn entweder die qualitativen Zustände werden mechanistisch-quantifizierend aufgelöst oder sie werden in den verschleierten (eben unbestimmten und objektiv unbestimmbaren) Bereich der Innerlichkeit projiziert und damit für die messende Erkenntnis unzugänglich gemacht. Das Gegenteil der quantifizierbaren Ausdehnung sei, wie Plessner bemerkt, eben nicht die qualitative Intensität, sondern die Innerlichkeit und ihre Modi (Bewusstsein, Denken, Gefühle).

Descartes hyperbolischer Zweifel und die methodologisch durchformte, denkerische Prüfung der Bedingungen seiner Erkenntnis, wie er sie in den *Meditationen* vollzieht, führen ihn – scheinbar unausweichlich – zur letztlichen Gewissheit des Ich als *res cogitans*. In dieser Form der Selbstdefinition und der erkennenden Stellung sich selbst gegenüber, die lediglich ein jedes Subjekt nur an sich selbst und für sich selbst leisten kann, wird der privilegierte Zugang zur eigenen Innerlichkeit nicht nur fundiert, sondern, wie Plessner bemerkt, geradewegs umgekehrt: Nicht allein ich gehöre zu dieser Innerlichkeit, sondern sie gehört zu mir. Kurz: Ich bin dieses Innen. Die Selbstidentifizierung des Subjekts als *res cogitans* erzeugt erst den Ort, an dem all die Erscheinungen angesiedelt werden, die sich der messbaren Erkenntnis und der dynamisierenden Auflösung des Gegebenen entziehen bzw. von dieser abfallen. Descartes Selbstzuschreibung wird so sichtbar als ein Verfahren, die innere und die äußere Erfahrung zu trennen und damit die qualitativen Erscheinungen dem subjektiven Selbstzeugnis zu überlassen. Plessner macht also deutlich, dass die ontologische Aufteilung der Seinssphären letztendlich vor allem eine Gegensphäre zur äußeren Erfahrung erzeugt, die sich als methodologisch äußerst nützlich erweist. „Die *res cogitans* kann einzig als Selbst und zwar genauer als Ich Selbst, die ihr aus der Identifikation von Körperlichkeit und Ausdehnung zufallende Aufgabe einer Ermöglichung der Erscheinung erfüllen. Und sie erfüllt diese Aufgabe nur um den Preis ihrer Selbstabsperrung gegen die physische Welt, nur Kraft eines Sprungs im Ganzen des Seins, der als trennende Kluft zwei nicht ineinander überführbare Erfahrungsstellungen schafft.“[28]

Das Rätsel der Erscheinungen und ihre qualitative Tönung, die Mannigfaltigkeit und das Unbestimmte der Erfahrung, wie wir es durch den Sinn für das Atmosphärische wahrzunehmen in der Lage sind, fällt von der objektivierend-reduktionistischen Bestimmung des Gegebenen ab. Diese Nichtzugänglichkeit ergibt sich eben aus einem cartesianischen Leitfaden in der Ontologie, d. h. aus der Frontstellung der Erfahrungssphären und der Überantwortung des Äußeren an die messbare Kenntnisnahme.[29] Plessner betont

27 Ebd.

28 Ebd., S. 51.

29 Plessner bestimmt vor diesem Hintergrund die spezifisch eigenwillige, doppelte Erscheinungsweise des menschlichen Körpers als ein System qualitativer und quantitativer Dimensionen. Als reiner Körper sei der menschliche Körper ohne die *res cogitans* denkbar, die Erscheinung des Menschen zeichne sich aber nun gerade durch die Doppeltheit von *res extensa* und *res cogitans* aus. „Warum sind die Körper nicht genau so da und erscheinen so wie sie sind: als pure Ausdehnungsverhältnisse? Warum gibt es da noch etwas, was zwar durch Mengenverhältnisse bedingt ist, aber nicht in

dann im Weiteren zwar die für unsere Lebenspraxis unentbehrlichen Leistungen der Naturwissenschaften und verteidigt auch den historischen Descartes gegen jede kategorische Verurteilung seines Unternehmens. Er betont aber gleichwohl dezidiert den Punkt, gegen den sich eine „anticartesiansche Bewegung" zu richten habe: Es ist „die Identifizierung von Körperlichkeit und Ausdehnung, physischem Dasein und Meßbarkeit, die es verschuldet hat, daß wir für die meßfremden Eigenschaften der körperlichen Natur blind geworden sind."[30] Die Auflösung des Äußerlichen, des Ausgedehnten und damit der Körperlichkeit des Menschen in seiner Umgebung in „rechnerisch darstellbare Verhältnisse" führt zur Verlagerung alles Übrigen in die Innenwelt des Subjekts.[31] Dieser Vorgang betrifft nun aber nicht nur die körperliche Erscheinungsweise des Menschen selbst als ein Spiel von Innen und Außen, sondern eben auch die Horizonte seiner Wahrnehmung in der Welt, die er um sich herum findet. Die cartesianische Aufteilung überträgt sich nicht nur auf die Vorstellungen von Möglichkeiten der Kenntnisnahme, sondern auch auf die Meinungen über die Möglichkeiten der Kenntnisnahme im Sinne der Doxa.[32] Die phänomenologische Tradition hat hinlänglich deutlich gemacht, dass dieser Vorgang weder als reine Projektion innerer Bewusstseinsvorstellungen und Anschauungsformen noch als ein objektives Empfindungsgeschehens reiner empirischer Qualitäten zu verstehen ist.

ihnen restlos aufgeht, eben die Qualität einer Farbe, einer Gestalt?" Helmuth Plessner, *Die Stufen des Organischen und der Mensch*, S. 44. Gemäß seiner anthropologischen Bestimmung der doppelten Seinsweise und der konstitutiven Gebrochenheit des Menschen bestimmt Plessner diese Brechung als das Wesen der Erscheinungsweise ausgedehnter Körper. Die Horizontoffenheit der Körper der Natur speist ihren Grund aus deren Beziehung zu einer Innerlichkeit, die vollständig erst darin aufgeht, innerlich zu sein. So ergibt sich das qualitative Dasein ausgedehnter Körper erst aus einer Andeutung, in der sie sich selbst überschreiten. Die cartesianische Trennung der ontologischen Substanzen ist für Plessner keineswegs einfach als ein theoretisch zu überwindender Dualismus anzusehen. Vielmehr ist diese Trennung und das heißt die spezifische Verbindung der Sphären der letzte Grund der qualitativen Erscheinungsweise von Körpern. In der gegen einander gestellten Verbindung wird das qualitative Durchscheinen erst möglich, durch sie ereignet sich das Spiel von Oberfläche und Tiefe und in diesem Sinne ist die res cogitans der res extensa vorgeordnet und letztere nicht eine nackte herrschende Substanz, sondern eine Substanz, die eben immer nur im „,Mantel' der Erscheinung" anzutreffen ist. Vgl. Helmuth Plessner, *Die Stufen des Organischen und der Mensch*, S. 44. Für die Frage nach Leben und Tod ist diese Bestimmung des Menschen absolut ausschlaggebend, da Lebendigkeit eben gerade an Erscheinung und Erscheinungsqualitäten gebunden ist.

30 Helmuth Plessner, *Die Stufen des Organischen und der Mensch*, S. 42.

31 Ebd.

32 Die Philosophie von Gilles Deleuze dreht sich gerade um diese Inkraftsetzung orthodoxer Ideale und die Universalisierung der Doxa im Namen des Gemeinsinns und des gesunden Menschenverstandes. Deleuze sucht den Bruch mit der Doxa, und zwar auf der Ebene des Denkens und der Vermögen. Es ist hier nicht der Ort, um diese Kritik der Doxa bei Deleuze darzustellen, doch sei festgehalten, dass die Analyse der reduktionistischen Missverständnisse der unterschiedlichen Philosophien der Wahrnehmung hier mit einem ebenso anspruchsvollen wie ungewöhnlichen Blick auf die Kunst, als ein spezielles Wahrnehmungsfeld, verbunden werden. Vgl. exemplarisch für die Kritik der Wahrnehmung im engeren Sinne aus *Differenz und Wiederholung*: „Das Bild des Denkens", München 1992, S. 169-215.

Die Einteilung der Wirklichkeit durch Vereinzelung

Der Cartesianismus wird hier wegen seines exemplarischen Charakters für die ontologische Kategorienbildung angeführt und er zeigt, dass der Ausgangspunkt der Wahrnehmungsfrage und mithin auch der Bestimmung von Atmosphären in der Kategorisierung der Grundunterscheidungen zu suchen ist, anhand derer man über das spricht, was ist. Die Gliederung der Seinssphären durch ontologische Kategorienbildung zeigt sich aber nicht nur in der folgenreichen Aufteilung nach ausgedehnter, messbarer Körperlichkeit und einer der messenden Erkenntnis verschlossenen Innerlichkeit. Im Zuge seiner Kritik des *psychologistisch-reduktionistisch-introjektionistischen* Paradigmas der Traditionen europäischer Intellektualkultur zeigt Schmitz eine ganze Reihe ontologischer Kategorisierungsmuster auf und legt – wie freilich besonders betont werden muss – neue ontologische Leitfäden in das Gegebene. Er kann auf diesem Wege deutlich machen, wie sich die Reduktion der Wirklichkeit und damit die Verkennung der Räumlichkeit des Atmosphärischen und die Verlagerung einer privaten Seele in die Innerlichkeit vollzieht. Ausgangspunkt seiner Diagnose einer reduktionistischen Abschleifung der Außenwelt ist die neue ontologische Annahme einer *chaotischen Mannigfaltigkeit* dessen, was ist. Dabei ist hervorzuheben, dass diese Mannigfaltigkeit nicht einfach als eine Vielfalt einzelner, numerischer Einheiten und nicht alles einfach als Einzelnes zu verstehen ist. Die chaotische Mannigfaltigkeit des Wirklichen ist vielmehr von *binnendifuser Bedeutsamkeit* und mehr oder weniger scharfer Konturierung, d. h. sie ist nicht in einzelne Bestandteile zu zerlegen und es kann in ihr nicht oder zumindest nicht in allen Fällen über Identität und Verschiedenheit entschieden werden. Das chaotisch Mannigfaltige ist, wie Schmitz bestimmt, keiner Anzahl fähig.

Für das Verständnis der Wirkung ontologischer Leitbilder und der daraus resultierenden Reduktion des Atmosphärischen ist es dagegen zentral, die von Schmitz vollzogene Kritik und den Umbau jener Strukturkategorien nachzuvollziehen, die die Evidenz des Atmosphärischen konterkarieren. Ganz wesentlich ist dabei nun auch die Orientierung des Denkens an der Substanz (dem An-sich-sein-der-Dinge) und ihre Auszeichnung vor den Relationen (dem Sein-für-Andere und von Anderem her). Angelegt sieht Schmitz diese ontologische Auszeichnung der Substanz vor den Relationen bereits in der aristotelischen Kategorienliste und dem Dreistufenschema abnehmenden Seinsrangs von Substanz-Akzidens-Relation.[33] Die hierarchische Auszeichnung der Substanzfrage „Was ist etwas?“ vor dem „Wie, wieviel, wie groß, wie klein ist etwas?“ und vor der Frage nach den Beziehungen in denen etwas zu etwas anderem steht, bezeugt eine Privilegierung fester Körper und damit die Negation des Atmosphärischen, das eben nicht vom Charakter eines Dings und nicht von dinglicher Einzelnheit ist. Aus diesem Primat der Substanz folgt unmittelbar der zweite wesentliche Aspekt der Kritik dominanter ontologischer Leitfäden: Es ist die Orientierung an festen Körpern, die Schmitz, wenig zögerlich, als eine „Herrschaft des Festkörpermodells“[34] ausweist. Das Leitbild des festen

33 Vgl. dazu in kurzer Fassung Hermann Schmitz, *Der unerschöpfliche Gegenstand*, S. 35ff., sowie ausführlicher in Hermann Schmitz, *Neue Grundlagen der Erkenntnistheorie*, Bonn 1994.

34 Hermann Schmitz, *Der unerschöpfliche Gegenstand*, S. 36

Körpers bewirkt wiederum die Betonung des Einzelnen, d. h. des einzelnen festen Körpers, der zählbar, einer Gattung zuzuordnen und als Träger von Eigenschaften zu identifizieren ist. Voraussetzung für die Zahlfähigkeit einzelner Dinge ist ihre Zugehörigkeit zu Gattungen und damit ihre Unterscheidung nach Identität und Verschiedenheit.[35] Die identifizierende, gattungsmäßige Ordnung des Mannigfaltigen ist also Voraussetzung für Zählbarkeit und Zahlfähigkeit. Jede der zahlreichen Gattungen, unter die ein Einzelnes fällt, setzt dessen Einzelnsein voraus und damit sein Unterschiedensein nach Identität und Verschiedenheit. Die Gattungszugehörigkeit betrifft den Sachverhaltscharakter, nach dem Dinge identifiziert werden, und dieser Sachverhaltscharakter hat nicht zwingend mit einer Gattungszugehörigkeit im Sinne essentieller Ursprünglichkeit von etwas zu tun, sondern kann in jeder Hinsicht ausgemacht werden. Die Wahrnehmung von etwas *als* etwas baut auf der Bedingung der Einzelnheit und damit der Zugehörigkeit zu einer Gattung auf.[36]

Situationen und Konstellationen

In unmittelbarem systematischen Zusammenhang zum Begriff der chaotischen Mannigfaltigkeit steht für Schmitz der Begriff der *Situation*, die sich aus chaotischer Mannigfaltigkeit herauskristallisiert.[37] Der Normalfall der Wahrnehmung, vor jeder Einbindung in Situationen und deren situativer Explikation, ist die Wahrnehmung vielsagender Eindrücke, die zwar abgehoben sein können, aber doch charakteristisch vielsagend und binnendifus bleiben. Erst in Situationen gewinnt Mannigfaltigkeit Ganzheit und Bedeutsamkeit und verbindet sich mit einem Zusammenhang an, wie Schmitz sagt, Sachver-

35 Eine übersichtliche Darstellung der Frage nach der Bedeutung von Identität und Einzelnheit findet sich in Hermann Schmitz, *Was ist Neue Phänomenologie?*, Rostock 2003, 112-131.

36 Hinter dieser Wendung von der Wahrnehmung als Wahrnehmung von etwas, dem Bewusstsein als Bewusstsein von etwas, kurz dem: „Etwas *als* Etwas", verbirgt sich das von Husserl sogenannte Hauptthema der Phänomenologie: die Intentionalität. Für Schmitz hat dieses zentrale Problem der gesamten Phänomenologie seinen Ursprung im Singularismus, d. h. in der Privilegierung der Einzelnheit vor den Relationen. Anhand dieser Diagnose ist er in der Lage, das Konzept der Intentionalität, das seit Brentano und vollends bei Husserls zum Grundthema der Phänomenologie geworden ist, zu hinterfragen und die Abkunft der Intentionalitätsproblematik aus dem Singularismus zu zeigen. Dabei steht vor allem die bei Husserl zugespitzte Aktintentionalität und die Vorstellung der Bezugnahme auf einheitliche Gegenstände in isolierten Akten sowie die Zuordnung einzelner Subjekte zu einzelnen Objekten in der Kritik. Demgegenüber steht eben die Entstehung von Sinn und Bedeutung und die Bezugnahme auf Objekte in der Gesamtheit der Situation (in die die Atmosphären eingelassen sind). Vgl. dazu und auch zum relativierenden Hinweis auf die situative Ausdehnung des isolierten Wahrnehmungsmoments durch Retention und Protention vor allem: Hermann Schmitz, *Der Weg der europäischen Philosophie. Eine Gewissenserforschung*, Band 2: *Nachantike Philosophie*, Freiburg/München 2007, S. 662-673.

37 Eine anthropologisch motivierte Thematisierung der Gefühlsatmosphären hätte bei der Einbettung des Erlebens in Situationen anzufangen und sich von hier aus vor allem auch mit der differenzierten Leibphänomenologie von Schmitz auseinanderzusetzen, anhand derer die leibliche Dimension des Erlebens in räumlich ergossenen Atmosphären in den Blick zu nehmen ist.

halten, Programmen und Problemen. Situationen erweisen sich als ganzheitlich und vielsagend dadurch, dass sie einen Hintergrund bzw. einen Hof an Verweisen mit sich bringen, die zur Explikation auffordern. Für die Bestimmung von Gefühlen als Atmosphären ist der Begriff der Situation zentral, da Situationen in sämtliche Kommunikations- und Sozialverhältnisse eingeschmolzen sind und Atmosphären sich erst aus diesen abheben. Das etwas so oder so, dieses oder jenes ist, setzt Sachverhalte und Situationen voraus, in denen es als etwas zur Geltung kommt, und damit ist die Situation, wie Schmitz zeigt, „das einzige Ereignis, das nicht auf eine Gattung angewiesen ist."[38] Der Situationsbegriff wird so zu einem Grundbegriff der Neuen Phänomenologie, da er den *Hof der Bedeutsamkeit* (*Sachverhalte*, *Programme* und *Probleme*) aufnimmt, ohne die bedeutsamen Elemente als eine Konstellation von Einzelheiten zu sehen. Der Situationsbegriff hebt darauf ab, dass das Ganze eben mehr als die Summe seiner Teile ist. Er ist nun allerdings nicht mit dem Begriff der Atmosphäre gleichzusetzen, da Atmosphären erst in Situationen erfahrbar werden. Die Analyse und die Begründung der Wirklichkeit von Atmosphären muss auf Situationen und sich in diesen ereignende Atmosphären zurückgehen und Atmosphären sind nur auf der Grundlage eines Situationsbegriffs zu erfassen, der deutlich macht, dass die Wirklichkeit nicht als eine Konstellation von Einzeldingen zu verstehen ist. „Die klassische Ontologie gibt die Welt als eine Konstellation von Dingen mit Eigenschaften (Aristoteles, Locke, Leibniz, Kant) oder von Ereignissen (Hume, Mach, Einstein) aus; ich ersetze diese Ontologie der Konstellationen durch eine Ontologie der Situationen."[39]

Begriffliche Alternativen in der Bestimmung von Gefühlen als Atmosphären

Die Kritik der ontologischen und erkenntnistheoretischen Voraussetzungen ist also als eine erste Grundlage der Bestimmung von Gefühlen als Atmosphären anzusehen. Von seinen Diagnosen der Innenwelthypothese, des Singularismus und des Konstellationismus ausgehend untersucht Schmitz die Atmosphärenhaftigkeit der Gefühle in phänomenologischer Revision der Erfahrung. Die Grundlage dessen ist die Unterscheidung des Gefühls vom Fühlen des Gefühls und die Unterscheidung des Fühlens in ein affektives Betroffensein und ein einfaches Wahrnehmen des Gefühls. Das Gefühl selbst, als räumlich ausgedehnte Atmosphäre verstanden, ist ein Raum ohne die üblichen Koordinaten und nicht wie der dreidimensionale Raum mit seiner Gliederung nach Lagen und Abständen. Es ist ein *flächenloser Raum*, der keinen fest konturierten Ort besetzt, sondern sich konturlos in die Weite ergießt. Der atmosphärische Raum ist ein Raum, wie ihn „die feierliche Stille eines hohen Festes und die drückende eines schwülen Mittags" erzeugen „oder wie das Wetter, in das man eintaucht, wenn man z. B. aus einem von Menschen überfüllten Binnenraum mit dumpfer Luft tief aufatmend ins Freie einer frischen, kühlen

38 Hermann Schmitz, „Situationen und Atmosphären. Zur Ästhetik und Ontologie bei Gernot Böhme", in: Michael Hauskeller/Christoph Rehmann-Sutter/Gregor Schiemann (Hg.), *Naturerkenntnis und Natursein. Für Gernot Böhme*, Frankfurt am Main 1998, S. 184.

39 Ebd., S. 185.

Dämmerung tritt."[40] Atmosphären dieser Art bestimmt Schmitz als „leiblich ergreifende Mächte, die sich von der Ergriffenheit, in deren Gestalt sie gefühlt werden, deutlich unterscheiden, als zudringliche Halbdinge, die den Betroffenen in leiblicher Kommunikation mit sich verstricken."[41] Insbesondere für Atmosphären dieser Art verbietet sich eine jede Verlagerung ihres Auftretens in den Innenraum des Subjekts. Sie sind gefühlte Erfahrung, aber nicht in die Innenwelt des Subjekts einzuschließen, sondern als geteilte Räume erfahrbar.[42]

Das Ergriffenwerden durch Atmosphären zeigt sich als ein Fühlen, das in seiner affektiven Dimension als leibliche Regung gespürt wird. Die Betroffenheit von einer Gefühlsatmosphäre spricht die schwingende Resonanzfähigkeit des *vitalen Antriebs* an und drückt sich in den leiblichen Regungen aus, wie sich in der unmittelbaren Gebärdensicherheit des Gefühlsausdrucks zeigt (so z. B. in der aufgerichteten, federnden Haltung des Mutigen und des Fröhlichen und in der gedrückten, passiv-schweren Haltung des Niedergeschlagenen). Angst und Wollust, so Schmitz, erweisen sich daher als Regungen von besonderer Empfänglichkeit für Gefühle, während die Depression sich gerade durch eine Gefühllosigkeit auszeichnet, in der den Kranken nichts erreicht und ihm die leibliche und personale Ergriffenheit von Gefühlen verwehrt ist.

Die Bestimmung von Gefühlen als ergreifenden Mächten steht also in systematischem Zusammenhang zur Bestimmung der Subjektivität im Ausgang affektiver Betroffenheit, die sich in der primitiven Gegenwart als absolutes Hier und Jetzt zeigt. Schmitz unterscheidet weiter zwischen dem affektiven Betroffensein durch Gefühle und dem affektiven Betroffensein durch leibliche Regungen. Letzteres, wie z. B. im Falle von Schmerz oder Hunger, lässt sich in Entwicklung und Verlauf beobachten. Das affektive Betroffensein von Gefühlen hingegen kann durchaus vergessen, verwechselt oder verkannt werden, da es sich nicht konstant leiblich entfaltet. Gefühlsatmosphären als ergreifende Mächte können also die persönliche Situation bestimmen, ohne als solche erkannt zu werden. So kann es z. B. geschehen, wie Schmitz schreibt, „dass man ergreifende Gefühle verkennt und erst verspätet z. B. merkt, dass es „eigentlich" schon Liebe war, was man bei sich als unangenehme und beunruhigende Störung registriert hatte."[43] Die affektive Betroffenheit ist also eine Frage der leiblichen und der personalen Voraussetzungen und der Empfänglichkeit in unterschiedlichen Situationen.

40 Hermann Schmitz, *Was ist Neue Phänomenologie?*, S. 44.

41 Ebd., S. 45.

42 Ebenso wie die Atmosphären im Falle der Scham oder des Gefühlskontrasts. Die Atmosphärenhaftigkeit der Scham zeigt sich besonders in dem Moment, in dem diese auf jemanden übergreift, der nicht selbst als Quelle der Scham zu sehen ist, während derjenige, der das Schamgefühl auslöst, selbst gar nicht beschämt ist. Es ist nicht das Gefühl des Einen, das den Anderen ansteckt, sondern es ist die Atmosphäre, in die beide involviert sind. Die übergreifende Wirkung der Atmosphäre lässt sich ebenso an der kontrastiven Übertragung sehen, die das Gefühl der Fröhlichkeit relativiert, wenn jemand in eine bedrückende Situation gerät. Zahlreiche Beispiele dieser Art werden ausführlich diskutiert u. a. in: Hermann Schmitz, *Was ist Neue Phänomenologie?* und Hermann Schmitz, *System der Philosophie* III, Teil 2 (Studienausgabe) *Der Gefühlsraum*, Bonn 2005.

43 Hermann Schmitz, *Was ist Neue Phänomenologie?*, S. 53.

Aufgrund dieser situativen Bedingtheit sind Gefühlsatmosphären nicht zeitlich dauerhaft vorhanden und nicht nach den üblichen ortsräumlichen Koordinaten zu identifizieren. Ihre begriffliche Bestimmung als *Halbdinge*, im Unterschied zu Volldingen, die nur als unterbrechungsloser Zusammenhang möglich sind, holt diesen Charakter inkonstanter Dauer und konturloser Ergossenheit besonders gut ein. „Gefühle sind Halbdinge mit inkonstanter Dauer wie der Wind und die reißende Schwere; sie kommen und gehen und kommen wieder, ohne dass es Sinn hat, zu fragen, wo und wie sie in den Zwischenzeiten gewesen sind."[44] Schmitz bestimmt nun die Kausalität, die diesen Halbdingen zugrunde liegt, als ein Zusammenfallen von Ursache und Wirkung im Moment ihrer Erfahrung. Die Situation, in der sich eine Atmosphäre als Halbding ereignet, ist als Summe der Teile zu verstehen, die man üblicherweise mithilfe der Naturwissenschaften in einzelne Elemente (die Elemente der Kausalität) gliedern würde. Die Stimme ist ein solches Halbding, dessen kausale Gliederung zwar naturwissenschaftlich interessant sein mag, dessen phänomenale Erfahrung aber von einer völlig anderen Qualität ist.

Sind Gefühle Atmosphären oder Situationen?

Ist die These von den Gefühlen als dem Subjekt äußerliche Atmosphären nun haltbar? Oder wird der Vorgang der Verlagerung unbestimmbarer Qualitäten in das Innenleben des Subjekts durch die Bestimmung der Erfahrung von Gefühlen in einem Außen des Subjekts und in der Kritik des Innenweltparadigmas und des Introjektionismus einfach umgekehrt? Ist nicht eigentlich der starke Situationsbegriff, mit all seinen Facetten, das zentrale Element der Schmitzschen Emotionstheorie, da es ja um die Situation als Atmosphäre geht und nicht um Atmosphären an sich, deren Existenz wohl niemand bezweifeln dürfte. Das Gefühl selbst ist zwar durchaus von intersubjektivem Charakter (es wird geteilt), aber es ist von sich aus nicht als objektiv und wohl auch nicht als äußerlich zu bezeichnen. Es erscheint als eine dem Subjekt äußerliche Atmosphäre, weil die Situation, in der es sich ereignet, eine Atmosphäre ist und von dieser getragen wird. Eine Fundierung in radikaler Innerlichkeit muss also ebenso vermieden werden wie die Fundierung in reiner Äußerlichkeit. Die Durchlässigkeit des Subjekts, sein gleichursprüngliches Eingelassensein in Situationen (als Atmosphären) ermöglicht das Fühlen der Atmosphäre und das bedeutet, das Subjekt von der Situation her, in der es steht, zu verstehen. So bleibt letztlich die Frage, ob die Umkremplung des Erfahrungsraums von Innen nach Außen der Sache gerecht wird oder ob nicht gerade das Spiel der Sphären bestimmter und unbestimmter Horizonte – das Spiel von Innen und Außen – die menschliche Erfahrung und die Wahrnehmung in geteilten Räumen ausmacht. Atmosphären finden sich dort, wo ich anwesend bin, im Raum, den ich mit anderen teile und in dem sich das gemeinsame Leben ereignet. Insofern ist es wohl zumindest richtig, dass Gefühle als Atmosphären sich im Miteinander von Subjekten bzw. in der Anwesenheit mindestens eines Subjekts ereignen.

44 Ebd., S. 54.

Der Gewinn der kritischen Vorgehensweise von Hermann Schmitz für die anthropologisch-phänomenologische Bestimmung von Erfahrung und Erfahrungsqualitäten liegt auf der Hand. Die Untersuchung der ontologischen Bedingungen der Rede von den Gefühlen als Atmosphären zeigt paradigmatisch auf, welchen Gesetzen sich das Denken selbst unterstellen kann und wie sich die ontologischen Voraussetzungen des Denkens bis in die gefühlsmäßige Wahrnehmung des Einzelnen herab sedimentieren und dabei andere Schichten gefühlten Erlebens überlagern können. Mag die These objektiver Gefühlsräume auch höchst streitbar sein; es gelingt dem kritisch-aufklärerischen Anspruch im theoretischen Hintergrund doch sehr deutlich, die unhinterfragte Herrschaft der Strukturmodelle und der Begriffe, anhand derer wir Erfahrung gliedern und Wirklichkeit strukturieren, in ein neues Licht zu stellen. Die Infragestellung ontologischer Strukturbegriffe ist so gesehen eine Methode, diffuse, verschleierte und von den dominanten Denkbildern und Begriffen der Wirklichkeit abfallende Phänomene evident zu machen und neue ontologische Leitfäden zu legen. Insofern hat Schmitz recht, wenn er schreibt, dass die Ontologie „für die Philosophie nicht der absolutistische Gesetzgeber, sondern der Wächter über die Offenhaltung des Gesichtskreises"[45] ist.

Literatur

Andermann, Kerstin (2007), *Spielräume der Erfahrung*, München.

Böhme, Gernot (1995), *Atmosphäre*, Frankfurt am Main.

Deleuze, Gilles (1992, zuerst frz. 1968), *Differenz und Wiederholung*. München.

Deleuze, Gilles (1996, zuerst frz. 1991), *Was ist Philosophie?*, München.

Figal, Günter (2009), „Phänomenologie und Ontologie", in Günter Figal/Hans Helmuth Gander (Hg.), *Heidegger und Husserl. Neue Perspektiven*, Frankfurt am Main, 9-25.

Hartmann, Nicolai (1949), *Neue Wege der Ontologie*, Stuttgart.

Husserl, Edmund (1950, zuerst 1913–1930), *Ideen zu einer reinen Phänomenologie und phänomenologischen Philosophie*, Erstes Buch, Husserliana III, hg. von Walter Biemel, Den Haag.

Husserl, Edmund (1952, zuerst 1913–1930), *Ideen zu einer reinen Phänomenologie und phänomenologischen Philosophie*, Zweites Buch, Husserliana IV, hg. von Marly Biemel, Den Haag.

Husserl, Edmund (1952, zuerst 1913–1930), *Ideen zu einer reinen Phänomenologie und phänomenologischen Philosophie*, Drittes Buch, Husserliana V, hg. von Marly Biemel, Den Haag.

Merleau-Ponty, Maurice (1966, zuerst frz. 1945), *Phänomenologie der Wahrnehmung*, Berlin.

Plessner, Helmuth (1975, zuerst 1926), *Die Stufen des Organischen und der Mensch. Einleitung in die philosophische Anthropologie*, Berlin/New York.

Schmitz, Hermann (1964), *System der Philosophie 2,1 Der Leib*, Bonn.

Schmitz, Hermann (1969), *System der Philosophie, 3,2 Der Gefühlsraum*, Bonn.

Schmitz, Hermann (1980), *System der Philosophie, 5 Die Aufhebung der Gegenwart*, Bonn.

Schmitz, Hermann (1990), *Der unerschöpfliche Gegenstand. Grundzüge der Philosophie*, Bonn 1990.

Schmitz, Hermann (1994), *Neue Grundlagen der Erkenntnistheorie*, Bonn 1994.

Schmitz, Hermann (1994), „Gefühle als Atmosphären und das affektive Betroffensein von ihnen", in: Hinrich Fink-Eitel/Georg Lohmann (Hg.), *Zur Philosophie der Gefühle*, Frankfurt am Main 1994.

45 Hermann Schmitz, *Der Spielraum der Gegenwart*, Bonn 1999, S. 194.

Schmitz, Hermann (1998), „Situationen und Atmosphären. Zur Ästhetik und Ontologie bei Gernot Böhme“, in: Michael Hauskeller/Christoph Rehmann-Sutter/Gregor Schiemann (Hg.) *Naturerkenntnis und Natursein. Für Gernot Böhme*, Frankfurt am Main.

Schmitz, Hermann (1999), *Der Spielraum der Gegenwart*, Bonn.

Schmitz, Hermann (2003), *Was ist Neue Phänomenologie?*, Rostock.

Schmitz, Hermann (2005), *System der Philosophie* III, Teil 2 (Studienausgabe) *Der Gefühlsraum*, Bonn.

Schmitz, Hermann (2007), *Der Weg der europäischen Philosophie. Eine Gewissenserforschung*, Band 2: *Nachantike Philosophie*, Freiburg/München.

Topitsch, Ernst (1958), *Vom Ursprung und Ende der Metaphysik. Eine Studie zur Weltanschauungskritik*, Wien.

Manfred Wimmer

Stimmungen im Spannungsfeld zwischen Phänomenologie, Ontologie und naturwissenschaftlicher Emotionsforschung

1. Vorbemerkungen

Vor dem Einstieg in das Thema seien mir einige kurze, eher persönlich gefärbte Vorbemerkungen gestattet. Mein primäres intellektuelles Sozialisationsumfeld lag im Bereich eher naturalisierter Erkenntnistheorien und biologisch-evolutionär geprägter Emotionstheorien. Im Rahmen eingehender Studien vor allem zur menschlichen Emotionalität wurde ich mit den Schriften von H. Schmitz konfrontiert. Die dabei entstehenden Irritationen waren beträchtlich und führten mir in aller Deutlichkeit die Engführungen der rein naturwissenschaftlich geprägten Zugänge in diesem Forschungsfeld vor Augen. Etwas pathetisch formuliert könnte man das als ein Erwachen aus einer Form des „dogmatischen Schlummers" bezeichnen. Diese Irritationen relativierten und relativieren so manchen offensichtlich scheinbar festen Boden, auf dem hier gearbeitet wird. Wie kann man damit umgehen? Handelt es sich hier um völlig unterschiedliche Diskursfelder, deren gemeinsames Themenfeld mit unvereinbaren begrifflichen und methodologischen Werkzeugen beackert wird? Handelt es sich hier quasi um Parallelwelten, die man in ihrer Eigenständigkeit akzeptieren muss?

Die daraus resultierende Frage nach möglichen Brückenschlägen will ich in den folgenden Ausführungen thematisieren und gleich vorneweg der Neuen Phänomenologie das Potenzial zugestehen, dass sie zwischen diesen Parallelwelten vermitteln kann.[1] In meinen Ausführungen steht der Versuch im Zentrum – ausgehend vom Phänomen der Stimmungen –, diese unterschiedlichen Zugänge (und damit verbundenen Methodologien, vorausgesetzten Annahmen etc.) zu verdeutlichen. Der Ansatz beim Phänomen der Stimmungen gründet sachlogisch in der Positionierung dieses Phänomens an einer Schnittstelle. Sie stehen auf einer basalen Ebene – in gewissem Sinn tiefer als Gefühle – und sind darüber hinaus mit Atmosphären und Leiblichkeit engstens verwoben. Darüber hinaus beeinflussen sie alle „höheren", darauf aufbauenden (kognitiven u. a.) Prozesse in beträchtlicher Weise.

1 Zur allgemeinen Problematik disziplinübergreifender Zugänge in diesem Bereich vgl. Manfred Wimmer, „Begriffliche Probleme des interdisziplinären Dialogs. Ursachen und Lösungswege", in: *„Sie und Er" interdisziplinär*, Uwe Krebs/Johanna Forstner (Hg.), Berlin 2007, S. 73-92.

Dabei stellen Stimmungen wie auch Atmosphären für naturwissenschaftlich geprägte Zugänge eher schwer fassbare Bereiche dar. So etwa ist der ontologische Status von Atmosphären eher ungeklärt insofern, als nicht genau ersichtlich ist, ob man Atmosphären nun der Objektwelt zusprechen soll, diese also Objekteigenschaften darstellen, oder Atmosphären etwas sind, was das Subjekt in die Objekte hineinlegt bzw. hineinprojiziert.[2] Eine weitere Möglichkeit besteht darin, Atmosphären als ein „Dazwischenliegendes" zu interpretieren, ein Drittes zwischen Subjekt und Objekt, welches aus der Interaktion zwischen beiden resultiert.

Ähnlich verhält es sich mit der Fassung der Stimmungen, wobei innerhalb naturwissenschaftlicher Paradigmen zweifellos jene Auffassung vorherrscht, nach der diese aus dem Subjekt erwachsende interne Verfasstheiten darstellen, die nach außen projiziert werden und damit eine entsprechende Einfärbung der jeweiligen Umgebungsbedingungen zur Folge haben. Diese internen Verfasstheiten resultieren aus einer Art Simultanverrechnung internaler und externaler Faktoren. D. h. hier wird die Umgebung permanent hinsichtlich zuträglicher bzw. abträglicher Faktoren gescannt und aus der „Verrechnung" dieser Parameter mit organismusinternen Variablen resultieren grundlegende Verfasstheiten, welche noch nicht unbedingt gerichtet (intentional) sind, sondern in einem sog. *„internal state"* zutage treten.[3]

Rezente naturwissenschaftliche (neurobiologische, evolutionäre) Formen von Emotionsforschung scheinen Stimmungen nicht näher zu thematisieren. Ansatzpunkte sind eher sog. diskrete Emotionen wie Wut, Trauer, Panik, Neugier etc., die in ihren neurophysiologischen Hintergründen bzw. aus ihren evolutionären Entstehungsbedingungen heraus untersucht werden. Im Gegensatz dazu ist im psychiatrischen Bereich und der darin gegebenen Betonung interner, subjektiver Erlebensdimensionen von Stimmungen schon eher die Rede.

Ich will versuchen, mich dem Themenkomplex vorerst von einer naturwissenschaftlich-evolutionären Position heraus anzunähern, und mich dann über Heidegger hinweg hin zur Neuen Phänomenologie bewegen.

2. Naturwissenschaftlich-evolutionäre Zugänge

Versucht man sich Stimmungen evolutionär anzunähern, so gelangt man in ein eher wenig begangenes Terrain. Die Frage, ob es so etwas wie eine Evolution von Stimmungen gibt bzw. gegeben hat und welch evolutiver Vorteil ein derartiges „Durchstimmtsein" haben könnte, scheint kaum irgendwo behandelt zu werden.

2 Vgl. dazu Gernot Böhme, *Atmosphäre*, Frankfurt am Main 1995, S. 21f.

3 Vgl. dazu Jean-Didier Vincent, *Biologie des Begehrens. Wie Gefühle entstehen*, Reinbek bei Hamburg 1990 (franz. Orig. 1986), S. 38ff.

Die „klassischen" Ebenen verhaltensbiologischer Fragestellungen nach den proximaten und ultimaten Ursachen würden hier folgendermaßen beschaffen sein.[4] Die proximaten Ursachen wären dabei die aktuellen verursachenden Konstellationen (neurophysiologische Hintergründe, aktuelle Inputgrößen etc.), die auch als Wirkursachen bezeichnet werden. Dabei erscheint es wesentlich, dass diese proximaten Ursachen überwiegend aus der internen Verfassung des Organismus resultieren. Diese kann durch externale Faktoren, wie etwa Tageslänge, Durchschnittstemperatur, Nahrungsangebot etc. beeinflusst sein – jedoch werden derartige Inputgrößen immer in systeminterne Parameter „übersetzt" und bedingen dahingehend diverse basale Befindlichkeiten. Dasjenige, was in den empirisch-naturwissenschaftlichen Ansätzen zum Phänomen der Stimmungen untersucht wird, sind vor allem diese proximaten Ursachenkonstellationen.

Die ultimaten Ursachen beziehen sich auf den Anpassungswert eines Verhaltens bzw. eines Merkmals und stehen daher engstens im Kontext evolutionärer Überlegungen. Beim Versuch, hier ultimate Ursachen festzumachen, begibt man sich in ein – zumindest für die philosophischen Interpretationen des Stimmungsbegriffes – problematisches Feld, weil Stimmungen hier gleichsam funktionalisiert werden, d. h. ihnen spezifische Funktionen bzw. ein Anpassungswert zugesprochen wird. So könnte man, verhaltensbiologisch argumentierend, angstgetönten Stimmungen die Funktion zusprechen, dass z. B. ausgehend von einem „angstmachenden" Ereignis (dem gerade noch entgangenen Zugriff durch einen Beutegreifer) die jeweiligen Umgebungsbedingungen mit entsprechender Vorsicht und als potenziell gefährlich interpretiert werden, um einem weiteren Zugriff zu entgehen. Im Rahmen der Ethologie spielt vor allem die soziale Dimension der Stimmungen, die in der sog. „*Stimmungsübertragung*" ersichtlich werden, eine wichtige Rolle.[5] Im Hintergrund steht dabei die Annahme, dass die im äußeren Erscheinungsbild des Tieres zum Ausdruck kommende interne Verfassung von den Artgenossen wahrgenommen wird und deren Verfassung entsprechend beeinflusst.

Dasjenige, woraufhin die meisten naturwissenschaftlich ausgerichteten Untersuchungen ausgerichtet sind, sind jedoch weniger Stimmungen, sondern voll ausgebildete und hochkomplexe Emotionen. Dabei ist vielfach die Rede von sog. *Primäremotionen* oder „*diskreten Emotionen*", die sich aus folgenden Komponenten zusammensetzen:

- physiologische Komponente (neuronale, humorale, muskuläre ... Aktivitäten);
- Expression (u. a. Mimik, Gestik etc.);

4 Zu proximaten und ultimaten Ursachen in der Ethologie vgl. Niklas Tinbergen, *The Study of Instinct*, Oxford 1951; im Bereich der Psychologie Norbert Bischof, *Struktur und Bedeutung. Eine Einführung in die Systemtheorie für Psychologen*, Bern 1998.

5 „Ein Beispiel: Auf einer Waldblöße äst ein Rudel Hirsche. Plötzlich fährt ein Tier auf, verhofft kurz und springt ab. Hierbei spreizt es den in der Ruhe fast unsichtbaren weißen Haarkranz, der das Hinterteil dieser Tiere ziert, zu einer ellipsenförmigen weißen Fläche (Spiegel). Im Nu sind alle anderen Tiere mit ihm auf und davon. Diese sog. ‚Stimmungsübertragung' ist absolut nichts Selbstverständliches." (Konrad Lorenz/Paul Leyhausen, *Antriebe tierischen und menschlichen Verhaltens. Gesammelte Abhandlungen*, München 1973, S. 49)

- Kognition (ein Akt der Beurteilung/Einschätzung/Kategorisierung);
- Erlebenskomponente (subjektiver Erfahrungsaspekt – subjektive Dimension).[6]

Hier soll nun nicht auf die zahlreichen bekannten Untersuchungen voll entwickelter Emotionen, wie sie sich im Bereich rezenter Forschungen finden, Bezug genommen werden.[7]

Um sich dem Phänomen der Stimmungen anzunähern, erscheint es vorerst erforderlich, das eher kaum durchleuchtete Forschungsfeld der phylogenetischen Wurzeln emotionalen Geschehens untersuchen. Im Rahmen einer sog. „Genetischen Regression" (ein Vorgehen, welches u. a. Piaget dargetan hat) sollen „fertige" und hochkomplexe Emotionen (Wut, Angst etc.) auf deren Vor- bzw. Frühformen hin untersucht werden. Dabei gelangt man zu ganz elementaren Formen emotionalen Geschehens, bei denen sich die Frage auftut, ob es sich dabei überhaupt noch um Emotionen handelt.[8] Diese Vorgehen mag paradox anmuten, versucht man doch hier mithilfe empirischer Mittel die (eventuell nicht empirisch fassbaren) Vorbedingungen emotionalen Geschehens darzulegen. Jedoch soll diese Paradoxie vorerst einmal – hinsichtlich des übergeordneten Zieles einer Annäherung philosophisch-phänomenologischer und empirischer Konzeptionen – unbeachtet bleiben. Die hier angestellte Strategie ist von der Vermutung getragen, dass es gerade diese Vorformen bzw. Vorbedingungen emotionalen Geschehens sind, die eine besondere Nähe zu Phänomenen wie Leiblichkeit und Stimmungen beinhalten. Hier sollen immer nur die biologisch notwendigen Minimalvoraussetzungen untersucht werden, um diverse Brückenschläge zu erleichtern. Vorausgesetzt sei dabei nur die Annahme eines generellen evolutionären Werdens und eines von der Umwelt relativ abgegrenzten Systems (z. B. ein einzelliger Organismus), welches in seinem „Inneren" konstante Bedingungen aufrecht erhält. D. h. die Beobachterperspektive legt hier eine Grenze bzw. einen Unterschied zwischen einem „Innen" und „Außen" fest, wobei das „Innen" über Mechanismen verfügt, welche die internen Bedingungen innerhalb gewisser Rahmenbedingungen konstant halten.

Bei Claude Bernard (1813–1878) geht es hier darum, ein *„milieu interne"* zu stabilisieren. Interessanterweise wird das nicht mit „innerer Umwelt" übersetzt, sondern mit „innerem Milieu". Bernard merkt dazu an, dass es Organismen gelingt, die chemische Zusammensetzung in den Zellen trotz beträchtlicher Schwankungen der Umgebunsgbedingungen relativ konstant zu halten.[9]

6 Paul Kleinginna/A. M. Kleinginna, „A categorized list of emotion definitions, with suggestions for a consensual definition", in: *Motivation and Emotion* 5, 1981, S. 355; Paul Ekman, *Gefühle lesen. Wie Sie Emotionen erkennen und richtig interpretieren*, München 2007.

7 Vgl. dazu Jaak Panksepp, *Affective Neuroscience. The Foundations of Human an Animal Emotions*, Oxon 1998; Paul Ekman, „Basic Emotions", in: T. Dalgleish/T. Power (Hg.), *The Handbook of Cognition and Emotion*, New York 1999, S. 45-60; ders., *Gefühle lesen*; Joseph LeDoux, *The Emotional Brain. The Mysterious Underpinnings of Emotional Life*, New York 1996.

8 Vgl. dazu Manfred Wimmer, „Biological – Evolutionary Roots of Emotions", in: *Evolution and Cognition*, Vol. 1/No. 1, 1995, S. 38-50.

9 „Den Erscheinungen des Lebens ist eine Flexibilität eigen, die es dem Leben gestattet, sich in größerem oder geringerem Maße den Störfaktoren zu widersetzen, die sich im umgebenden Milieu

Bei Walter Cannon (1871–1945) heißt das dann *Homöostase bzw. Homöodynamik*,[10] um damit die biologische und vor allem die Entwicklungsdimension deutlicher herauszustellen. Es handelt sich: „um die koordinierten physiologischen Reaktionen, welche die meisten stationären Zustände des Körpers aufrechterhalten [...] und die so charakteristisch für den lebenden Organismus sind.“[11]

Organismen sind demnach offene, vom thermodynamischen Gleichgewicht weit entfernte Systeme, deren Kontinuität ein permanenter Energiefluss sichert.[12] Sie befinden sich in engster Wechselwirkung mit Umgebungsbedingungen, wobei Organismen einerseits ihre Umgebung aktiv selektionieren, wie auch die Umgebung selektionierend auf die Organismen einwirken kann. Es gibt keine stabile Umgebung – auch hier herrscht Dynamik.[13] Im Folgenden soll die These entwickelt werden, dass ganz elementare Formen organismischen Seins engste Bezüge zum Phänomen der Stimmungen aufweisen.

Es mag vermessen erscheinen, einfachste organismische Reaktions- bzw. Verhaltensmuster mit Stimmungen in Beziehung zu setzen. Aber gerade Heideggers Fassung von Stimmungen, die jenseits kognitiv-kategorialer Strukturierungen verortet werden, erlauben die Frage nach der Form des „In-der-Welt-Seins“ einfachster Lebewesen. Das „Haben einer Umwelt“ ist eine Bezugsform, die im Rahmen der Biologie als grundlegende Voraussetzung gilt, deren elementare Beschaffenheit jedoch nirgends näher untersucht wird.

„Das ‚Haben‘ ist seiner Möglichkeit nach fundiert in der existenzialen Verfassung des In-Seins. Als in dieser Weise wesenhaft Seiendes kann das Dasein das umweltlich begegnende Seiende ausdrücklich entdecken, darum wissen, darüber verfügen, die ‚Welt‘ haben. Die ontisch triviale Rede vom ‚Haben einer Umwelt‘ ist ontologisch ein Problem. Es lösen, verlangt nichts anderes, als zuvor das Sein des Daseins ontologisch zureichend bestimmen.“[14]

Diese Frage soll in einem ersten Schritt anhand der sog. Kinesis- und Taxisreaktion näher präzisiert werden.

befinden.“ (Claude Bernard, *Pensées. Notes détachées*, Paris1937, zit. nach Jean-Didier Vincent, *Biologie des Begehrens. Wie Gefühle entstehen*, Reinbek bei Hamburg 1990 (franz. Orig. 1986), S. 41)

10 Vgl. dazu Steven Rose, *Darwins gefärliche Erben. Biologie jenseits der egoistischen Gene*, München 2000 (engl. Orig. 1998), und die Erweiterung des Homöstasekonzeptes. „Die Homöostase weicht der Homöodynamik. Was für diese einfache Metapher gilt, trifft in weitaus dramatischerer Weise auf lebende Organismen zu. Sie als rein homöostatisch zu betrachten hieße, ihnen ihre historische Entwicklung abzusprechen ... Leben ist damit seinem Wesen nach durch und durch homöodynamisch.“ (Ebd., S. 174)

11 Walter B. Cannon, *The wisdom of the body*, New York 1939 (Orig. 1927), S. 45.

12 Details dazu in Ludwig von Bertalanffy, *General Systems Theory: Foundation, Development, Application*, New York 1968, S. 149.

13 Steven Rose, *Darwins gefährliche Erben*, S. 324f.

14 Martin Heidegger, *Sein und Zeit*, Tübingen 2001 (zuerst 1927), S. 57f.

Kinesisreaktion

Aus der Beobachterperspektive stellt sich dies folgendermaßen dar: Ein Einzeller bewegt sich gleichförmig durch sein Milieu. Gerät dieser Organismus in für ihn abträgliche Umgebungsbedingungen (Temperatur, Lichtverhältnisse, Säurekonzentration etc.), so erfolgt eine ganzheitlich-ungerichtete Reaktion. Diese besteht in einer Beschleunigung der Lokomotion, wobei keinerlei Richtungspräferenzen erkennbar sind. Wichtig zu betonen ist in diesem Zusammenhang noch, dass der Organismus über keine ausgebildeten Sinnesorgane hinsichtlich der relevanten „Störfaktoren" verfügt. Das zugrundeliegende Reaktionsmuster scheint derartig beschaffen zu sein, dass sich Veränderungen der Umgebungsbedingungen (z. B. diverser chemischer Gradienten) direkt in Ereignisse der internen Physiologie „übersetzen" und ganzheitliche Reaktionen hervorrufen. Wie weit man Emotionen bereits auf dieser Ebene verorten kann, ist umstritten. Das oben angedeutete Verfahren der sog. „genetischen Regression", welches durch den Versuch gekennzeichnet ist, in unterschiedlichen Organisationsformen sog. „funktionale Sinnprinzipien" festzumachen, würde darin durchaus elementare emotionale Gehalte erkennen. In Anlehnung an Obuchowski sind Emotionen dahingehend „in ihrer primären Form nichts anderes [...] als ein besonderer Zustand des Organismus, der die Störung der Homöostase kennzeichnet."[15]

Das zugrundeliegende Verarbeitungsmuster wird von Obuchowski treffend als „*homöostatischer Code*" bezeichnet. Diese sehr primitive Form der Verarbeitung ist vor allem dadurch gekennzeichnet, dass „keine Information aus der Außenwelt irgendeine direkte Bedeutung für das Verhalten des Individuums hat. Erst die eventuelle Störung seiner Homöostase oder einfach ein chemischer Wechsel im Bewegungsorgan werden zum Reiz für die Modifizierung seiner Reaktion".[16]

D. h. hier sind keinerlei Zwischenprozesse eingeschaltet (Reizaufnahme, Reizverarbeitung etc.), sondern es erfolgt ein mehr oder weniger *direktes Hindurchreichen der Umgebungsbedingungen* durch den Organismus bzw. seine Gleichgewichtsbedingungen.

Was eine gewisse Verwandtschaft zum Phänomen der Stimmungen nahelegt, ist wohl diese Form der Unmittelbarkeit, der Unvermitteltheit (durch keinerlei höhere kognitiven Prozesse beeinflusst) des Bezuges zwischen einem System und seinen Umgebungsbedingungen. Ausgehend von diesen elementaren Formen von „Gestimmtheit" werden dann weitere (kognitive) Aktivitäten bedingt, energetisiert, gesteuert und eventuell „bewertet". Als wesentliche, gleichsam formal festlegbare Komponenten dieser Verhaltensformen gelten die Polarität Gleichgewicht (Ruhe) – Ungleichgewicht (Störung) und die jeweils eng damit assoziierten Muster motorischer Aktivität. Das motivationale Moment hängt dabei eng mit Ungleichgewichtszuständen zusammen. Der dabei feststellbare Kreislauf setzt sich aus folgenden Bestandteilen zusammen:

15 Kasimierz Obuchowski, *Orientierung und Emotion*, Köln 1982, S. 233.
16 Ebd., S. 235.

Störungsmeldung (Registrierung einer Differenz zwischen Ist- und Sollwert) – *Aktion* – je nach Ergebnis Fortsetzung bzw. Reduzierung motorischer Aktivitätsmuster.[17] Was hier deutlich wird, ist eine Form von unbewusstem Wissen, von präventiven und korrigierenden Aktionsdispositionen, die völlig ohne Nervensysteme funktionieren.

Taxisreaktion

Es handelt sich dabei um eine etwas differenziertere Verhaltensform die vor allem dadurch charakterisiert ist, dass der Organismus auf einen eintreffenden Reiz hin nicht mehr völlig richtungslos reagiert (wie bei der Kinesis), sondern hier eine Bewegung im Raum auftritt, „deren Ausmaß von der Richtung des eintreffenden Reizes bestimmt wird."[18]

Was sich hier zeigt, ist ein gezieltes „hin zu" bzw. „weg von", d. h. eine gezielte Annäherung bzw. Vermeidung. Voraussetzungen eines derartigen Verhaltens sind einmal ausgebildete Rezeptoren optischer, akustischer oder olfaktorischer Art, die eine Lokalisation der Reizquelle im weitesten Sinne ermöglichen. Weiters bedarf diese im Vergleich zur Kinesis wesentlich präzisere Verhaltensform einer Differenzierung des internen Zustandsniveaus in unterschiedliche Zustandsformen, die jeweils mit spezifischen Umgebungsbedingungen in Bezug gesetzt werden.[19]

Im Gegensatz zur Kinesis bedeutet das, dass das organismische Zustandsniveau nicht mehr bloß in Gleichgewicht und Gleichgewichtsstörung unterteilt werden kann, sondern hier zunehmende Differenzierungen (unterschiedliche interne Zustandsniveaus) vorliegen, von denen ausgehend die Umgebungsbedingungen unterschiedlich klassifiziert und „beantwortet" werden. Eine erste Abweichung von den sehr fix und starr anmutenden (fast automatenhaft wirkenden) Taxisreaktionen (wie etwa die negative Phototaxis der Kellerasseln oder die positive Phototaxis der Motten) zeigt sich bei jenen Taxien, bei denen das innere Zustandsniveau für die Auslösung bestimmter Responsemuster verantwortlich ist. D. h. hier ist das aktuelle interne Zustandsniveau dafür verantwortlich, ob eine Reaktion erfolgt oder nicht.[20] Beispielhaft dafür ist das Verhalten von Strudelwürmern bezüglich potenzieller (olfaktorisch wahrgenommener) Nahrungsquellen. Dabei wird das entsprechende Responsemuster (Annäherung an die Nahrungsquelle) nur dann aktiviert, wenn sich das Tier in einem entsprechenden Zustandsniveau („Hunger") befindet. Die Stimulusquelle erweist sich als völlig „bedeutungslos", wenn kein entsprechendes Zustandsniveau gegeben ist.

Ein derartiges Verhalten bzw. dessen mögliche „Enthaltsamkeit" impliziert einen Schritt weg von automatenhaft vollzogenen Verhaltensweisen hin zu „Bewertungen" eintreffender Inputs in Abhängigkeit vom aktuellen internen Zustandsniveau. Darin zeigt sich bereits ein Moment affektiver Verarbeitungskomponenten, welches darin besteht,

17 Vgl. dazu auch Thomas Gehm, *Emotionale Verhaltensregulierung*, Weinheim 1991, S. 42.

18 Konrad Lorenz, *Vergleichende Verhaltensforschung. Grundlagen der Ethologie*, Wien/New York 1978, S. 182.

19 Ute Holzkamp-Osterkamp, *Grundlagen der psychologischen Motivationsforschung 1*, Frankfurt am Main/New York 1975, S. 157.

20 Vgl. ebd., S. 156.

den Organismus gemäß der jeweiligen „Befindlichkeit" bzw. gemäß dem aktuellen Zustandsniveau in entsprechende sensorische und motorische „Bereitschaften" zu versetzen. Diese unterschiedlichen Zustandsformen bedingen demnach bestimmte Perzeptionen sowie damit verbundene Aktivitätsmuster, wie etwa „hin zu" oder „weg von". Die „Perzepte" erhalten dadurch eine bestimmte Bedeutung zugesprochen. „Die Zustandsvariabilität" wird „zur Grundlage für die Bedeutungsaktualisierung und entsprechende spezielle Aktivitätsumsetzungen."[21]

Die dabei entwickelten Bedeutungsdimensionen stehen in engstem Zusammenhang mit der ursprünglichen Homöostase und deren Störung. Sie gehen jedoch insofern darüber hinaus, als bestimmte, umgebungsinduzierte Erregungskonstellationen differenzierter klassifiziert werden.

Modellhaft könnte man Organismen auf dieser Verhaltensstufe als aus drei Komponenten bestehend beschreiben: Perzeption – interne Verrechnung (vor allem über das interne Zustandsniveau) – Effektor. Es ist dabei vor allem das interne Zustandsniveau, welches maßgeblich auf sensorisch-perzeptive wie auch motorische Vollzüge einwirkt.

Was soll damit gezeigt werden bzw. was wird für das Thema der Stimmungen damit gewonnen? Was hier eine gewisse Nähe zu Stimmungen bzw. zur Leiblichkeit nahe legt, ist das mehr oder weniger ganzheitliche Affiziertsein des Organismus in bestimmten Situationen sowie dass in diesem Bereich organischen Seins „Wahrnehmung" im weitesten Sinne wie auch davon abhängige Responsemuster primär aus den systeminternen Bedingungen heraus erwachsen. Entlang dieser Argumentationslinie will ich mich jetzt hin zur Humanebene bewegen und vorerst einige Befunde darstellen, die quasi als Weiterführung der im ersten Teil dargelegten Überlegungen dienen können.

Da wären einmal die Untersuchungen von A. Damasio zum sog. „Protoselbst", die beträchtliche Nähe zum Phänomen der Stimmungen aufweisen. Dieses Protoselbst – als Basis aller weiteren Formen von Subjektivität – steht in engstem Zusammenhang mit den vorhin erwähnten gleichgewichtsherstellenden Prozessen.[22] Dieses Proto-Selbst ist nicht bewusst, sondern ein eher instabiles Muster neurophysiologischer Prozesse, die aus der Aktivität basaler Hirnregionen (Hirnstammkerne, Hypothalamus, insulärer Cortex etc.) hervorgehen. Was dabei entsteht, kann als Basalverfassung des Organismus bezeichnet werden, auf der dann höhere Formen des Selbst (Kernselbst, autobiografisches Selbst) aufbauen. Aufbauend auf das Protoselbst schließt das Kernselbst an. „Biologisch gesehen, ist das Wesen des Kernselbst die Repräsentation in einer Karte zweiter Ordnung vom Protoselbst im Zustand der Veränderung."[23]

Auf das Kernselbst baut das teilweise bewusste autobiografische Selbst auf, wobei Veränderungen im Protoselbst in das Kernselbst hinein transformiert werden. Damasio selbst vermeidet zwar den Begriff „Stimmung", es liegt aber nahe, derartige Bereich mit

21 Klaus Holzkamp, *Grundlegung der Psychologie*, Frankfurt am Main/New York 1983, S. 97.

22 „Das Proto-Selbst besteht aus einer zusammenhängenden Sammlung von neuronalen Mustern, die den physischen Zustand des Organismus in seinen vielen Dimensionen fortlaufend abbilden." (Antonio R. Damasio, *Ich fühle, also bin ich. Die Entschlüsselung des Bewusstseins*, München 2002 (engl. Orig. 1999), S. 187)

23 Ebd., S. 212.

dem Stimmungsbegriff in Beziehung zu setzen. Einige weitere Beispiele ähnlich angelegter Zugänge finden sich bei Lersch, Bollnow und Ciompi. Bei Ph. Lersch wird ebenso die „Vorgeordnetheit" der emotionalen Basis (der Stimmungen bzw. des „endothymen Grundes") betont:

„Es wird zu zeigen sein, daß das im extensiven Bereich der Umwelt Bemerkte von den aus der Innerlichkeit des endothymen Grundes kommenden Trieben und Strebungen, genauer gesagt von dem in ihnen Erfragten und Gesuchten wesentlich mitbestimmt, vor allem daß die gestalthafte Durchgliederung des Empfindungsfeldes zu Bedeutsamkeitsganzen von den Strebungen beeinflußt wird."[24]

Bollnow nähert sich dem Phänomen der Stimmungen eher auf einer anthropologisch-psychologischen Ebene und fundiert die Schichten des seelischen Lebens ebenso in den Stimmungen.[25]

„Als die unterste Stufe liegen dem gesamten seelischen Leben die ‚Lebensgefühle' oder ‚Stimmungen' zugrunde. Sie stellen die einfachste und ursprünglichste Form dar, in der das menschliche Leben seiner selbst – und zwar immer schon in einer bestimmt gefärbten Weise, mit einer bestimmt gearteten Wertung und Stellungnahme – inne wird. [...] Von ihnen [den leiblichen Gefühlen, M. W.] unterscheiden sich die Stimmungen im eigentlichen Sinn dadurch, daß sie eine den ganzen Menschen von den niedersten bis zu den höchsten Bereichen gleichmäßig durchziehende Grundverfassung darstellen, die allen seinen Regungen eine bestimmte, eigentümliche Färbung verleiht".[26]

Im Rahmen von Luc Ciompis Affektlogik erstellen die Stimmungen ebenso jene Basis, welche darauf aufbauende kognitive Aktivitäten massiv beeinflussen. Auch hier erscheint die Stimmung als fundierende bzw. vorgeordnete Instanz, von der aus „höhere" bzw. stärker kognitiv durchdrungene Aktivitäten ihren Ausgang nehmen. Was hier jeweils als „bedeutsam" interpretiert wird, ist durch die Vorgeordnetheit des stimmungsmäßigen Untergrundes bereitet.[27]

Allgemeine Charakterisierung dieser Konzeptionen

Es ist wichtig, hier nun die jeweiligen nicht reflektierten Vorbedingungen der empirisch-naturwissenschaftlichen Ansätze herauszustellen. Diese „regionalen Ontologien" sollen dann mit Heideggers Fundamentalontologie kontrastiert werden.

– Als eine der wesentlichen Basisannahmen naturwissenschaftlich orientierter Ansätze gilt eine mehr oder weniger strikte Trennung zwischen einem Subjekt (Organismus, System etc.) und einer davon unabhängig existierenden Objektwelt. Diese Subjekt-

24 Philipp Lersch, *Der Aufbau der Person*, München 1962, S. 216.

25 Zu den Differenzen zwischen Bollnow und Heidegger vgl. Otto Pöggeler, „Das Wesen der Stimmungen. Kritische Betrachtungen zum gleichnamigen Buch O. Fr. Bollnows", in: *Zeitschrift für Philosophische Forschung* XIV/2, 1956, S. 272-284.

26 Otto Bollnow, *Das Wesen der Stimmungen*, Frankfurt am Main 1956, S. 33f.

27 Vgl. dazu Luc Ciompi, *Affektlogik*, Stuttgart 1982; ders., „Affektlogik, affektive Kommunikation und Pädagogik", in: Eva Unterweger/Vera Zimprich (Hg.), *Braucht die Schule Psychotherapie*, Wien 2001, S. 14f.

Objekt-Dichotomie gilt gewissermaßen als grundlegende, vielfach nicht weiter thematisierte Leitidee, auf der sämtliche weitere Überlegungen aufbauen.[28]

- In engem Zusammenhang damit steht die Annahme, dass Stimmungen durch spezifische neurophysiologische Zustandsformen bedingt sind, d. h. sie werden der Subjektseite zugeordnet, wobei jedoch die jeweiligen Verursachungsfaktoren eher im Unklaren verbleiben. In ihrer Eigendynamik und Unkontrollierbarkeit bleiben Stimmungen etwas, was sich außerhalb bzw. im Grenzbereich wissenschaftlichen Zugriffs befindet.
- Stimmungen werden überwiegend als individuelle Phänomene behandelt. Ausnahmen dazu finden sich im Bereich der Ethologie, wenn hier von Stimmungsübertragung die Rede ist.[29] Dabei wirken Bewegungen eines Tieres (z. B. Intentionsbewegungen hin zur Flucht) auf die beobachtenden Artgenossen, da diese dadurch ebenfalls in Fluchtstimmung geraten.

Im Humanbereich werden kollektive Stimmungen am ehesten im Bereich der Soziologie und Sozialpsychologie untersucht.[30] L. Ciompi (1997) geht von der Existenz einer sog. „kollektiven fraktalen Affektlogik“ aus, nach der formale und dynamische Komponenten affektiv-kognitiver Wechselwirkungen, wie sie sich auf individuellem Niveau zeigen, auch in Kollektiven auftreten.[31] „[...] daß tatsächlich auf allen untersuchten mikro-

28 Es ist interessant, dass im Rahmen von entwicklungspsychologischen Untersuchungen vielfach von einem Grundzustand ausgegangen wird, in dem diese Dichotomie noch nicht existiert. So spricht Freud vom *primären Narzissmus* und Piaget – in Anlehnung an Baldwin – vom *Adualismus*. Norbert Bischof nennt das mediale Umwelt, die dann allmählich von der figuralen abgelöst wird. Dieses „mediale Ich“ steht im Gegensatz zum später auftretenden „figuralen Ich“ und dominiert die Frühphase der kindlichen Entwicklung. Es weist keinerlei stabile Konturen auf, ist demnach formlos – amorph – stimmungsträchtig und spiegelt die jeweils aktuellen Umgebungsbedingungen wider. Bischof beschreibt das folgendermaßen: „Auch hier ist dem Feedback der Reflexion immer schon vorgeordnet ein schlichtes Selbstverständnis, ein welteinbettendes Bezugssystem der Subjektivität, ein mediales Ich. Alle Dinge um mich herum sind in seine Farben getaucht; die ganze Welt verschattet sich, wenn ich trauere, und wird bunter, wenn ich liebe. Wo immer ich mich hinwende. Stets begegne ich geheimen Spuren, die meine eigenen sind.“ (Norbert Bischof, *Das Kraftfeld der Mythen*, München/Zürich 1996, S. 139) Dagegen erscheint das figurale Ich bereits als strukturiert, konturiert, identifizierbar. (Ebd., S. 175) All diesen Untersuchungen ist die Annahme gemein, dass die Subjekt-Objekt-Dichotomie keine gleichsam apriorisch vorhandene Konstellation darstellt, sondern erst als Resultat von Entwicklungsprozessen aufscheint. Nach H. Schmitz ist das Kind primär in Situationen eingebettet. „Schon das Kleinkind nimmt vielmehr gemeinsame Situationen in leiblicher Kommunikation – z. B. mit der Mutter – wahr, bloß daß diese zunächst hochgradig chaotisch mannigfaltig sind ... sondern als verschwommene Ganzheit von Vielem, das nicht einzeln ist und erst durch allmähliche Explikation einzelner Sachverhalte mehr oder weniger in zahlfähiges Mannigfaltiges übergeht.“ (Hermann Schmitz, „Anthropologie ohne Schichten“, in: A. Barkhaus/M. Mayer/ N. Roughly/D. Thürnau D. (Hg.), *Identität, Leiblichkeit und Normativität*, Frankfurt/Main 1996, S. 133)

29 Vgl. dazu Konrad Lorenz/Paul Leyhausen, *Antriebe tierischen und menschlichen Verhaltens*, S. 49.

30 Siehe dazu Randall Collins, „The Role of Emotions in Social Structure“, in: Klaus Scherer/Paul Ekman (Hg.), *Approaches to Emotion*, Hillsdale 1984.

31 Luc Ciompi, *Die emotionalen Grundlagen des Denkens. Entwurf einer fraktalen Affektlogik*, Göttingen 1997, S. 237ff.

und makrosozialen Ebenen prinzipiell ähnliche mobilisatorische, organisatorische und integratorische Schaltwirkungen von Affekten auf Denken und Verhalten am Werk sind, wie wir sie zuvor schon im individualpsychologischen Bereich gefunden hatten."[32]

Stimmungen haben weitreichenden Einfluss auf übergeordnete Aktivitäten wie Wahrnehmung, Kognition, Motivation, Gedächtnis etc. Diese Einflüsse beziehen sich sowohl darauf, „was" wahrgenommen wird, wie auch auf das „wie" der weiterführenden Verarbeitungsprozesse. So vollziehen sich diverse Speicheraktivitäten im Rahmen der Gedächtnisbildung nicht quasi automatisch, sondern jeweils vor einem vorgegebenen Hinter- bzw. Untergrund. D. h. gemerkt (und wohl auch „bemerkt") wird nur dasjenige, welches entsprechend stimmungsmäßig-affektiv markiert ist. Was dabei überall durchscheint, ist ein Schichtenmodell, wobei tiefere Schichten die darüber geordneten tragen – ein Modell, welches von H. Schmitz und der Neuen Phänomenologie mit großer Skepsis betrachtet wird.[33]

Im nächsten Abschnitt soll der Zugang zum Phänomen der Stimmungen von M. Heidegger näher beleuchtet werden. Damit sollen die oben angeführten ontischen Überlegungen auf deren ontologische Grundlagen hin bezogen werden.[34]

3. Heidegger

Allgemeine Positionierung

Das Denken Heideggers stellt hinsichtlich der Fassung des Phänomens der Stimmungen einen Wendepunkt im philosophischen Diskurs über Stimmungen und Gefühle dar. Wurden im Rahmen neuzeitlicher Philosophie Gefühle als eher unklare Repräsentationen (Descartes) bzw. als bloß subjektive, nicht rationale Zustände ohne besonderen Erkenntnisgehalt (Kant) gefasst, verändert sich die Perspektive im Rahmen der Philosophie Heideggers ganz grundlegend. Zentral für Heideggers Position ist die nicht-subjektivistische, erschließende Interpretation der Stimmungen, die nicht als individuell-irrationale Phänomene abgetan werden, sondern ganz besondere Weisen der Erschließung von Welt darstellen. „Weil die Stimmung das ursprüngliche Wie ist, in dem jedes Dasein ist, wie es ist, ist sie nicht das Unbeständigste, sondern das, was dem Dasein von Grund auf Bestand und Möglichkeit gibt."[35]

Die tiefe, ontologische Fundierung der Stimmungen im Rahmen der Befindlichkeit versucht die neuzeitlichen Subjektivitätsphilosophien zu unterlaufen und damit auch rationalistisch gefärbte Menschenbilder zu relativieren. Das dabei gezeichnete Bild des Menschen als immerwährend gestimmtes Dasein sprengt den Rahmen enger vernunft-

32 Ebd., S. 262.

33 Hermann Schmitz, „Anthropologie ohne Schichten", S. 128.

34 „das ‚Ontische' und das ‚Ontologische' sind so verschieden, wie es zwei Begriffe oder Bezugssphären nur sein können. *Doch das eine hat keinerlei Sinn ohne das Andere.*" (George Steiner, *Martin Heidegger. Eine Einführung*, München 1989, 135. Hervorh. M. W.)

35 Martin Heidegger, *Gesamtausgabe (29/30)*, hg. v. F.-W. v. Herrmann u. a., Frankfurt/Main 1975, S. 136.

zentrierter Konzeptionen und eröffnet eine völlig neue Perspektive des Menschseins jenseits von Anthropozentrik und Subjektivismus.[36] Auch für den Heideggerschüler Gadamer liegt die Bedeutung von Heideggers Fassung von Befindlichkeit bzw. Stimmung darin, damit die „Enge der Bewußtseinsphilosophie" zu überschreiten.[37]

Um den „erschließenden" Gehalt der Stimmungen zu verdeutlichen, ist es notwendig, das Phänomen des „In-der-Welt-sein überhaupt als Grundverfassung des Daseins" kurz anzusprechen.[38] Menschen sind nicht wie Dinge „in" der Welt vorhanden, sondern menschliches Dasein ist dadurch ausgezeichnet, dass es „sich in seinem Sein verstehend zu diesem Sein verhält".[39] Damit impliziert das „In-sein" immer eine tiefe Verwobenheit mit dem Sein. Es ist als „In-der Welt-sein" immer schon bei bzw. in der Welt, ist verstehend, vertraut in der Welt und im Mitsein mit Anderen. Das „Ich" bekommt damit insofern eine besondere Position zugesprochen, als dieses nun weder ein weltloses Subjekt darstellt, welches erst diverse Brücken zur Welt aufbauen muss, noch ein konkretes, naturales „Objekt" dieser Welt darstellt.

„In der sogenannte ‚objektivierend-wissenschaftlichen Einstellung' lassen wir nämlich die primäre Bedeutsamkeit, das Umweltliche, die Erlebnishaftigkeit verschwinden, entkleiden das Etwas bis auf die ‚nackte' Gegenständlichkeit, was nur dadurch gelingt, daß wir auch das erlebende Ich herausziehen und ein künstliches neues, sekundäres Ich aufrichten, das auf den Namen ‚Subjekt' getauft wird und das dann in entsprechender Neutralität dem ebenso neutralen ‚Gegenstand', der nun ‚Objekt' heißt, gegenübersteht. [...] Das Ich-Bewußtsein ist bereits eine Brechung. Wahrnehmung und Erleben fangen nicht mit dem ‚Ich' an; mit dem ‚Ich' fängt es erst an, wenn das Erleben einen Sprung bekommt."[40]

Heideggers fundamentalanalytischer Ansatz unterscheidet sich grundsätzlich von den üblichen naturwissenschaftlichen Zugängen zum Menschen und versucht gewissermaßen den regionalen Ontologien der Einzelwissenschaften eine Basis zu verleihen. „Die existenziale Analytik des Daseins liegt vor jeder Psychologie, Anthropologie und erst recht Biologie."[41]

Als eine der zentralen Differenzen erweist sich dabei die in den Naturwissenschaften und deren regionalen Ontologien vielfach vorausgesetzte Trennung zwischen dem „System" Umwelt und dem „Ich" bzw. „Subjekt".[42] Dieses vielfach nicht weiter hinterfragte

36 Vgl. dazu Wolfgang Welsch, *Aisthesis. Grundzüge und Perspektiven der Aristotelischen Sinneslehre*, Stuttgart 1987, S. 456.

37 Hans-Georg Gadamer, „Heideggers Rückgang auf die Griechen", in: Konrad Cramer/Hans Friedrich Fulda/Rolf-Peter Horstmann/Ulrich Pothast (Hg.), *Theorie der Subjektivität*, Frankfurt am Main 1990, S. 404.

38 Martin Heidegger, *Sein und Zeit*, S. 52.

39 Ebd.

40 Rüdiger Safranski, *Ein Meister aus Deutschland. Heidegger und seine Zeit*, München 1994, S. 121.

41 Martin Heidegger, *Sein und Zeit*, S. 45.

42 Dabei kann im Rahmen darwinisch-evolutionärer Überlegungen durchaus eine gewisse Form der Isomorphie zwischen internen Strukturen und externen Gegebenheiten vorliegen – wie das etwa im

Fundament neuzeitlichen Denkens versucht Heidegger gewissermaßen zu unterlaufen und tiefer zu gehen. Durch die Rehabilitation des Primats der Bedeutung erhalten sowohl das erlebende „Ich“ wie auch die Welt einen völlig anderen Stellenwert zugesprochen. Das bewusst erlebende, reflexive und theoriedurchtränkte „Ich“ stellt dabei jene Form des „ent-lebten“ Weltzuganges dar, der nur einen sehr beschränkten und reduzierten Weltzugang auftut.[43] Im Gegensatz zu Husserls sterilem Subjekt steht Heideggers Subjekt konkret existierend in einer Objektwelt, in die es „geworfen“ ist. Diese „Geworfenheit“ wird stimmungsmäßig intensivst erfahren, womit die elementarsten Formen des Weltbezuges affektiv gefärbt erscheinen. Darüber hinaus genießt die konkret-pragmatische Form der „Zuhandenheit“ der Weltdinge den Primat im Gegensatz zur sekundär-theoretischen „Vorhandenheit“.[44] Menschliches Sein (Dasein) in seinen elementaren Momenten erscheint daher – aus der Perspektive des Heidegger'schen Denkens – wesentlich konkret und affektiv beschaffen. Die basalen „emotionalen Raster der Selbst- und Welterfahrung“ stellen dabei die Existenzialien dar, die das Subjekt in seinen allgemeinsten und dennoch konkreten Lebensbezügen zu fassen versuchen.[45] Die sog. „Existenzialen“ als elementare Strukturen menschlichen Existierens befinden sich im Gegensatz zu den in der Philosophie vielfach erörterten „Kategorien“, die als allgemeinste Erkenntnis- und Wirklichkeitsstrukturen bezeichnet werden können.[46]

Eine der zentralen Existenzialien in engstem Bezug zu Stimmungen stellt die „Befindlichkeit“ dar, die eine gewisse Form der Welterschließung eröffnet. Zu betonen ist in diesem Zusammenhang, dass Befindlichkeit nicht als kognitiv-bewusster Akt bzw. Zustand zu verstehen ist, der psychologisierend zu durchleuchten wäre, sondern hier immer praereflexive und u. U. auch „praekognitive“ Gegebenheiten veranschlagt sind. Wegweisend ist dabei immer jener hermeneutische Elementargedanke, der darin zum Ausdruck kommt, dass Menschen nicht zuerst mit Sinnesdaten konfrontiert sind, welchen dann sekundär Bedeutung zugesprochen wird, sondern Bedeutungen sind immer vorgegeben, sie liegen dem Dasein in seinem elementar verstehenden Charakter gleichsam zugrunde: „das Bedeutsame ist das Primäre, gibt sich mir unmittelbar.“[47]

Jegliche Form neutraler Wahrnehmung bzw. das neutrale Registrieren von Sinnesdaten denen nachträglich „Bedeutung“ zugesprochen wird, erscheint aus dieser Perspektive als falsche Voraussetzung. Im Gegensatz dazu ist menschliches „In-der-Welt-sein“ herme-

Rahmen naturalistischer Kantinterpretationen bezüglich der apriorischen Strukturen vorgenommen wurde. Vgl. dazu Konrad Lorenz/Franz Wuketits, *Die Evolution des Denkens*, München 1983.

43 Martin Heidegger, *Gesamtausgabe (56/57). Zur Bestimmung der Philosophie (Freiburger Vorlesung 1919)*, hg. v. Bernd Heimbüchel, Frankfurt am Main 1987, S. 91.

44 Vgl. dazu Martin Heidegger, *Sein und Zeit*, § 12 und §13.

45 Ferdinand Fellmann, *Lebensphilosophie. Elemente einer Theorie der Selbsterfahrung*, Reinbek bei Hamburg, S. 190.

46 Martin Heidegger, *Sein und Zeit*, 44; vgl. dazu auch Matthias Jung, *Hermeneutik – zur Einführung*, Hamburg 2001, S. 104.

47 Martin Heidegger, *Zur Bestimmung der Philosophie*, S. 73.

neutisch verfasst, d. h. die Welt ist für uns nur als bedeutsame, gedeutet gegeben, und „der Grundmodus des In-der-Welt-Seins ist das Verstehen."[48]

In ganz ähnlicher Weise, aus der Perspektive der Neuen Phänomenologie heraus, äußert sich Schmitz: „In Wirklichkeit hat es unsere Wahrnehmung niemals [...] mit primitiven Sinnesdaten zu tun, die erst durch eine intentionale Auffassung als etwas zu vielseitig bestimmten Gegenständen erhoben würden, wie Kant, Schopenhauer, Helmholtz und Husserl mit vielen anderen gemeint haben; die Zweischichtigkeit paßt auf die Gegenstandsseite sowenig wie auf die Seite des wahrnehmenden und vorstellenden Bewußthabens. Schon das Kleinkind nimmt vielmehr gemeinsame Situationen in leiblicher Kommunikation – z. B. mit der Mutter – wahr, bloß daß diese zunächst hochgradig chaotisch mannigfaltig sind [...] sondern als verschwommene Ganzheit von Vielem, das nicht einzeln ist und erst durch allmähliche Explikation einzelner Sachverhalte mehr oder weniger in zahlfähiges Mannigfaltiges übergeht."[49]

Ontologische Fundierung der Stimmungen

Hier ist es nun an der Zeit, zum Stimmungsphänomen und vor allem zu dessen ontologischer Verortung überzuwechseln. Stimmungen erweisen sich als Daseinsphänomene, als basale Formen des „In-der-Welt-seins", welche nicht vorerst innerseelisch gegeben sind, um nachträglich nach außen projeziert zu werden. „Das Gestimmtsein bezieht sich nicht zunächst auf Seelisches, ist selber kein Zustand drinnen, der dann auf rätselhafte Weise hinausgelangt und auf die Dinge und Personen abfärbt."[50]

Eine der zentralen Bestimmungen von Stimmungen kommt in folgendem Zitat zum Ausdruck: „Die Stimmungen sind keine Begleiterscheinungen, sondern solches, was im vornhinein gerade das Miteinandersein bestimmt. Es scheint so, als sei gleichsam je eine Stimmung schon da, wie eine Atmosphäre, in die wir je erst eintauchten und von der wir dann durchstimmt würden. Es sieht nicht nur so aus, als ob es so sei, sondern es ist so, und es gilt angesichts dieses Tatbestandes die Psychologie der Gefühle und der Erlebnisse und des Bewußtseins zu verabschieden. [...] Es zeigt sich: *Stimmungen sind nicht etwas, das nur vorhanden ist, sondern sie selbst sind gerade eine Grundart und Grundweise des Seins, und zwar des Da-seins*, und darin liegt unmittelbar immer: des Miteinanderseins."[51]

Demnach werden Stimmungen also weder der Subjektseite noch der Objektwelt zugesprochen, sondern als Grundweise des Seins und dahingehend des Daseins bzw. des „In-der-Welt-seins" interpretiert. Das Dasein findet sich immer – gleichsam apriorisch – bereits in einer gestimmten Weise vor. Das gestimmte Sich-Befinden geht jeglichem wahrnehmendem Sich-vorfinden voran. In der Gestimmtheit kommt ganz allgemein zum Ausdruck, dass der Mensch nie als neutraler Beobachter in der Welt steht, sondern in sei-

48 Matthias Jung, *Hermeneutik – zur Einführung*, S. 95.

49 Hermann Schmitz, „Anthropologie ohne Schichten", S. 133.

50 Martin Heidegger, *Sein und Zeit*, S. 137.

51 Martin Heidegger, *Die Grundprobleme der Metaphysik. Welt-Endlichkeit-Einsamkeit*, Frankfurt am Main 2004, S. 100f., Hervorh. M. W.

nem „In-der-Welt-sein“ immer in irgendeiner Art und Weise affektiv-stimmungsmäßig verfasst und „seinsverstrickt“ ist. In dieser „Durchstimmung“ ist der Mensch dem Sein gleichsam am nächsten, am „eigentlichsten“ und das wesentliche Charakteristikum des Daseins liegt nach Heidegger ja darin, dass es die „Seinsmöglichkeit des Fragens (nach dem Sein ...) hat“.[52] Indem Heidegger das Dasein selbst wesentlich als Befindlichkeit fasst, wird deutlich, dass jeglicher neutral-objektivierende Weltzugang ausgeschlossen ist und darin eine ungeschiedene Einheit von Welt und Selbst zum Ausdruck kommt.[53] Dahingehend würde auch jeder empirisch-naturwissenschaftlichen Zugehensweise eine bestimmte Form des „Sich-Befindens“ und damit eines „In-der-Welt-seins“ zugrunde liegen, die vielfach fälschlich als „Objektivität“ bzw. „Neutralität“ etikettiert wird. Die Bedeutsamkeit von Stimmungen kann dabei insofern kaum überschätzt werden, als es durch eine ernsthafte Auseinandersetzung mit den Stimmungen zu „einer völligen Umstellung unserer Auffassung vom Menschen“ kommen kann.[54]

Bei Heidegger u. a. gewinnt man den Eindruck, dass das Sein durch alles hindurchweht und der Mensch gleichsam als Gefäß oder Resonanzkörper durch dieses Sein in Schwingung versetzt wird. Die üblichen subjektzentrierten, aktivistischen Konzeptionen, die vor allem die neuzeitliche Philosophie beherrschen, treten hier zurück zugunsten einer bescheideneren Sicht, in der der Mensch nicht in autonomer und beherrschungssüchtiger Abgrenzung von der Objektwelt spricht, fühlt und denkt, sondern indem das Sein im weitesten Sinne aus ihm bzw. durch ihn spricht, fühlt, denkt etc.

Der Erschließungscharakter der Stimmungen und deren kognitive Interpretation

Im sog. *Erschließungscharakter* der Stimmungen wird so etwas wie eine kognitive Dimension ersichtlich. Die Frage nach einem „kognitiven Gehalt“ der Stimmungen mag problematisch bis widersprüchlich erscheinen, da Heidegger dasjenige, was in der Stimmung erfasst wird, nicht als „erkannt“, sondern als „erschlossen“ klassifiziert. Erschlossenheit steht dabei für eine praereflexive Form der Welt- und Selbsterfahrung des Daseins.

„In der Gestimmtheit ist immer schon stimmungsmäßig das Dasein als das Seiende erschlossen [...] Erschlossen besagt nicht, als solches erkannt [...] In der Befindlichkeit ist das Dasein immer schon vor es selbst gebracht, es hat sich immer schon gefunden, nicht als wahrnehmendes Sich-vor-finden, sondern als gestimmtes Sichbefinden.“[55]

Hier regt sich natürlich sofort der biologisch-evolutionär denkende Geist mit der Frage nach dem, was denn hier erschlossen wird und ob dieses Erschließen als ein im weitesten Sinne kognitives Phänomen interpretiert werden kann. Nimmt man den Begriff der Stimmung in seinem ganz basalen Gehalt als „gestimmtes Sichbefinden“, so kann man hier die Frage nach den kognitiven Voraussetzungen stellen, die diesem „Sichbefinden“ zugrunde liegen. Dabei vermag nur ein sehr weit gefasster Begriff von Kognition hier

52 Martin Heidegger, *Sein und Zeit*, S. 10.

53 Vgl. dazu Otto Bollnow, *Das Wesen der Stimmungen*, S. 39.

54 Martin Heidegger, *Die Grundprobleme der Metaphysik. Welt – Endlichkeit – Einsamkeit*, Frankfurt am Main 2004, S. 93.

55 Martin Heidegger, *Sein und Zeit*, S. 134f.

einen Zugang zu eröffnen. Als zentrale Voraussetzung, damit einem derartigen Sichbefinden überhaupt erschließende (und damit im weitesten Sinn kognitive) Eigenschaften zugesprochen werden können, gilt eine Art von Unterschied bzw. Differenz, welche ein bestimmtes Sichbefinden von anderen Formen des Sichbefindens unterscheidbar macht. Durchgehend gleichförmige Formen eines Gestimmtseins würden völlig irrelevant erscheinen bzw. als solche gar nicht erfahren werden können. D. h. ein permanent gleich bleibender Befindlichkeitsstrom – ohne jede Differenz bzw. Unterschiedlichkeit – hätte keinerlei Bedeutung und Relevanz. Um dabei jedoch unterschiedliche Formen der Befindlichkeit zu markieren, bedarf es eines Referenzpunktes, von dem ausgehend Unterschiede festgemacht werden können. Nahe liegend und als sehr hilfreich erscheint in diesem Zusammenhang die Fassung des Begriffes der Information bei Bateson, für den all das Information darstellt, was einen „Unterschied" macht.[56] Was könnte nun als basaler Referenzpunkt für die unterschiedlichen Formen der Gestimmtheit herhalten?

Hier läge die Annahme nahe, dass dieser Referenzpunkt in jenem Bereich der Gestimmtheit verortet wird, der in der grundlegenden „Geworfenheit" zum Ausdruck kommt. „Man würde das, was Stimmung erschließt und wie sie erschließt, phänomenal völlig verkennen, wollte man mit dem Erschlossenen das zusammenstellen, was das gestimmte Dasein ‚zugleich' kennt, weiß und glaubt. Auch wenn Dasein im Glauben seines ‚Wohin' ‚sicher' ist oder um das Woher zu wissen meint in rationaler Aufklärung, so verschlägt das alles nichts gegen den phänomenalen Tatbestand, daß die Stimmung das Dasein *vor das Daß seines Da* bringt, als welches es ihm in unerbittlicher Rätselhaftigkeit entgegenstarrt."[57]

Nimmt man diese *„Unausweichlichkeit des Existierenmüssens"*[58] als basalen Referenzpunkt, so wäre damit eine Folie (negativer Qualität) vorhanden, die für andere Stimmungslagen den notwendigen Bezugspunkt eröffnet. Die Faktizität der „Geworfenheit dieses Seienden in sein Da"[59] erweist sich insofern als negativ, als sie für Heidegger den sog. „Lastcharakter des Daseins"[60] erschließt, der jedoch vom Dasein ontisch-existenziell gemieden wird. „Die Stimmung erschließt nicht in der Weise des Hinblickens auf die Geworfenheit, sondern als An- und Abkehr".[61]

Besonders jene weiteren Formen der Befindlichkeit, welche „die gleichursprüngliche Erschlossenheit von Welt, Mitdasein und Existenz" erschließen, hätten dann jenen Referenzpunkt, der notwendig erscheint, um hier überhaupt diverse Unterschiede zur Erscheinung zu bringen. Dabei scheinen andere Stimmungen vor allem aus einer An- bzw. Abkehr von diesem Referenzpunkt getragen zu sein. In einer Art der Flucht vor dem Lastcharakter des Daseins würden sich andere Stimmungen entfalten. Davon ausgehend erscheint es möglich, formale Grundstrukturen als quasi kognitive Rahmenbedingungen

56 Vgl. dazu Gregory Bateson, *Ökologie des Geistes*, Frankfurt am Main 1983 (engl. zuerst 1972).

57 Martin Heidegger, *Sein und Zeit*, S. 135f.; Hervorh. M. W.

58 Ernst Tugendhat, *Selbstbewußtsein und Selbstbestimmung*, Frankfurt am Main 1979, S. 208.

59 Martin Heidegger, *Sein und Zeit*, S. 135.

60 Ebd., S. 134.

61 Ebd., S. 135.

der Befindlichkeiten festzumachen. Als zentraler Referenzpunkt – um dies noch einmal zu betonen – erscheint dabei die in der Geworfenheit sich eröffnende Stimmung.[62]

Für die weitere Entfaltung der unterschiedlichen Gestimmtheiten – und damit auch für das Bezugsfeld ontisch – ontologisch erweist sich folgende Bestimmung des „In-Seins“ durch Heidegger als wesentlich: „daß das In-Sein als solches existenzial vorgängig so bestimmt ist, daß es in dieser Weise von innerweltlich Begegnendem angegangen werden kann. Diese Angänglichkeit gründet in der Befindlichkeit, als welche sie die Welt zum Beispiel auf Bedrohbarkeit hin erschlossen hat. Nur was in der Befindlichkeit des Fürchtens, bzw. der Furchtlosigkeit ist, kann umweltlich Zuhandenes als Bedrohung entdecken. Die Gestimmtheit der Befindlichkeit konstituiert existenzial die Weltoffenheit des Daseins.“[63]

Davon ausgehend würde die ganze Palette konkreter (ontischer) stimmungsmäßig-affektiver Erfahrungen innerhalb diverser Befindlichkeiten vorgezeichnet sein. Die basalen Befindlichkeiten (Gestimmtheiten) würden daher als Raster für die jeweiligen konkreten emotionalen Erfahrungen stehen. Was dabei für eine kognitive Interpretation von Stimmungen wesentlich scheint, ist die Annahme, dass in den Stimmungen bzw. deren erschließenden Gehalten dasjenige, was auf anderer (ontischer) Ebene kognitiv relevant ist, gleichsam vorgezeichnet ist. Dies würde sich konkret folgendermaßen darstellen:

„Beispiel der freudigen Begegnung der jungen Frau mit ihrem Bräutigam: Die Freude, der sog. freudige Affekt, wird nicht ausgelöst durch die Begegnung. Sie kann sich nur freuen, wenn sie ihn sieht, weil sie schon in der Bereitschaft für die freudige Gestimmtheit des Daseins war und ist. [...] Das freudige Gestimmtsein wird nicht durch den Mann bewirkt, sondern durch ihn erfüllt.“ [64]

Hier liegt zweifellos einer jener Kerngehalte der Überlegungen Heideggers, die eine Verbindung zu anderen, nicht phänomenologisch bzw. existenzial-ontologischen Ansätzen im Bereich der Untersuchung mit Gefühlen möglich machen. Dabei stehen die „Vorgezeichnetheit“ bzw. jene Fundamentalcharakteristika des „In-Seins“ im Zentrum, von denen ausgehend die ganze Palette ontisch-emotionaler Phänomene sich entfaltet. Diese Problematik weist einerseits direkt in jene hermeneutische Denkbewegung, die auch als „hermeneutischer Zirkel“ bekannt ist. D. h. im konkreten, oben angesprochenen Fall kann man Bedrohliches oder Erfreuliches als solches immer nur erkennen, wenn eine entsprechende Befindlichkeit vorgelagert ist.

„[...] daß das In-Sein als solches existenzial vorgängig so bestimmt ist, daß es in dieser Weise von innerweltlich Begegnendem angegangen werden kann. [...] In der Befindlichkeit liegt existenzial eine erschließende Angewiesenheit auf Welt, aus der her Angehendes begegnen kann. Wir müssen in der Tat ontologisch grundsätzlich die primäre Entdeckung der Welt der ‚bloßen Stimmung‘ überlassen.“[65]

62 Zur dominierenden Rolle der Angst vgl. ebd., § 40.

63 Ebd., S. 137; Hervorh. M. W.

64 Martin Heidegger, *Zollikoner Seminare. Protokolle – Gespräche – Briefe*, hg. v. Medard Boss, Frankfurt am Main 1987, S. 211.

65 Martin Heidegger, *Sein und Zeit*, S. 137f.

Die darin aufscheinende Frage nach den Vorbedingungen affektiv-emotionaler Phänomene führt zur Frage nach den Beziehungen zwischen ontologischen und ontischen Phänomenen. Dabei erscheint es evident, dass beide wohl qualitativ hochgradig unterschiedlich sind, jedoch eines ohne das andere nicht sein kann.[66] Die naturwissenschaftlichen Strategien hinsichtlich dieser Problemstellung laufen in eine völlig andere Richtung. (s. u.)

Zusammenfassend kann man sagen, dass jenes „In-Sein" in seinen Befindlichkeiten strukturell mindestens zweier Pole bedarf – in dem Sinne, dass die oben erwähnte Befindlichkeit des Geworfenseins, d. h. die Überantwortung zu sein, als basale Folie gilt, von der ausgehend spezifische Formen der Gestimmtheit in ihrer jeweiligen Tönung auftreten. Eine Gestimmtheit ohne jegliche Variationsbreite (Differenzen) wäre völlig irrelevant und in ihrer Gleichförmigkeit für das Dasein eigentlich „nichts". Der Erschließungsgehalt der jeweiligen Stimmungen hinsichtlich Welt, Mitdasein und Existenz[67] würde demnach in einer jeweiligen Variation des „Generalthemas" der sich in der Geworfenheit auftuenden Befindlichkeit bestehen. Innerhalb dieser Variationen werden damit die strukturellen Rahmenbedingungen für konkrete ontische Erfahrungsmuster vorgezeichnet. Die Frage, inwieweit hier Furcht bzw. Angst als die zentrale Befindlichkeit gilt, die zur existentiellen Abkehr und zu der ganzen Breite ontischer (und damit u. U. auch positiver) Stimmungslagen führt, soll hier nicht näher behandelt werden. Angemerkt sei jedoch, dass sowohl philosophische Konzeptionen, wie beispielsweise diejenige Bollnows, Jaspers und gegenwärtig Frankfurts, wie auch fast alle aktuell relevanten empirischen Konzeptionen diese Position nicht teilen.[68]

Naturwissenschaftlich würde die Frage nach den Vorbedingungen kognitiver sowie affektiv-stimmungsmäßiger Phänomene verschiedene Antwortstrategien beinhalten. Dabei ist es wichtig zu betonen, dass hier auch die Vorbedingungen ausschließlich im ontischen Bereich verortet werden. Die Argumentationsformen in diesem Bereich reichen von den unterschiedlichen Formen der Naturalisierung im weitesten Sinn[69] bis hin zu einer systemtheoretischen Dynamisierung apriorischer Strukturen bei Piaget im Sinne seines basalen Postulates: „Leben ist wesentlich Selbstregulation".[70] Innerhalb der biologisch-evolutionären Konzeptionen erfolgt die Festsetzung der Vorbedingungen immer im evolutionären Gewordensein. Die basalen Muster bzw. Voraussetzungen affektiv-emotionaler Phänomene werden dabei im „pattern matching" der Evolution verortet. Sie

66 Vgl. dazu George Steiner, *Martin Heidegger*, S. 135.

67 Martin Heidegger, *Sein und Zeit*, S. 137.

68 Vgl. dazu Harry Frankfurt, *The Reasons of Love*, Oxford 2004.

69 Wie beispielsweise diejenige der apriorischen Strukturen im Rahmen der Evolutionären Erkenntnistheorie – vgl. dazu Konrad Lorenz/Franz Wuketits, *Die Evolution des Denkens*; Rupert Riedl, *Biologie und Erkenntnis*, Berlin/Hamburg 1980.

70 Jean Piaget, *Biologie und Erkenntnis. Über die Beziehungen zwischen organischen Regulationen und kognitiven Prozessen*, Frankfurt am Main 1967, S. 27; vgl. dazu auch Manfred Wimmer, „Eine Erweiterung von Piagets Theorie der kognitiven Entwicklung in den emotionalen Bereich", in: Manfred Wimmer (Hg.), *Freud – Piaget – Lorenz. Von den biologischen Grundlagen des Denkens und Fühlens*, Wien 1998, S. 221-266.

entspringen den zentralen Mechanismen von Variation und Selektion, beinhalten überlebensfördernde Eigenschaften und werden dahingehend genetisch fixiert und genetisch tradiert.[71] Der im Rahmen biologisch-evolutionärer Forschungen etablierte Begriff der sog. „Erlebnisbereitschaften" steht ebenso in diesem Kontext.[72] Diese werden auch als sog. „biologische Radikale" bestimmt. Es handelt sich dabei um „Erscheinungen, die es bei uns erblich-angeboren gibt, d. h. die uns mittels unseres Leibes als Bereitschaften (Erlebnis- und Aktions- sowie Reaktions-Bereitschaften) ebenso wie den Tieren mittels ihrer leiblichen Organisationen so oder ähnlich zugeteilt sind. [...] Mit dem Terminus ‚Radikal' soll das Wurzelhaft-Ursprüngliche bezeichnet werden. Wesentlich ist dabei, daß es sich um Gegebenheiten a priori handelt [...]"[73]

Entscheidend ist, dass auch diese Erlebnisbereitschaften Bedingungen und Voraussetzungen emotionaler und anderer Verhaltensakte darstellen und dass die gesamte Verhaltens- und Psychodynamik wesentlich durch diese Bereitschaften bzw. Dispositionen präformiert ist.

Zweifellos sind die Unterschiede zwischen den „biologischen Radikalen" und den basalen Gestimmtheiten beträchtlich – trotzdem ist die Form der Argumente doch recht übereinstimmend.

Fazit

- Stimmung wird ontologisch als eine ganz elementare Dimension verortet, die jenseits der Subjekt-Objekt-Dichotomie angesiedelt ist.
- Stimmungen sind allen weiteren ontischen Phänomenen vorgeordnet – sie stellen quasi jene Raster dar, innerhalb deren diverse Emotionen bzw. ontische Phänomene allgemein entstehen können.
- Für rationalistische Strategien der Erlangung von Wahrheit und Gewissheit durch quantifizierende Reduktion und strikt-trennende Gegenüberstellung von Subjekt und Objektwelt stellen Stimmungen subjektivistische Verzerrungen ohne jeglichen Erkenntnisgehalt dar. Im Gegensatz dazu wird bei Heidegger den Stimmungen eine ausgezeichnet Position hinsichtlich der Welterschließung zuerkannt.
- Der basale Gehalt elementarer Stimmungen ist eher negativ – Geworfenheit etc. (ein Befund, der von dem größten Teil emotionsrelevanter Forscher nicht geteilt wird).

71 Vgl. dazu Robert Plutchik, „A General Psychoevolutionary Theory of Emotion", in: Robert Plutchik/Henry Kellerman (Hg.), *Emotion, Theory, Research and Experience*, New York 1980; Charles Darwin, *The Expression of the Emotions in Man and in the Animals*, Chicago 1965 (Orig. 1872).

72 Vgl. dazu Rudolf Bilz, *Studien über Angst und Schmerz. Paläoanthropologie*, Frankfurt am Main 1971.

73 Rudolf Bilz, *Wie frei ist der Mensch? Paläoanthropologie*, Bd. 1, Frankfurt am Main 1973, S. 175.

4. Neue Phänomenologie

Als eines der Hauptanliegen der Philosophie von Schmitz gilt allgemein das „Bedürfnis nach Überwindung der Introjektion der Gefühle, d. h. der Neigung, Gefühle als subjektive, private Seelenzustände der einzelnen Menschen aufzufassen, statt als erregende, ergreifende Mächte, die von sich aus wirken und über die Menschen – nicht bloß über Einzelne, sondern ebenso über Mengen und Gruppen – kommen, ohne der Heimstatt in einem Subjekt zu bedürfen und bloß dessen Ausgeburten, Inhalte oder Eigenschaften zu sein.“[74]

Einer der Schwerpunkte der Neuen Phänomenologie liegt dabei im Bereich der Leiblichkeit.[75] Durch die radikale und konsequente Fokusierung auf Leiblichkeit und die damit verbundene unwillkürliche Lebenserfahrung ermöglicht die Neue Phänomenologie eine Fülle von Brückenschlägen zu empirischen Ansätzen.[76]

Als grundlegend und unmittelbar phänomenal gegeben erweist sich dabei der menschliche Leib in seiner Ökonomie von Spannung und Schwellung sowie die subjektive Tatsache des affektiven Betroffenseins, die sich in leiblichen Regungen manifestiert. Gleichsam an der Basis verortet Schmitz dabei die sog. „primitive Gegenwart“, eine Form des affektiven Betroffenseins, die ohne jegliche kognitive Strukturierungsprozesse phänomenal erscheint. In der dabei gegebenen „absoluten Identität, [...] keiner Identifizierung bedürftig, kann sich selbst jemand finden, wenn das, was ihm begegnet, ohne Spielraum, ohne Vergleichbarkeit, merklich zusammenfällt. Das geschieht im Zusammenfahren, in heftiger leiblicher Engung, beim plötzlichen Einbruch des Neuen, z. B. im Schreck, überwältigend aufzuckendem Schmerz, bei heftigem Ruck oder Windstoß [...] Dann fallen die fünf Momente *hier, jetzt, sein, dieses selbst, ich* unausweichlich ohne Spielraum zusammen, während die Orientierung zusammengebrochen ist, so dass keine Merkmale für Identifizierung von etwas mit etwas unter dieser oder jener Hinsicht zur Verfügung stehen.“[77]

Die primitive Gegenwart stellt die Urform des Selbstbewusstseins dar. „Die Person als Bewussthaber mit Fähigkeit zur Selbstzuschreibung ist also nur durch primitive Gegenwart möglich.“[78]

Das sich Lösen aus der primitiven Gegenwart hinein in die „entfaltete Gegenwart“ bezeichnet Schmitz als personale Emanzipation.[79] Diese stellt eine Form des Selbst-

74 Hermann Schmitz, *System der Philosophie. Bd. I: Die Gegenwart*, Bonn 1964, S. 84.

75 Dieser Bereich ist bei Heidegger stark unterrepräsentiert. Auf den Hinweis von M. Boss – der in diesem Zusammenhang auf Sartres Verärgerung über dieses Defizit verweist – antwortet Heidegger: „Sartres Vorwurf kann ich nur mit der Feststellung begegnen, dass das Leibliche das Schwierigste ist und dass ich damals eben noch nicht mehr zu sagen wusste.“ (Martin Heidegger, *Zollikoner Seminare*, S. 292).

76 Vgl. dazu Hermann Schmitz, *Kurze Einführung in die Neue Phänomenologie*, Freiburg 2009, S. 16.

77 Ebd., S. 34.

78 Ebd.

79 Ebd., S. 155; Jens Sonetgen, *Die verdeckte Wirklichkeit. Einführung in die Neue Phänomenologie von Hermann Schmitz*, Bonn 1998, S. 51.

bewusstseins dar, die wesentlich stärker kognitiv durchdrungen ist, mit all ihren autobiografischen, sozialen, beruflichen und sonstigen Zuordnungen. Für Schmitz ist es dabei wesentlich, dass die entfaltete Gegenwart ihre Rückbindung an die primitive Gegenwart des unmittelbaren affektiven Betroffenseins behält. Andernfalls erweist sich „die Erhebung auf ein Niveau personaler Emanzipation“ als eine „hohle verstiegene Gebärde, Verschanzung über einer Leere.“[80]

Das Zurückschreiten aus der personalen Emanzipation in Richtung primitiver Gegenwart bezeichnet Schmitz als personale Regression. „Die personale Regression führt in eine Lebensform (oder an sie mehr oder weniger heran), die ich ‚Leben in primitiver Gegenwart‘ nenne, [...] mit leiblicher Dynamik, leiblicher Kommuniktaion [...] und subjektloser Subjektivität.“[81]

Die zwischen diesen Polen aufgespannte Leiblichkeit des Menschen kann nun durch verschiedene Faktoren „ergriffen“ bzw. erfasst werden. Wesentlich sind dabei die Atmosphären, die als räumlich konzipiert, dabei ortlos sowie nicht lokalisierbar gefasst werden und als ergreifende Gefühlsmächte wirken. Darin wird ein Kern der exzentrischen Gefühlstheorie von Schmitz ersichtlich, der darin besteht, den Einschluss der Gefühle in eine private Innenwelt aufzubrechen und so das Innenwelt-Paradigma zu überwinden.[82]

Die unterschiedlichen Formen der Ergriffenheit durch Atmosphären in ihren Engungen, Weitungen, Spannungen und Schwellungen etc. sollen hier nicht im Detail dargestellt werden.

Für den vorliegenden Zusammenhang ist jedoch die Bezugnahme auf die Stimmungen und angrenzende Phänomene notwendig. Im Rahmen der Schmitz'schen Gefühlstheorie weisen *Stimmungen* keinerlei dynamische Richtungsmerkmale (Vektoren) auf. Im Gegensatz dazu werden gerichtete Gefühle als Erregungen bezeichnet. Diejenigen Erregungen, die zwar Richtung, jedoch kein Thema aufweisen, sind die *„reinen Erregungen“*, diejenigen, die um ein thematisches Zentrum kreisen, sind die *„zentrierten Gefühle“*.[83]

„Reine Stimmungen sind solche, die keine Richtungsmerkmale haben. Es gibt nur zwei: reines erfülltes Gefühl (Zufriedenheit) und reines leeres Gefühl (Verzweiflung). [...] Wie Verzweiflung von Trauer und Kummer, unterscheidet sich Zufriedenheit von Freude: Ihr fehlt die Richtungsbestimmtheit, die levitierende Tendenz der freudigen Atmosphäre, die das Gegenteil der gravitierenden oder deprimierenden von Trauer, Kummer und Schwermut ist. [...] Die reinen Stimmungen sind in dem Sinn Grundstimmungen, daß sie alle komplizierten Gefühle grundieren [...]: Kein Fühlen, kaum ein Erleben des Men-

80 Hermann Schmitz, *Kurze Einführung in die Neue Phänomenologie*, S. 155.

81 Hermann Schmitz, „Die Psychologie der Emotionen im kritischen Licht der Neuen Phänomenologie“, in: Manfred Wimmer/Luc Ciompi (Hg.), *Emotion – Kognition – Evolution. Biologische, psychologische und soziodynamische Aspekte*, Furth 2005, S. 291.

82 Vgl. dazu Jens Sonetgen, *Die verdeckte Wirklichkeit*, S. 66f.; Hermann Schmitz, *System der Philosophie*, Bd. I, 84; zur Fassung des Begriffes Atmosphäre vgl. auch Gernot Böhme, *Atmosphäre*, S. 21ff.

83 Hermann Schmitz, „Gefühle in philosophischer (neophänomenologischer) Sicht“, in: Hilarion Petzold (Hg.), *Die Wiederentdeckung des Gefühls*, Paderborn 1995, S. 62.

schen, das nicht auch der atmosphärischen Alternative ‚Zufriedenheit oder Verzweiflung' unterworfen wäre."[84]

Die „zentrierten Gefühle" werden von Schmitz auch als thematisch zentrierte Atmosphären bezeichnet und nach gestaltpsychologischen Kriterien (Verdichtungsbereich und Verankerungspunkt der Gefühle) interpretiert.[85] Vielleicht wäre es hier auch angebracht, von einer gewissen Morphologie der Gefühle zu sprechen.[86]

Abschließend kann man die Rolle von Stimmungen im Rahmen der Schmitz'schen Gefühlstheorie folgendermaßen zusammenfassen: Stimmungen erweisen sich hinsichtlich ihres gesamten atmosphärischen Bedingungsfeldes als „ergreifende" Phänomene, die damit nicht aus dem Subjekt heraus entspringen, sondern das Subjekt gleichsam als Resonanzkörper leiblich erfassen. Sie stellen dabei fundamentale „Grundierungen" dar, innerhalb deren sich weitere Formen von Gefühlen konkretisieren.

Dabei kann man diese Formen der Konkretisierung auch als vermehrt kognitive Durchdringung interpretieren. Durch die Fokusierung auf Leiblichkeit als einem fundierenden Phänomenbereich gelingt der Neuen Phänomenologie eine gewisse Form von „phänomenologischer Naturalisierung" (wobei von den üblichen Gehalten des Naturalisierungsbegriffes hier Abstand zu nehmen ist) dahingehend, als im Phänomenkomplex der primitiven Gegenwart Formen tierischen und menschlichen Existierens zur Geltung gebracht werden, die im Bereich konventioneller Naturalisierungen völlig ausgeklammert werden. In der dadurch entstehenden, massiven Erweiterung der Perspektive kommt eine Facette des produktiven und disziplinenübergreifenden Potenzials der Neuen Phänomenologie zum Ausdruck.

5. Fazit

Abschließend sollen noch einmal die wesentlichen Folgerungen dieses Versuches einer Bezugsetzung von Neuer Phänomenologie mit der Fundamentalonotlogie Heideggers und empirischen Konzepten im Bereich der Emotionsforschung zusammengefasst werden:

Das Phänomen der Stimmungen erweist sich als ein *„Brückenphänomen"*, welches das Potenzial in sich trägt, ontologische und ontische Ansätze in Beziehung zu setzen. Erschließt und durchstimmt die Stimmung bei Heidegger das Ganze des Daseins als „In-der-Welt-sein", so bedingt die Stimmung im Rahmen ontischer Zugänge ganz wesentlich alle kognitiv-mentalen Aktivitäten – als „ganzheitliche psycho-physische Gestimmtheiten".[87]

Die dabei durch den ontologischen Zugang eröffnete und wesentlich vertiefte Fassung des Stimmungsphänomens nimmt dabei Stimmungen heraus aus dem engen Gehäuse subjektiv-individueller Verortung und stellt diese hinein in einen die Subjekt-

84 Ebd., S. 63.

85 Hermann Schmitz, *Kurze Einführung in die Neue Phänomenologie*, S. 90.

86 Vgl. dazu Manfred Wimmer, „Emotional Morphology and Mythology", in: Hemdat L. Israeli (Hg.), *The fortitudes of creativity: In honor of Shlomo Giora Shoham*, Kadima 2010, Part 2, S. 105-122.

87 Luc Ciompi, *Die emotionalen Grundlagen des Denkens*, S. 66.

Objekt-Dichotomie transzendierenden „Zwischenraum". Dadurch erlangt das Phänomen der Stimmungen einen ungemein vertieften und erschließenden Gehalt, der jedoch nur unter beträchtlichen Problemen und unter einer massiven Erweiterung des Kognitionsbegriffes mit den Mitteln kognitiver Analyse zu fassen ist.

Die im Bereich konventioneller emotionstheoretischer Überlegungen vorfindbaren Bezugsfelder zwischen erkennendem (oder fühlendem) Subjekt und den Umgebungsbedingungen (Objekten) werden größtenteils dichotomisch gedacht bzw. wird diese Dichotomie völlig unreflektiert vorausgesetzt. Sowohl ontogenetische wie auch mentalitätsgeschichtliche Bedingtheiten (als durchaus „ontische" Befunde) werden kaum ernsthaft in die Überlegungen integriert. Die positivistische Blindheit dieser Konzeptionen führt dabei zu bedenklichen Engführungen und Verkleinerungen des Menschseins. Durch die Verabsolutierung wissenschaftlich-empiristischen Denkens wird die Bedingtheit dieser Art des Weltzuganges ausgeblendet – womit eine beträchtliche thematisch-inhaltliche Reduktion der untersuchten Phänomene einhergeht. Die Heidegger'sche Analyse von Stimmungen eröffnet dabei einen alternativen Horizont, welcher durch die Fassung des Menschen als Dasein völlig andere Seinsbezüge beinhaltet. Die dabei entwickelte Sichtweise nimmt eine geänderte Positionierung des Menschen vor. Dieser erscheint als unterwegs zur „Lichtung des Seins" in dem Sinne, dass menschliches Dasein vom Seienden zum Sein gelangen kann bzw. sich in diesem Bereich entwerfen muss. Das Subjekt ist dabei weniger in einer aktiv-manipulierenden sondern eher in einer vernehmend-passiven Position. Dadurch wird das Subjekt aus dem engen subjektivistischen Gehäuse befreit und offen bzw. exponiert für das Sein und seine stimmungsmäßigen Dimensionen. Die dadurch entstehende Verwerfungen und Verschiebungen im Bereich menschlicher Gefühls- und Affektkonzeptionen sind gewaltig und stellen menschliche Affektdynamik auf ein erweitertes und entsprechend vertieftes Fundament. Verdeutlicht werden kann dies am Begriff der sog. *„Abstraktionsbasis"*:

„Unter der Abstraktionsbasis einer Kultur verstehe ich die zäh prägende Schicht vermeintlicher Selbstverständlichkeiten, die zwischen der unwillkürlichen Lebenserfahrung einerseits, den Begriffen, Theorien und Bewertungen andererseits den Filter bilden. Die Abstraktionsbasis entscheidet darüber, was so wichtig genommen wird, daß es durch Worte und Begriffe Eingang in Theorien und Bewertungen findet. Deshalb sind gegensätzliche Theorien und Bewertungen auf derselben Abstraktionsbasis möglich."[88]

So ist die Abstraktionsbasis naturwissenschaftlicher Zugänge massiv reduziert und wesentlich auf die quantifizierbaren Dimensionen des untersuchten Phänomenbereiches hin ausgerichtet. Im Gegensatz dazu beinhaltet die Abstraktionsbasis der „Neuen Phänomenologie" bzw. die Fundamentalonotlogie Heideggers affektive, leibliche, atmosphärische, phänomenologisch-subjektivistische u. a. Dimensionen, die im Rahmen naturwissenschaftlicher Zugänge ausgeklammert werden. Gerade in diesem Bereich scheinen

88 Hermann Schmitz, *Der Leib, der Raum und die Gefühle*, Stuttgart 1998, S. 7.

Brückenschläge einen wirklich vertieften Zugang zur menschlichen Affektdynamik zu eröffnen.[89]

Der Erfahrungsbegriff im Rahmen der Naturwissenschaften steht in krassem Gegensatz zum phänomenologischen Erfahrungsbegriff der „*ursprünglichen Betroffenheit*". Der naturwissenschaftliche Erfahrungsbegriff geht von der unmittelbaren Empirie und einer strikten Gegenüberstellung zwischen erkennendem Subjekt und erkanntem Objekt (Descartes) aus. Der Zugang zur Objektwelt besteht dabei überwiegend in Form einer Frage bzw. Hypothese und die „Antwort" des Untersuchungsbereiches wird dabei nur im Lichte der vorangestellten Hypothese akzeptiert. Jenseits des Lichts der Hypothese herrscht dabei Dunkelheit. Darüber hinaus ist dieser Erfahrungsbegriff immer vom Ideal der Beherrschbarkeit und der völligen (mathematischen) Kalkulierbarkeit der Objektwelt gekennzeichnet. Als zentral erweist sich dabei die Frage, ob es noch andere, ebenso legitime Zugangsweisen zur Welt gibt.

Dem gegenüber steht der Erfahrungsbegriff bei Heidegger:

„Mit etwas, sei es ein Ding, ein Mensch, ein Gott, eine Erfahrung machen heißt, daß es uns widerfährt, daß es uns trifft, über uns kommt, uns umwirft und verwandelt. Die Rede vom ‚machen' meint in dieser Wendung gerade nicht, daß wir die Erfahrung durch uns bewerkstelligen; machen heißt hier: durchmachen, erleiden, das uns Treffende (vernehmend) empfangen, (annehmen,) insofern wir uns ihm fügen."[90]

Dahingehend erweist sich „*ursprüngliche Erfahrung*" als nicht kalkulierbar, unmittelbar und nicht verfügbar.[91] In derartigen Erfahrungen verflüchtigt sich die allgegenwärtige Dominanz des Ich zugunsten eines Grundes bzw. eines Ganzen, welches jenseits eines abschließenden Verstehens angesiedelt ist. Dabei geht es u. a. um ein „Seinlassen", welches bei Heidegger darin zum Ausdruck kommt, dass wir „gerade zurücktreten, damit es, das Seiende, von ihm selbst her sich offenbaren kann."[92] Die „*ursprüngliche Erfahrung*" lässt sich weder planend herbeiführen noch in ihrem Erfahren festlegen und steht dabei quer zu den umfassenden Machbarkeitsphantasien bzw. konkreten Möglichkeiten, wie sie sich beispielsweise im Bereich psychopharmakologischer Forschungen zeigen. Was sich dabei unter dem Schlagwort „Optimierung des Menschen" auftut, ist die umfassende pharmakologische Beeinflussung und Steuerung menschlichen Erlebens und Verhaltens. Es scheint hier eine jeweilige persönliche Entscheidung des Individuums angebracht, inwieweit dieses sich auf die nicht kalkulierbaren Dimensionen intensiver emotionaler Erfahrungen (wie Leid, Angst etc.) einlässt bzw. hier mithilfe pharmakologischer Interventionen jeweils beabsichtigte Erlebensformen etablieren lässt.

89 „Die Reflektierende oder phänomenologische Selbsterkenntnis des Subjekts kann durch naturwissenschaftlich-kausale Erkenntnis gestützt oder korrigiert werden." (Carl Friedrich v. Weizsäcker, „Heidegger und die Naturwissenschaft", in: Werner Marx (Hg.), *Heidegger. Freiburger Universitätsvorträge zu seinem Gedenken*, Freiburg/München 1977, S. 83)

90 Martin Heidegger, *Unterwegs zur Sprache*, Pfullingen 1990, S. 159.

91 Vgl. dazu Karl Augustinus Wucherer-Huldenfeld, *Ursprüngliche Erfahrung und personales Sein*, Bd. 2, Wien 1997, S. 146f.

92 Martin Heidegger, *Gesamtausgabe (27). Einleitung in die Philosophie. (Freiburger Vorlesung Wintersemester 1928/29)*, Frankfurt am Main 1996, S. 182.

Eine andere Form derartiger Optimierungsverfahren lassen sich im Bereich des sog. „Körperkults" festmachen, wobei auch hier jene Diskrepanz zwischen dressur- bzw. maschinenartigen Zurichtungen des Körpers und einer freien, vitalen Form des leiblichen Geschehenlassens gegeben ist. Im Rahmen der Leibphänomenologie von H. Schmitz kommt das in der Idee des *„vitalen Stolzes"* zum Ausdruck:

„Dieser vitale Stolz, der sich entfalten kann, wenn der Mensch lernt, ohne Scham und Übermut seinen Kopf hoch zu tragen und sich dem Schicksal seines Leiblichseins mit allen Chancen und Gebrechen anzuvertrauen".[93]

Hinsichtlich der Bezüge zwischen Heidegger, der Neuen Phänomenologie und empirischen Ansätzen im Bereich der Emotionsforschung lässt sich daraus ableiten, dass letztere zwar eine gewisse Eigendynamik bzw. Unverfügbarkeit emotionaler Prozesse zugestehen, diese jedoch innerhalb evolutionär bedingter Verschaltungsmuster. Die Fundierung emotionaler Phänomene wird also letztendlich in den biologischen Basalprogrammen der Selbst- bzw. Arterhaltung vorgenommen. Die damit einhergehende partielle Unverfügbarkeit, die u. U. in der Diskrepanz zwischen soziokulturell etablierten bzw. moralisch geforderten Verhaltensstandards zum Ausdruck kommt, erweist sich im Gegensatz zur oben erwähnten Unverfügbarkeit ursprünglicher Erfahrung als qualitativ anders und kann nur durch ein die Basalannahmen der Evolutionstheorie übersteigendes Denken mit ontologischen Bereichen in Beziehung gebracht werden. Diese sehen den Menschen bzw. Menschsein durch seine *„ekstatische Exponiertheit"* herausgehoben aus den engen Grenzen biologischer Notwendigkeiten, womit eine Öffnung zum Sein einhergeht. Dabei erscheint jede verabsolutierende Grenzziehung zwischen ontisch-wissenschaftlichen Ansätzen und ontologischen Überlegungen als verfehlt. Eine „reine" Ontologie, die vermeint ohne jegliche Bezugnahme zur „ontischen" Dimension auskommen zu können, erweist sich letztendlich als ebenso leer und haltlos wie jede Form szientistisch-positivistischen Engdenkens. In diesem Sinne versteht sich die vorliegende Arbeit auch als Versuch einer Bezugsetzung beider Bereiche.

Literatur

Bateson, Gregory (1983) (engl. zuerst 1972), *Ökologie des Geistes*, Frankfurt am Main.

Bernard, Claude (1937), *Pensées. Notes détachées*, Paris.

Bertalanffy, Ludwig von (1968), *General Systems Theory: Foundation, Development, Application*, New York.

Bilz, Rudolf (1971), *Studien über Angst und Schmerz. Paläoanthropologie*, Frankfurt am Main.

Bilz, Rudolf (1973), *Wie frei ist der Mensch? Paläoanthropologie Bd. 1*, Frankfurt am Main.

Bischof, Norbert (1996), *Das Kraftfeld der Mythen*, München/Zürich.

Bischof, Norbert (1998), *Struktur und Bedeutung. Eine Einführung in die Systemtheorie für Psychologen*, Bern.

Böhme, Gernot (1995), *Atmosphäre*, Frankfurt am Main.

Bollnow, Otto (1956), *Das Wesen der Stimmungen*, Frankfurt am Main.

Cannon, Walter B. (1939, Orig. 1927), *The wisdom of the body*, New York.

93 Hermann Schmitz, *Die Liebe*, Bonn 1993, S. 12.

Ciompi, Luc (1982), *Affektlogik*, Stuttgart.

Ciompi, Luc (1997), *Die emotionalen Grundlagen des Denkens. Entwurf einer fraktalen Affektlogik*, Göttingen.

Ciompi, Luc (2001), „Affektlogik, affektive Kommunikation und Pädagogik“, in: Eva Unterweger/Vera Zimprich (Hg.), *Braucht die Schule Psychotherapie?*, Wien.

Collins, Randall (1984), „The Role of Emotions in Social Structure“, in: Klaus Scherer/Paul Ekman (Hg.), *Approaches to Emotion*, Hillsdale.

Damasio, Antonio R. (2002, engl. Orig. 1999), *Ich fühle, also bin ich. Die Entschlüsselung des Bewusstseins*, München.

Darwin, Charles 1965 (Orig. 1872), *The Expression of the Emotions in Man and in the Animals*, Chicago.

Ekman, Paul (1999), „Basic Emotions“, in: T. Dalgleish/T. Power (Hg.), *The Handbook of Cognition and Emotion*, New York, S. 45-60.

Ekman, Paul (2007), *Gefühle lesen. Wie Sie Emotionen erkennen und richtig interpretieren*, München.

Fellmann, Ferdinand (1993), *Lebensphilosophie. Elemente einer Theorie der Selbsterfahrung*, Reinbek bei Hamburg.

Frankfurt, Harry (2004), *The reasons of Love*, Oxford.

Gadamer, Hans-Georg (1990), „Heideggers Rückgang auf die Griechen“, in: Konrad Cramer/Hans Friedrich Fulda/Rolf-Peter Horstmann/Ulrich Pothast (Hg.), *Theorie der Subjektivität*, Frankfurt am Main, S. 397-424.

Gehm, Thomas (1991), *Emotionale Verhaltensregulierung*, Weinheim.

Heidegger, Martin (1975), *Gesamtausgabe (29/30)*, hg. v. F.-W. v. Herrmann u. a., Frankfurt am Main.

Heidegger, Martin (1987), *Gesamtausgabe (56/57). Zur Bestimmung der Philosophie. (Freiburger Vorlesung 1919)*, hg. v. Bernd Heimbüchel, Frankfurt am Main.

Heidegger, Martin (1987), *Zollikoner Seminare. Protokolle – Gespräche – Briefe*, hg. v. Medard Boss, Frankfurt am Main.

Heidegger, Martin (1990), *Unterwegs zur Sprache*, Pfullingen.

Heidegger, Martin (1996), *Gesamtausgabe (27). Einleitung in die Philosophie. (Freiburger Vorlesung Wintersemester 1928/29)*, Frankfurt am Main.

Heidegger, Martin (2001, zuerst 1927), *Sein und Zeit*, Tübingen.

Heidegger, Martin (2004), *Die Grundprobleme der Metaphysik. Welt – Endlichkeit – Einsamkeit*, Frankfurt am Main (entspricht Band 29/30 der Heidegger GA).

Holzkamp, Klaus (1983), *Grundlegung der Psychologie*, Frankfurt am Main/New York.

Holzkamp-Osterkamp, Ute (1975), *Grundlagen der psychologischen Motivationsforschung 1*, Frankfurt am Main/New York.

Jung, Matthias (2001), *Hermeneutik – zur Einführung*, Hamburg.

Kleinginna, Paul/Kleinginna, A. M. (1981), „A categorized list of emotion definitions, with suggestions for a consensual definition“, in: *Motivation and Emotion* 5, S. 345-355.

LeDoux, Joseph (1996), *The Emotional Brain. The Mysterious Underpinnings of Emotional Life*, New York.

Lersch, Philipp (1962), *Der Aufbau der Person*, München.

Lorenz, Konrad/Leyhausen, Paul (1973), *Antriebe tierischen und menschlichen Verhaltens. Gesammelte Abhandlungen*, München.

Lorenz, Konrad (1978), *Vergleichende Verhaltensforschung. Grundlagen der Ethologie*, Wien/New York.

Lorenz, Konrad/Wuketits, Franz (1983), *Die Evolution des Denkens*, München.

Obuchowski, Kasimierz (1982), *Orientierung und Emotion*, Köln.

Panksepp, Jaak (1998), *Affective Neuroscience. The Foundations of Human an Animal Emotions*, Oxon.

Petzold, Hilarion (Hg.), *Die Wiederentdeckung des Gefühls. Emotionen in der Psychotherapie und der menschlichen Entwicklung*, Paderborn.

Piaget, Jean (1967), *Biologie und Erkenntnis. Über die Beziehungen zwischen organischen Regulationen und kognitiven Prozessen*, Frankfurt am Main.

Plutchik, Robert (1980), „A General Psychoevolutionary Theory of Emotion", in: Robert Plutchik/Henry Kellerman (Hg.), *Emotion, Theory, Research and Experience*, New York.

Pöggeler, Otto (1956), „Das Wesen der Stimmungen. Kritische Betrachtungen zum gleichnamigen Buch O. Fr. Bollnows", in: *Zeitschrift für Philosophische Forschung* XIV/2, S. 272-284.

Riedl, Rupert (1980), *Biologie und Erkenntnis*, Berlin/Hamburg.

Rose, Steven (2000, engl. Orig. 1998), *Darwins gefärliche Erben. Biologie jenseits der egoistischen Gene*, München.

Safranski, Rüdiger (1994), *Ein Meister aus Deutschland. Heidegger und seine Zeit*, München.

Schmitz, Hermann (1964), *System der Philosophie. Bd. I: Die Gegenwart*. Bonn.

Schmitz, Hermann (1990), *Der unerschöpfliche Gegenstand. Grundzüge der Philosophie*, Bonn.

Schmitz, Hermann (1993), „Gefühle als Atmosphären und das affektive Betroffensein von ihnen", in: Hinrich Fink-Eitel/Georg Lohmann (Hg.), *Zur Philosophie der Gefühle*, Frankfurt am Main, S. 33-56.

Schmitz, Hermann (1995), „Gefühle in philosophischer (neophänomenologischer) Sicht", in: Hilarion Petzold (Hg.), *Die Wiederentdeckung des Gefühls*, Paderborn, S. 47-81.

Schmitz, Hermann (1996) „Anthropologie ohne Schichten", in: A. Barkhaus/M. Mayer/N. Roughly/D. Thürnau (Hg.), *Identität, Leiblichkeit und Normativität*, Frankfurt am Main, S. 127-145.

Schmitz, Hermann (1998), *Der Leib, der Raum und die Gefühle*, Stuttgart.

Schmitz, Hermann (2005), „Die Psychologie der Emotionen im kritischen Licht der Neuen Phänomenologie", in: Manfred Wimmer/Luc Ciompi, (Hg.), *Emotion-Kognition-Evolution. Biologische, psychologische und soziodynamische Aspekte*, Furth, S. 273-293.

Schmitz, Hermann (2009), *Kurze Einführung in die Neue Phänomenologie*, Freiburg.

Sonetgen, Jens (1998), *Die verdeckte Wirklichkeit. Einführung in die Neue Phänomenologie von Hermann Schmitz*, Bonn.

Steiner, George (1989), *Martin Heidegger. Eine Einführung*, München.

Tinbergen, Niklas (1951), *The Study of Instinct*, Oxford.

Tugendhat, Ernst (1979), *Selbstbewußtsein und Selbstbestimmung*, Frankfurt am Main.

Vincent, Jean-Didier (1990, franz. Orig. 1986), *Biologie des Begehrens. Wie Gefühle entstehen*, Reinbek bei Hamburg.

Weizsäcker, Carl Friedrich v. (1977), „Heidegger und die Naturwissenschaft", in: Werner Marx (Hg.), *Heidegger. Freiburger Universitätsvorträge zu seinem Gedenken*, Freiburg/München, S. 63-86.

Welsch, Wolfgang (1987), *Aisthesis. Grundzüge und Perspektiven der Aristotelischen Sinneslehre*, Stuttgart.

Wimmer, Manfred (1995), „Biological – Evolutionary Roots of Emotions", in: *Evolution and Cognition*.Vol. 1/No. 1, S. 38-50.

Wimmer, Manfred (1998), „Eine Erweiterung von Piagets Theorie der kognitiven Entwicklung in den emotionalen Bereich", in: Manfred Wimmer (Hg.), *Freud – Piaget – Lorenz. Von den biologischen Grundlagen des Denkens und Fühlens*, Wien, S. 221-266.

Wimmer, Manfred (2007), „Begriffliche Probleme des interdisziplinären Dialogs. Ursachen und Lösungswege", in: Uwe Krebs/Johanna Forstner (Hg.), *„Sie und Er" interdisziplinär*, Berlin, S. 73-92.

Wimmer, Manfred (2010), „Emotional Morphology and Mythology", in: Hemdat L Israeli (Hg.), *The fortitudes of creativity: In honor of Shlomo Giora Shoham*, Kadima 2010, Part 2, S. 105-122.

Vincent, Didier (1990), *Biologie des Begehrens*, Reinbek bei Hamburg.

Wucherer-Huldenfeld, Karl Augustinus (1997), *Ursprüngliche Erfahrung und personales Sein*, Bd. 2, Wien.

Jan Slaby

Möglichkeitsraum und Möglichkeitssinn

Bausteine einer phänomenologischen Gefühlstheorie

1. Einleitung

Die Erkundung des menschlichen Gefühlslebens ist in den letzten Jahren zu einer wichtigen Schnittstelle zwischen der Philosophie und den empirischen humanwissenschaftlichen Disziplinen, etwa der Psychologie und den Neurowissenschaften, geworden.[1] Philosophen, die sich mit den Gefühlen beschäftigen, stehen daher vor einer besonderen Herausforderung. Einerseits müssen sie ihre Gedanken in einer Sprache formulieren, die auch von nicht philosophisch geschulten Wissenschaftlern verstanden und produktiv aufgenommen werden kann. Andererseits müssen sie sicherstellen, dass die theoretische Beschreibung von Gefühlsphänomenen nicht durch Vereinfachungen und Verkürzungen verfälscht wird. Mein Beitrag ist der Beginn eines Versuchs, ein phänomenologisches Gefühlsverständnis so zu artikulieren, dass der interdisziplinären Gefühlsforschung Anschlüsse an die Philosophie der Gefühle zumindest erleichtert werden. Zu diesem Zweck beschreibe ich fünf zentrale Aspekte, die für eine solche Konzeption zentral sind und die in vielen nicht-phänomenologischen Ansätzen entweder gar nicht oder nur in stark verkürzter Form berücksichtigt werden. Bei diesen Merkmalen handelt es sich erstens um die besondere Art des Weltbezugs (Intentionalität) der Gefühle, zweitens um die spezifische Interpersonalität bzw. den überpersönlichen Charakter des Fühlens, drittens um den engen Zusammenhang zwischen Fühlen und Handeln, viertens um die gefühlsspezifische Art des Selbstbezugs und fünftens um die Leiblichkeit des Fühlens.

Bevor ich diese fünf Aspekte beschreibe, unternehme ich den Versuch einer Globalcharakterisierung der Gefühle des Menschen. Dabei möchte ich eine Hinsicht herausstellen, die (grob gesagt) die Rolle der Gefühle für die menschliche Existenz deutlich werden lässt: Es ist die These, dass Gefühle als *Situierungen in Möglichkeitsräumen*

1 Wichtigster Wegbereiter dieses Trends ist der Neurologie Antonio R. Damasio: *Descartes' Error*, New York 1994; Antonio R. Damasio, *The Feeling of what Happens. Body and Emotion in the Making of Consciousness*, San Diego 1999. Bemerkenswerte philosophische Anknüpfungen an die naturwissenschaftliche Affektforschung markieren die Studien von Paul Griffiths, *What Emotions Really Are. The Problem of Psychological Categories*, Chicago 1997, und Jesse Prinz, *Gut Reactions. A Perceptual Theory of Emotion*, Oxford/New York 2004. Eine lesenswerte philosophische Einführung in diese Thematik ist Martin Hartmann, *Gefühle. Wie die Wissenschaften sie erklären*, Frankfurt am Main 2005.

betrachtet werden können und sollten. Insbesondere dieser Aspekt meiner Globalsicht auf die Affektivität des Menschen bringt meine Konzeption in ein Verhältnis zur Atmosphären-Theorie der Gefühle von Hermann Schmitz.[2]

Die folgenden Überlegungen stehen insgesamt im Kontext einer existenzial-phänomenologischen Theorie der Affektivität.[3] Ein für diesen Zugang zentraler Gedanke besagt, dass sich die personale Existenz, also das menschliche Leben oder Existieren insgesamt, nur dann adäquat beschreiben und verstehen lässt, wenn der in den Gefühlen liegende Welt- und Selbstbezug – mit anderen Worten: die *affektive Intentionalität* – in der richtigen Weise aufgefasst wird. In existenzial-phänomenologischer Perspektive sind Gefühle nicht *an* oder *in* Personen ablaufende Prozesse neben anderen, sondern zentrale Vollzugsformen der personalen Existenz selbst. Gefühle sind *Seinsweisen*. Was immer eine Person tut, wie sie sich zur Welt, zu anderen Menschen und zu sich selbst verhält – diese personalen Vollzüge werden nicht lediglich von Gefühlen begleitet und irgendwie beeinflusst, sondern sie erfolgen im Fühlen und aus dem Fühlen heraus und sind von diesem nicht zu trennen. Was und wie eine Person ist, ist damit immer auch ein affektives Geschehen und muss als ein solches beschrieben werden.

Eine weitere, für das Folgende zentrale Ausgangsüberlegung hat Hermann Schmitz so formuliert: „In unserer Lebenserfahrung sind die Gefühle und das leibliche Befinden die Faktoren, die merklich dafür sorgen, dass irgend etwas uns angeht und nahegeht. Denken wir sie weg, so wäre alles in neutrale und gleichmäßige Objektivität abgerückt."[4] Die Affektivität spannt also diejenige Dimension in der menschlichen Existenz auf, in der allein so etwas wie Bedeutsamkeit oder Wert in den Blick kommt.[5] Gefühle sind Weisen eines grundlegenden *Anteilnehmens*. Im Fühlen manifestiert sich etwas als bedeutsam – *something matters*.

Dies wäre so lange eine vergleichsweise triviale Auskunft, wie nicht erkannt wird, dass tatsächlich *nur* auf der Basis von Gefühlen überhaupt Bedeutsamkeit in die menschliche Existenz kommt.[6] Sobald der exklusiv wert-konstitutive Charakter der Gefühle eingesehen ist, wird es nicht mehr geschehen, dass Gefühle in reduktionistischer Manier als kognitive Zustände (Werturteile oder wertende Überzeugungen) fehlbeschrieben werden.[7]

2 Diese findet ihre wohl einschlägigste Formulierung in Hermann Schmitz, *System der Philosophie*,; dritter Band: *Der Raum*, Zweiter Teil: *Der Gefühlsraum*, Bonn 1969; jedoch hat Schmitz dieses Thema an zahllosen Stellen seines umfangreichen Werkes behandelt – vgl. insbesondere *Leib und Gefühl. Materialien zu einer philosophischen Therapeutik*, Paderborn 1992, und *Der Leib, der Raum und die Gefühle*, Stuttgart 1998.

3 Vgl. Jan Slaby, *Gefühl und Weltbezug. Die menschliche Affektivität im Kontext einer neo-existentialistischen Konzeption von Personalität*, Paderborn 2008.

4 Hermann Schmitz, *Leib und Gefühl*, S. 107.

5 Ich verwende den Ausdruck „Bedeutsamkeit" terminologisch als Bezeichnung für Werthaftigkeit aller Art. Vgl. dazu Jan Slaby, *Gefühl und Weltbezug*.

6 Vgl. Jan Slaby, „Empfindungen – Skizze eines nicht-reduktiven, holistischen Verständnisses", in: *Allgemeine Zeitschrift für Philosophie* 32(3), 2007, S. 207-225, und Jan Slaby, *Gefühl und Weltbezug*.

7 Hauptvertreter des Kognitivismus in der Philosophie der Gefühle sind Robert C. Solomon, *The Passions*, New York 1976, und Martha C. Nussbaum, *Upheavals of Thought*, Cambridge, UK 2001; ansonsten sind kognitivistische Ansätze insbesondere in der Psychologie weit verbreitet – führender

Stattdessen ist von vornherein klar, dass Gefühle einen *qualitativen Charakter* aufweisen und sich allein schon dadurch von kognitiven Zuständen grundlegend unterscheiden. Terminologisch trage ich diesem Tatbestand dadurch Rechnung, dass ich die Kategorie der *affektiven Intentionalität* einführe, um zu verdeutlichen, dass der Welt- und Selbstbezug der Gefühle von grundlegend anderer Art ist als derjenige nicht-affektiver Verhaltungen.[8]

2. Situierung im Möglichkeitsraum

Jeder Versuch einer aussagekräftigen Globalcharakterisierung der menschlichen Gefühle läuft Gefahr, an der Vielschichtigkeit seines Gegenstands zu scheitern. Deshalb möchte ich vorab den provisorischen Charakter der folgenden Bemerkungen betonen. Die These, dass sich Gefühle als *Situierungen in Möglichkeitsräumen* beschreiben lassen, soll eine strukturierte Voraussicht auf das Feld des Affektiven ermöglichen und so Aspekte zum Vorschein bringen, die andernfalls verborgen bleiben würden. Wenn man so will, handelt es sich um die gezielte *Überhellung* des diffusen und komplexen Gegenstandsbereichs durch die Wahl einer idealtypischen Hinsicht.

Das Gefühl als Situierung in einem Möglichkeitsraum – das besagt, dass ein Gefühl ein Spektrum von existentiellen Möglichkeiten erschließt, womit sowohl Verhaltens- bzw. Handlungsmöglichkeiten (aktive Existenzvollzüge) als auch mögliche Widerfahrnisse – den Fühlenden „angehende" Geschehnisse – gemeint sind. Ein Gefühl zu erleben bedeutet demnach, dass sich ganz bestimmte Möglichkeiten gleichsam aufdrängen, während anderes, was vermeintlich auch möglich sein müsste, seltsam abgeblendet oder sogar gänzlich aus dem Bereich des überhaupt Erwägbaren verschwunden ist. Im letzteren Fall denkt der Fühlende nicht nur faktisch nicht an diese Möglichkeiten, sondern sie befinden sich überhaupt nicht mehr im Bereich des überhaupt für ihn Denk- und Erwägbaren. Gefühle stecken somit auf dynamische Weise den Bereich des für eine Person konkret und real Möglichen ab. In diesem Sinne erscheint die Welt dem Sich-Fürchtenden anders als dem Fröhlich-Zuversichtlichen: Der von Furcht Ergriffene sieht Gefahren heraufziehen, deren Bewältigung er sich nicht zutraut – der Fröhliche hingegen sieht nahezu überall positive Handlungsmöglichkeiten und fühlt sich möglichen

Vertreter dürfte hier Scherer sein; vgl. z. B. Klaus R. Scherer, „On the Nature and Function of Emotion: A Component Process Approach", in: K. R. Scherer/P. Ekman (Hg.), *Approaches to Emotion*, Hillsdale 1984, S. 293-318.

8 Zum Begriff der affektiven Intentionalität vgl. Jan Slaby, „Affective Intentionality and the Feeling Body", in: *Phenomenology and the Cognitive Sciences*,7(4), 2008, S. 429-444, sowie Jan Slaby/ Achim Stephan, „Affective Intentionality and Self-Consciousness", in: *Consciousness and Cognition* 17, 2008, S. 506-513. Zentrale theoretische Überlegungen, die den Weg zur Konzeption der affektiven Intentionalität weisen, stammen von Peter Goldie, *The Emotions. A Philosophical Exploration*, Oxford 2000, und Bennett Helm, *Emotional reason. Deliberation, motivation, and the nature of value*, Cambridge, UK 2001, sowie C. Roberts, *Emotions. An Essay in Aid of Moral Psychology*, Cambridge, UK 2003.

Gefahren (soweit er überhaupt mit ihnen rechnet) gewachsen. Entsprechend unterscheiden sich die Handlungsbereitschaften beider Personen. Man kann sagen, dass ihr jeweiliger „Weltzugriff" deutlich verschieden ist. Dieser Situierungsvorgang läuft meist unwillkürlich ab und folgt jeweils einer charakteristischen Verlaufsgestalt. Der Fühlende wird vor bestimmte Möglichkeiten „gezwungen" und von anderen abgetrennt, wobei die Vielfalt und die Art der affektiv präsenten Möglichkeiten während des zeitlichen Ablaufs des Gefühls variieren. Gegen diese affektive Dynamik kann ein aktives Sich-Besinnen auf tatsächlich bestehende Möglichkeiten nicht viel ausrichten. Darin zeigt sich die charakteristische Passivität der Gefühle.[9]

In extremer Form lässt sich die These der Möglichkeitsräume an Gefühlslagen wie der Langeweile oder der Depression studieren, bei denen der Möglichkeitsraum fast vollständig „einschrumpft", bis hin zu seinem vollständigen Wegfall in der existentiellen Sackgasse des „Nichts geht mehr". Aber auch ein Vergleich der globalen Bezüglichkeiten der Trauer, des Zorns, des Stolzes oder der Scham zeigt, dass der Fühlende sich jeweils in unterschiedliche Bereiche dessen versetzt sieht, was geschehen kann, was er zu tun in der Lage oder nicht in der Lage ist, und wie er sich allgemein in der Welt oder in einem gegebenen praktischen Kontext vorfindet. Im Stolz erweitert sich der Bereich des aktiv Möglichen infolge einer im sozialen Raum erfahrenen Eigenwertsteigerung des Fühlenden. Dies wird leiblich als ein Wachsen oder Anschwellen erlebt („stolzgeschwellte Brust"), gleichzeitig steigert sich ganz allgemein die Handlungsbereitschaft und Initiative. Im direkten Gegensatz dazu schrumpft der Möglichkeitsraum in der Scham radikal ein – das Schämen kommt einem schlagartig erlebten Eigenwertverlust gleich, der sich leiblich als ein regelrechtes Schrumpfen manifestiert, oft in Form eines deutlichen Bewegungsimpulses, der gelegentlich als „Im-Boden-versinken-Wollen" beschrieben wird. Dabei ist der Sich-Schämende wie gebannt in der Situation, er senkt unweigerlich den Blick, macht sich so klein wie er es nur kann. Ein klarer, offener Blick ins Gesicht eines Umherstehenden – also etwas, das unter normalen Umständen eine völlig unkomplizierte Gebärde und leicht zu vollziehen wäre – ist für den von Scham Erfassten unmöglich, ja geradezu unvorstellbar. Das verdeutlicht anschaulich, dass die im Fühlen dynamisch erschlossenen Möglichkeitsräume durch das begrenzt sind, was gerade *nicht mehr geht* – durch ein spezifisches *Nicht-mehr-Sehen* gewisser Möglichkeiten, die aus Sicht anderer offenkundig gegeben sind. Dem Depressiven werden mitunter selbst die einfachsten Lebensvollzüge unvorstellbar – das illustriert die folgende Passage aus dem Erfahrungsbericht von Andrew Solomon („The Noonday Demon"):

> „My father would assure me, smilingly, that I would be able to do it all again, soon. He could as well have told me that I would soon be able to build myself a

9 Allerdings ist ein solches Besinnen auf tatsächlich Mögliches, oder auf die realen Wahrscheinlichkeiten des im Affekt für unvermeidlich Gehaltenen, letztlich doch die angemessene Weise einer Affektkontrolle. Wenn das hier vertretene Gefühlsverständnis korrekt ist, greift die um Gefühlskontrolle bemühte Person durch Erwägungen dieser Art direkt in das affektive Geschehen ein. Dass diese Bemühungen oftmals wenig gegen starke Gefühle ausrichten, steht auf einem anderen Blatt.

> helicopter out of cookie dough and fly it to Neptune, so clear did it seem to me that my real life, the one I had lived before, was now definitively over."[10]

Nicht weniger deutlich fällt die folgende Schilderung von Lewis Wolpert aus, einem Psychiater, der eines Tages selbst an schweren Depressionen zu leiden begann:

> „[My psychiatrist was] extremely reassuring, telling me again and again that depression is self-limiting and that I would recover. I did not believe a single word. It was inconceivable to me that I should ever recover. The idea that I might be well enough to work again was unimaginable and I cancelled commitments months ahead."[11]

Die Depression scheint insofern ein Sonderfall zu sein, als in ihr der Möglichkeitssinn einer Person insgesamt kollabiert. In extremen Fällen gibt es für den Depressiven überhaupt keine Möglichkeiten mehr – bereits die Idee möglicher Veränderung überhaupt ist dann aus seinem Erfahrungsspektrum verschwunden. Das erklärt auch das veränderte Zeiterleben in der Depression – die Zeit scheint still zu stehen, weil Veränderung jeglicher Art unvorstellbar geworden ist.[12]

Gefühlen als existentiellen Vollzügen, als Seinsweisen, entspricht somit als Korrelat die Welt als ein jeweils unterschiedliches Spektrum von Möglichkeiten. Dies charakterisiert den besonderen Weltbezug der Gefühle, weil deutlich wird, wie die Fähigkeiten und Bereitschaften des Fühlenden – das, was er kann, was er zu tun bereit ist und ebenso, was er ertragen und verkraften kann (wenn man so will: seine „existentiellen Nehmerqualitäten") – mit dem verschränkt sind, was geschehen kann oder was ihm von Seiten anderer Personen widerfahren bzw. angetan werden kann. Auf der Grundlage der These von den Möglichkeitsräumen lassen sich Gefühle als eine besondere, sehr umfassende Form des personalen Weltbezugs verstehen, ohne dass wir damit schon zur irrigen Auffassung des gefühlstheoretischen Kognitivismus gelangen würden.[13]

Die These, dass Gefühle Situierungen in Möglichkeitsräumen sind, erfasst einen wichtigen Teil dessen, was an Hermann Schmitz' Atmosphären-Theorie der Gefühle richtig

10 Andrew Solomon, *The Noonday Demon. An Atlas of Depression*, London 2001, S. 54.

11 Lewis Wolpert, *Malignant Sadness: The Anatomy of Depression*, London 1999, S. 154.

12 Vgl. dazu jetzt Matthew Ratcliffe, „Understanding Existential Changes in Psychiatric Illness. The Indispensability of Phenomenology", in: Matthew Broome/Lisa Bortolotti, *Psychiatry as Cognitive Neuroscience. Philosophical Perspectives*, Oxford 2009, S. 223-244.

13 Als „Kognitivismus-Falle" bezeichne ich die Neigung, von der richtigen Einsicht in den (komplexen) Weltbezug der Gefühle zu einer irrigen Reduktion des Fühlens auf kognitive Vorgänge oder Einstellungen (Urteile, Überzeugungen etc.) verleitet zu werden. Maßgebliche Kritik am gefühlstheoretischen Kognitivismus üben Bennett Helm, *Emotional reason*, Kap. 2, und Bennett Helm, „Felt Evaluations. A Theory of Pleasures and Pains", in: *American Philosophical Quarterly* 39, 2002, S. 13-30, sowie Hilge Landweer, „Phänomenologie und die Grenzen des Kognitivismus. Gefühle in der Philosophie", in: *Deutsche Zeitschrift für Philosophie* 52 (3), 2004, S. 467-486, eine ausführliche Diskussion dieser Thematik liefere ich in Jan Slaby, *Gefühl und Weltbezug*, Kap. 9.

ist. Viele der Atmosphären, die als Kandidaten für eine Identifikation mit Gefühlsphänomenen infrage kommen, lassen sich als Möglichkeitsräume beschreiben. Die „dicke Luft“, die in einer Sitzung herrscht, in die wir versehentlich hineinplatzen, drängt sich uns nicht primär als eine bloß ästhethisch-räumliche Qualität auf, sondern als ein interpersonales Feld zulässiger und unzulässiger Anschlüsse und zu erwartender Reaktionen. Wir öffnen die Tür des Konferenzraums, bemerken das angespannte Knistern zwischen den Konferierenden und werden dadurch unmittelbar in die Vollzugsbahn eines unauffällig-unterwürfigen Verhaltens gelenkt: Wir entschuldigen uns kleinlaut, machen auf dem Absatz kehrt oder schleichen mit gesenktem Blick auf unseren Platz. Stellen wir uns dagegen die hitzig-aggressive Atmosphäre eines Protests oder Aufruhrs vor, drängen sich uns ganz andere Möglichkeiten auf: Je nach dem, auf welcher Seite wir stehen, was für uns auf dem Spiel steht oder wie wir insgesamt affektiv disponiert sind, finden wir uns in einem Feld von spezifischen Initiativen und möglichen Geschehnissen. Die düstere, niederdrückende „Wolke“, die den Kummervollen umgibt, ihn gleichsam bannt und niederhält, lässt hingegen jegliche Initiative erlahmen – sowohl beim Fühlenden als auch bei den Menschen in seiner Umgebung, die kaum noch wissen, wie sie den Unglücklichen überhaupt ansprechen oder angehen sollen. Typische weitere Beispiele für affektiv erfahrene Atmosphären sind das von Goethe sogenannte „Kanonenfieber“[14] vor der Schlacht oder die spürbar Ungemach verheißende „Ruhe vor dem Sturm“: Was sich hier besonders aufdrängt und einschneidend erfahren wird, ist das *Bevorstehen* eines grandiosen Geschehens – hier ist die Evidenz des „Es wird etwas (mit uns) passieren, und wir wissen nicht was ...“ mit den Händen zu greifen, wobei die Unsicherheit hinsichtlich dessen, *was genau* geschehen wird, die Intensität des Gefühlserlebens noch steigert.

Die hier entwickelte Konzeption erfasst weitere zentrale Elemente der Atmosphären-Theorie. So etwa das von Hermann Schmitz oft angeführte Phänomen, dass sich gefühlsrelevante Atmosphären auch dann wahrnehmen lassen, wenn man selbst nicht von ihnen affektiv betroffen ist. Auch einen Möglichkeitsraum im hier beschriebenen Sinne kann man „von außen“ wahrnehmen, ohne selbst in ihm zu stehen. So berichten Depressive oft davon, dass sie durchaus die Möglichkeiten sehen, die *für andere* bestehen, dass sie selbst aber davon radikal abgeschnitten seien.[15] Auch außerhalb des pathologischen Spektrums sind vergleichbare Fälle zu beobachten: Es gibt ein instantanes, gestalthaftes, aber gleichwohl nicht-affektives Erfassen zumindest der Umrisse des Möglichkeitsspektrums einer anderen Person, die gerade ein Gefühl erlebt. Man betrachte die wachsende Panik einer alten Frau im überfüllten Zug, die kurz vor der Ankunft im Zielbahnhof ihr schweres Gepäck zusammenrafft, um sich durch das Gedränge irgendwie den Weg zum Ausstieg zu bahnen – hier erfasst auch der nicht-empathische Beobachter das vom eigenen radikal verschiedene Möglichkeitsgefüge der in Bedrängnis befind-

14 Ausführlich dazu Gustav Seibt, *Goethe und Napoleon. Eine historische Begegnung*, München 2008, S. 7 ff.

15 Vgl. wiederum Matthew Ratcliffe, „Understanding Existential Changes in Psychiatric Illness. The Indispensability of Phenomenology“, in: Matthew Broome/Lisa Bortolotti, *Psychiatry as Cognitive Neuroscience. Philosophical Perspectives*, Oxford 2009, S. 223-244.

lichen Person. Erst wenn er von der Atmosphäre der Panik, welche die alte Frau umgibt, selbst affektiv erfasst wird, kommt es zu einem betroffenen Mitfühlen. In diesem Fall wird das mögliche oder akute Leiden der Frau als etwas zu vermeidendes in den eigenen Möglichkeitsraum integriert – den Mitfühlenden *schmerzt* nun die konkrete Möglichkeit des fremden Leids.

Ein abschließendes Wort zur Atmosphären-Theorie der Gefühle: Ich halte den Kern der Theorie, dass sich Gefühle in vielen Fällen als ein Eintauchen und affektives Mitschwingen mit überpersönlichen Atmosphären beschreiben lassen, für phänomenadäquat und theoretisch anschlussfähig. Allerdings gehe ich nicht so weit, die Gefühle selbst mit den Atmosphären zu identifizieren und sie zu „überpersönlichen Mächten" zu erklären. Gefühle sind und bleiben personengebundene Erfahrungen, alles andere überschreitet letztlich die Grenze zum Kontraintuitiven. Das, was an der Atmosphärentheorie plausibel ist, lässt sich ohne eine solche Vergegenständlichung der Gefühle entwickeln.[16] Man sollte dann aber auch einen Schritt weiter gehen und diese „ergreifenden Atmosphären" präziser und nach Möglichkeit im Rahmen einer umfassenden Konzeption des affektiven Weltbezugs charakterisieren. Diesem Zweck dient meine These von Gefühlen als einem Situiertwerden in Möglichkeitsräumen.

Die im weiteren Verlauf dieser Abhandlung erfolgende Kritik und Korrektur von fünf typischen Engführungen aktuell vertretener Gefühlstheorien kann als eine indirekte Explikation der These von den Möglichkeitsräumen verstanden werden. Alle fünf Punkte explizieren gleichsam „nebenbei" auch Aspekte dessen, was von Schmitz in der Atmosphärentheorie mitthematisiert wird, allerdings durchaus auf andere Art und in einem anderen theoretischen und begrifflichen Kontext.

3. Fünf Engführungen philosophischer Gefühlstheorien

3.1 Erste Engführung: Weltbezug (Intentionalität)

Die erste zu korrigierende Engführung vieler nicht-phänomenologischer Ansätze betrifft das Verständnis des in den Gefühlen liegenden Weltbezugs – also das, was oft als die Intentionalität der Gefühle bezeichnet wird. Affektive Intentionalität wird von vielen Autoren, z. B. von den Vertretern kognitiver Theorien oder von den Anhängern psychologischer Einschätzungstheorien, auf eine Relation zwischen der fühlenden Person und einer das jeweilige Gefühl auslösenden Begebenheit zugespitzt, also auf einen konkreten Verlust (Trauer), eine konkrete Gefahr (Furcht), ein spezifisches Ärgernis (Ärger, Wut) oder eine konkrete Verfehlung (Schuld) – ausgeblendet bleibt dabei mindestens die Art und Weise, in der das Gefühl die *gesamten* Weltbezüge einer Person, ihr gesamtes Situiertsein in der Welt betrifft. Gefühle sind globale Situierungen, nicht lediglich punktuell fokussierte Einschätzungen. Der Traurige ist nicht lediglich auf den Verlust fixiert,

16 Einen ersten Anlauf dazu, allerdings noch ohne Bezug auf Situierungen in Möglichkeitsräumen, habe ich unternommen in Jan Slaby, *Gefühl und Weltbezug*, Kap. 13.

den er erlitten hat, sondern er leidet an der Welt im Ganzen – er sieht *überall* Dinge, die seinen hoffnungslosen Zustand nähren und ihn an der Welt und den Menschen verzweifeln lassen. Insbesondere erscheint ihm die Welt als verarmt, als leer; sie hat ihm nichts mehr zu bieten – das Spektrum des konkret Möglichen ist radikal verengt. Der Traurige sieht die gesamte Welt anders als der Fröhliche, und das gilt keineswegs nur für die Stimmungsvariante der Trauer, die sich von vornherein nicht auf einen spezifischen traurigen Anlass, sondern unspezifisch auf die Welt im Ganzen zu richten scheint.

Vielmehr ist der Unterschied zwischen (gerichteten) Emotionen und (ungerichteten) Stimmungen selbst problematisch, jedenfalls dann, wenn er als strikte Differenz klar getrennter Gefühlstypen verstanden wird. Das stimmungshaft unspezifische am Bezug einer gewöhnlichen Emotion ist ein Spezifikum der affektiven Intentionalität und gehört essentiell zur emotionalen Erfahrung. Das gilt für Ärger, Wut oder Zorn – die sich nur selten vollständig bei ihrem konkreten Anlass aufhalten und sich meist auf weitere Umkreise des ursprünglichen Ärgernisses erstrecken; das gilt für die Freude, die bei entsprechender Tiefe eine Ausweitungstendenz bis hin zur globalen Positivsicht und umfassenden Initiative aufweist; und ebenso für explizit selbstbezügliche Gefühle wie Scham oder Schuld, deren Bezug sich über die je spezifischen Auslöser hinaus zu einer umfassenden Negativeinschätzung der eigenen Person im Lichte der jeweils geltenden sozialen Standards (und darüber hinaus) entwickelt. Ebenso weitet sich die gerichtete Furcht zu einer breiten Furchtsamkeit aus, die überall Gefahren wittert und mit einem klaren Sinn für die eigene Schwäche und Verletzlichkeit einhergeht. Vergleichbares lässt sich von zahlreichen anderen Gefühlstypen berichten.

Die unangemessene Verengung der affektiven Intentionalität manifestiert sich auch darin, dass Stimmungen und Hintergrundgefühle, die zwar nicht so auffällig und „aufrührend" sind wie viele der situativ bezogenen Emotionen, aber gleichwohl ständig im Wachleben gesunder Personen präsent sind, in ihrer Bedeutung für den affektiven Weltbezug unterschätzt werden. Gerade die oft unauffälligen *existentiellen* Hintergrundgefühle prägen den evaluativen Bezug auf die Welt in grundlegender Weise.[17] Diese existentiellen Orientierungen bilden einen zentralen Aspekt des menschlichen Weltbezugs. Insbesondere bei psychischen Erkrankungen wie Depression oder Schizophrenie, die wesentlich durch pathologische Veränderungen dieses affektiven Hintergrunds charakterisiert sind, zeigt sich die Wichtigkeit dieser Gefühlsart. In diesem Zusammenhang lässt sich gut mit dem nach wie vor verbreiteten Irrglauben aufräumen, dass Stimmungen und Hintergrundgefühle im Gegensatz zu episodischen Emotionen *ungerichtet* und damit *nicht-intentional* seien. Zwar ist ein existentielles Hintergrundgefühl meist nicht auf eine konkrete Begebenheit bezogen, lässt sich aber angemessen als eine affektive

17 Dazu insbesondere Matthew Ratcliffe, „The Feeling of Being", in: *Journal of Consciousness Studies* 12, No. 8-10, 2005, S.43-60, und Matthew Ratcliffe, *Feelings of Being. Phenomenology, Psychiatry, and the Sense of Reality,* Oxford 2008, dem das Verdienst zukommt, Heideggers Konzeption einer alle Weltbezüge strukturierenden Befindlichkeit – Martin Heidegger, *Sein und Zeit*, Tübingen 1993 (zuerst 1927), § 29 und 30 – für die gegenwärtigen Debatten in der Philosophie der Gefühle und der Philosophie der Psychiatrie fruchtbar zu machen; vgl. dazu ferner Jan Slaby/Achim Stephan, „Affective Intentionality and Self-Consciousness".

Gesamttendenz zur selektiven Erfahrung, Bewertung und Motivation und somit als ein Modus der Weltauffassung beschreiben. Außerdem – und dazu komme ich in Kürze – liegt in diesen (nach außen diffus-umfassenden) Hintergrundgefühlen ein spezifischer *affektiver Selbstbezug*, der ebenfalls einen zentralen Aspekt der affektiven Intentionalität ausmacht.

3.2 Zweite Engführung: Die Interpersonalität der Gefühle

Der Traurige ist in einer anderen Hinsicht ebenfalls nicht allein auf den unmittelbaren Anlass seiner Trauer fixiert. Zur Trauer, wie zu den meisten anderen intentionalen Gefühlen auch, gehört ein spezifischer Einfluss auf die Personen in der Umgebung des Traurigen. Eine traurige Person zieht die anderen mit in ihre Trauer hinein, indem sie durch ihr Gebaren, ihre Mimik, ihre Bewegungsabläufe und Verhaltensweisen eine deutlich spürbare Schwere und Beklemmnis verbreitet. Angesichts dieser Atmosphäre der Trauer bedarf es einer Anstrengung, der viele nicht fähig sind, oder aber der totalen Empathielosigkeit, um in der Gegenwart des Traurigen ungerührt „anders zu fühlen“: heiter, unbefangen oder fröhlich zu sein. Die Bedrücktheit des Traurigen füllt den interpersonalen Raum und hemmt spürbar alle Interaktionen. Genau dies jedoch, der überpersönlich-autoritative Charakter des Gefühls, durch den ein *geteilter* Möglichkeitsraum aufgespannt wird, bleibt in den üblichen Thematisierungen ausgeblendet. Stattdessen werden Gefühle als subjektive Zustände, als Vorgänge in oder an der Person beschrieben, die sich anderen Personen nur indirekt und mittelbar über äußere Symptome erschließen. Wie ein Gefühl den interpersonalen Raum zwischen Personen ausfüllt und die Interaktionen schon vor jeder direkten Begegnung subtil lenkt, wird meist nicht zum Thema. Nicht gesehen wird damit der grundlegende Tatbestand, dass die Affektivität einen Möglichkeitsraum aufspannt, innerhalb dessen es überhaupt erst zu bestimmten Interaktionen kommt – ein im intersubjektiven Raum herrschender Gefühlston ermöglicht bestimmte Verhaltensweisen und affektive Anschlüsse und verhindert andere. Das gilt für die „dicke Luft“, die in einem Konferenzraum während einer konfliktreichen Sitzung herrscht, wie auch für die erhebende Ausgelassenheit einer rauschenden Feier oder beim kollektiven Jubelsturm im Fußballstadion. Zahlreich sind zudem die dialogischen Phänomene von Gefühlsresonanzen zwischen zwei Personen; leicht können Unsicherheit, Furcht, Scham oder Hochmut, aber auch subtilere affektive Grundhaltungen spezifische Bereiche des in der Interaktion Möglichen und Unmöglichen festlegen und Begegnungen zwischen Personen in feststehende Bahnen lenken. In diesem Zusammenhang sind die Beobachtungen von Schmitz zur „leiblichen Kommunikation“, „Einleibung“ und zum Gefühlskonflikt einschlägig. Sehr treffend scheint mir insbesondere die Ringkampfmetapher zu sein, wenn es darum geht, das „Kräftespiel“ konträrer Gefühlstöne in dialogischen Interaktionen zu beschreiben.[18]

18 Wiederum ließen sich zahlreiche einschlägige Stellen in Schmitz’ Œuvre anführen; ich nenne hier nur exemplarisch Hermann Schmitz, *System der Philosophie*, fünfter Band: *Die Aufhebung der Gegenwart*, Bonn 1980, S. 33f. u. 97-101; sowie Hermann Schmitz, *Die Liebe*, Bonn 1993, Abschnitt 7.2.1.

3.3 Dritte Engführung: Verhalten und Handeln

Die leider weit verbreitete Auffassung des Weltbezugs als einer Erfahrungs- oder Repräsentationsbeziehung verengt das affektive Geschehen der Tendenz nach auf einen Prozess bewertender Informationsaufnahme. Oft werden Gefühle einfach als Bewusstseinszustände konzipiert, als Formen eines qualitativen inneren Erlebens. Ausgeblendet bleibt dabei die Art und Weise, in welcher der personale Weltbezug ein *praktischer Vollzug*, ein Sich-Verhalten-zur-Welt ist, und damit ebenso das Ausmaß, in der die Gefühle nicht nur zum Verhalten und Handeln der fühlenden Person beitragen, sondern selbst Weisen ihres Sich-zur-Welt-Verhaltens sind. Das lässt sich selbst an der Trauer studieren, obwohl diese im Vergleich zu vielen anderen Gefühlen zu Recht als eher lähmend und uninitiativ gilt. Auch der Traurige agiert seine Trauer aus, bewegt sich in seiner Trauer und fokussiert die Welt praktisch im Modus des Traurigseins. Das kann sich im gewöhnlichen Trauerverhalten und den entsprechenden Trauerritualen äußern, aber auch in spezifischen Interaktionen mit seinen Mitmenschen, deren Nähe er zwar suchen mag, doch deren gut gemeinte Aufmunterungs- und Tröstungsversuche er abtut, weil sie ihn nicht erreichen, ihm schal und unangemessen vorkommen.

Wichtiger ist indes dies: Der Traurige agiert aus einer charakteristischen Trägheit und Schwere heraus, die das Wenige, das er überhaupt noch aktiv in Angriff nimmt, eigenartig hemmt und verlangsamt. Was hier vor sich geht, kann zum einen als die Aktualisierung eines gefühlsspezifischen Interaktionsmusters, eines kulturspezifischen Trauerskripts, betrachtet werden. Zum anderen prägt jedes Gefühl den Handlungen und Haltungen des Fühlenden ein spezifisches Gepräge auf, einen charakteristischen Stil.

Das gilt für andere Gefühle in noch stärkerem Maße: Der Sich-Fürchtende bewegt sich in einer umfassenden Rückzugstendenz, er zieht sich aus seinen Bezüglichkeiten zurück und engt sich auf einen engen Horizont des Sicheren ein. Zudem agiert er entweder schreckhaft, impulsiv oder aus einer eigentümlichen Starre und Lähmung heraus, die auch anderen, die seinem angstvoll-fahrigen Tun zusehen, das Blut in den Adern gefrieren lassen kann. Dieses *Sich-im-Gefühl-Bewegen*, das die Welt auf jeweils spezifische Weise begegnen lässt, ist die zentrale Vollzugsform der affektiven Intentionalität. Umgekehrt dürften sich sehr viele menschliche Verhaltensweisen und Interaktionsmuster als das offene oder unterschwellige Ausagieren von Gefühlsskripten in einem jeweils gefühlstypischen Stil oder Modus erweisen. Eine Separierung des Verhaltensaspekts von einem davon unterschiedenen, rein „erfahrungsmäßigen" oder im engeren Sinne „mentalen" Weltbezug muss als phänomenfremd zurückgewiesen werden.

Möglicherweise kann der Begriff der „Haltung" zur Aufklärung der Sachlage beitragen: Haltungen vereinen die zentralen Dimensionen des Personalen, weil sie genau zwischen aktiv-willentlichen Vollzügen und passiven Widerfahrnissen angesiedelt sind. Eine Haltung ist die – teils bewusst, oft auch unbewusst durch Erziehung, kulturelle Prägungen oder das unbewusste Imitieren anderer – eingenommene „Stellung" einer Person zur Welt. Zumindest einige Gefühle lassen sich dann als unwillkürlich eingenommene Haltungen beschreiben; oft sind Gefühle aber auch das, was an die Stelle der Haltung tritt, wenn wir im Gefühlssturm „die Fassung verlieren". Der Begriff der Haltung hat den gefühlstheoretisch relevanten Vorteil, dass er quer zur problematischen Trennung zwischen dem Mentalen und dem Nicht-Mentalen steht – Haltungen werden von der Person als ganzer eingenommen und lassen sich nicht angemessen auf ein geistiges Gerichtetsein verengen.[19]

3.4 Vierte Engführung: affektiver Selbstbezug

Die Betonung des *Welt*bezugs der Gefühle kann dazu führen, dass nicht deutlich genug gesehen wird, inwiefern jedes Gefühl beim Menschen auch ein *Sich-selbst-Fühlen* – also eine Art von affektivem Selbstgewahrsein – umfasst. Selbst dort, wo ein affektiver Selbstbezug thematisiert wird, wird er oftmals auf eine bloß punktuelle Auffassung und Bewertung isolierter „Merkmale" der eigenen Person verengt. Dies geschieht z. B. dann, wenn ein affektiver Selbstbezug lediglich bei Emotionen wie Scham – in diesem Fall als ein Bezug auf einen Mangel oder Defekt der eigenen Person – verortet wird. Wo ein „affektives Selbstbewusstsein" thematisiert wird, beschränkt man sich zumeist auf ausdrücklich selbstbezügliche Emotionen wie Scham, Schuld oder Stolz. Nicht gesehen wird, dass *jedes* menschliche Gefühl als eine Form von Selbstgewahrsein beschrieben werden muss. Der Traurige *fühlt sich* traurig. Das bedeutet nicht, dass er sich selbst in einem introspektiven Akt den subjektiven Zustand der Traurigkeit zuschreibt. Stattdessen besteht das *Sich-traurig-Fühlen* in einem affektiven Erschließen der eigenen (momentanen) Existenz als einer Sache ermangelnd, als eines beraubt- oder depriviert-Seins von etwas (Geschätztem oder Geliebtem). Ebenso geht mit der Furcht vor einer Gefahr ein sich-verletzlich-Fühlen angesichts ebendieser potenziellen Gefahr einher. Im Ärger liegt – parallel zum Bezug auf das innerweltliche Ärgernis – das Gefühl eines schmerzhaften Geschädigtseins. Auf der positiven Seite liegt im Stolz, in der Freude, der Euphorie und der Zufriedenheit jeweils ein spezifisches Sich-Gehoben-, Befördert- oder Getragen-Fühlen von den herrschenden Umständen oder den Personen, mit denen man zu tun hat. Allgemein kann von einem jeweils auf bestimmte Weise inhaltlich charakterisiertem „Affiziertsein von etwas" gesprochen werden. Der affektive Weltbezug geht stets mit dieser selbstbezüglichen Kehrseite einher, in der sich die spezifischen Arten existentieller Betroffenheiten manifestieren, die für die unterschiedlichen Gefühlstypen charakteristisch sind. Erst beides zusammen charakterisiert die affektive Intentionalität angemessen.

Das affektive Selbstgewahrsein handelt also nicht vom Gefühl, sondern davon, wovon das Gefühl selbst handelt. Im Falle der Trauer ist es ein Gewahrsein des Verlustes (als mich in meiner Existenz affizierend, mich schmerzlich angehend), meist manifestiert in einem schmerzhaften Gewahren einer nunmehr verarmten, entleerten Welt, also in einem drastisch verengten Möglichkeitsraum. Sowohl die Art dieses Selbstgewahrseins (gebunden im affektiven Weltbezug und im Ausagieren des Gefühls, nicht reflexiv auf das Gefühl selbst bezogen) als auch das Ausmaß seines Vorkommens (in allen Gefühlen normalsinniger Personen) ist bisher zu wenig gesehen und behandelt worden. Hier liegt

19 Zum Begriff der Haltung finden sich hilfreiche Überlegungen bei dem Phänomenologen Bollnow (1956, Kap. IX), vgl. Jan Slaby, *Gefühl und Weltbezug*, Kap. 7.

eine wichtige Explikationsaufgabe für eine künftige Philosophie der Gefühle, die an dieser Stelle zugleich zeigen muss, dass die Philosophie der Gefühle immer auch zentrale weitere Aspekte dessen beleuchtet, was Personalität insgesamt ausmacht.[20]

3.5 Fünfte Engführung: Leiblichkeit

Eine weitere Auslassung vieler gegenwärtig vertretener Gefühlstheorien betrifft die leibliche Natur des Fühlens. Im Rahmen der verbreiteten Fokussierung auf die evaluative Intentionalität gerät oft aus dem Blick, inwieweit sich Gefühle als ein komplexes leibliches Geschehen abspielen. Das Fühlen – verstanden als eine die Person insgesamt ergreifende existentielle Orientierung – ist in grundlegender Weise leiblich. Das leibliche Spüren ist nicht von der affektiven Intentionalität zu trennen; diese selbst ist essentiell leibgebunden. So manifestiert sich Furcht als spürbare leibliche Engung, und in dieser Engungstendenz steckt zugleich das Gewahren der gefürchteten Bedrohung sowie das Innewerden der eigenen Gefährdetheit und Verletzbarkeit im Hinblick auf ebenjene Gefahr. Man spürt am eigenen Leib, wie es um einen in der gegebenen Situation steht.[21] Im Stolz wird einem die im sozialen Raum erfolgende Eigenwertsteigerung in Form einer leiblichen Weitung bewusst – in Form eines buchstäblichen Wachsens oder Anschwellens, deshalb trifft die Rede von der „stolzgeschwellten Brust" die leibliche Gestalt des Stolzes sehr gut. In der Scham schrumpft das leibliche Feld schlagartig ein, was sich zum Beispiel in dem Bewegungsimpuls des „Im-Boden-versinken-Wollens" äußert. Insgesamt geht der Leib in Form eines auf je spezifische Weise mit den gefühlsauslösenden Begebenheiten mitschwingenden Resonanzfeldes ins affektive Geschehen ein – dieses leibliche Spüren ist zugleich Medium des affektiven Weltbezugs und Grundlage der affektiven Selbstbezüglichkeit. Der Selbstbezug ist dabei kein explizites Erfassens der aktuellen persönlichen „Lage", sondern ein leibliches *Sich-irgendwie-Fühlen*: verletzlich oder verletzt, schwach oder stark, wertvoll oder wertlos, fragil oder stabil, angefochten, geliebt, ungeliebt, die herrschenden Umstände souverän kontrollierend oder als ohnmächtiger Spielball eines fremden Geschehens etc.

Um die Rolle der Leiblichkeit für die affektive Intentionalität zu verdeutlichen, kann ein einfacher Vergleich mit dem Tastsinn helfen: Beim Ertasten eines Gegenstandes spielt ein körperlich lokalisiertes Gefühl die Rolle des Erfahrungs*mediums* und tritt dabei in seinem Charakter als *Körper*gefühl in den Hintergrund – die Aufmerksamkeit richtet sich weitgehend auf das ertastete Objekt. Der leibliche Charakter der affektiven Intentionalität lässt sich als eine Generalisierung des Tastsinns verstehen: Das leibliche Spüren

20 Eine erste Annäherung erfolgt in Jan Slaby/Achim Stephan, „Affective Intentionality and Self-Consciousness", wobei wir dort insbesondere den Zusammenhang zwischen affektivem Selbstgewahrsein mit den von Ratcliffe (vgl. „The Feeling of Being" und *Feelings of Being*) beschriebenen *existential feelings* sowie dem begrifflich informierten und reflexiv zugänglichen *Selbstverständnis* einer Person betonen.

21 Vgl. hierzu Hilge Landweer, „Phänomenologie und die Grenzen des Kognitivismus", Jan Slaby, „Affective Intentionality and the Feeling Body", und insbesondere Ratcliffe, „The Feeling of Being" und *Feelings of Being*.

bezieht sich nicht allein auf Gegenstände in unmittelbarer Körpernähe, sondern auf Situationen, auf die existentiellen Umstände der fühlenden Person, auf Möglichkeitsräume. In diesem Sinne ist der Leib das Medium des affektiven Weltbezugs.[22]

4. Fazit

Die Reichweite des Weltbezugs der Gefühle, ihr überpersönlich-intersubjektiver Charakter, ihre Manifestation im Verhalten, im Handeln sowie in der Haltung der fühlenden Person, das in den Gefühlen liegende affektive Selbstgewahrsein sowie die Leiblichkeit der Gefühle sind zentrale Aspekte der menschlichen Gefühle, die in vielen Thematisierungen affektiver Phänomene nur unzureichend oder phänomenverkürzt berücksichtigt werden. Dieser Mängelkatalog von fünf Engführungen enthält Ansätze zu einer positiven phänomenologischen Konzeption der affektiven Intentionalität. Diese sollte von der Unterscheidung zwischen einer sämtliche Bezugnahmen strukturierenden Hintergrundaffektivität (Heideggers „Befindlichkeit“, Ratcliffes „existential feelings“) einerseits und den konkret gerichteten Emotionen andererseits ausgehen, ohne diesen Unterschied zu verabsolutieren. Von dort aus sind die verschiedenen Erscheinungsweisen der affektiven Intentionalität in ihrem Zusammenhang zu beschreiben. Zudem sollte es darum gehen, die affektive Intentionalität im Kontext ihrer engen Verzahnung mit anderen für Personalität zentralen Strukturen zu situieren: dem Verstehen, dem Handlungsvermögen, der Sprache bzw. mit einem umfassender verstandenen begrifflichen Artikulationsvermögen, das auch nicht-sprachliche Formen bedeutungshaften Ausdrucks umfasst. Ein brauchbarer Leitfaden für dieses Unterfangen ist die These, dass sich die menschlichen Gefühle oft angemessen als ein *Situiertwerden in Möglichkeitsräumen* beschreiben lassen. Im Gefühl erfahren wir, wie es konkret in der gegebenen Situation „um uns steht“ – dabei spielen Welt- und Selbstbezug untrennbar ineinander, eigene Handlungsmöglichkeiten sind ebenso unthematisch präsent wie mögliche uns betreffende Geschehnisse; anderes, das objektiv möglich wäre, ist hingegen eigentümlich abgeblendet oder ganz aus dem Erfahrungsspektrum verschwunden. Die im Gefühlserleben aufgespannten Möglichkeitsräume haben – zumindest in vielen markanten Fällen – den phänomenalen Charakter von Atmosphären.

22 Matthew Ratcliffe verwendet ein ganzes Kapitel seiner Studie *Feelings of Being* auf die Ausarbeitung der Parallele zwischen dem Tastsinn und einem umfassenden leiblichen Situationsbezug (vgl. Kap 3, „The Phenomenology of Touch“). Überhaupt ist in der anglo-amerikanischen Philosophie neuerdings ein bisher ungekanntes Interesse an der Leiblichkeitsthematik wach geworden – dies dokumentiert eindrucksvoll die Studie von Gallagher mit dem vielsagenden Titel *How the Body Shapes the Mind*, New York/Oxford 2005.

Literatur

Bollnow, Otto Friedrich (1956), *Das Wesen der Stimmungen*, Frankfurt am Main.

Damasio, Antonio R. (1994), *Descartes' Error*, New York.

Damasio, Antonio R. (1999), *The Feeling of what Happens. Body and Emotion in the Making of Consciousness*, San Diego.

Gallagher, Shaun (2005), *How the Body Shapes the Mind*, New York/Oxford.

Goldie, Peter (2000), *The Emotions. A Philosophical Exploration*, Oxford.

Griffiths, Paul (1997), *What Emotions Really Are. The Problem of Psychological Categories*, Chicago.

Hartmann, Martin (2005), *Gefühle. Wie die Wissenschaften sie erklären*, Frankfurt am Main.

Heidegger ([17]1993, zuerst 1927), *Sein und Zeit*, Tübingen.

Helm, Bennett (2001), *Emotional reason. Deliberation, motivation, and the nature of value*, Cambridge, UK.

Helm, Bennett (2002), „Felt Evaluations. A Theory of Pleasures and Pains", in: *American Philosophical Quarterly* 39, S. 13-30.

Landweer, Hilge (2004), „Phänomenologie und die Grenzen des Kognitivismus. Gefühle in der Philosophie", in: *Deutsche Zeitschrift für Philosophie* 52 (3), S. 467-486.

Nussbaum, Martha C. (2001), *Upheavals of Thought*, Cambridge, UK.

Prinz, Jesse (2004), *Gut Reactions. A Perceptual Theory of Emotion*, Oxford/New York.

Ratcliffe, Matthew (2005), „The Feeling of Being", in: *Journal of Consciousness Studies* 12, No. 8-10, S. 43-60.

Ratcliffe, Matthew (2008), *Feelings of Being. Phenomenology, Psychiatry, and the Sense of Reality*, Oxford.

Ratcliffe, Matthew (2009), „Understanding Existential Changes in Psychiatric Illness. The Indispensability of Phenomenology", in: Matthew Broome/Lisa Bortolotti, *Psychiatry as Cognitive Neuroscience. Philosophical Perspectives*, Oxford, S. 223-244.

Roberts, Robert C. (2003), *Emotions. An Essay in Aid of Moral Psychology*, Cambridge, UK.

Scherer, Klaus R. (1984), „On the Nature and Function of Emotion: A Component Process Approach", in: K. R. Scherer/P. Ekman (Hg.), *Approaches to Emotion*, Hillsdale, S. 293-318.

Schmitz, Hermann (1969), *System der Philosophie*, dritter Band: *Der Raum*, Zweiter Teil: *Der Gefühlsraum*, Bonn.

Schmitz, Hermann (1980), *System der Philosophie*, fünfter Band: *Die Aufhebung der Gegenwart*, Bonn.

Schmitz, Hermann (1992), *Leib und Gefühl. Materialien zu einer philosophischen Therapeutik*, Paderborn.

Schmitz, Hermann (1993), *Die Liebe*, Bonn.

Schmitz, Hermann (1998), *Der Leib, der Raum und die Gefühle*, Stuttgart.

Seibt, Gustav (2008), *Goethe und Napoleon. Eine historische Begegnung*, München.

Slaby, Jan (2007), „Empfindungen – Skizze eines nicht-reduktiven, holistischen Verständnisses", in *Allgemeine Zeitschrift für Philosophie* 32(3), S. 207-225.

Slaby, Jan/Stephan, Achim (2008), „Affective Intentionality and Self-Consciousness", in: *Consciousness and Cognition* 17, S. 506-513.

Slaby, Jan (2008), *Gefühl und Weltbezug. Die menschliche Affektivität im Kontext einer neo-existentialistischen Konzeption von Personalität*, Paderborn.

Slaby, J. (2008), „Affective Intentionality and the Feeling Body", in: *Phenomenology and the Cognitive Sciences*,7(4), S. 429-444.

Solomon, Robert C. (1976), *The Passions*, New York.

Solomon, Andrew (2001), *The Noonday Demon. An Atlas of Depression*, London.

Wolpert, Lewis (1999), *Malignant Sadness: The Anatomy of Depression*, London.

II. Anwendungsfelder und Verknüpfungen

Undine Eberlein

Leibliche Resonanz

Phänomenologische und andere Annäherungen

Auftakt

Wenn der Tänzer Akram Khan in rasanten, derwischartigen Drehbewegungen über die Bühne wirbelt und dann zu einem blitzartigen und doch zugleich weichen Innehalten kommt, spürt das Publikum ohne jedes narrative Element, nur durch die Intensität der puren Bewegung, das Thema vieler Arbeiten Khans: nämlich wie Zeit sich in ihren verschiedenen Dimensionen in Bewegung zeigt. Mit seinen bis in die Fingerspitzen energetischen Bewegungen, deren Präzision und Durchlässigkeit im Kontrast zu den sich rasend wiederholenden und dabei nur minimal verschiebenden Tanzfiguren steht, wird beim Zuschauer das paradoxe Gefühl einer aus der Beschleunigung entstehenden Verlangsamung und Dehnung der Zeit zum ‚Flow‘ einer langen Welle erzeugt, ähnlich wie beim Hören serieller Musik mit ihren minimalen Varianten bei prinzipieller Invarianz.

Akram Khan ist als Londoner Choreograf und Tänzer bengalischer Herkunft ein Immigrant der dritten Generation. Er verbindet in seinem Tanzkonzept besonders den traditionellen indischen Tanzstil des Kathak mit Formen des zeitgenössischen Tanzes. Khan beschreibt selber, dass im Kathak die rhythmischen Vorgaben oft die individuelle Geschwindigkeitsgrenze des Körpers überschreiten, wodurch es unklare Momente der Unentschiedenheit und des Übergangs in den Bewegungsmustern gebe, die Technik dabei jedoch zugleich ganz klar bleibe. Auf der narrativen Ebene verbindet er in seinem Tanz die indische Mythologie mit ihren Erzählelementen von Schöpfung und Zerstörung, Geburt und Tod mit ähnlichen Themen der modernen Philosophie und Naturwissenschaften (wie der Astro- und Quantenphysik). Wenn Khan in immer wieder neu gestalteten Experimenten das extreme Tempo des Kathak mit den verschiedenen Tempi und Raumdimensionen des zeitgenössischen Tanzes verbindet, erfährt das Publikum die verwirrende Gleichzeitigkeit von Geschwindigkeit und Verlangsamung, von Chaos und Struktur buchstäblich ‚am eigenen Leibe‘.[1]

Was aber genau geschieht in solchen Situationen? Wie kommt es zu so einem leiblichen Mit-Erleben? Allgemeiner noch: Wie und wodurch kann überhaupt das Publikum von einer Aufführung ergriffen und berührt werden? Und wie teilt sich den Tänzern, die den Zuschauerraum meist nur als dunkles ‚Off‘ wahrnehmen können, mit, was und wie

1 Vgl. Undine Eberlein in: *ballettanz. Das Jahrbuch 2007*, S. 94ff.

etwas beim Publikum ankommt? Woher ‚weiß' eigentlich ein nicht-professionelles Publikum fast ebenso gut wie ein erfahrener Kritiker, ob eine Darbietung möglicherweise technisch perfekt, aber bis zur Ödnis langweilig ist, oder aber mit ihrer Intensität und Präsenz geradezu ‚magisch' in den Bann zieht?

Will man es bei der Beschreibung und Klärung einer solchen ästhetischen Erfahrung nicht bei einer bloßen ‚Verzauberungsmetaphorik' belassen, gilt es Ansätze zu finden, die das Phänomen weder in objektivistischer Abstraktion und Verkürzung allein auf ‚technische' Aspekte des Bühnengeschehens zurückführen, noch als bloß subjektive Einfühlung oder Projektion seitens der Zuschauer zu fassen versuchen. Dabei nämlich wird der Zuschauer entweder auf ein eigentlich leibloses Bewusstsein verkürzt oder aber das ‚Andere' auf der Bühne ist immer nur Spiegel der eigenen, im Kern privaten Gefühle. Wahlweise hat man es also mit der „reduktionistische(n) Abstraktionsbasis der psychologistisch-reduktionistisch-introjektionistischen Denkweise",[2] oder aber mit einer Einfühlungs-Ästhetik zu tun, die ihr problematisches cartesianisches Erbe verkennt bzw. nicht reflektiert.[3]

Um dem zu entgehen, möchte ich im Folgenden entlang des Schmitzschen „Alphabet(s) der Leiblichkeit" versuchen, 1.) ausgehend von Beispielen aus dem Bereich des Tanzes (und anderer Körperpraktiken) das Phänomen der ‚leiblichen Resonanz' zu erläutern, mit dem sich das ‚spürende Verstehen' zwischen Publikum und Tänzern, aber auch der Tänzer untereinander, besser als in ‚objektivistischen' oder ‚subjektivistischen' Ansätzen erklären lässt. In einem 2.) Schritt gehe ich auf einige Annäherungen an das Phänomen ‚leiblicher Resonanz' in der Tanzwissenschaft bzw. der Geschichte des Tanzes selber ein, wobei sich auch hier die Anschlussfähigkeit und Produktivität des Schmitzschen Ansatzes zeigen wird. Und 3.) möchte ich zum Schluss die Frage in den Raum stellen, ob und bis zu welchem Grad die Leiberfahrung ihre eigene Historizität und Kulturspezifik hat und mit der Einübung etwa von spezifischen Tanzformen oder Bewegungstechniken qualitativ veränderbar ist.

Phänomenologische Annäherungen an ‚leibliche Resonanz' im Kontext des ‚Alphabets des Leiblichkeit'

Für ein Verständnis des präreflexiven und vorsprachlichen ‚Dialogs' zwischen Tänzern und Zuschauern eröffnet die Schmitzsche Phänomenologie mit ihren zentralen Aspekten des ‚Leibes', des ‚eigenleiblichen Spürens', der ‚Einleibung' und der ‚leiblichen Kommunikation' eine vielversprechende Möglichkeit der Beschreibung und Klärung. Begriffe wie ‚Engung', ‚Weitung', ‚Spannung' und ‚Schwellung' sollen die Gefühlsqualitäten leiblichen Spürens beschreiben, wie sie z. B. bei Angst, Schrecken, Freude usw. wahrzunehmen sind. Zentral für die von Schmitz vorgenommene Unterscheidung zwischen

2 Vgl. Hermann Schmitz, *Der Leib, der Raum, die Gefühle*, Stuttgart 1998, S. 30.

3 Vgl. Prüttings Kritik an T. Lipps Ästhetik der Einfühlung; Lenz Prütting, „Über das Mitgehen. Einige Anmerkungen zum Phänomen transorchestoraler Einleibung", in: Michael Großheim (Hg.), *Leib und Gefühl. Beiträge zur Anthropologie*, Berlin, S. 144f.

Leib und Körper ist der Begriff des ,leiblichen Betroffenseins': Der Leib umfasst den erlebten und gespürten Körper und wird als Ganzes aus der Perspektive des Spürenden erfahren. Der Körper dagegen ist der seiner „Subjektivität entkleidete Leib".[4] Er ist das, was aus einer Außenperspektive wahrgenommen und vermessen werden kann.

Betrachtet man die Zuschauer als isolierte Inhaber von Bewusstsein bzw. als von einander klar abgegrenzte und isolierte Körper, bleibt die „unhintergehbare kommunikative vorsprachliche Kompetenz",[5] die sich im genannten ,Dialog' zeigt, unerklärlich. Nun deutet Schmitz die Modalitäten des eigenleiblichen Spürens selbst schon als ,dialogisch': Leiblich sein heißt nämlich immer zwischen ,Engung' und ,Weitung' zu stehen und weder von dem einen noch dem anderen ganz loszukommen, zumindest so lange das Bewusstsein währt. Diese fundamentale Polarität durchzieht das leibliche Empfinden in jedem Augenblick, wobei ,Engung' und ,Weitung' antagonistisch miteinander konkurrieren. Man kann dies mit jedem Atemzug an sich selbst erfahren: Jede Bewegung, die sich in den Raum ausdehnt, kann nicht endlos in die Weite nach außen gehen, sondern kommt an einem gewissen Punkt an ihre Grenze und wird nach innen aus der Weitung in die Engung bzw. ,Verdichtung' zurückgeholt.

Das ständige Pulsieren zwischen Weitung und Engung/Verdichtung lässt sich exemplarisch auch in Körperpraktiken wie Qi Gong und Tai Chi nachvollziehen, bei denen diese antagonistischen und zugleich dialogischen Prinzipien der Bewegung – und der mit dieser verbundenen Aufmerksamkeit – zentral sind und immer wieder in der gespürten Körpermitte verankert werden. In den langsamen und fließenden Bewegungen des Tai Chi vollzieht sich sanft und ohne Unterbrechung der permanente Wechsel von Weitung und Verdichtung (von Yang- und Yin-Bewegungen), der von bewusster Atmung begleitet wird. Wenn die vom Atem begleiteten Tai Chi-Bewegungen mit vollkommener Präsenz und zugleich ,schwebender', selbstvergessener Aufmerksamkeit, in entspannter Ruhe und Natürlichkeit bei zugleich äußerster Konzentration und dem rechten Maß an Spannung, ausgeführt werden, scheint sich die permanente Dynamik von Innen und Außen, Zentrieren und Öffnen, Verdichten und Weiten über die äußeren Körpergrenzen hinaus leiblich in den Raum auszudehnen.[6]

Mit der freien, flüssigen Bewegung kommt auch eine dem Leib eigene Räumlichkeit zum Ausdruck, die Schmitz als leiblichen ,Richtungsraum' beschreibt. Dieser wird vom motorischen Körperschema einschließlich des Blicks organisiert, der eine der Richtungen des leiblichen Raums bestimmt. Allerdings ,sendet' der Leib nicht nur ,egozentrisch' einseitig Richtungs-Impulse aus, sondern seine Richtungen und seine Motorik sind oft ebenso vom ,Empfang' anderer leiblicher Impulse und einem übergreifenden Netz von Gestaltverläufen und Bewegungssuggestionen bestimmt.[7]

4 Vgl. Christoph Demmerling/Hilge Landweer (Hg.), *Philosophie der Gefühle. Von Achtung bis Zorn*, Stuttgart/Weimar 2007.

5 Vgl. Lenz Prütting, „Über das Mitgehen", S. 143.

6 Vgl. hierzu auch Gudula Linck, „Der Tanz um die eigene Mitte", in: Michael Großheim (Hg.), *Neue Phänomenologie zwischen Praxis und Theorie*, München 2008.

7 Vgl. Hermann Schmitz, *Der Leib, der Raum, die Gefühle*, S. 55ff.

Dies ist beispielsweise beim zeitgenössischen Tanz von großer Bedeutung, vor allem in der sogenannten ‚Kontaktimprovisation', bei der es keine fest geplante Abfolge von Tanzfiguren gibt. Der Tanz entsteht vielmehr aus dem eigenleiblichen Spüren, der wechselseitigen Wahrnehmung der Partner und ihrer Situation sowie der Kontaktaufnahme in jedem Augenblick neu, wobei jede Bewegung sich unmittelbar an die Bewegung des Partners anschließt. Dabei wird die ganze Körperfläche in ‚natürlichen' Bewegungen wie Gehen, Heben, Ziehen, Rollen, Springen, Fallen usw. genutzt. Die Grundvoraussetzung dieses spontanen Dialogs der Körper/Leiber ist die Offenheit und das Erspüren sowohl der eigenen leiblichen Situation als auch der des anderen, die Wahrnehmung der gemeinsamen Situation und die absolute Präsenz des ‚Im-Augenblick-seins'. Die Fähigkeit zur leiblichen Resonanz wird hier also zur zentralen Voraussetzung des ‚Gelingens' der gemeinsamen Bewegungsimprovisation.

Weitere wichtige Modalitäten des eigenleiblichen Spürens sind laut Schmitz die ‚epikritische' und die ‚protopathische' Tendenz, wobei die protopathische Tendenz das ‚Dumpfe', ‚Diffuse', und ‚Amorphe' bezeichnet, dagegen die epikritische Tendenz das ‚Spitze', ‚Scharfe', ‚Kantige', klar voneinander Abgegrenzte.[8] Diese Modalitäten lassen sich im Tanz vielfach wiederfinden und werden dabei sowohl von den Tänzern als auch von den Zuschauern oft leiblich erspürt und nachvollzogen: So spitzen sich z. B. Khans schnelle und scharfe, klar voneinander abgegrenzte Kathak-Bewegungen im Stakkato-Rhythmus der stampfenden Fußsohlen oft bis zum Äußersten ‚epikritisch' zu, um dann in die verströmende Weichheit, Plastizität und fließende Verlangsamung eines ‚Morphing' überzugehen, in dem die Bewegungen aus einander entstehen, alle klaren Brüche, Abgrenzungen und Konturen verschwinden und also ein Wechsel zur ‚protopathischen Tendenz' stattfindet.

Das eigenleibliche Spüren erweist sich damit als in sich immer schon ‚dialogisches' Geschehen, mit ständigem Oszillieren zwischen komplementären und konkurrierenden leiblichen Situationen und Erlebnisqualitäten. Dieses dialogische Geschehen bleibt aber nicht auf den eigenen Leib beschränkt, sondern dehnt sich, wie schon am Beispiel gezeigt, über ihn hinaus. Eine Form dieses ‚Über-den-eigenen-Leib-Hinausgehens' bezeichnet Schmitz als ‚Einleibung', wobei er zwischen einseitiger und wechselseitiger Einleibung unterscheidet.

Dabei ist die wechselseitige Einleibung die Basis aller menschlichen Sozialkontakte[9] und für das Phänomen der leiblichen Resonanz von zentraler Bedeutung. Leiblichkeit ist so auch ein intersubjektives Phänomen, wobei die leibliche Kommunikation bzw. die leiblichen Resonanzerfahrungen keineswegs einen harmonischen Charakter haben oder zu sozial erwünschtem Verhalten führen müssen: Auch Gefühle wie Angst, Wut oder Trauer werden leiblich kommuniziert und können in ‚solidarischer' wie auch ‚antagonistischer' ‚Einleibung' erfahren werden. Die Entstehung erregter oder panischer Mas-

8 Vgl. Hermann Schmitz, *System der Philosophie*, Bd. II,1. Teil: *Der Leib*, Bonn 1965.

9 Vgl. ebd., S. 341-349; Hermann Schmitz, *System der Philosophie*, Bd. III, 5. Teil: *Die Wahrnehmung*, Bonn 1978, S. 95-97; Hermann Schmitz, „Phänomenologie der Leiblichkeit", in: H. Petzhold (Hg.), *Leiblichkeit. Philosophische, gesellschaftliche und therapeutische Perspektiven*, Paderborn 1985, S. 71-106.

sen, die kollektive Ansteckung durch Trauer, Wut, Angst oder auch Überschwang sind Beispiele potenziell bedrohlicher Folgen leiblicher Resonanz.

Das dialogische Geschehen braucht auch nicht notwendig auf ein personales Gegenüber bezogen zu sein, sondern laut Schmitz findet auch dann eine Form leiblicher Kommunikation statt, wenn z. B. Räume, Landschaften oder Atmosphären auf uns ‚eindringen'. Gefühle etwa umhüllen den Menschen als Atmosphären, die nicht als etwas dem Leib Eigenes, sondern als ihm Begegnendes, ‚Widerfahrendes' gespürt werden. Schmitz differenziert dabei zwischen einem Gefühl und dem affektiven Betroffensein durch dieses Gefühl: Zum affektiven Betroffensein wird das Gefühl erst, wenn es der Ergriffene am eigenen Leib spürt.[10] Stimmungen und Atmosphären als randlos – also über die Körper/Leiber und z. B. auch den Bühnengraben hinaus – ergossene Gefühle sind „Halbdinge", wie Schmitz es nennt: Sie „haben wie Dinge Charaktere, die sich im Wechsel ihrer Gesichter durchhalten, übertreffen die Dinge aber noch durch ihre kausale Unmittelbarkeit als Attraktoren der Einleibung und überspannen mit ihren Bewegungssuggestionen die egozentrisch organisierten Richtungsräume."[11]

Dies kann sich besonders prägnant beim Erleben und der leiblichen Betroffenheit von Tanztheateraufführungen zeigen: Im Zusammenspiel von Bewegung, Musik, Bildern und narrativen Elementen entstehen Stimmungen und Gefühle, die sich „als räumlich ortlos ergossene, leiblich ergreifende Atmosphären ausdehnen".[12]

Wenn etwa im letzten Akt der von Sasha Waltz choreografierten und inszenierten Tanz-Oper[13] *Dido & Aeneas* (Purcell) nach teilweise opulenten Tänzen und Körperbildern das Bühnenbild leer im Halbdunkel liegt, eine Tänzerin mit ruhigen, verhaltenen Bewegungen vier Flammen entzündet, die dann eine nach der anderen verlöschen, senkt sich, mit Didos ergebenem ‚Remember me, forget my fate' noch als Nachklang im Raum, die Atmosphäre einer tiefen Traurigkeit auf das Publikum. Es bedarf einiger Minuten, bis dieses sich sammeln und von der Autorität der Atmosphäre distanzieren kann – in einem anfangs zögernden, dann frenetischen Applaus. Die Trauer berührt und ergreift das Publikum so sehr, dass es eine Weile braucht, um sich dann durch den Applaus von der affektiven Betroffenheit lösen zu können. So kann das Gefühl der Trauer um Didos verzweifelten Selbstmord im letzten Akt als eine, wenn auch inszenierte, ganzheitliche Atmosphäre in das Spüren des Publikums einströmen und wird mit seiner buchstäblich ‚ergreifenden' Wirkung ein eindringliches Zeugnis leiblicher Resonanz mit der Atmosphäre. An dieser Stelle ist auch an die alte, mindestens bis auf Aristoteles zurückreichende ‚Katharsis'-Lehre hinsichtlich der Bedeutung des Schauspiels – aber in vieler Hinsicht auch der Kunst überhaupt – zu erinnern. Die kathartische Wirkung ist eine den ‚ganzen Menschen' in seiner Leiblichkeit ergreifende und vorübergehend affektiv ‚reinigende'.

10 Vgl. Hermann Schmitz, *System der Philosophie*, Bd. II, 1. Teil: *Der Leib*, und Hermann Schmitz, *System der Philosophie*, Bd. III, 2. Teil: *Der Gefühlsraum*, Bonn 1969.

11 Vgl. Hermann Schmitz, *Der Leib, der Raum, die Gefühle*, S. 58.

12 Vgl. ebd.

13 Premiere 19. Februar 2005 an der Deutschen Staatsoper Berlin.

Wenn das Publikum von dem Tanz (oder anderen Geschehen) auf der Bühne ergriffen wird, geschieht dies jedenfalls nicht primär durch die Wahrnehmung einzelner diskreter Bewegungsfiguren und Signale – diese können meist nur von den professionellen Kritikern deutlich unterschieden und in ihrer Ausführung beurteilt werden, darin besteht der Unterschied zum allgemeinen Publikum –, sondern eben durch die leibliche Resonanz bzw. Kommunikation im Geschehen der ‚Einleibung'. Der wichtigste Kanal dieser Einleibung ist dabei – insbesondere bei Tanz- und Theateraufführungen – der ‚Blick': Im Blick des Publikums auf die Tänzer verschmilzt die Wahrnehmung so mit dem eigenleiblichen Spüren, dass es zum „Koagieren ohne Reaktionszeit" als dem „Leitsymptom der Einleibung" kommt.[14] (An dieser Stelle sei nur kurz auf die jüngst entdeckten ‚Spiegelneuronen' verwiesen, die offenbar die physiologische Grundlage solcher Prozesse sind – und an den hier möglichen Brückenschlag zwischen den von Schmitz als einseitig ‚konstellationistisch' kritisierten naturwissenschaftlichen Methoden und den Beschreibungsmöglichkeiten der Neuen Phänomenologie für Phänomene, die sonst leicht dem Verdikt des ‚Irrationalismus' verfallen.)

In der mit- und nachvollziehenden Einleibung der Bewegung der Tänzer durch das Publikum (und andere Tänzer) wird deren eigenleibliche Wahrnehmung durchle(i)bt, und zwar eben nicht durch die bewusste Apperzeption einzelner Bewegungselemente und Figuren, sondern als eine holistische und weitgehend ‚widerfahrende' Ganzheit des Geschehens.

Allerdings entsteht die ‚leibliche Resonanz' seitens des Publikums nicht voraussetzungslos. So verweist Prütting darauf, dass es meist eines spezifischen Settings wie des gestalteten Bühnen- und Zuschauerraums bedarf, vor allem aber der Bereitschaft zur Offenheit und Hinwendung, der Aufmerksamkeit, des Einlassens und des ‚Mitschwingens' der Zuschauer. Beatrix Hauser beschreibt diese grundsätzlich notwendige Bereitschaft als „somatische Wachsamkeit", die zu einer „somatischen Resonanz" führen kann.[15] Bei Schmitz wird dieses Geschehen als „Angestecktwerden des eigenen Leibes" beschrieben, was „zu dessen eventuell enthusiastischen Mitgehen oder Mitschwingen mit der vom Objekt ausgestrahlten Bewegungssuggestion" führen kann.[16] Die Intensität und Prägnanz der jeweiligen leiblichen Resonanzerfahrung macht also den Kern dessen aus, was häufig als überwältigende ‚Präsenz' der Künstler und als ‚Magie' bzw. als ‚Verzauberung' durch die Aufführung beschrieben wird.

Aber auch wenn es in Situationen faszinierter Einleibung und Resonanz zu einer Art Verschmelzung zu einem „übergreifenden Gesamtleib"[17] kommt, bleiben die Zuschauer doch nicht bloß passiv Überwältigte. Zwar geschieht im Moment der Resonanz häufig

14 Vgl. Hermann Schmitz, „Leib und Gefühl im Spiegel der Kunst", in: Michael Großheim (Hg.), *Leib und Gefühl. Beitrage zur Anthropologie*, Berlin 1995.

15 Vgl. Beatrix Hauser, „Zur somatischen Erfahrbarkeit von Aufführungen", in: Sonderforschungsbereich 626, Ästhetische Erfahrung (Hg.), *Gegenstände, Konzepte, Geschichtlichkeit*, Berlin 2006, S. 9.

16 Vgl. Hermann Schmitz, *System der Philosophie*, Bd. II, 2.Teil: *Der Leib im Spiegel der Kunst*, 2. Auflage, Bonn 1987, S. 43.

17 Vgl. Hermann Schmitz, „Über leibliche Kommunikation", in: *Zeitschrift für klinische Psychologie und Psychotherapie* 20, 1972.

nicht nur ein rein leiblicher Widerhall des Wahrgenommenen, sondern darüber hinaus eine Transformation des eigenleiblichen Fühlens und Spürens. Dennoch aber wird die Möglichkeit zur Abstandsnahme und Urteilsfähigkeit im Prinzip aufrechterhalten: Wie beim eigenleiblichen Spüren, so ist auch in der Resonanzerfahrung immer der Wechsel zwischen „personaler Regression", dem selbstvergessenen Aufgehen im Augenblick, und „personaler Emanzipation", der entschiedenen Distanz und Reflexion möglich.[18] Der Zuschauer ist also nicht Gefangener des Geschehens, sondern kann im Prinzip jederzeit zu sich zurückkehren bzw. sich aus dem ‚Gesamtleib' ausklinken.[19] Allerdings zeigt die Massen- bzw. Gruppenpsychologie, dass ein solches ‚Ausklinken' oft einer erheblichen Willensanstrengung seitens des Einzelnen bedarf. Sich einer ‚Atmosphäre' kollektiver Ergriffenheit, Trauer, Freude, Zorns, religiösen Wahns usw. zu widersetzen, wird wohl umso schwieriger, je länger und intensiver man Ähnliches schon in vergleichbaren Situationen eingeleibt hat.

So sind in der leiblichen Resonanz die beiden konträren Aspekte der unvertretbaren Subjektivität und Individualität eigenleiblichen Spürens und der den einzelnen Leib dabei immer schon übergreifenden Gemeinsamkeit und potenziellen Gemeinschaftlichkeit immer schon miteinander verschränkt. Einerseits ist damit das Leiberlebnis von einem irreduziblen ‚Eigensinn' geprägt, andererseits und zugleich jedoch immer schon mit der historisch-kulturell geprägten Körperlichkeit verschränkt und in die dialogische Struktur und Sozialität der wechselseitigen Einleibung eingelassen. Nicht nur die Körper, sondern auch die jeweilige Leiberfahrung, die Formen und Besonderheiten des eigenleiblichen Spürens usw. erweisen sich dabei – so jedenfalls meine These – als historisch-kulturell ‚vermittelt'.

Tanzwissenschaftliche Annäherungen

Was aber weiß die Tanzwissenschaft über das Phänomen ‚leiblicher Resonanz' und seine Bedeutung? Es zeigt sich, dass die Wahrnehmung und Thematisierung dieses Aspekts ihrerseits vom historisch sich wandelnden Verständnis des Tanzes abhängt. Dies gilt insbesondere für die ‚moderne' und ‚postmoderne' Tanzkultur des 20. (und beginnenden 21.) Jahrhunderts.

Spätestens seit das klassische Ballett mit seinem artifiziellen und normierten Bewegungsrepertoire weitgehend vom Genre des ‚modernen Tanzes' abgelöst wurde, stellen sich – bis heute – immer wieder von Neuem die Fragen: Was genau ist Tanz? Welche Bedeutung hat der Körper/Leib im Tanz? Ist Tanz vor allem auf Expression gerichtet, „eine Kommunikation emotionaler Erfahrungen", die „phänomenologisch in dem erfahrungsdurchwirkten Naturell der Körperbewegung angelegt" ist? Und ist Tanz dabei ein „universales Kommunikationsmodell", das „auf direkte Weise – intersubjektiv und quasi

18 Vgl. Hermann Schmitz, *System der Philosophie*, Bd. IV: *Die Person*, Bonn 1980.

19 Vgl. Lenz Prütting, „Über das Mitgehen", S. 149.

transphysisch – mittels der Bewegung zwischen dem Körper des Tanzenden und dem des Wahrnehmenden" kommunizieren kann?[20]

Der amerikanische Tanzkritiker John J. Martin (1893–1985), wichtigster Chronist und Mentor des ‚modern dance', entwirft entlang dieser Fragen sein Wahrnehmungskonzept, das den Zuschauer als eine Art ‚Resonanzraum' deutet. Martin führt dabei die Erkenntnisse der neurophysiologischen und psychologischen Forschungen zur Kinästhetik in den Tanzdiskurs ein. Danach „reagiert der Körper auf jegliche inneren wie äußeren Reize, ununterschieden nach der Sinnesart, mit Eigenbewegungen und einer Regulierung der Lage- und Spannungsveränderungen in seinen Gelenken, Organen u. Ä., einer Regulierung von Balance, Muskelspannung, Orientierung und Haltung, was seinen gesamten Wahrnehmungsapparat, seine Emotionen und Erinnerungen bewusst oder unbewusst kinästhetisch strukturiert. Die Übertragung von Tanzbewegungen vom Tänzer auf den Zuschauer fasst Martin in vergleichbarer Weise sympathetisch auf. Der Zuschauer absorbiert quasi die Bewegungen mit ihren emotional gestimmten Spannungsmomenten in seinen Körper, reagiert also im höchsten Maß emphatisch, das heißt, ihm zeigt sich der Tanz nicht primär visuell, sondern er wird von ihm eigenkörperlich berührt. Die Tanzkunst kommuniziert danach mit dem Zuschauer direkt."[21]

Dieses Verständnis des Tanzes als Kommunikationsmedium jenseits (oder vor aller) sprachlicher Verständigung und das dazugehörige Wahrnehmungskonzept körperlich-leiblicher Resonanz ist im Kontext der Entwicklung des Ausdruckstanzes entstanden. Als Reaktion auf die gesellschaftliche, technische und ästhetische Umbruchphase zu Beginn des 20. Jahrhunderts wird der Körper hinsichtlich seines kulturellen und ökonomischen Stellenwerts wie seiner künstlerischen Präsentations- und Darstellungsmodi neu bestimmt. So wird der Körper nunmehr als Ressource authentischer, unentfremdeter Natur und entsprechender Erfahrungen ‚entdeckt' – es gilt folglich, ihn im Tanz von allen von ‚außen' auferlegten Zwängen zu befreien. Das Tanzkonzept wandelt sich vom technisch-disziplinierten Regelvollzug zum ‚energetischen' Ausdruck innerer Erfahrungen. Ob der legendären Rhythmus-Tanzgymnastik-Schule von Jaques Dalcroce oder den Ikonen des frühen Ausdrucktanzes wie Loiie Fuller, Isadora Duncan, Ruth Dennis und Mary Wigman – ihnen allen ging, es trotz Differenzen der Bewegungsstile und Tanzformen, um den Ausdruck eines „dynamisch und energetisch durchwirkten Fluss(es) von Körperbewegungen".[22]

Diese in die Körperkulturbewegungen des frühen 20. Jahrhunderts eingebundenen Tanzkonzepte untersuchen die energetischen Qualitäten der Bewegung und fassen sie als Transmitter von Kräften auf, die der Zuschauer mit seinem psychophysischen Sensorium empfängt. Bewegung und Rhythmus werden zu Leitmetaphern und Tanz fungiert nun als Paradigma einer neuen Erkenntnisweise. Rudolf Laban, einer der großen Bewegungsforscher,[23] versteht den Tanz als ein Medium unmittelbarer Verständigung und Ge-

20 Vgl. Sabine Huschka, *Moderner Tanz. Konzepte, Stile, Utopien*, Reinbek bei Hamburg 2002, S. 77f.

21 Ebd., S. 78f.

22 Ebd., S. 30.

23 Vgl. zu Labans Movements-Analysis, Choreutik und ‚Efforts-Theorie' ebd., S. 166ff.

meinschaftsstiftung. Im Tanz soll die monadische Konstitution des Subjekts aufgelöst und das private ‚Ich-Erleben' zu einem Über-Persönlichen werden.

Diese spirituell-religiöse Dimension des frühen (deutschen) Ausdrucktanzes verschwindet im amerikanischen ‚modern dance' gänzlich: Der Tanz der ‚Neuen Welt' hat nichts im Sinn mit ‚inneren Seelenlandschaften'. Kein Kult, kein Mythos, kein Ritual, keine Naturbilder samt der ihnen zugeschriebenen Göttlichkeit: Die pure Bewegung, der Rhythmus der Maschinen, der Industrialisierung, der Metropole und des Fortschritts werden zum Material des neuen Tanzes. Im zeitgenössischen Tanz knüpfen Choreografen wie Merce Cunningham daran an und sehen nun keine Differenz mehr zwischen alltäglicher, natürlicher und künstlerischer Bewegung: Jede Bewegungsform ist als Material von Tanz akzeptabel. Tanz gilt nun als ein rein physikalisches Bild von Bewegung, das dem Körper sein eigenes spezifisches Gewicht verleiht.

Beim sogenannten ‚Postmodernen Tanz' schließlich, für den Namen wie das ‚Judson DanceTheatre', ‚Grande Union', Trisha Brown, Yvonne Rainer oder Steve Paxton stehen, ist ebenfalls die Ästhetik des Alltäglichen der Ausgangspunkt: Die choreografische Bearbeitung und Verfremdung von alltäglichen Vorkommnissen liefert jetzt die wichtigste Basis des Tanzgeschehens. Die daran anschließende Performance-Kultur – meist mit Bild- und Toninstallationen im Clip-Format arbeitend – greift den allgegenwärtigen wissenschaftlich-technologischen Zugriff auf und präsentiert den Körper als ‚Performance-Körper': Ein Körper, der um die Allgegenwart der ihn präsentierenden medialen Bilderflut weiß, der auf eine abgekapselte Existenzform geschrumpft und dem Zwang unterworfen ist, sich ständig neu zu erfinden. (Jérôme Bell, Xavier le Roy, Meg Stuart).

In diesen zeitgenössischen Tanzkonzepten scheinen eigenleibliches Spüren und die Kommunikation von Gefühlen und Atmosphären – was ja zu Beginn der Moderne *das* Motiv der Erneuerung des Tanzes war – kein Thema mehr zu sein. Der Tanz wird intellektuell und zunehmend ‚reflexiv'. Der ‚performative Körper' scheint keinen ‚rettenden Ort' mehr in sich zu bergen. Sein Naturell und unabwendbares Schicksal ist nun, von Zeichen und Codes durchzogen zu sein. Jérôme Bell behauptet gar, dass alles, was wir vom Körper wissen können, auf Zeichen und Sprache beruhe.

Aber wie lässt sich ein derart von Bildern und Wissen umstellter Körper noch leiblich wahrnehmen, wie ist er in seinen Bewegungen für das Publikum überhaupt nachvollziehbar? Der Versuch, den Tanzkörper allein als Zeichen zu verstehen, scheint mir eine Verkürzung dessen, was Tanz sein und bewirken kann. Denn einerseits bleibt Tanz auf die unhintergehbare Materialität der Körper angewiesen. Diese teilt sich aber den Zuschauern und anderen Tänzern eben gerade nicht als bloßes Zeichengeschehen, sondern mittels leiblicher Resonanz mit, die deren eigenleibliches Mit-Erleben direkt affiziert. Die ‚postmoderne' Verabschiedung der vielfach naiven Prämissen der expressivistischen Ästhetik des Ausdrucktanzes und ähnlicher Tanzkonzepte sollte nicht dazu führen, die zentrale Bedeutung der leiblichen Kommunikation für das Tanzerleben zu negieren.

Dem Tanz ist das Flüchtige eingeschrieben. Gerade in diesem Nicht-Festhalten-Können, im Verschwinden von Anschauung und Bedeutung, liegt seine Präsenz und seine Affinität zum intensiven leiblichen Spüren begründet. Es ist plausibel, wenn Tänzer antworten, was sie bei der Bewegung spürten, sei kein Gefühl, sondern die jeweilig beanspruchten Partien ihrer Muskulatur. Aber auch in der ‚puren Bewegung' werden zumindest kinästhetische Qualitäten wie Kraft, Leichtigkeit, Schwere, Geschmeidigkeit, Durchlässigkeit usw. gespürt und können vom Zuschauer in leiblicher Resonanz nachvollzogen werden.

Zudem sind auch der ‚postmoderne' Tanz und die Kontaktimprovisation von ‚Release-Techniken' (oder auch ‚Somatics') maßgeblich beeinflusst worden. Unter diesem Sammelbegriff werden verschiedene Richtungen des körperorientierten Lernens wie die ‚Alexander-Technik', ‚Eutonie', ‚Feldenkrais-Methode' und ‚Body-and-Mind-Centering' subsummiert, die einen dauerhaften, wenn auch oft untergründigen Einfluss auf die Tanzentwicklung genommen haben.

Bei den Protagonisten des zeitgenössischen Tanzes überwiegt also oft ein ‚postmodernes' Verständnis der Zeichenhaftigkeit des Körpers. Dagegen werden in der neueren tanzwissenschaftlichen Forschung vielfach phänomenologische Ansätze wieder entdeckt, wobei neben Merleau-Ponty auch Schmitz zum philosophischen Bezugspunkt wird. Obwohl dabei oft terminologisch und der Sache nach nicht eindeutig zwischen Körper- und Leibdimension unterschieden wird, liegt bei vielen ihrer Ansätze und Fragestellungen ein Bezug auf die Leibphilosophie von Schmitz nahe.

Weiterführende Fragen: Die Veränderbarkeit der Leiberfahrung

Abschließend möchte ich auf die weiter oben schon erwähnte These der historisch-kulturellen ‚Vermitteltheit' und ihre entsprechenden Veränderbarkeit der Leiberfahrung zurückkommen. Das Leiberleben erscheint meiner Meinung nach zwar auf der phänomenalen Ebene als ‚primär' und ‚unmittelbar', ist aber deswegen keineswegs faktisch ‚unvermittelt'. Was uns meist als das Nächste, das Unhinterfragbare und unmittelbar Gegebene erscheint, ist vielmehr zugleich ganz und gar ‚unser' und ein ‚Vermitteltes', über das wir nur partiell verfügen. Dies gilt umso mehr, wenn es tatsächlich maßgeblich von unserer individuellen und kollektiven Geschichte und Kultur, aber auch von dem uns jeweils situativ Begegnenden (mit-)bestimmt sein sollte.

Dabei ist die je eigene Lebensgeschichte besonders wichtig. In ihr bildet sich die jeweilige Leiberfahrung heraus – und mit ihr die Fähigkeit und die spezifischen Ausprägungen bzw. Einübungen leiblicher Resonanz. Wie ausgeprägt etwa bei einer Tanzaufführung die leibliche Resonanz ist, d. h. was und wie genau gesehen und gespürt wird, hängt neben den erwähnten Bedingungen von ‚Situation' und ‚somatischer Wachsamkeit' auch von der komplexen eigenleiblichen Disposition des jeweiligen Betrachters ab. Zum einen bedeutet dies ganz konkret den Grad der jeweiligen Erfahrung und Übung im Tanz (oder anderen Körperpraktiken), wodurch die Qualität und Intensität des leiblichen Nachvollzugs der beobachteten Bewegungen mit bestimmt wird. Zum anderen aber filtert der affektiv betroffene Zuschauer mit den „Antennen seiner Leiblichkeit" jene Momente und Qualitäten aus der Gesamtatmosphäre heraus, die zu seiner leiblichen Disposition und seinem spezifischen biografischen Hintergrund passen.[24] Das jeweilige individuelle Erleben ein und derselben Situation – etwa eines bestimmten Tanz-

24 Vgl. Hermann Schmitz, *Der Leib, der Raum, die Gefühle*, hier „Die Autorität der Trauer".

stückes in einer spezifischen Aufführung – kann also durchaus verschieden sein bzw. je spezifische Elemente mitvollziehen und ‚einleiben'.

Intensität und Qualität der leiblichen Kommunikation und Einleibung sind also maßgeblich von leiblichen Lernprozessen und von der Leiberinnerung an die eigenen Bewegungserfahrungen abhängig. So wird ein Tänzer bei einem Tanzstück, das er aus dem Publikum betrachtet, die ‚leibliche Resonanz' in der Regel viel deutlicher und differenzierter erleben, als dies einem ‚normalen' Zuschauer möglich ist. Das je eigene Leibempfinden und die Ausprägung und Intensität der ‚leiblichen Resonanz' sind also nicht nur historisch-kulturell vermittelt, sondern insbesondere auch ein Resultat der jeweiligen Lebensgeschichte und der in ihr gewachsenen Leiberfahrungen – zu denen ebenso Bewegungserfahrungen wie solche des zärtlichen, gewaltsamen, aber auch erotischen Weltbezugs gehören.

Das bedeutet freilich auch, dass der Leib und das eigenleibliche Spüren ebenso wenig wie der Körper von sich aus eine ‚unentfremdete', ‚authentische' Erfahrung oder Wahrheit gewährleisten. Angesichts der immer schon gegebenen Verschränkung von Körper und Leib liegt die Frage nahe, in welcher genauen Weise Leiberfahrung qualitativ von historisch-kulturellen Faktoren (mit-)bestimmt und etwa durch das Erlernen spezifischer Bewegungstechniken und Tanzformen umgeformt wird. Zu klären bleibt dabei, bis zu welchem Grade unsere Leiberfahrung eine historisch und kulturell vermittelte ist und wie dies ggf. auch empirisch nachzuweisen wäre. Es wäre also nachzuprüfen, ob es sich ‚nur' um einen Wandel der Aufmerksamkeit bzw. Aufmerksamkeitslenkung, mit der leibliche Phänomene wahrgenommen werden, handelt, also diese Phänomene in ihrer wesentlichen Ausprägung universal sind, oder es doch qualitativ je nach Kultur ganz unterschiedliche Formen der Leiberfahrung gibt. Hat der ‚Leib' also ebenso wie der ‚Körper' eine Geschichte im emphatischen Sinne?

Ähnlich stellt sich die Frage, ob es für die Erfassung einer ‚Atmosphäre' einer kulturspezifischen körperlich-leiblichen und ästhetisch-mentalen Sozialisation bedarf: Würden wir z. B. als ‚Nicht-Spezialisten' bei einer Aufführung der Peking-Oper in ähnlicher Weise wie bei dem geschilderten Beispiel der ‚Dido & Aeneas'-Inszenierung in leiblicher Resonanz mit der spezifischen Atmosphäre ‚mitschwingen' können, auch wenn wir vielleicht von der Handlung nichts verstehen und die Musik uns fremd bleibt? Sind Atmosphären also universal wirksam, oder bedürfen sie spezifischer historischer bzw. soziokultureller Dispositionen und Voraussetzungen, auf die ihre Macht treffen muss, um uns ‚leiblich ergreifen' zu können?

Gegenüber diesen noch offenen Fragen scheint mir aber wenigstens gesichert, dass ‚reales' Tanzen noch um einiges besser ist als ‚virtuelles' Mittanzen, denn, wie H. Schmitz sagt, Tanzen ist lebendige Verankerung im Leben: „Die Bewegung der menschlichen Beine richtet sich normaler Weise in die Zukunft, auf ein Wegziel. Im Tanz wird sie zur Entfaltung des Lebenswillens in die Gegenwart ohne Abhängigkeit von einem erst noch zu erreichenden Ziel …"[25]

25 Vgl. Hermann Schmitz, in: Hermann Gausebeck/Gerhard Risch (Hg.), *Hermann Schmitz. Leib und Gefühl. Materialien zu einer philosophischen Therapeutik*, Paderborn 1992.

Literatur

Berger, Christiane (2006), *Körper denken in Bewegung. Zur Wahrnehmung des tänzerischen Sinns bei William Forsythe und Saburo Teshigawara*, Bielefeld.

Demmerling, Christoph/Hilge Landweer (Hg.) (2007), *Philosophie der Gefühle. Von Achtung bis Zorn*, Stuttgart/Weimar.

Eberlein, Undine (2007), *ballettanz. Das Jahrbuch 2007.*

Eberlein, Undine (2008), „Einzigartigkeit als Fiktion des Neuen“, in: Wolfgang Sohst (Hg.), *Die Figuren des Neuen*, MoMo Berlin, Philosophische Texte, Bd. 1, Berlin.

Elberfeld, Rolf (2007), „Bewegungskulturen und multimoderne Tanzentwicklung“, in: Gabriele Brandstetter/Christoph Wulf (Hg.), *Tanz als Anthropologie*, München 2007.

Gehm, Sabine/Pirkko Husemann /Katharina von Wilcke (Hg.), *Wissen in Bewegung. Perspektiven der künstlerischen und wissenschaftlichen Forschung im Tanz*, Bielefeld 2007.

Gugutzer, Robert (2008), „Leibliche Kommunikation im Tanz“, in: Michael Großheim (Hg.), *Neue Phänomenologie zwischen Praxis und Theorie. Festschrift für Hermann Schmitz*, München.

Gausebeck, Hermann/Gerhard Risch (Hg.) (1992), *Hermann Schmitz. Leib und Gefühl. Materialien zu einer philosophischen Therapeutik*, Paderborn.

Hauser, Beatrix (2006), „Zur somatischen Erfahrbarkeit von Aufführungen“, in: Sonderforschungsbereich 626, Ästhetische Erfahrung (Hg.), *Gegenstände, Konzepte, Geschichtlichkeit*, Berlin.

Huschka, Sabine (2002), *Moderner Tanz. Konzepte, Stile, Utopien*, Reinbek bei Hamburg.

Huschka, Sabine (2006), „Der Tanz als Medium von Gefühlen“, in: Margit Bischof/Claudia Feest/Claudia Rosiny (Hg.), *e_motion. Tanzforschung* 16, Hamburg.

Landweer, Hilge (1995), „Verständigung über Gefühle“, in: Michael Großheim (Hg.), *Leib und Gefühl. Beiträge zur Anthropologie*, Berlin.

Linck, Gudula (2008), „Der Tanz um die eigene Mitte“, in: Michael Großheim (Hg.), *Neue Phänomenologie zwischen Praxis und Theorie. Festschrift für Hermann Schmitz*, München.

Merleau-Ponty, Maurice (1974), *Phänomenologie der Wahrnehmung*, Berlin.

Prütting, Lenz (1995), „Über das Mitgehen. Einige Anmerkungen zum Phänomen transorchestoraler Einleibung“, in: Michael Großheim (Hg.), *Leib und Gefühl. Beiträge zur Anthropologie*, Berlin.

Irene Sieben (2007), „Expeditionen zum inneren Lehrer. Wie die Pioniere des bewegten Lernens den Tanz beflügelten“, in: Sabine Gehm/Pirkko Husemann/Katharina von Wilcke (Hg.), *Wissen in Bewegung. Perspektiven der künstlerischen und wissenschaftlichen Forschung im Tanz*, Bielefeld.

Schmitz, Hermann (1965), *System der Philosophie*, Bd. II, 1. Teil: *Der Leib*, Bonn.

Schmitz, Hermann (1967), *System der Philosophie*, Bd. III, 1. Teil: *Der leibliche Raum*, Bonn.

Schmitz, Hermann (1969), *System der Philosophie*, Bd. III, 2.Teil: *Der Gefühlsraum*, Bonn.

Schmitz, Hermann (1972), „Über leibliche Kommunikation“, in: *Zeitschrift für klinische Psychologie und Psychotherapie* 20.

Schmitz, Hermann (1978), *System der Philosophie*, Bd. III, 5. Teil: *Die Wahrnehmung*, Bonn.

Schmitz, Hermann (1980), *System der Philosophie*, Bd. IV: *Die Person*, Bonn.

Schmitz, Hermann (1980), *System der Philosophie*, Bd. V: *Die Aufhebung der Gegenwart*, Bonn.

Schmitz, Hermann (1985), „Phänomenologie der Leiblichkeit“, in: H. Petzhold (Hg.), *Leiblichkeit. Philosophische, gesellschaftliche und therapeutische Perspektiven*, Paderborn.

Schmitz, Hermann (1987), *System der Philosophie*, Bd. II, 2.Teil: *Der Leib im Spiegel der Kunst*, 2. Auflage, Bonn.

Schmitz, Hermann (1998), *Der Leib, der Raum, die Gefühle*, Stuttgart.

Schmitz, Hermann (1995), „Leib und Gefühl im Spiegel der Kunst“, in: Michael Großheim (Hg.), *Leib und Gefühl. Beitrage zur Anthropologie*, Berlin 1995.

Schmitz, Hermann (2005): *System der Philosophie*, Bd. III, 4. Teil: *Das Göttliche und der Raum*, Bonn.

Gernot Böhme

Das Wetter und die Gefühle

Für eine Phänomenologie des Wetters*

1. Einleitung

Das Wetter schlägt mir aufs Gemüt, dieser ewige Regen macht mich ganz melancholisch, der Fön macht mich kribbelig – es ist für uns ganz selbstverständlich, dass bestimmte Wetterlagen auch bestimmte Gefühle mit sich bringen, dass sie nicht nur das Befinden, sondern auch die Stimmung beeinflussen. Das gilt keineswegs nur für den negativen Fall. Das Wetter *beeinträchtigt* nicht nur die Stimmung, es kann vielmehr auch die Lebensgeister anregen oder steigern. Auch hier ist die Verbindung so selbstverständlich, dass das Wetter schon mehr oder weniger metaphorisch für das Gefühl selbst steht. Man denke an die berühmten Frühlingsgefühle, an das sonnige Gemüt. Wenn man von einer *heiteren Stimmung* redet, dann ist schon nicht mehr ganz klar, ob der Ausdruck *heiter* ursprünglich eher der Sphäre des Wetters oder der Sphäre der Gefühle angehört. Mit *heitere Stimmung* kann man sowohl einen anbrechenden Sommertag charakterisieren wie auch die Gefühlslage, die ihm entspricht.

Dass man das Wetter im Befinden spürt, wird gewöhnlich im Sinne eines Kausalzusammenhangs verstanden: Das Wetter wirkt aufs Gemüt, es beeinflusst das Befinden, es ruft Gefühle hervor. Sicher gibt es auch eine mehr oder weniger große Empfänglichkeit für solche Wirkungen, quasi einen *Sinn* für das Wetter, der, wenn er für das Subjekt lästig wird und mit Behinderungen verbunden ist, als *Wetterfühligkeit* bezeichnet wird. Das Wetter ist allemal das Größere und das Subjekt ist ihm ausgesetzt.

Aber, was ist Wetter?

Die Antwort scheint leicht. Wir sind gewohnt, sie uns von der täglichen Wettervorhersage vorgeben zu lassen. Danach ist Wetter das, was man durch Hochs und Tiefs, d. h. durch den Luftdruck und seine Verteilung, durch Temperaturen, durch Windrichtung und -stärke, durch Feuchtigkeitsgrade bestimmt. Druck, Temperatur, Windstärken, Feuchtigkeiten sind aber nicht das Wetter selbst; das Wetter ist das Ganze aus all diesem, es ist eine Totalität. Die Meteorologie bedient sich der genannten Kategorien, um das Wetter vorherzusagen, aber wie es dann wirklich ist, muss man schon selber sehen. Das hängt nicht nur mit der Komplexität des Wetters zusammen, also der

* Veröffentlicht als: „Das Wetter und die Gefühle. Für eine Phänomenologie des Wetters“, in: Bernd Busch (Red.), *Luft*, Bonn: Kunst- und Ausstellungshalle der BRD 2003, S. 148-161.

Schwierigkeit durch eine endliche Anzahl von Parametern, dieses Ganze, nämlich das Wetter zu fassen, sondern liegt auch daran, dass das Wetter etwas radikal Regionales, etwas Singuläres ist. Natürlich gibt es Trends, Wetterlagen und -entwicklungen, aber das Wetter ist jeweils hier und jetzt. Um zu sagen, was für Wetter ist oder wie das Wetter ist, muss man schon nach Draußen gehen, genauer: man muss sich dem Wetter aussetzen. Dann aber beschreiben wir das Wetter ganz anders und mit ganz anderen Kategorien als die Meteorologie. Wir sagen, das Wetter ist trüb, es ist verhangen, es ist neblig, es ist kühl, es ist heiter, das Wetter ist freundlich, das Wetter ist schwül, es regnet, die Sonne scheint, es ist windig, es ist Frühlingswetter oder Herbstwetter, es ist winterlich draußen, es ist frisch oder drückend.

Mit diesem Übergang von den Kategorien der Wettervorhersage zur Charakterisierung des Wetters im Ganzen haben wir offenbar zugleich einen Übergang von der naturwissenschaftlichen Bestimmung des Wetters zur leiblichen Erfahrung des Wetters vollzogen. Nach diesem Übergang fragt man sich, ob unsere landläufige und eingangs vorgeführte Beziehung von Wetter und Gefühlen, nämlich als die einer Kausalbeziehung, revidiert werden müsste. Sie setzt ja voraus, dass es das Wetter als Totalität bereits irgendwo und unabhängig von den Gefühlen gibt, um ihm dann noch eine Wirkung aufs Gemüt zuzuschreiben. Dass wir jedoch Fragen derart: *Wie ist das Wetter?* oder *Was für Wetter ist draußen?* so beantworten, dass wir unser Spüren zur Bestimmung des Wetters verwenden, legt eine andere Denkweise nahe. Das Wetter ist danach nichts anderes als das Korrelat unseres leiblich-sinnlichen Spürens. Wetter nennen wir dann den Zustand unserer Umgebung im Ganzen, insofern wir von ihr affektiv betroffen werden. Wetter wäre danach eine subjektive Tatsache, ein Phänomen, für dessen Erscheinen man zwar objektive Bedingungen angeben könnte, und es wäre dann fraglich, ob es so etwas wie objektives Wetter überhaupt gibt. Können wir überhaupt vom Wetter als einer Totalität anders als in subjektiver Betroffenheit reden?

Um das Gewicht dieser Frage zu erhöhen, möchte ich die Verhältnisse beim Thema „Landschaft“ als Analogie zitieren. Auch hier ist es fraglich, ob es Landschaften als Totalitäten an sich, d. h. in der Natur eigentlich gibt, ob nicht Landschaften erst vor und für das landschaftliche Auge, wie W. H. Riehl im 19. Jahrhundert sagte,[1] entstehen. Auch hier gibt es objektive Bedingungen und naturwissenschaftliche Kategorien, nach denen man Landschaften beschreiben kann, aber das Ganze, das man dann Landschaft nennt, ist etwas Subjektives und *Landschaft* letztlich eine ästhetische Kategorie. Aus diesem Grunde hat ja Alexander von Humboldt in der Geographie den Landschaftsmalern eine notwendige Rolle zugewiesen, weil sie allein in der Lage wären, den *Totaleindruck* wiederzugeben.

Damit hätte sich das Verhältnis von Wetter und Gefühl umgedreht: Nicht das Wetter wirkt auf die Gefühle, sondern durch Gefühle charakterisieren wir das Wetter.

1 Wilhelm Heinrich Riehl, „Das landschaftliche Auge“, in: ders., *Kulturstudien aus drei Jahrhunderten*, Stuttgart 1859, S. 57-79.

2. Atmosphäre: Über die Verwandtschaft von Wetter und Gefühl

Die nahe Verwandtschaft von Wetter und Gefühl, die sich damit abzeichnet, wird man nicht fassen, solange man die Redeweisen, in denen diese Verwandtschaft artikuliert wird, weiterhin als metaphorisch versteht: Eine Wolke von Wohlwollen strömte mir entgegen, das Wetter heiterte sich auf. Wenn die Ausdrücke *Wolke* und *heiter* jeweils nur Metaphern sind, die ursprünglich aus einem anderen Gebiet stammen, dann rechnet man noch nicht mit einer strukturellen Verwandtschaft zwischen Wetter und Gefühl. Das Haupthindernis dafür liegt in dem, was Schmitz die *Introjektion der Gefühle* genannt hat, nämlich die Auffassung, dass Gefühle innerseelische Zustände sind. Natürlich gibt es auch solche innerseelischen Zustände, aber sie sind nach Schmitz' Analyse nur die affektive Betroffenheit durch etwas, was einen von außen anrührt, was selbst räumlichen Charakter hat. Schmitz redet von *Atmosphären*, nämlich quasi objektiven Gefühlen, die unbestimmt in die Weite ergossen sind. Mit diesem Ausdruck *Atmosphäre* haben wir das Phänomen bezeichnet, das die Verwandtschaft von Wetter und Gefühl trägt. Atmosphäre ist allerdings ursprünglich ein meteorologischer Begriff und bezeichnet die Totalität des Luftraums. Seit Jahrhunderten aber, und zwar in den meisten europäischen Sprachen, bezeichnet dieser Ausdruck auch die emotionale Tönung des Raumes beziehungsweise räumlicher Konstellationen. Atmosphäre in diesem Sinne kann man mit Elisabeth Ströker als gestimmten Raum, mit Hermann Schmitz als quasi objektives Gefühl bezeichnen, ich würde sagen, dass Atmosphäre die Sphäre gespürter leiblicher Anwesenheit ist. Gehen wir von diesem Begriff aus, dann kann man als Atmosphäre sowohl das Wetter, das einen umgibt, als auch den Gefühlsraum, in dem man sich befindet, bezeichnen. Ich gebe für beides zur Verdeutlichung eine Reihe von Beispielen:

Wie ist das Wetter bei Euch?
- Es ist ein heiterer Morgen.
- Es herrscht eine bedrohliche Gewitterstimmung.
- Es ist ein düsterer Tag.
- Es ist herbstlich kühl.

Wie ist die Stimmung bei Euch?
- Wir leben in gespannter Erwartung.
- Es herrscht eine aggressive Atmosphäre.
- Die Atmosphäre ist sehr gemütlich.
- Die Gespräche vollziehen sich in kühler Atmosphäre.[2]

Solche Beispiele dürften plausibel machen, dass Wetter und Gefühle eng miteinander verwandt sind: Beides sind Atmosphären. Freilich meint man dann Wetter als subjektive Tatsache, als leiblich-sinnlich gespürte Wetterlage und Gefühl als quasi objektives Gefühl,

2 Ich habe absichtlich die Fragen so gestellt, dass die Antworten an eine Person gerichtet sind, die selbst leiblich die entsprechende Atmosphäre nicht teilt.

als emotional getönten Raum. Diese Verwandtschaft hat jedoch auch Grenzen. Bevor ich auf sie eingehe, möchte ich zuerst den Autor zitieren, der unter dem allgemeineren Thema des *leiblichen Raumes* die Verwandtschaft von Wetter und Gefühl am deutlichsten herausgearbeitet hat. Hermann Schmitz schreibt in seinem Band *Der Gefühlsraum*:

> „Unter den Beispielen dafür [nämlich für den leiblichen Raum, G. B.] habe ich an erster Stelle den klimatischen Raum genannt, d. h. unbestimmte weite Ausdehnung des Wetters oder Klimas in der Gestalt, die wir unwillkürlich spüren, wenn wir ohne Weiteres – namentlich ohne Besinnung auf den eigenen Leib und auf Sinnesdaten im üblichen Sinn – dessen inne sind, daß *es* heute zum Beispiel schwül, feucht, lau oder frisch und kühl oder frühlingshaft oder gewittrig erregend ist oder sonst etwas *in der Luft liegt.* Was wir dann spüren, ist als Phänomen eigentlich nicht ein Zustand unseres Leibes, sondern eine diesen umhüllende, ungegliederte, randlos ergossene Atmosphäre, in deren Weite sich freilich der eigene Leib als etwas abhebt, das von ihr in spezifischer Weise – zum Beispiel erschlaffend bei schwülem Wetter oder straffend bei frischer, reiner Luft – betroffen wird. Ebenso sind Gefühle nach den in diesem Buch zusammengestellten Beobachtungen solche Atmosphären, die den Menschen durch dessen leibliches Betroffensein heimsuchen, aber nicht nur ein Zustand seines Leibes sind, sondern unbestimmt weit ergossene Mächte, wovon dieser umgriffen wird.“[3]

Im Folgenden versucht dann Schmitz den Unterschied von Wetter und Gefühl zu bestimmen. Es würde zwar dem „feinfühligen Beobachter nicht schwerfallen, dem spürbaren Wetter oder Klima eine Gefühlsnatur anzumerken“. Aber es wäre doch befremdlich, „umgekehrt das Gefühl als eine Art von Wetter auszugeben“.[4] Als Unterschiede gibt er im Folgenden an, dass man das Wetter beispielsweise durch Kleidung „von sich wegrücken“ könne, ferner im Wetter „im Prinzip beliebig umherwandern“, was jeweils bei Gefühlsatmosphären nicht der Fall sei.[5] Ferner gebe es einen Unterschied im Bezug auf die Richtungen, die im jeweiligen Raum des Wetters und der Gefühle auszumachen seien. Die Richtungen des Wetters seien terminierbar – das heißt, dass das Wetter quasi als von räumlichen Quellen her ausgehend bestimmbar ist, während das bei Gefühlen nicht der Fall sei, weil soweit ihnen überhaupt Richtungen zuzuschreiben sind, diese „abgründig und nicht terminierbar“[6] seien. Ich halte das letztere zwar nicht für zutreffend, weil auch Gefühlsatmosphären von dinglichen *Erzeugern* ausgehen können, aber was doch in allen von Schmitz genannten Unterscheidungsmerkmalen eine Rolle spielt, ist etwas, das Schmitz zu bemerken ausdrücklich vermeidet, nämlich dass das Wetter ein *Natur*-Phänomen ist. Das heißt erstens, dass dem Wetter gegenüber dem Verhalten des Menschen quasi eine Eigenaktivität zuzubilligen ist, und zweitens, dass die Wetterphä-

3 Hermann Schmitz, *System der Philosophie* III 2, *Der Gefühlsraum*, Bonn 1962, S. 361.

4 Ebd., S. 364.

5 Ebd., S. 365.

6 Ebd., S. 366.

nomene, die zwar zunächst und zumeist in subjektiver, das heißt leiblicher Betroffenheit erfahren werden, auch in distanzierter Haltung *konstatierbar* sind. Bei weiterem Ausbauen dieses Konstatierens wird das Wetter auf naturwissenschaftlich erfassbare Faktoren zurückgeführt, die als seine Erzeugenden anzusehen sind. Streng genommen muss man allerdings sagen, dass das Wetter als Totalität nur in leiblicher, d. h. subjektiver Betroffenheit gegeben ist. Die naturwissenschaftlich konstatierbaren Parameter sind lediglich als Erzeugende dieser Totalität anzusehen, während die Totalität des Wetters selbst nicht naturwissenschaftlich gegeben ist, sondern allenfalls im Modell der systemischen Wechselwirkungen der Wetterparameter repräsentiert werden kann. Das führt zu der vielleicht für manchen paradox erscheinenden Tatsache, dass man zwar die Entwicklung der einzelnen Wetterparameter und durchaus auch ihre Wechselwirkung voraussagen kann, nicht aber wie das im Wetter im Ganzen sein wird. Denn die Synthesis der mannigfaltigen Wetter erzeugenden Faktoren vollzieht sich letztlich erst in der leiblich-sinnlichen Wahrnehmung. Daraus folgt das Desiderat einer Phänomenologie des Wetters, nämlich einer Kategorisierung der *gesetzmäßigen Natur im Bezug auf das leibliche Spüren* – wenn man das in Analogie zur Goetheschen Farbenlehre so sagen darf.

3. Zu Goethes *Versuch einer Witterungslehre*

Als Paradigma einer Phänomenologie der Natur gilt Goethes Farbenlehre.[7]

Gibt es eine Wetterlehre, die diesem Paradigma entspricht?

Naturgemäß wird man zunächst bei Goethe selbst suchen, nämlich unter seinen meteorologischen Arbeiten, insbesondere dem *Versuch einer Witterungslehre.*[8]

Diese Erwartungen werden bei näherem Zusehen enttäuscht. Zunächst zum Paradigma der Farbenlehre selbst, um in Erinnerung zu rufen, woran sich ein Phänomenologischer Zugang zur Natur zu messen hat:

Der Gegenstand der Farbenlehre wird als Natur so, wie sie in leiblich-sinnlicher Erfahrung erscheint, bestimmt. Die Definition der Farbe wurde bereits zitiert: Farbe ist die gesetzliche Natur in Bezug auf den Sinn des Auges. Ferner folgt die Farbenlehre der Maxime Goethes „Man suche nur nichts hinter den Phänomenen; sie selbst sind die Lehre".[9] Daraus folgt, dass die Phänomene nicht von Hypothesen über nicht Phänomenales her erklärt werden. Vielmehr ist der Inhalt der Theorie in der Ordnung der Phänomene selbst und der Angabe von Bedingungen ihres Erscheinens zu sehen. Das führt in der Farbenlehre einerseits zum Farbkreis mit seiner strukturellen Ordnung und andererseits zum Begriff des Ur-Phänomens. Danach ist Farbe jeweils eine Konstellation von Licht, Finsternis und Trübe, die im Einzelfall unterschiedliche *Repräsentanten*[10] haben.

7 Gernot Böhme/Gregor Schiemann (Hg.), *Phänomenologie der Natur*, Frankfurt am Main 1997.

8 Dieser Aufsatz wurde von Goethe 1825 geschrieben, aber erst in der Ausgabe letzter Hand publiziert.

9 Frankfurter Ausgabe I, 25, S. 114.

10 Der Ausdruck Repräsentant, der von mir stammt, ist ein bißchen problematisch. Gemeint ist, dass die Rolle des Trüben beispielsweise im einen Fall durch einen Nebel, im anderen Fall durch die Atmo-

Ferner ist charakteristisch Goethes Lehre von den *sinnlich-sittlichen Wirkungen* der Farben, nämlich das sie jeweils emotional, das heißt mit einer bestimmten affektiven Betroffenheit erfahren werden. Diese Erfahrung kann durchaus auch kulturell geprägt sein und deshalb gehört zu Goethes Farbenlehre essentiell eine Kulturgeschichte der Farbe.

Gemessen an diesem Paradigma findet sich in Goethes *Versuch einer Witterungslehre* zunächst nur ein echt phänomenologisches Moment, nämlich die Klassifikation der Wolkenformen – Zirrus, Kumulus, Stratus, Nimbus –, die Goethe im Jahre 1815 voller Begeisterung von dem englischen Meteorologen Duke Howard übernommen hatte.[11] Hier handelte es sich um eine Reihe charakteristischer Phänomene, die miteinander in einer dynamischen Beziehung stehen. Im Übrigen ist die Goethesche Witterungslehre aber durch und durch instrumentenfixiert, wobei Barometer und Thermometer die entscheidenden Daten produzieren. So sensibel Goethe in seiner Auseinandersetzung mit Newton im Bereich der Farbenlehre für den Unterschied von sinnlich gegebenen und durch Apparate produzierte Daten ist, in der Witterungslehre bemerkt er ihn nicht oder überspielt ihn. So setzt er eingangs seine Witterungslehre durchaus als eine Lehre von der Witterung als subjektiver Tatsache an:

> „Die Witterung offenbart sich uns, insofern wir handelnde und wirkende Menschen sind, vorzüglich durch Wärme und Kälte, durch Feuchte und Trockenheit, durch Maß und Übermaß solcher Zustände, und das alles empfinden wir unmittelbar, ohne weiteres Nachdenken und Untersuchung."[12]

Die Witterungslehre wird also ursprünglich von Goethe durchaus als Lehre von einer Natur, die leiblich-sinnlich erfahren wird und insofern auch relevant ist, angesetzt. Aber dann glaubt er, dass die meteorologischen Instrumente tatsächlich diese affektive Betroffenheit durch Wetterphänomene zur Anschauung bringen:

> „Nun hat man manches Instrument ersonnen, um eben jene uns täglich anfechtenden Wirkungen dem Grade nach zu versinnlichen. Das Thermometer beschäftiget jedermann und wenn er schmachtet oder friert, scheint er in gewissem Sinne beruhigt, wenn er nur sein Leiden Reaumur oder Fahrenheit dem Grade nach aussprechen kann".[13]

Das heißt, Goethe bemerkt nicht, dass der Gegenstand menschlicher Wärmeerfahrung und die Temperatur zwei strukturell unterschiedene Begriffe sind. Bei der Temperatur gibt es nur ein mehr oder weniger, während die Wärmeerfahrung polar nach warm und kalt gegliedert ist und einen *temperierten* Bereich kennt. Ferner hängt die Wärmeerfahrung

sphäre im Ganzen, im dritten (bei prismatischen Farben) durch ein verschobenes Bild übergenommen werden kann.

11 Siehe seinen Aufsatz „Wolkengestalt nach Howard" von 1820 und das Gedicht „Howard's Ehrengedächtnis" von 1821.

12 „Versuch einer Witterungslehre, Einleitendes und Allgemeines", Frankfurter Ausgabe I, Bd. 25, S. 274.

13 Ebd.

außer von der Temperatur auch von ganz anderen Größen beziehungsweise Bedingungen wie der Vorerfahrung, der Feuchtigkeit, der Wärmeleitfähigkeit des Mediums oder des berührten Gegenstandes ab.[14] Beim Barometer stellt er dann selbst mit einer gewissen Irritation fest, dass es etwas misst, was in die alltägliche Wettererfahrung gar nicht eingeht:

> „Merkwürdig ist aber, daß gerade die wichtigste Bestimmung der atmosphärischen Zustände von dem Tagesmenschen am allerwenigsten bemerkt wird, denn es gehört eine kränkliche Natur dazu, um gewahr zu werden, es gehört schon eine höhere Bildung dazu, um zu beobachten, diejenige atmosphärische Veränderung, die uns das Barometer anzeigt".[15]

Das nenne ich *verdecken.* Faktisch hat Goethe mit diesem Schritt die Phänomenologie des Wetters verlassen und ist zu einer objektiven Wettertheorie übergegangen. Im Folgenden erklärt er dann den Barometerstand geradezu als das Grund- oder Urphänomen des Wetters[16] und geht dann zu einer Theorie der Wettererklärung rein spekulativen Charakters über: Die Barometerschwankungen sollen sich aus Schwankungen der Erdanziehung ergeben, die eine Art Atmung des Lebewesens Erde darstellen.[17] Zum Ende des Aufsatzes kehrt Goethe dann aber doch zum Paradigma Farbenlehre und damit zur Phänomenologie der Natur zurück. Nach der Analogie der Farbenlehre müsste das Urphänomen Wetter aus der Konstellation der Dreiheit *Anziehungskraft*, *Erwärmungskraft* und *Atmosphäre* gebildet sein:

> „Ebenso haben wir nun *Anziehungskraft*, und deren Erscheinung, *Schwere* an der einen Seite, an der anderen *Erwärmungskraft* und deren Erscheinen, *Ausdehnung* als unabhängig gegeneinander übergestellt; zwischen beiden hinein setzen wir die *Atmosphäre*; den von eigentlich sogenannten Körperlichkeiten leeren Raum, und wir sehen, je nachdem oben genannte beide Kräfte auf die feine Luft-Materialität wirken, das was wir Witterung nennen, entstehen und so das Element in dem und von dem wir leben, aufs mannigfaltigste und zugleich gesetztlichste bestimmt."[18]

14 Siehe dazu meinen Aufsatz „Quantifizierung und Instrumentenentwicklung", in: Gernot Böhme, *Am Ende des Baconschen Zeitalters*, Frankfurt am Main 1993, II.4, und „Temperatur und Wärmenmenge", in: P. Eisenhardt/S. Linhard/K. Petanides (Hg.), *Der Weg der Wahrheit*, Hildesheim 1999, S. 217-226.

15 „Witterungslehre", S. 274 f.

16 Ebd., S. 280.

17 H. G. Nisbet hat in seinem Handbuch-Artikel „Zum Versuch einer Witterungslehre" mit Recht festgestellt, dass Schwankungen der Erdanziehung mit dem Barometer aus physikalischen Gründen überhaupt nicht festgestellt werden könnten. Siehe *Goethe-Handbuch*, Stuttgart/Weimar 1977, Bd. 3, S. 783.

18 „Witterungslehre", S. 297 f.

So wie also die Farbe das Wechselspiel von Licht und Finsternis in der Trübe ist, so die Witterung das Wechselspiel von Druck und Temperatur in der Atmosphäre. Damit ist Goethe nach seiner Tour über eine physikalistische Wettertheorie wieder halbwegs bei sich selbst angekommen und es ergibt sich am Ende noch die Möglichkeit, die Zustände der Atmosphäre in ihrer sinnlich-sittlichen Wirkung zu würdigen – wenn nur für Goethe der Terminus Atmosphäre auch die Bedeutung der Sphäre gespürter leiblicher Anwesenheit hat.

In dieser Hinsicht wird nun der Leser enttäuscht. Zwar gibt es durchaus Stellen, an denen Goethe den Ausdruck *Atmosphäre* im übertragenen Sinne verwendet beziehungsweise, wie wir jetzt sagen, an denen Atmosphären zur Bezeichnung eines Gefühlsraumes dienen. Aber erstens sind sie recht selten[19] und zweitens sind die Verwendungsweisen streng getrennt. In der Regel bedeutet bei Goethe *Atmosphäre* ganz nüchtern und ohne emotionale Obertöne *Luft, Luftraum, Himmel.* Es gibt nahezu keine Übergänge zwischen den beiden Verwendungsarten. Gerade weil sie so selten sind, seien zwei zitiert. An Sulpiz Boisserée schreibt Goethe 1822: „(...) denk ich dabei der schönen guten Zeiten, wo wir zusammen in heiterer Atmosphäre genossen".[20] Hier meint Goethe wohl eher die Heiterkeit des Zusammenseins. Aber dem Text nach könnten sie auch bei heiterem Wetter zusammengewesen sein. Genaugenommen handelt es sich hier eher um eine Zweideutigkeit. Dagegen ist folgende Stelle ein eindeutiger Übergang zwischen beiden Verwendungsformen von Atmosphäre. Im Gespräch mit Eckermann geht Goethe unter anderem auf die Stelle im Faust ein, an der Gretchen, nachdem Faust und Mephisto in ihrem Zimmer gewesen sind, das an einer Veränderung der *Atmosphäre* spürt:

„Es ist so schwül, so dumpfig hie,
Und ist doch eben so warm nicht drauß,
Es wird mir so,
Ich weiß nicht wie" (2753-2755)

und dann gibt sie ihrer bedrückt-melancholischen Stimmung durch das Lied vom König in Thule Ausdruck. In den Gesprächen sagt Goethe beziehungsweise Eckermann für ihn dazu: „Nur die Atmosphäre wird durch ihn [das heißt den Teufel, G. B.], nach Gretchens Bemerkung, etwas schwül gemacht, trotz seines freiherrlichen Benehmens".[21] Diese schwül-dumpfige Atmosphäre in Gretchens Zimmer ist durchaus die konkret atembare und vielleicht durch Mephisto kontaminierte Luft, aber es ist eben auch die Sphäre, in der noch die Anwesenheit des Teufels leiblich und affektiv spürbar ist.

Als Übergangsstelle mag man auch eine Maxime werten, an der Goethe den Ausdruck *Atmosphäre* so verwendet, wie man heute in esoterischen Kreisen den Ausdruck

19 Eine elektronische Recherche auf der Basis der beiden CD-Roms in der Digitalen Bibliothek Johann Wolfgang Goethe, *Werke*, und Johann Wolfgang Goethe, *Briefe, Tagebücher, Gespräche*, ergab, dass solche Stellen nur etwa 10 % ausmachen.

20 WA 14, Bd. 36, S. 239.

21 *Goethes Gespräche*, hg. v. Woldemar Freiherr von Biedermann, Leipzig 1889 – 1896, Bd. 2, S. 66.

Aura: „Alles Lebendige bildet eine Atmosphäre um sich her" (*Maximen und Reflexionen*).[22]

Hier ist der Ausdruck Atmosphäre in der Nähe des Terminus *Dunstkreis* und entspricht deshalb meiner Definition von *Atmosphäre* als Sphäre gespürter leiblicher Anwesenheit.

Die Stellen, in denen Goethe den Ausdruck *Atmosphäre* in übertragenem Sinne verwendet, sind nun gerade eher gefühlsarm, das heißt *Atmosphäre* bedeutet dort etwa soviel wie *Umgebung*, allenfalls *bedeutungsträchtige Umgebung*. So wenn er von der *akademischen Atmosphäre* spricht[23] oder der Atmosphäre seiner Gedanken[24] oder wenn er in den Gesprächen mit Eckermann in Bezug auf Shakespeare von der Atmosphäre seines Jahrhunderts redet[25] oder bei der Benutzung des Italienischen wieder die Atmosphäre des Landes spürt.[26] Dass er ausdrücklich von einer Gefühlsatmosphäre spricht, ist äußerst selten, so wie in einem Brief an Zelter von 1820, wo er von der *Atmosphäre des Neides* redet.[27]

In summa kann man sagen, dass Goethe zwar den Gebrauch von Atmosphäre in übertragenem Sinne kannte, aber dieser Gebrauch bot ihm mitnichten einen Übergang zu einer Lehre vom Wetter in subjektivem Sinne. So muss man auch, wenn man nun seine Wetterschilderung etwa in biografischen Texten und Briefen und in der Italienischen Reise aufsucht, feststellen, dass sie in der Regel recht kurz und sachlich sind und eher meteorologische Mitteilungen als Stimmungsbilder sind. Ich gebe ein Beispiel aus der Italienischen Reise. Die Ankunft in Neapel schildert er so:

„Bei guter Zeit sind wird hier angelangt. – Schon vorgestern verfinsterte sich das Wetter, die schönen Tage hatten uns trübe gebracht, doch deuteten einige Luftzeichen, dass es sich wieder zum Guten bequemen werde, wie es denn auch eintraf. Die Wolken trennen sich nach und nach, hier und da einschien der blaue Himmel, und endlich beleuchtete die Sonne unsere Bahn."[28] Zwar ist die Wetterbeschreibung nicht ohne Bewertung – schön, gut, trübe –, aber sie bleibt doch im Allgemeinen und selbst ein Ausdruck wie *die Sonne beleuchtete unsere Bahn* lässt die affektive Teilnahme am Wettergeschehen allenfalls ahnen. Es überwiegt das meteorologische Interesse.[29]

Auch in seinen literarischen Arbeiten macht er kaum vom Wetter als szenischem Mittel Gebrauch. Was damit gemeint ist, sei durch zwei Beispiele erläutert. So eröffnet Goethe den achten Gesang von *Herrmann und Dorothea*, der die Liebenden in ihrem noch unsicheren und bedrohten Gefühl füreinander schildert, folgendermaßen.

22 Goethe, Berliner Ausgabe, Bd. 18, S. 542.
23 Hamburger Ausgabe, Bd. 9, S. 359.
24 *Italienische Reise*, Hamburger Ausgabe, Bd. 11, S. 354.
25 *Gespräche*, Bd. 5, S. 3.
26 *Gespräche*, Bd. 7, S. 81.
27 Werkausgabe, IV, Bd. 33, S. 9.
28 Hamburger Ausgabe, Bd. 9, S. 178.
29 Für weitere ebenso trockene Wetterbemerkungen in der *Italienischen Reise* siehe Hamburger Ausgabe, Bd. 9, S. 131, 137, 140.

„Also gingen die zwei entgegen der sinkenden Sonne,
Die in Wolken sich tief, gewitterdrohend, verhüllte,
Aus dem Schleier bald hier, bald dort mit glühenden Blicken
Strahlend über das Feld die ahnungsvolle Beleuchtung." (VIII, 1-4)

Durch diese Eröffnung des Gesanges wird durch das Wetter gewissermaßen in die emotionale Situation eingeführt. Der Leser kann am äußeren Geschehen die sich anbahnende innere Dramatik erahnen.

Die *Novelle*, in der die Natur in Gestalt eines ausgebrochenen Zirkuslöwen den gepflegten Tageslauf höfischer Kreise irritiert, eröffnet Goethe mit folgendem Satz: „Ein dichter Herbstnebel verhüllte noch in der Frühe die weiten Räume des fürstlichen Schloßhofes, als man schon mehr oder weniger durch den sich lichtenden Schleier die ganze Jägerei zu Pferde und zu Fuß durcheinander bewegt sah".[30] Hier wird durch die Witterung die Atmosphäre unbeschwerten höfischen Treibens vorgegeben, von dem nachher der Ausbruch der Zirkustiere umso effektvoller sich absetzen kann. Aber dieses Stilmittel ist, wie gesagt, äußerst selten. Selbst im *Werther*, schließlich einem klassischen Werk der Empfindsamkeit, spielt das Wetter fast keine Rolle. Im Gegenteil: Dort, wo das Wettergeschehen wirklich eine Rolle spielt, wie nämlich das Gewitter bei dem ländlichen Tanzvergnügen, zu dem Werther Charlotte begleitet, dient es vielmehr dazu, das sachlich überlegene Verhalten dieser beiden Protagonisten von dem aufgeregten und ängstlichen der anderen jungen Leute abzusetzen.[31] Wenn Werther *empfindsam* auf die natürliche Umgebung reagiert, dann auf die landschaftliche Szene, nicht das Wetter.

Doch was heißt *Empfindsamkeit*? Goethe war sicher alles andere als ein wetterfühliger Mensch. Wenn wir noch einmal zurückblicken auf die Stelle, wo er im *Versuch einer Witterungslehre* von einer lebensweltlichen Bedeutung der Witterung redet, so meint er nicht die Bedeutung, insofern wir empfindende Menschen, sondern „insofern wir handelnde und wirkende Menschen sind",[32] und so sind seine Angaben zum Wetter in der Regel dazu da, die Bedingungen eines Unternehmens – oder – wie es in dem Text *Wolkengestalt nach Howard* heißt – für „eine Ernst- oder Lustfahrt".[33] Das Wetter setzt die Bedingungen für die Möglichkeit des Handelns und in diesem Sinne interessiert sich Goethe dafür. So ist – abgesehen von dem Anstoß, den er durch die Howardsche Wolkenlehre erhielt – sein Interesse am Wetter wesentlich im Zusammenhang seiner Tätigkeit als Leiter der Anstalten für Kunst und Wissenschaft im Herzogtum Weimar zu sehen, in welcher Eigenschaft er auch die Aufsicht über den Aufbau eines Stationsnetzes zur Wetterbeobachtung hatte. Es ist wohl diese Tätigkeit, die den Ausschlag dafür gegeben hat, dass seine Witterungslehre schließlich keine Phänomenologie des Wetters, sondern eine Meteorologie wurde.

30 Hamburger Ausgabe, Bd. 6, S. 491.
31 Hamburger Ausgabe, Bd. 6, S. 21 und 26f.
32 Frankfurter Ausgabe I, Bd. 25, S. 274.
33 Frankfurter Ausgabe I, Bd. 25, S. 214.

4. Phänomenologie des Wetters

Die Phänomenologie des Wetters ist bis heute ein Desiderat. Es lohnt sich, dieses Desiderat genauer zu bestimmen. Es handelt sich offenbar darum, eine Witterungslehre zu entwickeln, die das Wetter nicht als objektive Tatsache und auch nicht als Randbedingung für menschliches Handeln, sondern als Korrelat von Empfindungen, genauer von leiblichem Spüren, darstellt. Dieses Desiderat ist als solches anerkannt. Schließlich ist für jeden von uns das Wetter primär interessant unter dem Gesichtspunkt, wie wir uns dabei fühlen. Man hat versucht, diesem Bedürfnis zu entsprechen, indem man außer der objektiven Temperatur eine *subjektive Temperatur* versucht hat zu konstruieren. Gemeint ist eine Temperaturangabe, nach der die Wärme nicht nach objektiven Temperaturgraden, sondern korrigiert durch gewisse Faktoren nach Graden angegeben wird, wie sie von einem durchschnittlichen Menschen empfunden wird. Diese Konstruktion ist aber natürlich Unsinn, einerseits, weil man trotz Korrekturfaktur bei der Messgröße Temperatur bleibt, andererseits, weil der menschliche Wärmesinn eben kein Temperatursinn ist.[34]

Am nächsten kommt der Idee einer Phänomenologie des Wetters Willy Hellpach in seinem Buch *Geopsyche.*[35] Das Buch enthält eine Fülle feinfühliger und plastischer Wetterdarstellungen. Gleichwohl kann man es methodisch gesehen nicht als eine Phänomenologie des Wetters ansehen. Allenfalls als eine Art Psychophysik des Wetters: Hellpach definiert Wetter als „den Gesamtzustand der Lufthülle unserer Erde – der Atmosphäre – an einem Orte und zu einem Zeitpunkt".[36] Diesen Gesamtzustand sucht er durchaus naturwissenschaftlich zu bestimmen – um dann nach der Wirkung des Wetters auf die Seele zu fragen. Diese Wirkung verfolgt er nach zwei Dimensionen: Für ihn kann Wetter entweder ermattend oder erfrischend sein. Dabei macht er durchaus davon Gebrauch, dass wir häufig den *Gesamtzustand*, den wir Wetter nennen, von den sogenannten Wirkungen eher charakterisieren, ohne allerdings seine Vorstellungen von Kausalität infrage zu stellen. Charakterisitisch ist folgende Formulierung: „Das Wörtchen *frisch* wird auf sehr bezeichnende Weise vom Wetter ebenso wie vom Befinden gebraucht. Wenn *es* draußen frisch ist, so pflegen wir uns auch frisch zu fühlen und (in unsern Leistungen) frisch zu sein".[37]

Was ist nun von einer Phänomenologie des Wetters zu erwarten?

Die Phänomenologie des Wetters geht von der Einsicht aus, dass Wetter als *Totaleindruck* – um mit Alexander von Humboldt zu sprechen – nur in leiblich-sinnlicher

34 Siehe dazu Martin Basfeld, *Wärme: Ur-Materie und Ich-Leib. Beiträge zur Anthropologie und Kosmologie*, Stuttgart 1998, und Hans-Jürgen Scheuerle, *Die Gesamtsinnesorganisation. Überwindung der Subjekt-Objekt-Spaltung in der Sinneslehre*, Stuttgart, ²1984.

35 Willy Hellpach, *Geopsyche. Die Menschenseele unterm Einfluss von Wetter und Klima, Boden und Landschaft*, Leipzig ⁵1939. Dieses Buch, ursprünglich bereits vor dem Ersten Weltkrieg erschienen, hat immer wieder verschiedene Auflagen bis in die 70er-Jahre erlebt. Es enthält in seinem dritten Hauptteil unter dem Titel Boden und Seele eine – so weit ich weiß ungewollte – Nähe zur Blut- und Boden-Ideologie.

36 Ebd., S. 7.

37 Ebd., S. 24.

Erfahrung gegeben ist. Das Wetter ist deshalb als eine Modifikation des Raumes der leiblichen Anwesenheit zu behandeln, genauer als Sphäre gespürter leiblicher Anwesenheit und das heißt nach unserer Definition als Atmosphäre. Damit kann die Theorie der Atmosphäre auf das Phänomen Wetter angewendet werden. Deren Hauptunterscheidung ist die von Charakteren und Erzeugenden. Wettercharaktere bestimmen den Totaleindruck, der das Wetter ist, durch die Art seiner Anmutung. Unter dem Titel der *Erzeugenden* werden – wie beim Bühnenbild – die dinglichen Konstellationen aufgesucht, die Bedingungen für das Erscheinen des jeweiligen Wetters sind.[38]

Beim Wetter spielt – wie schon H. Schmitz mit Recht festgestellt hat – im Unterschied zu den Gefühlsatmosphären eine Rolle, dass man vom Wetter gewissermaßen abrücken kann. Ich habe diesem Unterschied in früheren Arbeiten[39] durch die terminologische Unterscheidung von *Atmosphäre* und *Atmosphärischem* Rechnung getragen. Ferner kann man beim Wetter einen Unterschied zwischen Wettercharakteren und Wetterereignissen machen, so wie man in der Theorie der akustischen Landschaften zwischen der Tonalität einer Landschaft und akustischen Ereignissen unterscheidet. Ich werde jetzt diese Differenzen durch Beispiele erläutern. Zunächst zu den Wettercharakteren.

Wettercharaktere sind, wie gesagt, Bestimmungen, die den Gesamteindruck des Wetters charakterisieren. Es sind Antworten auf die Frage *Wie ist das Wetter?* und sie werden gewöhnlich mit dem unbestimmten Subjekt *es* gegeben, also etwa: *es ist schwül*. Von den allgemein bei Atmosphären festzustellenden Typen von Charakteren spielen nun die synästhetischen, die Stimmung und die Bewegungsanmutungen beim Wetter die Hauptrolle.

Synästhetische Charaktere sind etwa: es ist kalt, es ist kühl oder heiß, es ist schwül oder frisch, es ist grau oder klar, es ist feucht, es ist rauh oder mild. Als Synästhetisch werden diese Charaktere bezeichnet, weil sie in der Regel durch Qualitäten geschehen, die vornehmlich einem Sinnesbereich anzugehören scheinen, in Wahrheit aber Modifikationen des leiblichen Spürens sind. Manchmal kann man deshalb die Formulierung mit *es ist* ... direkt in eine Formulierung umwandeln, die anzeigt, wie man sich fühlt: es ist kalt – mir ist kalt; es ist frisch – ich fühle mich frisch.

Eine weitere Gruppe von Wettercharakteren kann man als *Stimmungen* bezeichnen. So sagt man, das Wetter sei heiter oder das Wetter sei trüb. Es ist zwar wahr, dass jedes Wetter leiblich sinnlich erfahren wird, aber manche Wetterlagen schlagen doch, wie man sagt, aufs Gemüt, d. h. sie werden als Stimmungsanmutungen erfahren. Schließlich noch die Bewegungsanmutungen: Man redet von drückendem Wetter, von unruhigem Wetter oder auch im Gegensatz dazu von stillem Wetter. Wir haben hier also mit Wetterlagen zu tun, die leiblich-sinnlich als Tendenzen empfunden werden. Tendenzen nach oben, nach unten oder unruhig in alle Richtungen.

Wenn man so die Typen von Wettercharakteren durchgeht, dann fragt man sich, ob es in Analogie zu anderen Atmosphären auch Charaktere geben kann, die man gesell-

38 Bezeichnenderweise sprechen die Bühnenbildner von Klima, wenn es um die Atmosphäre geht, die sie durch ihre Arrangements erzeugen wollen.

39 Gernot Böhme, *Anmutungen. Über das Atmosphärische*, Ostfildern 1998.

schaftlich nennt, oder Charaktere, die als kommunikative Charaktere anzusprechen sind. Die gesellschaftlichen Charaktere zeichnen sich dadurch aus, dass sie konventionelle Momente enthalten. Ein Beispiel dafür ist die *kleinbürgerliche Atmosphäre*. Verwandt mit solchen Charakteren sind die Wettercharaktere, die man als typisch für bestimmte Jahreszeiten empfindet. Die Einteilung des Jahres in Jahreszeiten ist natürlich, zumindest zum Teil, eine gesellschaftliche Konvention. Auch die Wetterlagen, die man als typische Jahreszeiten empfindet, sind solche, die nicht nur synästhetische Anmutungen enthalten, sondern auch durch spezifische Insignien mitbestimmt sind. So gehören beispielsweise zum herbstlichen Wetter die farbigen Blätter und zum Frühlingswetter das sprießende Grün als Momente, die zum Totaleindruck beitragen, obgleich sie natürlich für sich genommen keine Wetterelemente sind. Schließlich gibt es auch Wetterlagen, die man durch kommunikative Charaktere bestimmt, wie aggressiv, freundlich oder unfreundlich. Trotz dieser Charakterisierung unterscheiden sich die entsprechenden Wettertypen von kommunikativen Atmosphären. Denn beim Wetter ist ja das Wetter selbst quasi der Kommunikationspartner, während bei den kommunikativen Atmosphären es Atmosphären sind, in denen Menschen einander begegnen.

Es sei schließlich auf Wettercharaktere hingewiesen, bei denen man das Wetter von einzelnen Erzeugenden her charakterisiert. So als neblig, regnerisch, sonnig, windig oder stürmisch. Auch hier meint der Charakter den Wettereindruck im Ganzen und nicht das einzelne Moment, das die Wetteratmosphäre dominant erzeugen mag. Das sieht man schon daran, dass die Ausdrücke jeweils paronymisch verwendet werden, d. h. in abgeleiteter Form. Man drückt dadurch aus, dass das Wetter vorherrschend durch ein bestimmtes Erzeugendes geprägt wird, und zwar nicht als Ereignis, sondern gewissermaßen als Grundtönung. Am deutlichsten wird das beim Ausdruck *regnerisches Wetter*. Dieser Ausdruck meint nicht, dass es gerade aktuell regnet, sondern dass es sich um eine Wetterlage handelt, bei der Regen quasi alles andere dominiert.

Die Erzeugenden sind die objektiven Momente, mit denen man in der Meteorologie das Wetter zu bestimmen sucht. Wir sehen, dass sie nicht als Ursachen, sondern als Erzeugende von Atmosphären auch zur Charakterisierung des Wetters im Ganzen herangezogen werden können. Es ist aber wichtig darauf zu achten, dass sie dabei gerade nicht einfach als Fakten beziehungsweise als objektive Qualitäten angesehen werden, sondern in ihrem ekstatischen Charakter erfahren. So werden der Wind als Partner leiblicher Kommunikation, der einen angreift, gegen den man sich stemmen muss, der einen aufregt und unruhig macht. So wird die Sonne als mild oder stechend oder als strahlend erfahren. Noch deutlicher wird dieser Unterschied bei den objektiven Wetterparametern Temperatur, Druck, Feuchtigkeit. Diese werden ja überhaupt nicht als solche leiblich-sinnliche erfahren, sondern haben lediglich Entsprechungen in synästhetischen Anmutungen. So die Temperatur in der Erfahrung von Wärme und Kälte, die Feuchtigkeit in der Erfahrung von Schwüle beziehungsweise Trockenheit. Dem Luftdruck entspricht gar keine leiblich-sinnliche Anmutung, wie schon Goethe feststellte, es sei denn, eine Paradoxale, nämlich, dass man sich gerade bei abnehmendem Luftdruck bedrückt fühlt und bei zunehmendem Luftdruck beschwingt.[40]

Die objektiven Wetterdaten kommen also in der Phänomenologie des Wetters durchaus vor, aber eben als Erzeugende, das heißt insofern sie zu dem Gesamteindruck, der das Wetter ist, beitragen. Sie müssen nur anders gelesen werden: nicht als objektive Bestimmungen, sondern als Ekstasen. Man könnte das durchaus eine ästhetische Lesart nennen, insofern diese objektiven Wetterbestimmungen hier nicht als wirksame Ursachen, sondern als Moment eines Gesamteindruckes gewertet werden. Das sieht man ganz deutlich, wenn man noch einmal auf die paronymisch bezeichneten Wettercharaktere zurückblickt. Wenn ein Wetter nach einem bestimmten erzeugenden Moment benannt wird, so zeigt das, dass sie offenbar gegeneinander gewichtet werden. Eine Wetterlage mag durch Wärme, Regen und Wind geprägt sein, wenn das Wetter im Ganzen aber als trüb bezeichnet wird, dann sind offenbar Wolkenbildung und Nebel die dominanten Momente.

Neben den Charakteren und den Erzeugenden gibt es ein drittes großes Hauptthema einer Phänomenologie des Wetters, nämlich die Wetterereignisse. Dabei ist an das Schneien, den Sturm, den Sonnenschein, den Regen, das Gewitter, den Wolkenbruch und das Aufklaren zu denken. Wir haben diese Wetterereignisse in gewisser Weise schon als Erzeugende von Wettercharakteren erwähnt. Hier als Wetterereignisse sind sie allerdings weniger in ihrer substantivischen als ihrer verbalen Form gemeint, nämlich in Formulierungen wie: es regnet, es schneit, es gewittert (üblicherweise eher: es donnert und blitzt). Solche Formulierungen können ebenso wie die Charaktere als mögliche Antworten auf die Frage *Wie ist das Wetter?* gegeben werden. Aus dieser Verwandtschaft zu den Charakteren erkennt man, dass die Wetterereignisse so etwas wie Verdichtungen und Dramatisierungen des Wetters sind. Während die Wettercharaktere im Wesentlichen die Räumlichkeit des Wetters betreffen, so die Wetterereignisse seine Zeitlichkeit. Während die Wettercharaktere wesentlich im leiblichen Befinden erfahren werden, so die Wetterereignisse viel eher im Lebensvollzug. Das hindert aber nicht, dass sie als Erzeugende von Wettercharakteren auch durchaus in die Befindlichkeit eingehen.

Damit bin ich am Ende dieser Skizze einer Phänomenologie des Wetters. Es handelt sich genaugenommen um die Bezeichnung eines Desiderates. Dass eine Phänomenologie des Wetters wünschenswert ist, folgt schon allein daraus, dass wir vom Wetter gerade qua Totaleindruck und -ereignis betroffen werden. Deshalb müsste man sich viel besser auskennen in dem, was Wetter als subjektive Tatsache eigentlich ist, man müsste lernen, darüber artikulierter zu sprechen. Die Methode einer Phänomenologie des Wetters wird deshalb immer Hand in Hand gehen mit einer sprachanalytischen Untersuchung unserer Rede vom Wetter. Eine Grammatik des Wetters im Sinne Wittgensteins sollte man allerdings nicht als Resultat erwarten, denn das Phänomen, um das es hier geht, ist und bleibt Natur, auch wenn sie im Modus einer Natur für uns studiert wird.

40 Siehe dazu Willy Hellpach, *Geopsyche*, S. 61f.

Thomas Fuchs

Das Unheimliche als Atmosphäre

Einleitung

Was ist das Unheimliche? – Zu Beginn des 20. Jahrhunderts haben die Psychologen Ernst Jentsch und Sigmund Freud dieses Phänomen aufzuklären versucht.[1] Jentsch sah die Grundlage des Unheimlichen in der Verunsicherung, die uns angesichts des Fremden und Unvertrauten befällt. In besonderem Maße gelte dies aber für den „Zweifel an der Beseelung eines anscheinend lebendigen Wesens und umgekehrt darüber, ob ein lebloser Gegenstand nicht etwa beseelt sei": so etwa die dunklen Gestalten an einem nächtlichen Waldweg, die Wachsfiguren im gleichnamigen Kabinett, ein Mensch, der sich als Automat entpuppt wie in E. T. A. Hoffmanns Erzählungen, schließlich der Leichnam, der Vampir oder der Untote. Das Schwanken des Eindrucks zwischen dem Lebendigen und dem Toten erzeugt einen charakteristischen Schauder, ein Grauen: Die verlässlichen Grenzen zwischen den beiden Reichen beginnen zu verschwimmen.

Freud seinerseits zitiert in seiner Studie eine Definition Schellings – „Unheimlich nennt man alles, was im Geheimnis, im Verborgenen ... bleiben sollte und hervorgetreten ist"[2] – und sieht selbst im Unheimlichen „... jene Art des Schreckhaften, welche auf das Altbekannte, längst Vertraute zurückgeht." Dies sind nach Freuds Auffassung häufig verdrängte infantile Komplexe – wie der Kastrationskomplex oder die Mutterleibsphantasie. In Hoffmanns Erzählung *Der Sandmann* etwa sei es die Vorstellung des Herausreißens der Augen, die im Leser eine verdrängte Kastrationsangst auslöse. Diese Interpretation verallgemeinert Freud zu einer Theorie des Unheimlichen als „Wiederkehr des Verdrängten": Schaudern erweckt das längst überwunden Geglaubte und unbewusst Gewordene, dem wir unversehens wieder begegnen, und das uns „die Idee des Verhängnisvollen, Unentrinnbaren aufdrängt, wo wir sonst nur von ‚Zufall' gesprochen hätten."

Das Unheimliche hat somit in Freuds Konzeption enge Beziehungen zum *Wiederholungszwang*, der aber hier nicht als innerer Zwang erscheint, sondern dem Subjekt

1 Ernst Jentsch, „Zur Psychologie des Unheimlichen", in: *Psychiatrisch-Neurologische Wochenschrift* 22, 1906, S. 195-198, S. 203-205; Sigmund Freud, „Das Unheimliche" (1919), in: *Studienausgabe*, Bd. IV, S. 241-274, Fischer, Frankfurt am Main 1970.

2 Friedrich Wilhelm Joseph Schelling, *Philosophie der Mythologie*, Band 2, unveränderter reprograf. Nachdruck der aus dem handschriftl. Nachlass hg. Ausgabe von 1857, Darmstadt 1990 (zuerst 1857), S. 649.

aus der Außenwelt entgegentritt – als das „Andere seiner selbst". Das Fremde erweist sich als zweideutig und lässt das verborgene Eigene aufscheinen. Unheimlich ist daher, so Freud, auch die Begegnung mit sich selbst und der eigenen Vergangenheit, also „das Doppelgängertum, ... die Identifizierung mit einer anderen Person, so dass man an seinem eigenen Ich irre wird oder das fremde Ich an die Stelle des eigenen versetzt, also Ich-Verdoppelung, Ich-Teilung, Ich-Vertauschung – und endlich die beständige Wiederkehr des Gleichen, die Wiederholung der nämlichen Gesichtszüge, Charaktere, Schicksale, verbrecherischen Taten, ja der Namen durch mehrere aufeinanderfolgende Generationen."[3]

Jentschs und Freuds Interpretationen schließen einander nicht aus. Fassen wir sie zusammen, so liegt das Unheimliche einmal in der Macht des Todes, die das Leben bedroht; und zum anderen in der Macht der Vergangenheit, die sich unserer Freiheit entgegenstellt und als Verhängnis die Offenheit der Zukunft aufhebt; insbesondere in der Wiederkehr des Gleichen, das die Einmaligkeit der Lebensgeschichte negiert. Unheimlich ist somit das Tote und Mechanische ebenso wie das Vergangene und Blind-Notwendige, das unvermittelt im Lebendigen, Gegenwärtigen und Spontanen zum Vorschein kommt.

So aufschlussreich diese Analysen für die Situationen und Motive sein mögen, die dem Unheimlichen zugrunde liegen, sie überspringen doch in ihrem konkretisierenden Zugriff die feinere phänomenologische Analyse des Phänomens, das zweifellos primär im Atmosphärischen beheimatet ist. Ich werde im Folgenden eine solche Analyse in Grundzügen skizzieren und mich dann paradigmatisch einem besonderen Phänomen des Unheimlichen zuwenden, nämlich der Wahnstimmung in der beginnenden Schizophrenie. Daran möchte ich abschließend die Frage knüpfen, ob und inwiefern der Atmosphäre des Unheimlichen eine quasi-objektive Existenz in bestimmten Räumen und Situationen zugesprochen werden kann.

Zur Phänomenologie des Unheimlichen

Das Unheimliche als Zweideutigkeit

Das Unheimliche erleben wir dann, wenn eine bislang vertraute Umgebung oder ein gewohnter Gegenstand einen fremdartigen, hintergründigen und nicht deutlich durchschaubaren Charakter annimmt. Ausgehend von der Etymologie können wir auch sagen, dass das „Heimliche" im Sinne des „Heimischen" (also das zum eigenen Heim Gehörige und Vertraute) eine „un-heimliche" Verwandlung erfährt und zu einem fremden, gespenstisch anmutenden Ort wird.[4] Es entsteht eine Atmosphäre des geahnten Unheils, der Bedroh-

3 Sigmund Freud, „Das Unheimliche", S. 257f.

4 Das Wort „heimlich" hat ausgehend vom Heimisch-Vertrauten nach und nach die Bedeutung des Privaten, Geheimen, der Öffentlichkeit Verborgenen erhalten und ist damit nahe an das „Unheimliche" herangerückt. Diese Doppelsinnigkeit ist, wie sich noch deutlicher zeigen wird, charakteris-

lichkeit, die sich allerdings zu keiner umschriebenen, gegenständlichen Gefahr konkretisieren will. Die Situation bleibt in einem ambivalenten Status zwischen Normalität und Verfremdung, der aber gerade ihren unheilsschwangeren Charakter erzeugt.

Das Unheimliche liegt also in einem besonderen, nämlich uneindeutig schwankenden Verhältnis von Vorder- und Hintergrund: Das Bedrohliche tritt nicht als solches hervor, sondern lässt sich nur durch eine Doppelbödigkeit, eine *Ambiguität* des Vordergrundes hindurch erahnen oder vorwegnehmen. Daher bevorzugt das Phänomen unscharfe, verschwimmende Strukturen des Wahrnehmungsfeldes wie etwa die Dämmerung, den Nebel oder die Dunkelheit, in denen sich Uneindeutigkeit und Hintergründigkeit besonders leicht einnisten können. Klaus Conrad hat in einer gestaltpsychologischen Studie über die beginnende Schizophrenie beschrieben, wie das Unheimliche einen nächtlichen Waldspaziergänger erfasst:

> „Im Dunkel, wo man es nicht sehen kann, und hinter den Bäumen lauert ‚es' – man fragt nicht, was Es ist, was da lauert. Es ist ein ganz Unbestimmbares, es ist das Lauern selber. Die *Zwischenräume* zwischen dem Sichtbaren und das *Dahinter*, all dieses Ungreifbare ist nicht mehr geheuer, und der Hintergrund selbst, vor dem sich die greifbaren Dinge abheben, hat seine Neutralität verloren. Nicht der Baum oder der Strauch, den man sieht, das Rauschen der Wipfel oder das Schreien des Kauzes, das man hört, ist es, das uns beben macht, sondern alles Hintergründige, der ganze Umraum, aus dem Baum und Strauch, Rauschen und Krächzen sich herauslösen, eben *das Dunkel und der Hintergrund selbst* sind es."[5]

Weil die Dinge zwischen Vorder- und Hintergründigkeit schillern, und die unheimliche Bewandtnis, die es mit ihnen hat, nicht dingfest zu machen ist, nehmen sie oft einen schemenhaften, unwirklichen Charakter an. Erfasst dieser Charakter die gesamte Umwelt, so kann sich ein generelles Derealisationserleben entwickeln, wie es in der schizophrenen Wahnstimmung häufig der Fall ist:

> „... wo man auch hinguckt, sieht alles schon so unwirklich aus. Die ganze Umgebung, alles wird wie fremd, und man bekommt wahnsinnige Angst ... irgendwie ist plötzlich alles für mich da, für mich gestellt. Alles um einen bezieht sich plötzlich auf einen selber. Man steht im Mittelpunkt einer Handlung wie unter Kulissen."[6]

Psychopathologisch und phänomenologisch ist diese unheimliche *Ver*fremdung des Vertrauten allerdings zu unterscheiden von einer *Ent*fremdung, etwa in der schweren De-

tisch für die Phänomenologie des Unheimlichen: „Unheimlich ist irgendwie eine Art von heimlich" (Sigmund Freud, „Das Unheimliche", S. 250).

5 K. Conrad, *Die beginnende Schizophrenie. Versuch einer Gestaltanalyse des Wahns*, 6. Aufl. Thieme, Stuttgart 1992 (zuerst 1958), S. 41.

6 J. Klosterkötter, *Basissymptome und Endphänomene der Schizophrenie*, Springer, Berlin/Heidelberg/New York 1988, S. 69.

pression: Hier verblassen die Ausdruckscharaktere, die Dinge erscheinen stumpf, farb- und wesenlos, und die sympathetische leibliche Resonanz mit der Umgebung geht verloren. Dies erzeugt nicht die beängstigende Atmosphäre vieldeutiger Unheimlichkeit, sondern vielmehr Leere, Leblosigkeit und den Verlust aller Bedeutsamkeit. Wir werden auf die psychopathologische Analyse noch zurückkommen.

Die unheimliche Atmosphäre

Dass das Unheimliche eine besondere Form der raumerfüllenden Atmosphären darstellt, ist in den bisherigen Überlegungen bereits deutlich geworden. In der Terminologie von Hermann Schmitz lässt sich die Atmosphäre des Unheimlichen auch als eine „zentripetale Erregung" beschreiben. Zu ihrer Bezeichnung führt Schmitz das Wort „Bangnis" ein, um sie von Furcht als intentionalem Gefühl und Angst als primär leiblicher Regung zu unterscheiden. Bangnis ist dann das „atmosphärisch umgreifende, ungeteilte Ganze des Unheimlichen", das zentripetal auf das Subjekt vorrückt.[7] Dabei stellt sich die Atmosphäre nicht abrupt, sondern zumeist schleichend ein, denn das Unheilvolle schimmert zunächst nur undeutlich durch das Vertraute hindurch. Bangnis wird jedoch zum *Grauen*, wenn sich die unheimliche Atmosphäre um bestimmte Gegenstände verdichtet und zugleich dem Subjekt bedrohlich zu Leibe rückt, sich also mit *Angst* verbindet. „Das Grauen ist demnach eine … zwiespältige Erregung, bei der atmosphärisch zerfließende ... Bangnis mit isolierender, fixierender, ins Enge treibender Angst gleichrangig zusammenwirkt."[8]

Die Scheu oder Bangigkeit vor dem Unheimlichen ist mit typischen leiblichen Regungen verbunden, vor allem mit Schaudern, Beben oder Frösteln, bei dem es einem „eiskalt den Rücken hinunterläuft" oder „sich die Haare sträuben". Haut und Wärmesinn, also die empfindliche Oberfläche des Leibes, sind somit besondere Resonanzorgane für die unheimliche Atmosphäre. Eng damit verknüpft ist die intermodale sensorische Wahrnehmung, mit der auch die *Witterung* oder das *Klima* empfunden werden, weshalb man auch von einem „Spüren", „Wittern" oder „Riechen" des Unheimlichen spricht.[9]

Die Ambiguität oder das Schwanken der Situation zwischen Vertrautheit und Fremdheit begünstigt eine weitere Reaktion, nämlich die *Faszination:* Das Unheimliche wird häufig mit einer Mischung aus Entsetzen und Neugier erlebt. Der Fluchttendenz der Angst

7 Hermann Schmitz, *System der Philosophie*, 3. Band, 2. Teil: *Der Gefühlsraum*, 2. Aufl., Bouvier, Bonn 1981, S. 283.

8 Ebd., S. 288.

9 Im Wahrnehmen einer bestimmten Witterung vereinigen sich visuelle und akustische Eindrücke (z. B. Klarheit oder Dunst, Rauschen des Windes oder Stille), olfaktorische und thermisch-taktile Empfindungen (Geruch, Wärme, Feuchtigkeit und Geschmeidigkeit der Luft) sowie gesamtleibliche Regungen (belebende Frische, drückende Schwüle) zu einem atmosphärischen Ganzen. Gleiches gilt für Atmosphären wie die eines heiteren Mittelmeertages, einer romanischen Basilika oder eines tobenden Fußballstadions. Bereits etymologisch kommt die besondere Nähe der Oralsinne (Geruch und Geschmack) zum Erleben von Atmosphären zum Ausdruck (Wetter – wittern); vgl. hierzu die Studie von Hubertus Tellenbach, *Geschmack und Atmosphäre*, Müller, Salzburg 1968.

steht eine Komponente erwartungsvoller Spannung gegenüber, die es dem Betroffenen schwer macht, sich von dem unheimlichen Eindruck loszureißen. Es ist nicht unbedingt erforderlich, diese Faszination durch verdrängte infantile Triebwünsche zu erklären, die sich in der Faszination durch das Unheimliche Bahn brechen sollen, so als ob der Sich-Gruselnde das schreckliche Geschehen insgeheim herbeiwünschte. Eher mag der gestaltpsychologische Vergleich mit einem Vexierbild oder einem schwer lösbaren Rätsel weiterhelfen, welches das Kohärenzstreben der Wahrnehmung stimuliert und die Aufmerksamkeit aufs Äußerste anspannt. So wollen wir auch angesichts des Unheimlichen wissen, was „dahinter steckt", und dieses Klärungsbedürfnis ist größer als die Angst vor dem konkretisierten Schrecken.[10] Hinzu kommt aber auch eine lustvolle Komponente der Faszination, die sich leibphänomenologisch verständlich machen lässt: Die Angstlust, der „Thrill" oder das „Gruseln", das beim Betrachten einschlägiger Filme oder in jugendlichen Mutproben gesucht wird, entspricht in Schmitz' Konzeption der leiblichen Ökonomie einem Kitzel, d. h. einem Antagonismus leiblicher Regungen von Abstoßung und Anziehung, die sich wechselseitig zur Intensität ängstlich-wollüstigen Schauderns emportreiben.[11]

Die Intentionalität des Unheimlichen

Was ist es nun, was im Unheimlichen geargwöhnt, erahnt oder schon befürchtet wird? – Das Unsichtbare und Verhüllte ist seinem Wesen nach nicht neutral; es trägt letztlich immer den Charakter einer verborgenen und sich verbergenden Intentionalität, einer bedrohlichen, den Umkreis erfüllenden *Macht*, deren schließliches Erscheinen und Wirken antizipiert wird. Sie kann als übermenschlich-numinose Macht erlebt und so zu einem Kern der Erfahrung des Dämonischen oder Göttlichen werden, wie es Rudolf Otto als „Mysterium Tremendum" beschrieben hat: „... von diesem irgend wann einmal in erster Regung durchgebrochenen Gefühle eines ‚Unheimlichen', das fremd und neu in den Gemütern der Urmenschheit auftauchte, ist alle religionsgeschichtliche Entwicklung ausgegangen."[12] Das Unheimliche kann sich aber auch in Gestalt mythischer Figuren konkretisieren: Für den „Knaben im Moor" in Annette von Droste-Hülshoffs Ballade personifizieren sich die nächtlichen Schemen zu Gestalten seiner Sagenwelt, dem „gespenstigen Gräberknecht", der „Spinnlenor" oder „verdammten Margret". In Maupassants „Horla" wird der Protagonist zum Opfer einer sich zunehmend verdichtenden Atmosphäre des Grauens, die sich nach und nach zu einem Inkubus personifiziert:

> „Plötzlich befiel mich ein Schauer, kein Kälteschauer, sondern ein seltsamer Schauer der Angst. Das unheimliche Gefühl, ganz allein im Wald zu sein, ließ mich meine Schritte beschleunigen. Auf einmal war es mir, als ginge jemand hinter mir. Jemand war mir auf den Fersen, so nahe, dass er mich hätte berühren

10 Im Englischen lautet das Sprichwort: „Better the devil that you know than the devil that you don't".

11 Vgl. Hermann Schmitz, *System der Philosophie*, 3. Band, 2. Teil: *Der Gefühlsraum*, S. 293f.

12 Rudolf Otto, *Das Heilige. Über das Irrationale in der Idee des Göttlichen und sein Verhältnis zum Rationalen*, Beck, München 1997 (zuerst 1917), S. 16.

> können. Ich drehte mich schnell um. Ich war allein, der breite, gerade Weg unter den riesigen Bäumen war leer, entsetzlich leer. Hinter mir, vor mir, dehnte er sich erschreckend öde in beide Richtungen, so weit ich sehen konnte."[13]

Die Leere wirkt hier nicht etwa beruhigend, sondern umso entsetzlicher, als sich der gespürte Verfolger dem Blick entzieht: Das Unheimliche ist in der Lage, sich selbst an den leeren Raum zu heften, und triumphiert so über das Sichtbare. Ja, die Unheimlichkeit steigt mit der unsichtbar-ubiquitären Präsenz, die der anonymen Macht umso mehr zuwächst, als sie sich selbst verbirgt und ihr eigentliches Wesen, ihre tatsächlichen Absichten im Ungewissen lässt. Insofern ist Schellings Formulierung – „Unheimlich nennt man Alles, was im Geheimnis, im Verborgnen … bleiben sollte und hervorgetreten ist" – nicht ganz zutreffend: Das einmal *hervorgetretene* Schreckliche mag Furcht, Schrecken oder Entsetzen auslösen, doch hat es im Offenbarwerden den Charakter des Unheimlichen bereits abgestreift. Das Unheimliche ist das Ungreifbare, das *Namenlose*. Dementsprechend wird das Numinose in der Religionsgeschichte auch meist durch Tabus, Namen- oder Bilderverbote geschützt, die seine Aura dem verdinglichenden Zugriff entziehen sollen.

Das Motiv der verborgenen Intentionalität einer überpersönlichen Macht liegt auch der von Freud beschriebenen Form des Unheimlichen zugrunde, die nicht der Atmosphäre einer Umgebung, sondern der schicksalhaften Verkettung von Umständen entspringt. Unheimlich in diesem Sinn ist die Koinzidenz von Ereignissen, die den Anschein der Absichtlichkeit erzeugt – etwa wenn ein mit Verwünschungen bedachter Rivale kurz darauf bei einem Unfall ums Leben kommt;[14] oder die auffällige Wiederkehr des Gleichen, die uns, wie Freud schreibt, „die Idee des Verhängnisvollen, Unentrinnbaren aufdrängt, wo wir sonst nur von ‚Zufall' gesprochen hätten."[15] Auch hier beruht die unheimliche Wirkung auf einer Uneindeutigkeit: Das Geschehen oszilliert im Erleben zwischen der vordergründig-kontingenten *Faktizität* und einer latenten *Intentionalität*, die gleichsam „zwischen" den Ereignissen zum Vorschein kommt. Das Verhängnisvolle ist dann nicht mehr blindes Schicksal, sondern es wird zum Intendierten, etwa zur Wirkung einer Verwünschung oder eines „Fluchs".

Zur Psychogenese des Unheimlichen

Das letztgenannte Beispiel verweist schließlich noch auf ein weiteres, für das Unheimliche charakteristisches Schwanken, nämlich zwischen verschiedenen Stufen der psychogenetischen Entwicklung, wie es auch Freud in seiner Analyse hervorhebt.[16] Das Auftreten von irritierenden Koinzidenzen stellt die errungene rationale Weltsicht in Frage, die den Zufall als zentrales Prinzip zur Neutralisierung solcher Bedeutsamkeiten

13 Guy de Maupassant, „Der Horla. Novelle", in: *Gesammelte Werke*, hg. und übs. v. Georg von Ompteda, Bd. 7, Fontane & Co, Berlin 1902 (zuerst 1887).

14 Freud gibt ein solches Beispiel: „Das Unheimliche", S. 262.

15 Ebd., S. 260.

16 Ebd., S. 263, 271.

etabliert hat. Mit ihr konkurriert eine doch nicht gänzlich überwundene animistische Sicht, die noch von der Allmacht der Gedanken, der Existenz magischer Zusammenhänge und der Wirksamkeit dämonischer Kräfte bestimmt ist. Die romantische Literatur, vor allem E. T. A. Hoffmanns Werk, ist deshalb besonders reich an unheimlichen Motiven, weil sie selbst am Übergang vom magisch-mythischen zum rationalen Weltbild des Aufklärungszeitalters angesiedelt ist.[17] Begeben wir uns hingegen zurück in die Welt des Märchens, so entfällt die unheimliche Wirkung der Wunscherfüllungen, geheimen Kräfte und Wiederholungen. Denn das Märchen hat, wie Freud schreibt, „den Boden der Realität von vorneherein verlassen und sich offen zur Annahme der animistischen Überzeugungen bekannt."[18] In einer Welt voller Wunder hat das Unheimliche keinen Platz, denn es speist sich aus einer kognitiven Dissonanz, einer Ambiguität der Bedeutungen – darin gleicht es einem zunächst ganz entgegengesetzten Phänomen, nämlich dem Witz, der gleichfalls aus dem plötzlichen Kippen der Bedeutung seine Wirkung bezieht.

Die Bangnis des Unheimlichen gilt somit auch der Gefährdung eines Weltbildes, in dem die Rationalität verlässliche Ordnungsstrukturen gegen das Dunkle, Chaotische und Zerfließende der mythisch-animistischen Welt errichtet hat. Schauder erweckt die Wiederkehr des bereits überwunden Geglaubten, das sich ebenso bedrohlich wie faszinierend in den Zwischenräumen der Welt konstanter, distinkter Gegenstände und berechenbarer Kausalbeziehungen eingenistet hat. Auch das von Jentsch paradigmatisch herangezogene Schwanken des Eindrucks zwischen dem Lebendigen und dem Toten bezieht seine unheimliche Wirkung aus der drohenden Auflösung der Grenzen, die wir im Verlauf unserer frühkindlichen Entwicklung zwischen der beseelten und der unbeseelten Welt gezogen haben. Unheimlich ist schließlich auch die Begegnung mit einem Wahnkranken, da er nicht mehr Herr seiner selbst ist: Eine fremde, dämonische Macht scheint von ihm Besitz ergriffen zu haben, die ihm seine Rationalität geraubt hat und nun gewissermaßen durch ihn spricht.

Das Unheimliche verweist immer auf eine Ambivalenz und Labilität in uns selbst. Das Zweideutige und Abgründige, das uns aus der Welt entgegentritt, spiegelt einen inneren Zwiespalt, der aus der latenten Fortdauer animistischen Denkens unter der Oberfläche des rationalen Weltbildes resultiert. Auch die einmal errungene Vernunft, Autonomie und Selbstkontrolle bleiben gefährdet, ja vom Selbstverlust bedroht. In Robert Louis Stevensons *Dr. Jekyll and Mr. Hyde*, einem Nachkömmling der Romantik, sehen wir das Unheimliche als Kippfigur von Licht- und Schattenseite konsequent in den Protagonisten selbst verlegt, der gerade durch einen Triumph wissenschaftlicher Rationa-

17 Hier könnte eine Psychohistorie des Unheimlichen anknüpfen. Einen entsprechenden Hinweis gibt auch das englische Äquivalent des Unheimlichen, nämlich das Wort *uncanny*, das in der Bedeutung von „übernatürlich" erstmals 1773 nachgewiesen ist (vgl. Merriam-Webster Dictionary, www.merriam-webster.com). Etymologisch stammt es von der angelsächsischen Wurzel *ken* (= Wissen, Erkennen; dazu *canny* = klug, gewitzt); das Unheimliche ist also das, was über das rationale, naturwissenschaftlich fundierte Begreifen hinausgeht, sobald sich dieses einmal als dominante Weltsicht etabliert hat.

18 Sigmund Freud, „Das Unheimliche", S. 272.

lität – er erfindet eine Droge, die das Böse vom Guten trennen soll – sein nächtlich-triebhaftes Alter Ego erzeugt, einen unheimlichen Doppelgänger, dem er schließlich selbst zum Opfer fällt.

Das Unheimliche in der Wahnstimmung

Nach dieser allgemeinen Analyse will ich im zweiten Abschnitt die Bedrohung des Selbst durch die beginnende Psychose als eines der prägnantesten Phänomene des Unheimlichen untersuchen. Karl Jaspers hat die charakteristische „Wahnstimmung" zu Beginn der Schizophrenie folgendermaßen beschrieben:

> „Alles hat eine neue Bedeutsamkeit. Die Umgebung ist anders, nicht etwa grobsinnlich – die Wahrnehmungen sind der sinnlichen Seite nach unverändert –, vielmehr besteht eine feine, alles durchdringende und in eine ungewisse, unheimliche Beleuchtung rückende Veränderung. Ein früher indifferenter und freundlicher Wohnraum wird jetzt von einer undefinierbaren Stimmung beherrscht. Es liegt etwas in der Luft, der Kranke kann sich davon keine Rechenschaft geben, eine misstrauische, unbehagliche, unheimliche Spannung erfüllt ihn ... Diese allgemeine Wahnstimmung ohne bestimmte Inhalte muss ganz unerträglich sein. Die Kranken leiden entsetzlich, und schon der Gewinn einer bestimmten Vorstellung ist wie eine Erleichterung."[19]

Jaspers beschreibt zwar eindrucksvoll die atmosphärische Veränderung, ohne sie aber phänomenologisch näher zu analysieren. Ich gebe dazu im Folgenden zunächst die Schilderung einer Patientin vom Beginn ihrer Psychose wieder.

Seit einiger Zeit habe sie eine verstörende Veränderung ihrer Umgebung erlebt. Alles sei ihr immer unwirklicher vorgekommen, wie in einem fremden Land. „Ich bekam das Gefühl, es sei gar nicht mehr meine frühere Umgebung ... als wenn man das Ganze für mich aufgestellt hätte wie eine Kulisse oder eine Show. Öfter betastete ich die Wände, um zu sehen, ob sie wirklich echt waren." Auf der Straße, so schien es ihr, gingen die Leute wie in einem Marionettentheater. Manche hätten sie auch vielsagend angesehen, als ob sie ihr etwas damit andeuten wollten. Auf dem Rasen vor ihrem Haus seien die Blätter in einer bestimmten Weise angeordnet gewesen, sodass sie auf den Gedanken kam, man habe eine Art Magnetfeld unter dem Rasen installiert, um ihr Signale zu geben. Es sei ihr alles nicht mehr geheuer vorgekommen. Vor einer Woche sei sie dann beim Einkaufen immer mehr in Angst geraten:

> „Draußen sah alles sonderbar und irgendwie unheimlich aus – wie wenn bald ein Krieg ausbräche. Auf dem Wochenmarkt wurden die Billigangebote kaum mehr

19 Karl Jaspers, *Allgemeine Psychopathologie*, 9. Auflage, Springer, Berlin/Heidelberg/New York 1973, S. 82.

> nachgefragt, was ich sehr auffällig fand. Ich untersuchte das Innere parkender Autos, es sah aus wie eine Inszenierung mit verschiedenen Requisiten. Ständig fuhren Autos vorbei, als ob sie vor etwas auf der Flucht wären; alles machte mir große Angst. Die KFZ-Schilder waren Signale für etwas, das ich erst noch entschlüsseln musste. Ich suchte nach einer Art Code ... es musste doch einen festen Punkt in dem Ganzen geben. Auf einmal fielen mir die roten Autos mehr auf als die andersfarbigen: Die Reihenfolge rot – blau – rot ist ja mit den Arterien und Venen vergleichbar. Auch die gelben Autos waren wichtig wegen der Farbe der Nerven. Weiße Autos standen für die Zellen im Gehirn. Da fiel es mir wie Schuppen von den Augen: Meinem Freund musste etwas Schreckliches passiert sein. Man wollte mir mitteilen, dass er im Krankenhaus ist, vielleicht hatte er einen Schlaganfall ..."

In der Folge entwickelte die Patientin Wahnvorstellungen von einer feindlichen Macht, die das Land infiltriere und sie selbst und andere Menschen einer Gehirnmanipulation unterzogen hätte, um sie zu gefügigen Werkzeugen zu machen. Sie plante bereits, sich deshalb das Leben zu nehmen, wurde aber von Freunden rechtzeitig in die psychiatrische Klinik gebracht.

Hier treffen wir auf die typischen Charakteristika der unheimlichen Atmosphäre, wie sie bereits beschrieben wurden. Die an sich unauffällige Situation hat sich befremdlich verändert, sie erhält eine unbestimmte, mysteriöse Bedeutsamkeit, eine bedrohliche Physiognomie. Alles erscheint äußerlich unverändert und doch „anders", nämlich unwirklich, hintergründig und gestellt, ja es scheint geradezu für die Patientin inszeniert zu sein. Zufällige Zusammenhänge oder Anordnungen wie die Blätter auf dem Rasen verknüpfen sich zu vielsagenden Mustern, und das Prinzip des Zufalls, das diese Zusammenhänge neutralisieren könnte, ist außer Kraft gesetzt. Die Patientin gerät in eine zunehmende Erwartungsspannung, etwas Ungeheuerliches scheint bevorzustehen. Alles verweist auf ein „Dahinter": auf eine verborgene Absicht, die sich nicht zu erkennen gibt, auf Signale, die erst zu dechiffrieren sind. Der Straßenverkehr mit den ständig neu auftauchenden und das Wahrnehmungsfeld kreuzenden (Sinn-)Richtungen steigert die Verwirrung. In ihrer Not sucht die Patientin nach einem „archimedischen Punkt", an dem sie sich orientieren, der ihr wieder Boden unter den Füßen geben könnte. Da tritt plötzlich die Signalfarbe Rot hervor und verbindet sich nahezu schlagartig mit einer Kette von neuen Bedeutungen – man will ihr ein ihrem Freund geschehenes Unheil signalisieren. Diese Sinn- oder Kohärenzbildung erlebt die Patientin wie ein Menetekel mit unmittelbarer Evidenz, als „Wahnwahrnehmung", wie es in der Psychopathologie genannt wird; sie wird zur Basis der weiteren Entwicklung des Verfolgungswahns.

Auch wenn diese Beschreibung der Wahnstimmung zutrifft – es fällt schwer, sich das Erleben der Patientin verständlich zu machen. Nehmen wir an, wir würden sie auf ihrem Weg begleiten: Wir gelangen an einen lebhaften, urbanen Platz im hellen Sonnenlicht, der Verkehr strömt vorbei, Leute laufen, winken, unterhalten sich. Währenddessen wird die Patientin immer ängstlicher, und auf unsere Frage meint sie, dass hier etwas nicht stimme, etwas Schreckliches gehe vor sich, und unsere Versicherung, dass wir gar nicht wüssten, was sie meine, wird die Patientin nur davon überzeugen, dass wir bestenfalls ahnungslos, wenn nicht selbst in das mutmaßliche Komplott verwickelt sind. Die unheimliche, zentripetal gerichtete Atmosphäre, in die sie geraten ist, können wir nicht nachvollziehen. Und doch bedeutet sie für die Patientin nicht weniger als die Infragestellung ihrer eigenen Existenz.

Offensichtlich hat eine Veränderung ihres Erlebens stattgefunden, die mit normalpsychologischen Begriffen nicht mehr erfassbar ist. Auch die Annahme, die Patientin müsse unter einer besonders ausgeprägten Ängstlichkeit oder Panik leiden, führt nicht weiter; denn der Verlauf ihrer Erkrankung ebenso wie der beginnenden Psychose allgemein zeigt deutlich, dass die rätselhaft-befremdliche Veränderung der wahrgenommenen Umwelt den zunehmenden Angst- und Bedrohungsgefühlen *vorausgeht*. Die Stimmung und Atmosphäre des Unheimlichen muss daher umgekehrt auf eine veränderte Struktur der Wahrnehmung selbst zurückgehen – eine Veränderung, die sich als *Subjektivierung und Fragmentierung* beschreiben lässt.[20]

Ich greife dazu auf die Husserlsche Analyse der Wahrnehmung zurück, an der er als zentrale Merkmale die Gestaltbildung und die Überwindung der bloßen Perspektivität hervorhebt.[21] Betrachten wir z. B. einen Tisch, so sehen wir nicht etwas Farbiges, so und so Konfiguriertes, also einzelne Strukturen oder Fragmente, aus denen wir dann einen Tisch zusammensetzen. Vielmehr ist die Gesamtgestalt des Tischs das primär Gegebene, und erst sekundär können wir am wahrgenommenen Ding einzelne Details oder Eigenschaften herausheben. Ferner sehen wir den Tisch immer nur unter einem bestimmten Aspekt, und es dürften uns daher nur einzelne Bilder oder Perspektiven zur Gegebenheit kommen; tatsächlich sehen wir aber *den Tisch selbst*. Jeder neue Aspekt gibt mir nicht einen neuen, sondern immer den gleichen Gegenstand, da ich in jeder einzelnen Wahrnehmung doch ihn selbst intendiere und die anderen Aspekte (etwa seine Rückseite) implizit mitsehe, oder in Husserls Terminologie „appräsentiere". Es ist diese intentionale Tätigkeit der Wahrnehmung, die es erlaubt, den Gegenstand *als solchen* – und nicht nur als Abbild oder Schein – zu erfassen. Wahrnehmung überwindet ihre eigene Perspektivgebundenheit, indem sie den Gegenstand durch seine Aspekte hindurch intendiert. Das aber bedeutet: Das Wahrgenommene wird nicht etwa passiv ins Bewusstsein aufgenommen, sondern durch den Akt des Wahr*nehmens* konstituiert. Dieser intentionalen Leistung verdanken wir es, dass die Wahrnehmung die Dinge selbst präsentiert und nicht nur ihre Bilder oder Scheinbilder.

Mit Heidegger können wir diese Analyse noch weiterführen: Es ist die Intentionalität der Wahrnehmung, die auch die Funktion und den *Sinn* des Gegenstandes „Tisch" im Kontext der jeweiligen Situation mitsehen lässt. Man sieht nicht erst einen Tisch, Teller und Speisen je für sich, um sie dann zu verknüpfen und als ein bereitetes Mittagessen zu interpretieren, sondern die Sinneinheit „zum Essen gedeckter Tisch" ist das

20 Vgl. zum Folgenden auch Thomas Fuchs, „Delusional mood and delusional perception. A phenomenological analysis", in: *Psychopathology* 38, 2005, S. 133-139.

21 Vgl. Edmund Husserl (1950), *Ideen zu einer reinen Phänomenologie und phänomenologischen Psychologie*, Bd. 1: *Allgemeine Einführung in die reine Phänomenologie*, *Husserliana* III, Nijhoff, Den Haag 1950, Bd. 2: *Phänomenologische Untersuchungen zur Konstitution*, *Husserliana* IV, Nijhoff, Den Haag 1952.

primär Gegebene. Dieser Sinn des Wahrgenommenen ist immer bezogen auf ein Vertrautsein mit der Welt insgesamt, auf den „Bewandtniszusammenhang“ aller vertrauten Dinge, in den auch der Sinn des Tisches eingebettet ist. Zugleich bin ich selbst als Wahrnehmender in diesen Sinnzusammenhang einbezogen: An den Tisch kann ich mich setzen, die Mahlzeit ist für mich bereitet, ich komme zu spät oder dergleichen. Wahrnehmend richte ich mich auf den Gegenstand und bin dabei zugleich eingefasst in eine Beziehung zu ihm. *Die intentionale Wahrnehmung konstituiert Sinneinheiten im Ganzen einer immer schon vertrauten Welt.*

Auf dieser Grundlage können wir nun die Destruktion der Wahrnehmung analysieren, die sich bei der Patientin vollzieht. Hinsichtlich ihres formalen Aufbaus ist die Wahrnehmung zwar adäquat – die sensorische Gestaltbildung bleibt in der Regel unbeeinträchtigt, alles „sieht so aus wie immer“. Gestört ist jedoch die durch seine Aspekte hindurch auf den Gegenstand gerichtete Intentionalität. Sein Anblick gibt nicht mehr ihn selbst; mit dem Verlust des Appräsentierten, „Mitgesehenen“ wird der Gegenstand stattdessen zur bloßen Oberfläche – zu einem Scheinbild, einer *Kulisse*. Nicht dass das Gesehene aus „psychologischen“ Gründen unwirklich erschiene – etwa weil es so ungewohnt, fremdartig, unverständlich wäre. Vielmehr hat *die Wahrnehmung selbst* ihr wirklichkeitskonstitutives Moment verloren. Sie erscheint subjektiviert und erreicht den Gegenstand nicht mehr als objektiven: Man sieht wie auf einen Film oder wie durch eine Kamera.[22] Die Wahrnehmung dringt nicht mehr „nach außen“, sondern bleibt in ein solipsistisches Erleben eingekapselt. Die Welt wird gewissermaßen zu einer Vorführung, zu einer Hohlwelt des Bewusstseins.

Wie verhält es sich unter diesen Bedingungen mit dem Sinnbezug, der Bedeutsamkeit des Wahrgenommenen? Die Dinge und Personen haben ihren primären und vertrauten Sinn verloren. Sie stehen nicht mehr in einem einheitlichen Bewandtniszusammenhang, sondern bilden lauter Singularitäten, gleichsam isolierte „erratische Blöcke“. Die Gestalteinheiten und Sinnkontexte zerfallen, die Wahrnehmung erscheint fragmentiert. Einzelne, unzusammenhängende Details und Fragmente heben sich aus dem Feld heraus und treten irritierend in den Vordergrund, ohne sich zu einem Sinnganzen zu fügen. Die Patientin selbst hat ihren Sinnbezug zur Situation verloren und versucht verzweifelt, die vermeintlichen „Signale“ zu entschlüsseln.

Denn gerade weil die Dinge ihren vertrauten Sinn eingebüßt haben, müssen sie auf rätselhafte Weise „etwas anderes“ bedeuten. Weil sie nicht mehr in einem gewohnten Bewandtniszusammenhang stehen, „hat es mit ihnen eine unheimliche Bewandtnis“. Ihr

22 Manche schizophrene Patienten beschreiben ihre entfremdete Wahrnehmung buchstäblich als Sehen durch eine Filmkamera: „I saw everything I did like a film camera.“ – „I was myself a camera. The view of people that I obtained through my eyes were being recorded elsewhere to make some kind of three-dimensional film“ (Louis Sass, *Madness and Modernism*, MIT Press, Cambridge/Mass., London 1996, S. 286). – „For me it was as if my eyes were cameras, and my brain would still be in my body, but somehow as if my head were enormous, the size of a universe, and I was in the far back and the cameras were at the very front. So extremely far away from the cameras“ (S. de Haan/ T. Fuchs, „The ghost in the machine: Disembodiment in schizophrenia. Two case studies“, in: *Psychopathology* 43, 2010, S. 327-333).

Sinn kann nicht mehr in ihnen selbst liegen, sondern sie verweisen auf etwas, was sie *nicht* sind. Bei all ihrer scheinbaren Harmlosigkeit drängt sich der Patientin der Eindruck auf, dass hier „etwas ganz anderes gemeint" oder beabsichtigt ist, und dieses andere richtet sich *auf sie selbst*. Die Ratlosigkeit der Wahnstimmung beruht auf diesem Erlebnis einer „Bedeutsamkeit an sich", die von allen vertrauten Sinnbezügen losgelöst ist und sich nur zu einer ubiquitären, zentripetalen Bedrohung verdichten kann.

Die Störung der Gestalt- und Sinnwahrnehmung betrifft häufig auch die Mitmenschen, deren Verhalten, Mimik und Gestik dem Patienten in unheimlicher Weise auffällig, rätselhaft und inszeniert erscheinen. Statt zum anderen selbst zu gelangen, präsentiert die Wahrnehmung nur einen von ihm losgelösten, verselbständigten Ausdruck, der dadurch einen unwirklich-gestellten Charakter erhält. Darauf beruht die häufige schizophrene *Personenverkennung*: Das zuvor vertraute Gesicht eines Angehörigen oder Bekannten erscheint als Maske oder Fratze; nicht selten glaubt es der Patient mit Schauspielern oder Doppelgängern zu tun zu haben. Umgekehrt können auch unbekannte Gesichter dem Kranken als Bekannte erscheinen; ja die ganze Umgebung kann in einem Déjà-vu-Erleben den Eindruck erwecken, als sei er in seine frühere Heimat versetzt. Diese Identifikation oder „Scheinvertrautheit" beruht aber gleichfalls auf einer Verfremdung: Von der intentionalen Wahrnehmung losgelöst, beginnen die Umgebungseindrücke rätselhaft zu schillern und verbinden sich durch hervortretende Ähnlichkeiten mit früheren Erinnerungen.

Die unheimliche Verfremdung der Welt in der Wahnstimmung resultiert also, so das Ergebnis der Analyse, aus einer Subjektivierung und Fragmentierung der Wahrnehmung selbst, deren Scheincharakter sich den wahrgenommenen Situationen, Dingen und Personen mitteilt. Sie scheinen vordergründig zu sein, was sie sind, und dementieren dies zugleich. Die für das Unheimliche charakteristische Ambiguität besteht nicht zwischen Lebendigem und Totem, Natürlichem und Übernatürlichem, Rationalem und Irrationalem, sondern zwischen dem Wirklichen und dem Unwirklichen, dem Alltäglichen und dem Inszenierten oder Gemachten. Jeder Ausdruck wird zu dem einer Maske, jede Situation zu einer gestellten Kulisse. Daher verweist alles auf eine verborgene Absicht, eine anonyme Intentionalität, die sich nicht zu erkennen gibt, in deren Zentrum aber immer der Patient selbst steht. Alles scheint ihm zu gelten, alles auf ihn zuzulaufen: *„Tua res agitur"* ist die einzige Bedeutung, die alle Situationen angenommen haben.

Die Situation des Schizophrenen ist mit der eines Menschen vergleichbar, der ohne es zu merken in ein fremdes Land versetzt wurde und die Sprache seiner Umgebung nicht mehr versteht: Er wird nicht nur Ausdruck und Gestik der Sprechenden intensiver wahrnehmen, sondern vor allem rätselhafte Bedeutsamkeiten des „Kauderwelschs", die sich wie von selbst auf ihn zu beziehen scheinen, weil er sie nicht entschlüsseln und dadurch neutralisieren kann. So kann auch der Verlust des intentionalen Sinnbezugs zum Wahrgenommenen in der Wahnstimmung keine „neutralen" Dinge zurücklassen: Wo die Wahrnehmung selbst die Gegenstände nicht mehr intendiert, da müssen die Dinge umgekehrt den Wahrnehmenden „meinen", anblicken, ansprechen. Es ist nicht nur die Bedrohung durch eine antizipierte Gefahr, sondern die bereits gegenwärtige Überwältigung durch ein anonymes „Erblicktwerden", die den Kern der psychotischen Angst ausmacht und sich in der Folge in Wahnwahrnehmungen konkretisiert. Die zentripetal gerichtete

Atmosphäre der Wahnstimmung resultiert gewissermaßen aus einer *Inversion der Intentionalität:* Gerade weil der Schizophrene nicht in aktive Beziehung zum Wahrgenommenen zu treten vermag, bezieht sich umgekehrt alles Wahrgenommene auf ihn. Er wird zur „passiven Mitte der Welt."[23]

Betrachten wir abschließend noch den Übergang zum manifesten Wahn, wie er sich auch in der Kasuistik zeigte. – Wie ein Rätsel, das vom Betrachter seine Auflösung fordert, erzeugt die Wahrnehmungsabwandlung in der beginnenden Psychose eine massive Verstörung, Spannung und Angst. Der Druck zu irgendeiner Form der Konsistenz- und Sinnbildung wird übermächtig. Schließlich stellt sich – oft abrupt – eine neue Konsistenz her: Die sich aufdrängende Eigenbezüglichkeit wird zur Gewissheit der Bedrohung oder Verfolgung durch die anderen, häufig eine anonyme Organisation, die den Patienten als ohnmächtiges Werkzeug ihrer finsteren Zwecke missbraucht. Die Enträtselung hat für den Patienten den Charakter einer Enthüllung oder „Enttarnung"; die verborgene, auf ihn gerichtete Bedeutsamkeit wird mit einem Schlag offengelegt. Das Rätselhafte erhält einen neuen, wahnhaften Sinn, der sich in der zentripetal auf den Patienten gerichteten Intentionalität des Unheimlichen schon angekündigt hat.

Im Wahn wird die existenzielle, ja man könnte sagen, die „ontologische" Bedrohung des Selbst, die der Patient erlebt, nun in die „ontische" Sphäre innerweltlicher Bedrohungen, Intrigen und Machenschaften projiziert und damit vermeintlich durchschaubar. Treffend hat Conrad diesen Übergang zum Wahn als Apophänie, „Offenbarung" bezeichnet.[24] Es ist charakteristisch für die unhintergehbare Evidenz der neuen, wahnhaften Deutung, dass die erlangte Gewissheit die äußerste Anspannung des Zweifels, der Ratlosigkeit und Angst schlagartig sinken lässt.[25] Nun werden alle folgenden Situationen und Begegnungen im geschlossenen Bezugssystem des Wahns gedeutet und noch die harmloseste Äußerung kann als besonders raffiniert getarnte Feindseligkeit interpretiert werden. Die starre, kristalline Struktur des Wahnschemas ersetzt so den verlorenen Sinn der wahrgenommenen Welt. Freilich vermag die neu gewonnene Kohärenz die unbefangene Beziehung zu den anderen nicht mehr wiederherzustellen; sie bringt den Kranken vielmehr in eine grundsätzliche Gegenstellung zur Umwelt. In der äußersten Bedrohung kann das Selbst sich nur noch um den Preis des Verlusts der reziproken intersubjektiven Beziehungen erhalten, nämlich im *ídios kósmos*, in der Eigenwelt des Wahns.

Schluss

Das Unheimliche kann phänomenologisch als eine Atmosphäre der Verfremdung beschrieben werden, die den Betroffenen mit überwältigender, zentripetaler Wirkung erfasst und die ihn gerade durch ihre Ungreifbarkeit und Ambiguität in eine existenzielle Verunsiche-

23 K. Conrad, *Die beginnende Schizophrenie*, S. 77.

24 Ebd.

25 Vgl. oben Anm. 10.

rung, in Bangnis, Angst und Grauen versetzt. Sie erscheint zugleich als Wirkung einer verborgenen Intentionalität, einer anonymen, überpersönlichen oder numinosen Macht, deren schließliches Erscheinen und Wirken antizipiert wird. Ich habe verschiedene Situationen und Motive beschrieben, in denen sich diese Atmosphäre bilden und verdichten kann. Uneindeutige, hintergründige und undurchschaubare Situationen oder Gegenstände sind besonders geeignet, den Eindruck des Unheimlichen zu erzeugen und zu nähren. Im äußersten Fall – in der zitierten Passage des „Horla" ebenso wie in der Kasuistik der Wahnstimmung – ist es jedoch gerade die vollständige Normalität und Unauffälligkeit der Umgebung, die einen abgründigen, grauenerregenden Charakter annimmt.

Abschließend kann man die Frage aufwerfen, welcher ontologische Status der Atmosphäre des Unheimlichen zukommt. Handelt es sich nur um ein rein subjektives, „innerseelisches" Erleben oder können wir dieser Atmosphäre auch eine von entsprechend „empfänglichen" Personen unabhängige, quasi-objektive Existenz zusprechen? – Letzteres entspricht der Auffassung von Hermann Schmitz, der damit die gängige Introjektion von Gefühlen, Stimmungen und Atmosphären in eine psychische Innenwelt zu überwinden sucht.[26] In der Tat kennen wir viele Atmosphären, die in Räumen, Landschaften und Situationen so verankert sind, dass sie uns nicht nur von außen her erfassen, sondern auch von den meisten Menschen in der gleichen Umgebung in ähnlicher Weise erlebt werden. Doch wie verhält es sich mit der Wahnstimmung der Patientin auf dem belebten Platz in der beschriebenen Kasuistik? Eine von der besonderen, psychotischen Verfassung der Patientin unabhängige Existenz könnten wir der unheimlichen Atmosphäre nur zuschreiben, wenn wir die simultane Gegenwart ganz verschiedenartiger, ja entgegengesetzter Atmosphären an diesem Ort annähmen – nämlich einerseits der von den meisten Menschen empfundenen, stimulierenden Atmosphäre eines beschwingt-quirligen großstädtischen Treibens, andererseits der unheimlichen Atmosphäre einer rätselhaften, wie von einer geheimen Regie geführten Inszenierung, in der aus dem Harmlos-Unauffälligen eine abgründige Bedrohung aufsteigt.

Man wäre zunächst geneigt, die eine Atmosphäre dem Umraum, die zweite hingegen nur der krankhaft veränderten Wahrnehmung der Patientin zuzuschreiben. Fassen wir jedoch Atmosphären und Stimmungen als Formen des In-der-Welt-Seins auf, so können wir nicht der einen Atmosphäre gegenüber der anderen einen ontologischen Vorrang geben, so als ob das Unheimliche, das die Patientin erlebt, nur ihrer idiosynkratischen Verfassung zukäme, während wir anderen uns auf ein mehr oder minder gemeinsames atmosphärisches Erleben einigen und diesem einen unabhängigen, quasi-objektiven Status zuschreiben könnten. Denn auch wenn unterschiedliche Räume und Situationen jeweils bestimmte Atmosphären begünstigen und daher im allgemeinen in ähnlicher Weise erlebt werden, so ist doch die verstörende, existenzielle Abgründigkeit der Umwelt eine für alle Menschen grundsätzlich bestehende Erlebensmöglichkeit jeder Situation, in die sie geraten. Diese Möglichkeit besteht aber nur für Wesen, die ihre Umgebung in einer ganz-

26 Vgl. Hermann Schmitz, *System der Philosophie*, 3. Band, 2. Teil: *Der Gefühlsraum*, S. 102ff., 137; ders., *Der unerschöpfliche Gegenstand*, 2. Aufl. Bouvier, Bonn 1995, S. 292ff., sowie den Briefwechsel des Autors mit H. Schmitz über das Thema in: Hermann Schmitz, *Was ist Neue Phänomenologie*, Koch, Rostock 2003, S. 175-204.

heitlichen, für sie relevanten Bedeutsamkeit erleben und insofern immer in Atmosphären leben, in denen ein für sie jeweils spezifisches, vital bedeutsames Verhältnis zu ihrer Umwelt zum Ausdruck kommt. Wo diese notwendige Einstimmung mit dem Umraum misslingt, entsteht daher keine Nicht-Atmosphäre, sondern die Atmosphäre des Unheimlichen. Auch in dieser Atmosphäre manifestiert sich aber eine bestimmte Weise der Beziehung zwischen dem Subjekt und seiner Umwelt.

Die Existenz von Atmosphären ist insofern gebunden an das Dasein und jeweilige Sosein von lebendigen Subjekten oder Lebewesen. Diese These einer Daseins- und Soseinsrelativität der Atmosphären verlegt sie nicht etwa in eine psychische Innenwelt, verwandelt sie also nicht in bloße Projektionen psychologisch zu beschreibender und aufzuklärender Komplexe. Sie bedeutet allerdings eine Konzeption, in der Atmosphären und Gefühle nicht gleichsam unabhängig von lebendigen Subjekten bereitliegen, um sie bei bestimmten Gelegenheiten oder unter der Voraussetzung einer für sie geeigneten Empfänglichkeit heimzusuchen. Vielmehr begreift sie Atmosphären und Stimmungen als das je umgreifende Ganze einer bestimmten, vital bedeutsamen Bezogenheit von Lebewesen und Umwelt, dergestalt dass darin dem Lebewesen diese Beziehung in der Weise affektiven Betroffenseins, als Ergriffenheit oder Erschütterung aufgeht. Fassen wir diese vitale Beziehung als einen objektiv bestehenden Zusammenhang auf, so können wir den Atmosphären durchaus ein in diesem Sinne objektives Sein in der Welt zusprechen, ohne sie von der Existenz lebendiger Wesen abgekoppelt zu denken.

Literatur

Conrad, Klaus (1958/1992), *Die beginnende Schizophrenie. Versuch einer Gestaltanalyse des Wahns*, 6. Aufl., Thieme, Stuttgart.

de Haan, Sanneke/Thomas Fuchs (2010), „The ghost in the machine: Disembodiment in schizophrenia. Two case studies“, in: *Psychopathology* 43, S. 327-333.

Freud, Sigmund (1970), „Das Unheimliche“ (1919), in: *Studienausgabe*, Bd. IV, S. 241-274, Fischer, Frankfurt am Main.

Fuchs, Thomas (2005), „Delusional mood and delusional perception. A phenomenological analysis“, in: *Psychopathology* 38, S. 133-139.

Husserl, Edmund (1950), *Ideen zu einer reinen Phänomenologie und phänomenologischen Psychologie*, Bd. 1: *Allgemeine Einführung in die reine Phänomenologie*, *Husserliana* III, Nijhoff, Den Haag.

Husserl, Edmund (1952), *Ideen zu einer reinen Phänomenologie und phänomenologischen Psychologie*, Bd. 2: *Phänomenologische Untersuchungen zur Konstitution*, *Husserliana* IV, Nijhoff, Den Haag.

Jaspers, Karl (1973), *Allgemeine Psychopathologie*, 9. Auflage, Springer, Berlin/Heidelberg/New York.

Jentsch, Ernst (1906), „Zur Psychologie des Unheimlichen“, in: *Psychiatrisch-Neurologische Wochenschrift* 22, S. 195-198, S. 203-205.

Klosterkötter, Joachim (1988), *Basissymptome und Endphänomene der Schizophrenie*, Springer, Berlin/Heidelberg/New York.

Maupassant, Guy de, „Der Horla. Novelle“, in: *Gesammelte Werke*, hg. und übs. v. Georg von Ompteda, Bd. 7, Fontane & Co, Berlin 1902 (zuerst 1887).

Otto, Rudolf (1917/1997), *Das Heilige. Über das Irrationale in der Idee des Göttlichen und sein Verhältnis zum Rationalen*, Beck, München.

Sass, Louis (1996), *Madness and Modernism*, MIT Press, Cambridge/Mass./London.

Schelling, Friedrich Wilhelm Joseph (1857/1990), *Philosophie der Mythologie*, Band 2. Unveränderter reprograf. Nachdruck der aus dem handschriftl. Nachlass hg. Ausgabe von 1857, Darmstadt.
Schmitz, Hermann (1981), *System der Philosophie*, 3. Band, 2. Teil: *Der Gefühlsraum*, 2. Aufl., Bouvier, Bonn.
Schmitz, Hermann (1995), *Der unerschöpfliche Gegenstand*, 2. Aufl. Bouvier, Bonn.
Schmitz, Hermann (2003), *Was ist Neue Phänomenologie*, Koch, Rostock.
Tellenbach, Hubertus (1968), *Geschmack und Atmosphäre*, Müller, Salzburg.

Nina Trčka

Ein Klima der Angst

Über Kollektivität und Geschichtlichkeit von Stimmungen[1]

Mein Interesse gilt in diesem Beitrag einem Phänomen, das man als „gesellschaftliche Stimmungslage"[2] bezeichnen kann, mit der einzelne Gruppen bis hin zu ganzen Gesellschaften in spezifischer Weise über einen langen Zeitraum, unter Umständen sogar eine Epoche, gestimmt sind. Ich verfolge die Frage: Wie ist eine Stimmung – hier am Beispiel der Angst – in ganzen Gesellschaften gegenwärtig, wie kann sie es sein?[3] Ich werde mich dem Phänomen mithilfe von Schmitz' ausdifferenzierter Gefühlstheorie nähern.

Anders als üblich bestimmt Schmitz Gefühle und Stimmungen als „Atmosphären", als Mächte, die den Menschen leiblich ergreifen. Gefühle werden in der Art von Widerfahrnissen erlebt. Von diesen Atmosphären unterscheidet Schmitz ein anderes emotionales Phänomen, eine „leibliche Grundstimmung", die er meist „leibliche Disposition" nennt.[4] Diese leibliche Grundstimmung kann sowohl individuell als auch kollektiv sein. Sie charakterisiert als kollektive Ausprägung die Art, in der Gruppen gestimmt sind: nämlich einen gemeinsamen „Stil" des ganzheitlichen Sichfühlens. Sodann entwirft Schmitz in einem Aufsatz zur Kritik der Geschichtsphilosophie das Konzept eines geschichtlichen Klimas, in dem eine Gesellschaft lebt.[5] Ein wesentliches Moment eines solchen Klimas ist nach Schmitz eine kollektive leibliche Grundstimmung der „Mitglieder" der Gruppe oder Gesellschaft. Schmitz' Überlegungen zur leiblichen Grundstimmung und zum geschichtlichen Klima sind geeignet, das Phänomen einer gesellschaftlichen Stimmungslage aufzuklären, da sie mit der Kollektivität und geschichtlichen Formierung von Stimmungen befasst sind, anstatt nur vom Einzelnen auf das Kollektiv zu schließen. Jedoch konzipiert Schmitz sowohl die leibliche Grundstimmung als auch das geschichtliche Klima als stark autonome Gebilde, die nicht direkt dem Einfluss

1 Ich danke Hilge Landweer und Stefanie Rosemüller für viele Hinweise und Anregungen.

2 Vgl. Helena Flam, *Soziologie der Emotionen*, Konstanz 2002, S. 265.

3 Ich differenziere nicht, wie es öfters geschieht, zwischen Furcht als einem intentionalen und Angst als einem ungerichteten emotionalen Phänomen und verwende für gerichtete wie ungerichtete Formen den Begriff „Angst".

4 Schmitz verwendet synonym die Begriffe „leibliche Disposition" und „leibliche Grundstimmung". Ich verwende jedoch nur den Begriff der „leiblichen Grundstimmung", weil dieser deutlich macht, dass es sich dabei um ein Sichfühlen handelt.

5 Hermann Schmitz, „Zusammenhang in der Geschichte", in: *Natur und Geschichte. X. Deutscher Kongress für Philosophie* (Kiel 8.-12.10.1972), Hamburg 1973, S. 143-153.

äußerer Faktoren unterliegen, sondern gerade umgekehrt erst die Basis bilden für geschichtliches Handeln. Bei der Frage nach dem, was eine gesellschaftliche Stimmungslage ausmacht, gilt es aber genau die Wechselwirkung mit äußeren Faktoren in Augenschein zu nehmen.

Ich untersuche ausgehend von einer Rekonstruktion der Schmitz'schen Systematik von leiblicher Grundstimmung, Gefühlen als Atmosphären und geschichtlichem Klima, wie mit Schmitz eine gesellschaftliche Stimmungslage bestimmt werden kann sowie die Art des Einflusses politischer Faktoren auf diese. Im Fokus der Untersuchung liegt auch die Frage, was einer gesellschaftlichen Stimmungslage ihre Stabilität gibt. Den Bezug zu politischen Faktoren versuche ich herzustellen, indem ich auf eine empirischen Studie von Flam zu Angst in Staaten des ehemaligen Ostblocks zurückgreife.[6] Die Anwendung von Schmitz' Gefühlstheorie auf die Beschreibungen der Ängste in Flams Studie von 1998 erlaubt es, unterschiedliche Angstformen zu identifizieren und einige vorangegangene und von Schmitz' Befunden aus gedachte Überlegungen zum möglichen Einfluss der Politik auf die gesellschaftliche Stimmungslage zu verifizieren. Für Flam steht genau der Zusammenhang von Ängsten und politischem System im Zentrum des Interesses, insbesondere die stabilisierende Wirkung der Ängste für das jeweilige politische System. Die Anwendung der Schmitz'schen Gefühlstheorie auf Flams Ergebnisse führt auch zu deren Korrektur aus phänomenologischer Perspektive: So rekurriert Flam bei ihren Überlegungen zur kollektiven und leiblichen Verankerung der Angst auf einen „Habitus der Angst" und verweist dabei auf Bourdieu. Ich werde zeigen, warum dieser Verweis nicht trägt und inwiefern man indes von einer leiblichen Grundstimmung der Angst sprechen kann.

1. Die leibliche Grundstimmung

Zunächst wende ich mich der leiblichen Grundstimmung nach Schmitz zu. Die leibliche Grundstimmung stellt nach Schmitz das *ganzheitliche leibliche Empfinden* dar, in das unser Erleben eingetaucht ist.[7] Dieses bildet den *Hintergrund* der momentanen teilheitlichen sowie der ganzheitlichen leiblichen Regungen. Beispiele für teilheitliche Regungen sind Müdigkeit in den Beinen oder Beklommenheit in der Brustgegend; Beispiele für ganzheitliche Regungen sind Behagen, Müdigkeit oder Frische, Wollust, Ekel oder

6 Helena Flam, *Mosaic of Fear. Poland and East Germany Before 1989*, New York: Columbia University Press, 1998.

7 Dieses Konzept der leiblichen Grundstimmung steht bei Schmitz im Kontext einer „Typenlehre leiblicher Dispositionen" – in Ablösung von alten Typenlehren, wie z. B. der Humoralpathologie oder Viersäftelehre. Die Typisierung erfolgt bei Schmitz durch die Aufspaltung der leiblichen Disposition in die einzelnen Dimensionen „Antrieb", „Reizempfänglichkeit" und „Zuwendbarkeit/Anpassungsfähigkeit" des Leibes. In verschiedenen Krankheitsbildern psychischer Art sind diese Dimensionen in Art und Ausmaß unterschiedlich beeinträchtigt. (Vgl. das Kapitel „Die leibliche Disposition" in: Hermann Schmitz, *Der unerschöpfliche Gegenstand*, Bonn ^{3}2007 [zuerst 1990], S. 127-130).

Erleichterung, die den ganzen spürbaren Leib durchziehen.[8] Auch Hunger und Durst sind nach Schmitz leibliche Regungen. Bei der leiblichen Grundstimmung ist das Fühlen nicht auf einzelne leibliche Regionen beschränkt[9] und es ist langandauernd; mitunter kann es sogar lebenslang vorhalten.[10] Dem Inhalt nach stimmt die leibliche Grundstimmung „mit den momentanen leiblichen Regungen weitgehend überein“:

> „So sind z. B. Menschen denkbar, deren leibliche Disposition [das ist die leibliche Grundstimmung – N.T.] durch den Hunger geprägt ist, was nicht bedeuten müßte, daß sie öfter und länger als andere Menschen nach Nahrung verlangten, sondern sie wären auch satt, wollüstig und müde in einer nach der Seite des Hungers getönten Weise, so wie die von Sartre ins Auge gefaßten Menschen satt, wollüstig und müde in einer nach der Seite des Ekels getönten Weise sind.“[11]

Die leibliche Grundstimmung kann – dies illustriert Schmitz mit Verweis auf Sartres *Der Ekel* – auch durch *latente* Formen von Ekel, Wollust, Angst oder andere emotionale Phänomene geprägt sein.[12] Eine solche langfristige individuelle leibliche Grundstimmung stellt nach Schmitz aber keinen determinierenden Faktor der Lebensgeschichte dar: „Eine leibliche Disposition (...) braucht keineswegs das Leben eines Menschen vom ersten bis zum letzten Atemzug zu beherrschen, aber eine Tendenz zu langfristigem Beharren, während dessen sie das leibliche Befinden gleichsam klimatisch bestimmt, kommt ihr doch zu.“[13]

Die leibliche Grundstimmung oder leibliche Disposition ist im Gegensatz zum üblichen Begriff einer Disposition[14] fühlbar bzw. eine emotionale Gegebenheit.[15] Der übliche

8 Hermann Schmitz, *Der unerschöpfliche Gegenstand*, S. 127; Hermann Schmitz, *Leib und Gefühl*, hg. v. Hermann Gausebeck/Gerhard Risch, Paderborn ^{2}1992 (zuerst 1989), S. 43; Hermann Schmitz, *Was ist Neue Phänomenologie?*, Rostock 2003, 25.

9 Vgl. auch Jan Slaby, *Gefühl und Weltbezug. Die menschliche Affektivität im Kontext einer neo-existentialistischen Konzeption von Personalität*, Paderborn. 2008, S. 327, Fn. 9.

10 Hermann Schmitz, *Die Person, System der Philosophie*, Bd. IV, Bonn 1980, S. 292. Die Rede von „Atmosphäre“ ist an dieser Stelle metaphorisch gemeint. Schmitz unterscheidet begrifflich das leibliche Klima von den Gefühlen als Atmosphären.

11 Hermann Schmitz, „Der Leib im Spiegel der Kunst“, in: *System der Philosophie* Bd. II/2, Bonn 1966, S. 81f.

12 Hermann Schmitz, *Leib und Gefühl*, S. 43.

13 Hermann Schmitz, „Der Leib im Spiegel der Kunst“, S. 82.

14 Zum Dispositionsbegriff vgl. Christoph Demmerling/Hilge Landweer, *Philosophie der Gefühle: von Achtung bis Zorn*, Stuttgart 2007, S. 73; demnach sind die Kriterien für Dispositionen: a) Eine Empfänglichkeit für ein Gefühl ist im Charakter verankert und b) das Gefühl (für das jemand empfänglich ist und das diese Person dann häufig empfindet) prägt das Welt- und Selbstverhältnis einer Person.

15 Zur Differenz von Disposition und Stimmung vgl. Jan Slaby, *Gefühl und Weltbezug*, S. 166f.: „Stimmungen unterscheiden sich indes dadurch von einer bloßen Disposition, sich in bestimmter Weise von etwas affizieren zu lassen, dass sie uns als affektive Zustände einer bestimmten Art (zumindest präreflexiv) bewusst sind.“ Vgl. auch ebd., S. 175.

Dispositionsbegriff hingegen ist ein Konstrukt, um Vorhersagen über das Verhalten von Personen machen zu können, und bezeichnet selten etwas am Leib. Insofern könnte Schmitz' Begriff der leiblichen Disposition irreführend sein. Dies ist der Grund, warum ich den Begriff leibliche Grundstimmung, den Schmitz seltener verwendet, bevorzuge. Schmitz' Formulierungen verweisen auf ein *latentes* Gefühl. So spricht er von „hintergründig",[16] „unauffällig" und „unbemerkt".[17] Es stellt sich die Frage, ob die Stimmung des leiblichen Befindens gespürt werden kann bzw. stets gespürt werden muss. Gerade wenn es sich um eine „Grundstimmung" handelt, bräuchte sie selbst *als Hintergrund* für leibliche Regungen nicht in den Fokus der Wahrnehmung zu geraten. Tatsächlich scheint nahezuliegen, dass sie erst bei „Umstimmungen" oder bei der Konfrontation mit leiblichen Grundstimmungen anderer Menschen in stärkerem Maße auffällig wird und als solche in den „Blick" gerät. Die eigene leibliche Grundstimmung wird allerdings nicht erst in diesen Momenten fühlbar; auffällig wird dann nur, dass andere nicht so gestimmt sind. Fühlbar müsste sie eher in der Art eines Beigeschmacks sein – mal stärker, mal schwächer.

2. Die leibliche Grundstimmung und Gefühle als Atmosphären: eine Sprache der Richtungen

Von der leiblichen Grundstimmung und den ihr zugehörigen leiblichen Regungen unterscheidet Schmitz die Gefühle als Atmosphären. Diese grenzt er wiederum stark vom gängigen Verständnis von Gefühlen ab, nach welchem sie innerliche Zustände eines Subjekts sind. Nach Schmitz sind sie vielmehr ergreifende Mächte mit dem ontologischen Status von „Halbdingen".[18] Eine der zentralen Kategorien zur Unterscheidung von Gefühlen als Atmosphären und der leiblichen Grundstimmung bei Schmitz ist die Räumlichkeit, insbesondere die „Weiteräumlichkeit" und die „Richtungsräumlichkeit".[19] Die leibliche Grundstimmung gehört richtungsräumlich zum Leib in der Weise wie der Blick, der vom Leib in den Weiteraum geht. Dies im Unterschied zum Gefühl als „räumlich und randlos ergossene[r] Atmosphäre",[20] die vom Weiteraum in den leiblichen Raum

16 Hermann Schmitz, „Der Leib im Spiegel der Kunst", S. 82.

17 Ebd. X.

18 Vgl. z. B. Hermann Schmitz, *Was ist Neue Phänomenologie?*, S. 45. Vgl. die sehr gute Darstellung in: Jens Soentgen, *Die verdeckte Wirklichkeit. Einführung in die Neue Phänomenologie von Hermann Schmitz*, Bonn 1998, S. 66-72. Die These von der Objektivität der Gefühle als Atmosphären und ergreifende Mächte hat zahlreiche Kritiken hervorgerufen – da mein Interesse im Folgenden der leiblichen Grundstimmung gilt, gehe ich auf diese nicht ein. Einer der prominentesten Vertreter ist sicher Thomas Fuchs – vgl. den „Briefwechsel mit Dr. Dr. Fuchs über Gefühle" in: Hermann Schmitz, *Was ist Neue Phänomenologie?*, S. 175-204.

19 Hermann Schmitz, *Der unerschöpfliche Gegenstand*, S. 292.

20 Z. B. ebd., S. 295.

hineinstrahlt. Die leibliche Grundstimmung und die ihr zugehörigen leiblichen Regungen sind dagegen außerdem leiblich örtlich umschrieben.[21]

Die Differenz der Gefühlsatmosphären zur leiblichen Grundstimmung zeigt sich im Erleben. Während die Grundstimmung „am eigenen Leib gespürt“ und zugleich als „Zustand des eigenen Leibes“ erfahren wird,[22] sind Gefühle als ergreifende Mächte zwar ebenfalls „am eigenen Leib“ spürbar, nicht jedoch als etwas ‚vom‘ eigenen Leib, sondern als Widerfahrnis. Sie wirken im affektiven Betroffensein auf den Leib durch eine Veränderung von dessen leiblichen Richtungen ein. So geht z. B. die Beengung beim Gefühl der Angst, die leiblich erfahren wird, nicht vom Leib aus, sondern ist Ergebnis der Auseinandersetzung des Menschen mit dem jeweiligen Gefühl, also z. B. mit der Angst als Atmosphäre in der Form leiblicher Betroffenheit. Die in der Angst leiblich erlebte Enge wird dem Leib quasi „zugefügt“.[23]

Die „Schichten“ bzw. das *Spektrum der Gefühle als Atmosphären*, die den Menschen affektiv betreffen, indem sie auf den leiblichen Richtungsraum einwirken, reicht nach Schmitz von reinen Erregungen über Stimmungen (als Atmosphären, nicht als leibliche Grundstimmungen) und ungerichteten Gefühle bis zu zentrierten Gefühlen mit „Verankerungspunkt“ und „Verdichtungsbereich“.[24] Stimmung gibt es nach Schmitz also nicht nur in der Form der leiblichen Grundstimmung, sondern auch als Atmosphäre. Die beiden Stimmungsformen von leiblichen Grundstimmungen und Atmosphären bzw. Gefühlen müssen unterschieden werden.[25] Betrachtet man das Erleben der Gefühle als Sprache der Richtungen, so wäre die leibliche Grundstimmung die Grundausrichtung, auf der alles Fühlen beruht und von der die einzelnen Gefühle als abweichende Richtungen erfahren werden. Wie wir gesehen haben, handelt es sich bei der leiblichen Grundstimmung um ein latentes Hintergrundgefühl; sie wird also nicht nur räumlich anders erfahren, sondern auch in einem anderen Modus.

Sodann ist die leibliche Grundstimmung nicht nur richtungsräumlich, sondern auch nach der Seite des Fühlens hin zentral für das affektive Betroffensein von Gefühlen als Atmosphären, weil sie die leibliche Basis dafür bildet. Erst im affektiven Betroffensein, das stets leibliches Betroffensein ist, werden die Gefühlsatmosphären zu je meinem Gefühl.[26] Leiblich ergreifen können diese Gefühlsatmosphären Menschen nur in Form leiblicher Regungen: „Die leiblichen Regungen unterscheiden sich zwar von den Ge-

21 Hermann Schmitz, *Leib und Gefühl*, S. 116.

22 Hermann Schmitz, *Der unerschöpfliche Gegenstand*, S. 293.

23 Es gibt nach Schmitz unterschiedliche Angstformen: Angst kann sowohl eine Atmosphäre als auch eine leibliche Regung als auch ein leibliches Klima sein. Differenziert sind sie durch das leibliche Erleben.

24 Vgl. Hermann Schmitz, *Der Gefühlsraum*, *System der Philosophie*, Bd. III/2, Bonn 2005, S. 314-320.

25 Auf die Notwendigkeit der zwei Stimmungsbegriffe kann ich in diesem Rahmen nicht weiter eingehen.

26 Hermann Schmitz, *Der Gefühlsraum*, S. 152, spricht davon, dass „jedes Gefühl, (...) nur vermöge einer leiblichen Regung in das affektive Betroffensein eines Subjektes eintritt.“ Vgl. auch ebd., S. 161: „Das affektive Betroffensein von Gefühlen kommt (...) durch deren Eingreifen in das leibliche Befinden zu Stande.“

fühlen, aber das affektive Betroffensein durch Gefühle ist stets an leibliche Regungen gebunden und von diesen vermittelt."[27] Mit Blick auf die innere Systematik des Gefühlserlebens muss man also die zentrale Rolle der leiblichen Regungen und damit verbunden die ihnen zugehörige leibliche Grundstimmung festhalten: Auch das Erleben der Gefühle als Atmosphären ist gebunden an den Leib und seine „Konstitution", wie man sagen könnte, d. h. an die leibliche Grundstimmung: Alle leiblichen Regungen, auch die durch Gefühlsatmosphären bewirkten, sind nach der leiblichen Grundstimmung hin getönt. Allgemein kommt „die Verschiedenheit im Fühlen verschiedener Subjekte zum großen Teil dadurch zu Stande (...), daß diese dank der Unterschiedlichkeit ihrer leiblichen Dispositionen und der Rückwirkung ihrer Personalität auf diese aus der Unzahl sich in der Weite überlagernder Atmosphären je andere ‚herausfiltern', wie Radiogeräte, die auf bestimmte Wellenlängen eingestellt sind."[28]

Wegen der unterschiedlichen Räumlichkeit gibt es auch kein Konkurrenzverhältnis, wenn Menschen unterschiedlicher leiblicher Grundstimmungen aufeinandertreffen – die Grundstimmungen haben „nebeneinander" Platz und sie haben auch weniger „Autorität" als Gefühle.[29] Bei der Konfrontation mit Menschen anderer leiblicher Grundstimmung dürfte sich das Fehlen einer gemeinsamen Basis eher im Fühlen, Verstehen und in der Kommunikation bemerkbar machen. Es gibt in dem Fall mehr Explikations- und Abstimmungsbedarf als bei Interaktionen mit Menschen ähnlicher oder gleicher leiblicher Grundstimmung.

Ein zentraler Unterschied zwischen Grundstimmungen und Gefühlen als Atmosphären besteht darin, dass wir uns gegen Gefühle und das Betroffensein von ihnen zur Wehr setzen können, und zwar durch das Einnehmen einer leibliche Haltung, die ihnen entgegensteht[30] – was gegenüber der leiblichen Grundstimmung *nicht direkt* möglich ist, da sie vom eigenen Leib kommt. Wir werden das an den Beispielen für Umstimmungen der leiblichen Grundstimmung genauer sehen.

3. Die Autonomie der leiblichen Grundstimmung und Formen der Umstimmung

Die leibliche Grundstimmung ist nach Schmitz die Grundlage für die Ansprechbarkeit auf Reize der Außenwelt. Über die zentrale Komponente der „Vitalität" sowie über deren drei Dimensionen „Antrieb", „Reizempfänglichkeit" und „Zuwendbarkeit des Antriebs" werden die individuelle bzw. typenspezifische Aufnahmefähigkeit für Reize der Außenwelt sowie die Anpassungsfähigkeit an diese Reize erfasst. Das bedeutet, die

27 Hermann Schmitz, *Der Gefühlsraum*, S. 153.

28 Hermann Schmitz, *Der unerschöpfliche Gegenstand*, S. 310. Diese Formulierung steht bei Schmitz nur als bildliche Annäherung an das Phänomen aus subjektivistischer Sicht; Atmosphären sind vielmehr „zwischen" Subjekt und Objekt zu situieren – vgl. z. B. Hermann Schmitz, *Leib und Gefühl*, S. 321.

29 Hermann Schmitz, *Leib und Gefühl*, S. 117f.; Hermann Schmitz, *Der Gefühlsraum*, S. 151f.

30 Hermann Schmitz, *Leib und Gefühl*, S. 322; Jens Soentgen, *Die verdeckte Wirklichkeit*, S. 74.

leibliche Grundstimmung ist nach Schmitz ein relativ stark in sich geschlossenes „System“ aus den genannten Dimensionen, das in dem Sinn unabhängig von der Außenwelt ist, als es die Grundlage dafür darstellt, von etwas in der Welt angegangen zu werden.[31] So ist auch das leibliche Betroffensein von Gefühlen als Atmosphären, wie bereits erläutert, abhängig von der leiblichen Grundstimmung.[32] Diese ist einer der Faktoren des leiblichen Betroffenseins, die mitbestimmen, von welchen Gefühlen als Atmosphären und in welcher Weise ich leiblich angegangen werde. Dies ist zunächst einmal einer der Anhaltspunkte für die Vermutung, dass nach Schmitz politische Faktoren keinen direkten Einfluss auf die leibliche Grundstimmung haben dürften. Denn die leibliche Verfasstheit, zu der sie gehört, bildet gerade die Grundlage für das, was uns von der Welt her anspricht.

Trotz der Beharrlichkeit der leiblichen Grundstimmung kann es nach Schmitz zu „Umstimmungen“ kommen: Die Änderung erfolgt dabei in den verschiedenen Richtungen leiblicher Dynamik, die Schmitz auch als „Alphabet der Leiblichkeit“ bezeichnet.[33] Gemeint sind seine Kategorien der Struktur des Leibes: Engung – Weitung, Spannung – Schwellung, Intensität – Rhythmus, privative Engung und Weitung, Richtung, protopathische und epikritische Tendenz. Die Umstimmungen geschehen nicht aufgrund der Einwirkung äußerer, etwa sozialer oder politischer Faktoren, sondern sie sind Teil einer *Dynamik leiblichen Geschehens*. Das lässt sich jedenfalls den Beispielen für Umstimmung bei Schmitz entnehmen: So beschreibt er die Möglichkeit, dass eine momentane leibliche Regung in eine leibliche Grundstimmung hineinwachsen kann.[34] Weiterhin spricht er von einer partiellen Entladung der leiblichen Grundstimmung in leiblichen Regungen.[35]

Gibt es keine direkte Wechselwirkung zwischen leiblicher Grundstimmung und äußeren Gegebenheiten? Eine Möglichkeit für eine Wechselwirkung besteht für Schmitz in der Kunstproduktion und -rezeption, indem sich eine leibliche Grundstimmung über Gestaltverläufe in ein Kunstwerk übersetzen kann. Dies gilt gleichermaßen von kollektiven Grundstimmungen des Leibes und kollektiven Kunststilen. Dabei drückt sich die leibliche Grundstimmung nicht automatisch im Kunstwerk aus, sondern das Kunstwerk kann zur Entfaltung einer noch nicht vorliegenden, aber sich schon abzeichnenden leiblichen Grundstimmung dienen. Künstlerisches Schaffen vermag also eine Umstimmung herbeizuführen. Denn „die im Kunstwerk niedergelegte leibliche Disposition [kann] die seiner Schöpfer und Betrachter allmählich zu sich hin umbilden und erziehen – oder auch von sich weg.“[36] Auch ein Kompensationsverhältnis ist nach Schmitz möglich: „Die

31 Hermann Schmitz, *Der unerschöpfliche Gegenstand*, S. 127f.

32 Ebd. 128; Hermann Schmitz, *Leib und Gefühl*, S. 140. Zum Verhältnis von Angst als leiblicher Regung zu Bangnis als objektiver Gefühlsatmosphäre vgl. Hermann Schmitz, *Leib und Gefühl*, hg. v. Hermann Gausebeck/Gerhard Risch, Paderborn [2]1992 (zuerst 1989), S. 149.

33 Hermann Schmitz, „Der Leib im Spiegel der Kunst“, S. 84.

34 Ebd., S. 82.

35 Ebd., S. 84.

36 Ebd., S. 85.

im Kunstwerk sich darstellende leibliche Disposition kann eine bei der Schöpfung im Künstler oder im Publikum vorhandene ebenso kompensieren wie spiegeln."[37]

Die Beispiele deuten einerseits darauf hin, dass die leibliche Grundstimmung nach Verwirklichung drängt, um sich zu entfalten, bzw. als Anlage gehorchen ihre Umstimmungen internen Ansprüchen oder „Gesetzen". Andererseits deuten sie eine Möglichkeit an, wie äußere Gegebenheiten – hier Kunstwerke – auf die leibliche Grundstimmung (zurück-) wirken können. Auf einen möglichen Einfluss politischer Faktoren lassen sie allerdings nicht schließen.

Bei einer „Umstimmung" können möglicherweise aber auch Gefühle als Atmosphären eine Rolle spielen, da diese über leibliche Regungen die Menschen ergreifen. Schmitz spricht explizit davon, dass „das Gefühl, nachdem es sich schon zurückgezogen hat, tiefe Spuren im leiblichen Befinden hinterlässt".[38]

Schmitz führt als weiteres Beispiel für eine Umstimmung den Einfluss von Drogen (einen Meskalinrausch) an, der zu einer längerfristigen Wandlung der leiblichen Grundstimmung führen kann, in dem Beispiel handelt es sich um eine Umstimmung hin zu einer hingebenden und wollüstig-sinnlichen Grundstimmung des Leibes. Gegen diese wiederum – und das ist besonders interessant – konnte sich die betroffene Person jedoch anschließend durch das Einnehmen einer zusammengenommenen leiblichen Haltung wehren, einer Haltung des Widerstands gegen den Seewind, die mit einer Anspannung und Versteifung des Leibes einhergeht und damit der hingebenden leiblichen Grundstimmung entgegensteht. Dieses Beispiel ist wichtig, weil die leibliche Grundstimmung etwas vom und am eigenen Leib ist, sodass man eigentlich nicht auf sie zugreifen können sollte. Wie soll eine Abwehr oder eine Umstimmung erfolgen? Der Betroffene berichtet:

> „Zwei Monate später, als ich ans Meer gefahren war, hatte ich an einem späten Herbstabend dem schneidenden Seewind standzuhalten und dem bewegten, Energie weckenden Meer, und mußte auf andere Kraftreserven zurückgreifen, als jene trübe Atmosphäre mir bieten konnte, die ich noch immer mit mir weiterschleppte [gemeint ist das wollüstig-sinnliche Befinden nach der ersten Umstimmung, das der Betroffene als wonnevolles Zerfließen beschreibt – N. T.]. Ich hielt stand, wie es sein mußte (...) und da trat jene schroff abweisende Seite meines Wesens wieder hervor (...) Härte und Widerstand gegen jedes Zerfließen (...)."[39]

An diesem Beispiel sehen wir eine Möglichkeit des aktiven Zugriffs auf die leibliche Grundstimmung, die eine Reaktion auf äußere Witterungseinflüsse – hier des Seewinds – ist. Man kann daran zwei Dinge festhalten: Erstens wirken äußere Einflüsse nur indirekt auf die leibliche Grundstimmung ein: über das Einnehmen einer leiblichen Haltung gegenüber etwas anderem. Zweitens ist eine Art von leiblichem Betroffensein oder leib-

37 Ebd.

38 Hermann Schmitz, *Der Gefühlsraum*, S. 158.

39 Zitat Henri Michaux in Hermann Schmitz, „Der Leib im Spiegel der Kunst", S. 83.

lichem Angegangenwerden von diesem „anderen“ nötig sowie dadurch eine leibliche Abwehr, um die Grundstimmung zu beeinflussen.

Der Durchgang durch die Beispiele zeigt eine starke Autonomie der leiblichen Grundstimmung. Sie hat ihre eigene leibliche Interaktionsdynamik mit leiblichen Regungen und evtl. sogar eine rein interne Umstimmungsmöglichkeit (vgl. die Rede von „Anlage“ und „Entfaltung“): Die Einflüsse, auf die hin eine Umstimmung erfolgt, müssen stets den Weg über den Leib gehen. „Äußere“, z. B. politische Einflüsse, so lässt sich demnach festhalten, könnten also nur vermittelt über leibliche Regungen zu einer Umstimmung führen, wenn man die Richtung der Wirkung von den politischen Faktoren auf die leibliche Grundstimmung betrachtet. Wie wir noch sehen werden, betont Schmitz die andere Richtung als seine eigentliche Entdeckung: nämlich die Wirkung der leiblichen Grundstimmungen auf die Geschichte.

4. Begriffliche Differenzierungen

Bevor ich zur Frage nach der Geschichtlichkeit und Kollektivität von Stimmungen übergehe, möchte ich auf terminologische Probleme bei der Schmitz-Interpretation eingehen. Die Diskussion um kollektive Formen des Sichfühlens, die man ausgehend von Schmitz führen kann, verkompliziert sich durch zwei Schwierigkeiten: Die eine besteht in Schmitz' unterschiedlicher Verwendungsweise der Termini „Klima“ und „Atmosphäre“ in Bezug auf das leibliche Befinden. So spricht Schmitz bei der leiblichen Grundstimmung von einer „hintergründigen, ganzheitlichen Atmosphäre des leiblichen Befindens“.[40] Hier besteht die Gefahr, zentrale Unterscheidungskriterien zu verwischen. Das leibliche Befinden wird bei Schmitz, wie oben dargestellt, den Gefühlen als Atmosphären durch ihre unterschiedliche Räumlichkeit ja gerade entgegensetzt. Wie lässt sich dieser mögliche Widerspruch auflösen? Möglicherweise spricht Schmitz in den betreffenden Fällen von der leiblichen Grundstimmung als *einer Art* Atmosphäre oder Klima, also in metaphorischer Redeweise, welche die vorherige Unterscheidung nur ausnahmsweise einschränkt.

Umgekehrt hebt Schmitz hervor, dass auch die leibliche Grundstimmung nicht nur am Körper gespürt, sondern auch, ganz wie die dazu kontrastierten Atmosphären, als „ein ganzheitlicher Charakter der Umgebung“ wahrgenommen werde.[41] Dies bereitet Schwierigkeiten, zieht man die obige Definition heran. Gefühle als Atmosphären waren dort bestimmt worden als „randlos ergossen“, die leibliche Grundstimmung hingegen war auf den Leib begrenzt und deshalb örtlich umschrieben. Die Abgrenzung der Gefühlsatmosphäre von der leiblichen Grundstimmung scheint daher nicht vereinbar mit der Behauptung, die leibliche Grundstimmung sei ihrerseits ein „Charakter der Umgebung“. Für meine folgenden Ausführungen gehe ich daher weiterhin von den Abgrenzungskriterien der unterschiedlichen Räumlichkeit aus, nämlich der Weiteräumlichkeit

40 Hermann Schmitz, „Der Leib im Spiegel der Kunst“, S. 82 und 84.
41 Ebd., S. 83.

und der Begrenzung auf den Leib sowie der Richtungsräumlichkeit bei der Grundstimmung versus dem „Ergossensein" in die Umgebung bei den Atmosphären.

Eine weitere Schwierigkeit ergibt sich daraus, dass in Schmitz' Werkentwicklung eine terminologische und systematische Verschiebung stattfindet zwischen *Der Leib im Spiegel der Kunst* von 1966 und dem Aufsatz über den *Zusammenhang in der Geschichte* von 1972. Während im ersteren Werk Schmitz die Kollektivität und geschichtliche Spezifität von leiblichen Grundstimmungen herausarbeitet und sie immer wieder auch als „Klima" oder als „Atmosphäre" bezeichnet, was zu den oben genannten Problemen führt, umfasst der Begriff eines geschichtlichen Klimas im zweiten Aufsatz eine Gesamtheit aus leiblicher (kollektiver) Grundstimmung und Gefühlen als Atmosphären. Möglicherweise ist die terminologische Unterscheidung im Text von 1966 noch nicht voll ausgebildet.

Das möchte ich auszughaft an zwei längeren Zitaten zeigen. Im ersten Zitat aus *Der Leib im Spiegel der Kunst* geht es Schmitz um die Rolle einer Geschichte der Leiblichkeit für die Geschichte künstlerischer (Epochen-) Stile:

> „Die Kunstgeschichte wird (...) gleichsam zum Spiegel oder zum Seismographen einer Geschichte, die sich an der Menschheit diesseits aller Absicht und willkürlichen Verfügung (...) vollzogen hat: der Geschichte menschlicher Leiblichkeit. Natürlich ist hierbei nicht an den sicht- und tastbaren (...) Körper des Menschen gedacht, sondern an das, was am eigenen Leibe gespürt werden kann, und im Besonderen an die ganzheitlichen und relativ beharrlichen, obwohl im Verlauf der Geschichte doch vielfach sich wandelnden und abwechselnden *Atmosphären oder Klimata* [Herv. v. N. T.], in die das jeweilige leibliche Befinden mit seinen momentanen Regungen, oft unauffällig und unbemerkt, gleichsam eingetaucht ist. Nach meiner Ansicht ist die Geschichte *dieser leiblichen Dispositionen* [Herv. v. N. T.] schicksalhaft mitverantwortlich für die Prägung der Lebensstile, die nach einem Wort von Erich Rothacker die Kulturen sind, auch nach ihrer geistigen Seite."[42]

Hier werden die kollektiven leiblichen Dispositionen oder, wie Schmitz sie an andere Stelle nennt, die Grundstimmungen mit den geschichtlichen Klimata gleichgesetzt. Anders in Schmitz' Aufsatz *Zusammenhang in der Geschichte*. Schmitz spricht dort von der zentralen Rolle eines irreduziblen Klimas für die Geschichte, „das man sich auch als Beleuchtung oder Tönung des Raums der Geschichte versinnlichen mag. Dieses Klima *bildet sich aus* [Herv. v. N. T.] kollektiv geschichtsmächtigen Gefühlen und leiblichen Dispositionen (...)."

Zwei Möglichkeiten der Interpretation bieten sich an. Entweder liest man den späteren Aufsatz als eine Weiterentwicklung des Konzepts des kollektiven Fühlens. Schmitz hätte dann die Bedeutung von „Klima" in Bezug auf die kollektive leibliche Grundstimmung aus *Der Leib im Spiegel der Kunst* revidiert und „Klima" bezöge sich fortan in

42 Hermann Schmitz, „Der Leib im Spiegel der Kunst", S. IXf.

einem erweiterten Sinn auf eine Ganzheit aus kollektiver leiblicher Grundstimmung und Gefühlen als Atmosphären. Geht man davon aus, dass die Bezeichnung der Grundstimmung als Klima nicht revidiert wurde, muss man annehmen, dass Schmitz zwei Bedeutungen von kollektivem Klima nebeneinander verwendet. Daraus resultierten dann allerdings zwei sich teilweise überschneidende Konzepte von „kollektivem Klima": zum einen die leibliche Grundstimmung als Klima, von der man dann annehmen muss – was ich aus oben genanten Gründen für widersprüchlich halte –, dass sie nicht nur auf den spürbaren Leib begrenzt ist, sondern auf die Umgebung übergeht. Zum anderen hätten wir die Bedeutung eines kollektiven Klimas, das sich aus der kollektiven Grundstimmung und Gefühlen als Atmosphären zusammensetzt. Wegen der Widersprüche, die sich daraus ergeben, halte ich die erste Interpretationsvariante der Begriffsrevision für plausibler, nach welcher der Begriff des „geschichtlichen Klimas" nur die Gesamtheit aus kollektiver leiblicher Grundstimung und Gefühlen als Atmosphären bezeichnet.

5. Kollektivität und Geschichtlichkeit der leiblichen Grundstimmung und das geschichtliche Klima einer Epoche

Ich komme zu der Frage, wie eine gesellschaftliche Stimmungslage ausgehend von Schmitz bestimmt werden kann. Dabei gehe ich in folgenden Schritten vor: Zuerst werden wir sehen, wie Schmitz eine kollektive leibliche Grundstimmung konzipiert. Dabei bildet *Der Leib im Spiegel der Kunst* die zentrale Textgrundlage. Ich werde dann in den Blick nehmen, was „kollektiv" im Kontext dieses Textes heißt. Es wird anschließend darum gehen, wie Schmitz im Unterschied dazu das „geschichtliche Klima" einer Zeit beschreibt und erklärt. Dieses geschichtliche Klima ist das, was man als gesellschaftliche Stimmungslage bezeichnen kann. Das werde ich an seinen zentralen Merkmalen zeigen und dabei auf Schmitz' Aufsatz *Zusammenhang in der Geschichte* zurückgreifen. Am Schluss steht die Frage nach dem genaueren Zusammenhang von kollektiver leiblicher Grundstimmung und geschichtlichem Klima. Die Ergebnisse werden den Ausgangspunkt für die Interpretation der Studie von Flam bilden. Ausgehend von ihren empirischen Erhebungen zur Angst, soll in den Blick genommen werden, welche Rolle politische Umstände für das geschichtliche Klima respektive die gesellschaftliche Stimmungslage spielen können.

Ich beginne mit der kollektiven leiblichen Grundstimmung nach Schmitz. Eine zentrale Differenz zu Typenlehren, an die Schmitz mit dem Konzept anknüpft,[43] liegt u. a. in seiner Auffassung, dass es „relativ homogene leibliche Dispositionen auch kollektiv, in Menschengruppen, gibt".[44] Die leibliche Grundstimmung ist nicht zwangsläufig nur individuell, sondern kennzeichnet in vielen Fällen die Art, wie sich bestimmte Gruppen zu einer Zeit fühlen, ohne dass es sich dabei schon um Atmosphären handelt.

43 Hermann Schmitz, *Der unerschöpfliche Gegenstand*, S. 129f.

44 Ebd. 130.

Den Befund, dass es so etwas wie eine *kollektive* leibliche Grundstimung gibt, die selbst geschichtlich ist und die Geschichte wesentlich mitbestimmt, erschließt Schmitz anhand der Geschichte künstlerischer Stile.[45] Er knüpft dabei an Thesen des Kunsthistorikers Heinrich Wölfflin an. Nach Schmitz ist eine Geschichte leiblicher „Dispositionen", also Grundstimmungen, an der Geschichte künstlerischer Stile maßgeblich beteiligt.[46] Der Kollektivität einer jeweils historisch spezifischen leiblichen Grundstimmung entspricht eine Ähnlichkeit im Stil unterschiedlichster kultureller Produkte der Zeit (z. B. Kunst und Architektur), aber auch auf anderen Gebieten; die Ähnlichkeit geht bis hin zu einem „Stil der Leiblichkeit" der Gruppenmitglieder. An einem Beispiel erläutert Schmitz:

> „Zum hellen hohen Klang der Fanfare oder Barocktrompete paßt (...) eine bestimmte Art von Körperhaltung und -bewegung, nämlich etwa ein leichtes und beschwingtes, aber zugleich konzentriertes und gespanntes federndes Ausschreiten; dem dunklen, dumpfen Klang einer Baßgeige würde dagegen eher eine visköse, schwere, massige Haltungs- und Bewegungsweise als ein spitzes, leichtes Hüpfen entsprechen. Damit sind Unterschiede der leiblichen Disposition berührt, die nicht zuletzt am Gang zum Vorschein kommen, aber auch schon am eigenen Leib gespürt, nicht erst durch Beobachtung von außen wahrgenommen werden können. Solche leiblichen Dispositionen können ebenso wie Gefühle nicht nur die private Eigenart einzelner Individuen prägen, sondern auch die kollektiven Stile von Kulturen, Zeitaltern, Rassen, Völkern (...)."[47]

Die Ähnlichkeit, die wir als Stil einer Epoche aus der Außenperspektive erfassen, geht nach Schmitz zurück auf die Wahrnehmung eines formalen Passungsverhältnisses zwischen kulturellen Produkten, Bewegungssuggestionen und Gestaltverläufen. Sie beruht auf einer kollektiven leiblichen Grundstimmung, die aus der Innenperspektive der Gruppenmitglieder als eine bestimmte Art und Weise des leiblichen Befindens fühlbar ist. „Grundstimmung" und „Stil" korrespondieren miteinander. Schon im Kunstschaffen eines Einzelnen sieht Schmitz die Möglichkeit, dass sich die leibliche Grundstimmung des Künstlers im Kunstwerk niederschlägt.[48] Die Formen, in denen dies geschieht, habe ich oben beim Thema Umstimmung genannt: als Ausdruck, als Kompensation, als Verhältnis von Anlage und Entfaltung. Analog sieht Schmitz in kollektiven Kunststilen, beispielsweise der Gotik, den Ausdruck kollektiver leiblicher Grundstimmungen: „Leibliche Dispositionen sind nicht bloß Schicksale Einzelner, sondern können auch breite Schichten von Völkern und Zeitgenossen umspannen und dadurch den Charakter kollektiver Kunststile entscheidend bestimmen (...)."[49]

45 Vgl. Hermann Schmitz, „Der Leib im Spiegel der Kunst", z. B. S. 146.

46 Hermann Schmitz, *Leib und Gefühl*, S. 324.

47 Hermann Schmitz, *Die Person*, S. 291, Fn.

48 Hermann Schmitz, „Der Leib im Spiegel der Kunst", S. 83.

49 Ebd., S. 85.

Die zentrale Frage ist nun, in welcher Art und Weise eine Grundstimmung kollektiv sein kann. Ist dies nur eine Feststellung aus der Außenperspektive, d. h. lässt sich aufgrund der stilistischen Einheitlichkeit einer Epoche auf eine bei allen gleiche oder sehr ähnliche leibliche Grundstimmung schließen? Dabei würde von den Einzelnen der Gruppe die kollektive Grundstimmung als je meine leiblich erlebt. Sie wäre *nur* aus der Außenperspektive kollektiv. Oder beziehen sich die Mitglieder der Gruppe im Fühlen aufeinander? Oder gibt es gar so etwas wie ein kollektives Organ für gemeinschaftliches Fühlen?

Auf der Beschreibungsebene lassen sich mit Schmitz folgende Merkmale für die Kollektivität einer leiblichen Grundstimmung festhalten: „Kollektiv" ist sie mit Bezug sowohl auf kleinere Gruppen, bei denen die Gruppenmitglieder einander kennen und sich aufeinander beziehen (können), als auch auf anonyme Gruppen, bei denen die Einzelnen sich nicht alle gegenseitig kennen können, wie z. B. Schichten, Kulturen, ganze Gesellschaften oder Epochen.[50] Des Weiteren macht nicht irgendein Bezug der Gruppenmitglieder aufeinander die leibliche Grundstimmung zu einer kollektiven. Generell ist sie in keiner Weise von ihnen herbeiführbar, da wir nur indirekt, stellvertretend in leiblicher Auseinandersetzung mit etwas Anderem auf unsere leibliche Grundstimmung Einfluss ausüben können. „Kollektiv" bedeutet im Zusammenhang mit der leiblichen Grundstimmung auch nicht, dass die Einzelnen einer Gruppe eine Zusammengehörigkeit empfinden. Die Kollektivität ist nicht Gegenstand des Fühlens. Folgende schon erwähnte zwei Aspekte verweisen auf eine schwache Form von Kollektivität: 1. Von außen wird die Kollektivität als stilistisches Passungsverhältnis und als formale Ähnlichkeit wahrnehmbar. 2. Die Grundstimmung wird jedoch als je eigene leiblich gefühlt. Weil die Ähnlichkeit unter 1. jedoch auf Gestaltverläufen und Bewegungssuggestionen beruht, liegt es nahe, dass sie auch aus der Binnenperspektive wahrnehmbar sein könnte. Dass sie kollektiv ist, würde sich dann eher indirekt zeigen, z. B. daran, dass man unmittelbar Gefallen an Ähnlichem findet, ahnt, was in der Luft liegt, ähnlichen Geschmack in Kulturdingen hat.[51] Die leibliche Grundstimmung als je meine würde eine Ausgangsbasis für intersubjektive Bezüge bilden.

Abschließend sei noch betont, dass Ähnlichkeit nicht Gleichartigkeit meint. Schmitz spricht von *relativ* homogenen Klimata sowie von einem „mehr oder minder weitgespannten Zusammenhang", in dem eine Generation oder ein Zeitalter klimatisch lebt.[52] Auch spielen personale Faktoren bei der leiblichen Grundstimmung eine Rolle. Die

50 Schmitz lässt dabei offen, ob die jeweilige Gruppe allein über ihre Grundstimmung gebildet wird oder ob noch weitere Faktoren hinzutreten. Ich sehe Schmitz' Überlegungen nicht als eine Position innerhalb der Diskussion, wie sich Gruppen konstituieren, und verfolge nicht die Frage, ob eine leibliche Grundstimmung den Zusammenhalt einer Gruppe bilden kann. Es geht in diesem Beitrag um Formen des kollektiven Sichfühlens und nicht darum, inwiefern dieses eine notwendige oder hinreichende Bedingung für die Bildung einer Gruppe darstellt.

51 Zur Übereinstimmung einer leiblichen Grundstimmung sagt Schmitz, dass sie z. B. im ehelichen Zusammenleben „für das Wohlgefallen aneinander im alltäglichen Umgang" wesentlich ist (Hermann Schmitz, „Der Leib im Spiegel der Kunst", S. 83).

52 Hermann Schmitz, *Der unerschöpfliche Gegenstand*, S. 130.

Gruppenmitglieder empfinden nicht etwa dasselbe (etwa: sie haben dauerhaft Angst), sondern sie haben einen *Stil* des Fühlens gemein, ein latentes Hintergrundgefühl, wie einen Beigeschmack des Fühlens.

Soweit sind wir Schmitz auf der Beschreibungsebene gefolgt. Woher stammt nun die Kollektivität? An der Kollektivität kann man ansetzen, um eine Wechselwirkung mit politischen Faktoren in den Blick zu nehmen, weil eine wichtige Frage die ist, wie eine *leibliche* Grundstimmung, die am eigenen Leib gespürt wird, kollektiv sein kann. Naheliegend wäre, dass sie u. a. aus den langfristigen sozialen und politischen Bedingungen resultiert, unter denen eine Gruppe zu einer Zeit lebt. Diesen Aspekt thematisiert Schmitz nicht eigens. Hier sehe ich jedoch eine Brücke über seine Thesen zum Kunstschaffen, bei dem ein Einfluss von äußeren Faktoren möglich ist. Demnach ist die leibliche Grundstimmung offenbar auch deshalb kollektiv, weil sie sich in Kunstwerken und anderen kulturellen Produkten niederschlägt und auf diese Weise auf Menschen, die mit ihnen leben, gleichartig und dauerhaft zurückwirkt. Am sinnfälligsten scheint mir dies bei der Architektur von Städten zu sein: Die Gestaltverläufe und Bewegungssuggestionen in den Formen und Dimensionen von Straßen, Gebäuden und Plätzen wirken stark auf die Leiblichkeit der Stadtbewohner ein. Die kulturellen Produkte haben also eine Vermittlungsfunktion.

Politische Faktoren wirken natürlich nicht in dieser äußeren und über die Wahrnehmung verlaufenden Weise. Anknüpfend an die oben dargestellte innere Systematik von leiblichen Regungen, Gefühlsatmosphären und leiblicher Grundstimmung lässt sich jedoch vermuten, dass sie über Gefühle als Atmosphären und über leibliche Regungen auf die leibliche Grundstimmung Einfluss nehmen könnten.

So viel lässt sich zur kollektiven leiblichen Grundstimmung aus der Perspektive von *Der Leib im Spiegel der Kunst* sagen. Für die spätere Bestimmung einer gesellschaftlichen Stimmungslage möchte ich an dieser Stelle folgende Merkmale der leiblichen Grundstimmung festhalten: Sie ist von außen als kollektive wahrnehmbar; aus der Innenperspektive zeigt sie sich nur indirekt kollektiv, nämlich als Grundlage intersubjektiver Bezüge. Empfunden wird sie nicht als kollektive Stimmung, sondern als je meine Stimmung, und zwar – wie die individuelle leibliche Grundstimmung – in latenter Form, als ein Hintergrundgefühl. Kollektiv wird sie u. a. durch eine Rückwirkung von Gestaltverläufen und Bewegungssuggestionen aus kulturellen Produkten, mit denen die Gruppe lebt.

Ich wende mich nun dem Konzept des „geschichtlichen Klimas“ nach Schmitz zu, das dieser in *Zusammenhang in der Geschichte* entwirft. Schmitz' Hauptthesen darin sind: 1. Es gibt ein geschichtliches Klima, das die Basis für geschichtliches Verhalten und Erleben ist. 2. Ein Teilmoment davon bilden kollektive leibliche Grundstimmungen.

Zu 1. Was ist ein geschichtliches Klima[53] und welche Rolle spielt es für die Geschichte? Geschichte ist nach Schmitz weder eine teleologische Entwicklung noch nur eine Abfolge von Taten und Leiden nach Art eines *challenge-response*-Modells, sondern

53 Ich verwende im Folgenden den Begriff „geschichtliches Klima“. Schmitz spricht von „Klima des geschichtlichen Lebens“ (Hermann Schmitz, „Zusammenhang in der Geschichte“, S. 153), „Atmosphäre des Erlebens“ (ebd., S. 150) oder einfach nur von „Klima“ (ebd., S. 152), „Atmosphäre“ (ebd., S. 151) oder von „ganzheitlichen Atmosphären“ (ebd. 147).

wesentlich bestimmt durch das „herrschende eigenartige irreduzible Klima, das man sich auch als Beleuchtung oder Tönung des Raums der Geschichte versinnlichen mag."[54] Schmitz spricht von einem Klima, „in dem ein Zeitalter oder eine Generation in mehr oder minder weitgespanntem Zusammenhang lebt".[55] Ein solches Klima ist die Grundlage für Kognitives (beim Individuum) und bestimmt den Gang der Geschichte wesentlich mit:

> „So ein Klima gibt den Menschen ihre Haltungen, Stile, Impulse, Neigungen und spezifischen Gestaltungskräfte ein und bereitet sie dadurch zu den Einfällen und Entschlüssen vor, wodurch sie in der Geschichte der Taten und Leiden mitspielen und das klimatisch Mögliche selektiv zur eigentümlich geprägten Kultur hochstilisieren."[56]

Wir haben hier ganz wie im Falle der individuellen leiblichen Grundstimmung, die eine Grundlage für die Empfänglichkeit für Reize der Außenwelt bildet, eine *fundierende Funktion* des geschichtlichen Klimas für geschichtlich relevantes Denken und Entscheiden von Individuen.

Von der Phänomenologie der *Räumlichkeit* her ist dieses geschichtliche Klima nicht auf den eigenen Leib begrenzt, sondern wird als an der Umgebung haftend wahrgenommen. Schmitz spricht davon, das „Erleben und Verhalten von Subjekten im Geschichtsverlauf" sei in ein derartiges Klima „eingetaucht".[57] Diese Charakteristika, die Fundierungsfunktion und die Medialität, halte ich für geeignet, um vom geschichtlichen Klima als einer gesellschaftlichen Stimmungslage zu sprechen. Denn von einer solchen sprechen wir dann, wenn sie einerseits die Gesellschaft ganzheitlich umfasst, ohne jedoch individuelle Einstellungen, Haltungen und Meinungen oder Gefühle zum Verschwinden zu bringen; andererseits sprechen wir von ihr als von einer Stimmungslage, die *zwischen* den Menschen ist, quasi draußen oder in der Öffentlichkeit. Sie ist eine Art von Umgebung. Ein Spezifikum bei Schmitz ist, dass das geschichtliche Klima nicht nur an und in der Umgebung wahrgenommen, sondern zugleich am eigenen Leib gespürt wird, da nach Schmitz die kollektive leibliche Grundstimmung Bestandteil des geschichtlichen Klimas ist: „Dieses Klima bildet sich aus kollektiv geschichtsmächtigen Gefühlen und leiblichen Dispositionen (...)."[58] Das ist wichtig, weil ansonsten unklar bliebe, „wo" und wie eine gesellschaftliche Stimmungslage denn gefühlt werden soll.

Zu 2. Die Art des Zusammenhangs von geschichtlichem Klima und kollektiver leiblicher Grundstimmung wird von Schmitz nicht genauer erläutert. Einerseits lassen seine Formulierungen an ein Gesamtgebilde aus Gefühlen als Atmosphären und kollektiver leiblicher Grundstimmung denken. Dies wäre jedoch, wie dargelegt, wegen deren unter-

54 Ebd., S. 152.
55 Hermann Schmitz, *Der unerschöpfliche Gegenstand*, S. 130.
56 Hermann Schmitz, „Zusammenhang in der Geschichte", S. 152.
57 Ebd., S. 147.
58 Ebd., S. 152.

schiedlicher Räumlichkeit und Richtungsräumlichkeit widersprüchlich. Die Art der Zusammensetzung wäre dabei gänzlich unklar.

Am plausibelsten wird es sein, ein Wechselverhältnis anzunehmen. Atmosphärische Gefühle ergreifen Menschen mittels leiblicher Regungen und wirken damit auf die kollektive leibliche Grundstimmung ein – wir hatten oben gesehen, dass eine leibliche Regung sich zu einer leiblichen Grundstimmung auswachsen kann und dass Gefühle auch nach ihrem Abklingen eine starke Wirkung auf das leibliche Befinden haben. Die leibliche Grundstimmung wiederum ist mitkonstitutiv für das leibliche Betroffensein von Gefühlen. Ich verweise hier auf die Ergebnisse des 2. Abschnitts zur „Sprache der Richtungen": Die kollektive leibliche Grundstimmung bildet so etwas wie die Grundausrichtung für das Erleben von Gefühlen als Atmosphären. Dafür sprechen bei Schmitz Formulierungen, nach denen das geschichtliche Klima sich ineins mit der kollektiven leiblichen Grundstimmung umstimmt, beispielsweise wenn Schmitz schreibt, dass „klimatische Umstimmungen der Atmosphäre des Erlebens bis hinein in die leibliche Disposition" gehen.[59]

Wir haben gesehen, dass bei der individuellen leiblichen Grundstimmung Umstimmungen als eine Dynamik rein leiblichen Geschehens (über Interaktion mit leiblichen Regungen) bzw. leiblich vermittelten Geschehens (Meskalinrausch, Zitat Michaux) zu verstehen ist. Wie steht es mit der Veränderung eines geschichtlichen Klimas nach Schmitz? Welche Rolle spielen politische oder soziale Umwälzungen? Schmitz betont beim Thema geschichtliche Wendepunkte die Bedeutung vorangehender spontaner Umstimmungen des geschichtlichen Klimas:

> „Geschichtliche Wendepunkte brauchen nicht dramatische Krisen, Entschlüsse, Erfolge und Mißerfolge in der Geschichte der Taten und Leiden zu sein; sie können auch in manchmal kaum minder präzis datierbaren unwillkürlichen Verwandlungen des Stils und der Atmosphäre bestehen, bei denen es den Menschen – manchmal erst kleineren, dann größeren Kreisen – unversehens anders zumute wird, mit mehr oder minder einschneidenden Folgen für Gestalten, Erleben und geschichtliches Verhalten."[60]

Geschichtliches Handeln zeigt sich also in Abhängigkeit von kollektiven leiblichen Grundstimmungen, es wird durch sie fundiert – dies ist die Einflussrichtung, die Schmitz als sein Novum betont. Geschichtliche Veränderungen erscheinen aus dieser Sicht als Brüche, die zum einen auf das unberechenbare Einwirken von Gefühlen als ergreifenden Mächten zurückgehen – mit denen die Subjekte sich in leiblicher Betroffenheit auseinanderzusetzen haben.[61] Brüche in der Geschichte können nach Schmitz zum anderen

59 Ebd., S. 150.

60 Ebd., S. 151.

61 Schmitz scheint neben Bloch einer der wenigen zu sein, der Gefühlen und Stimmungen eine zentrale Rolle für Geschichtlichkeit einräumt; der Leib läuft dem Kognitiven voran: dem Denken und Wissen, dem Planen und Handeln. Vgl. auch Ernst Bloch, „Das antizipierende Bewußtsein", in: *Das Prinzip Hoffnung*, Bd. 5, Frankfurt am Main 1972 (zuerst 1954–59), S. 74-86.

durch spontane Umstimmung der geschichtlichen Klimata erfolgen, „deren Umbildung keinem Rhythmus und keinem Gesetz der Gleichförmigkeit zu unterstehen scheint“[62].

Der Einfluss politischer oder sozialer Umstände auf das geschichtliche Klima kann nur der Einfluss sein, den diese Faktoren auf die kollektive leibliche Grundstimmung haben. Denn Gefühle als Atmosphären wirken unberechenbar, als ergreifende Mächte. Auf ihr Konto geht die Spontaneität und der „Bruchcharakter“ geschichtlicher Wendepunkte zurück. Nur mittels leiblicher Regungen und Gefühlen als Atmosphären (wobei diese ja auch über leibliche Regungen auf die Grundstimmung wirken) kann ein geschichtliches Klima beeinflusst werden. Damit gilt für dieses, was auch schon für die kollektive leibliche Grundstimmung gezeigt wurde: Mit ihm ist keine direkte Auseinandersetzung oder gar eine Abwehr möglich. Die Stabilität eines geschichtlichen Klimas scheint mir dabei auch auf die kollektive leibliche Grundstimmung zurückzugehen, und zwar durch deren „Interaktion“ mit kulturellen Produkten, in denen sie sich niederschlägt, auf die Betrachtenden zurückwirkt und sich so Stabilität verschafft.[63]

Ich fasse zusammen: Das geschichtliche Klima nach Schmitz lässt sich als gesellschaftliche Stimmungslage interpretieren. Zu dieser gehören dann die folgenden Merkmale: Sie ist kollektiv, zum einen wegen der kollektiven leiblichen Grundstimmung, die an ihr mitwirkt, zum anderen weil sie über die Gefühle als Atmosphären an der Umgebung „haftet“ und als eine Art „Charakter“ der Umgebung und der eignen Zeit erfahren wird. Sie wird jedoch am je eigenen Leib fühlbar, als affektives Betroffensein über leibliche Regungen, das getönt ist durch ein Hintergrundgefühl der leiblichen Grundstimmung. Sie bezeichnet, und dies geht auf die kollektive leibliche Grundstimmung zurück, keine Gleichartigkeit von Gefühlen, sondern eine Ähnlichkeit im *Stil* de Fühlens, den man mit anderen Mitgliedern der Gruppe gemein hat. Die gesellschaftliche Stimmungslage ist fundierend für geschichtliches Denken und Entscheiden der Individuen, sie kann aber auch spontan kippen bzw. umgestimmt werden. Weil sie auch leiblich verankert ist, kann die gesellschaftliche Stimmungslage erstens nicht leicht abwehrbar bzw. direkt veränderbar sein und zweites wird sie gerade durch die leibliche Verankerung in der leiblichen Grundstimmung stabil.

6. Abgrenzung zu Bourdieus Habitusbegriff

Im Folgenden stelle ich das Konzept der leiblichen Grundstimmung nach Schmitz dem Habitus von Bourdieu gegenüber. Zum einen lässt sich trotz grundlegender Differenz eine gewisse Nähe zwischen beiden feststellen. Zum anderen wird die Differenz im Folgenden eine Rolle spielen. Denn Flam unternimmt in ihrer empirischen Studie zu Ängsten in Staaten des ehemaligen Ostblocks den Versuch, bestimmte Züge der Angstkultur mit

62 Hermann Schmitz, „Zusammenhang in der Geschichte“, S. 152f.

63 Ebd., S. 152: „So ein Klima gibt den Menschen ihre Haltungen, Stile, Impulse, Neigungen und spezifischen Gestaltungskräfte ein und bereitet sie dadurch zu den Einfällen und Entschlüssen vor, wodurch sie in der Geschichte der Taten und Leiden mitspielen und *das klimatisch Mögliche selektiv zur eigentümlich geprägten Kultur hochstilisieren* [Herv. N.T.].“

dem Bezug auf einen „Habitus der Angst"[64] – und hierbei verweist sie auf Bourdieu – theoretisch zu untermauern. Das Phänomen, das sie dabei im Auge hat, lässt sich jedoch mit Bourdieus Habitusbegriff nicht erklären. Vorausgreifend sei an dieser Stelle gesagt: Flam benötigt vielmehr für die theoretische Fundierung ihrer Ergebnisse Schmitz' Konzept der kollektiven leiblichen Grundstimmung.

Worin liegt die Nähe von Habitus und leiblicher Grundstimmung? Zum einen sollen beide eine stilistische Ähnlichkeit bei Mitgliedern von Gruppen beschreiben (Schmitz) bzw. erklären (Bourdieu). Diese stellt bei Schmitz und bei Bourdieu gleichermaßen die Basis eines unmittelbaren gegenseitigen Verstehens bereit, wie es beispielsweise in Fragen des ästhetischen Geschmacks der Fall ist. Beide Denker rekurrieren letztlich auf den Leib (Schmitz) bzw. Körper (Bourdieu) als den Ursprung dieser stilistischen Zusammengehörigkeit. Bei Bourdieu ist Habitus einverleibte Geschichte.[65] Er geht auf *inkorporierte* Regeln zurück und wird nach einer spezifischen leiblichen Logik reproduziert.[66] In Bezug auf Schmitz haben wir oben gesehen, dass die Grundstimmung das ganzheitliche und dauerhafte *kollektive leibliche Befinden* meint. Von Interesse scheint mir noch eine Parallele zwischen Bourdieu und Schmitz. Bourdieu entwickelt sein Habituskonzept u. a. im Anschluss an Panofskys Studie *Gothic Architecture and Scholasticism* (1952), die Bourdieu ins Französische übersetzt hat und in der der Habitusbegriff bereits auftaucht. Panofsky, ähnlich wie Wölfflin, an den wiederum Schmitz anknüpft, bildete einheitliche Stilreihen, um Gemeinsamkeiten zwischen gotischer Architektur, gotischer Schrift und scholastischem Denken zu finden. Nach Bourdieus Interpretation der Befunde von Panofskys geht die Einheitlichkeit im Stil auf die Prägung durch „die Schule" zurück.[67] Für beide Denker, Bourdieu und Schmitz, spielt der Stilbegriff eine entscheidende Rolle.

Die Konzepte differieren jedoch stark: Im Gegensatz zu Schmitz' leiblicher Grundstimmung ist der Bourdieu'sche Habitus keine empirisch aufweisbare körperliche Struktur oder Ähnliches und beschreibt kein „Phänomen". Er ist ein Konstrukt, eine Art soziologische Formel, zur Rekonstruktion von Regularitäten sozialer Praktiken. Bourdieu geht es darum, die immanente Regelmäßigkeit und den einheitlichen Charakter von Wahrnehmung, Denken, Bewerten und Urteilen bei Individuen einer Klasse zu erklären. Der Habitus gibt eine Antwort auf die Frage danach, warum an einer Person alles zusammenpasst, etwa an einem alten Kunsttischler:

> „In der Arbeitsmoral des alten Kunsttischlers, dem skrupulöse und einwandfreie Arbeit, Gepflegtes, Ausgefeiltes und Feines alles ist, nicht minder wie in seiner Ästhetik der Arbeit um ihrer selbst willen, die ihn Schönheit an der aufgewendeten Pflege und Geduld messen läßt, steckt alles: sein Weltbild wie seine Art

64 Helena Flam, *Mosaic of Fear*, S. 239.

65 Pierre Bourdieu, *Sozialer Sinn. Kritik der theoretischen Vernunft,* Frankfurt am Main 1987 (frz. zuerst 1980), S. 122.

66 Ebd., S. 102, 107.

67 Gunter Gebauer/Beate Krais, *Habitus*, Bielefeld ^{3}2002, S. 23-25.

> und Weise, mit seinen Finanzen, seiner Zeit und seinem Körper zu wirtschaften, seine Verwendung der Sprache wie seine Kleidervorliebe.[68]

Mit dem Habitus erklärt Bourdieu sowohl die stilistische Affinität unterschiedlicher Praktiken eines Akteurs (siehe das Beispiel des alten Kunsttischlers) als auch die Einheitlichkeit und Regularität von Praktiken verschiedener Akteure innerhalb einer Klasse. Des Weiteren soll das Aufeinanderabgestimmtsein der Praktiken aller Akteure aller Klassen verstehbar gemacht werden. Der Habitus ist dabei stets Klassenhabitus, vereint also soziale Gruppen nach Klassenschichtung, und ist nie individueller Habitus. Nach Bourdieu bringen die unterschiedlichen Existenzbedingungen im Prozess der Sozialisierung unterschiedliche Habitusformen hervor, durch die, aufgrund von erworbenen Wahrnehmungs-, Denk- und Handlungsschemata, mittels Übertragungen verschiedene Formen der Praxis eine Zusammengehörigkeit und in diesem Sinne Einheitlichkeit erhalten.[69] Der Habitus reproduziert als körperlich sich vollziehende „Logik" die soziale Position, in der er erworben wurde. Er stellt ein System von dauerhaften und übertragbaren Dispositionen dar, strukturierten Strukturen, die als strukturierende Strukturen fungieren,[70] in sozialen Lernprozessen erworben wurden und insofern inkorporierte Geschichte sind. Dabei werden soziale Positionen als übertragbare Dispositionen verinnerlicht.[71] Die Dispositionen fungieren als unbewusste Ordnungs- und Erzeugungsmuster von Praktiken der Individuen;[72] es handelt sich jedoch stets um kollektive Praktiken.[73]

Somit zielt Bourdieus Habitus auf ein hochkomplexes System von Dispositionen, er bedeutet in keinem Fall eine gefühlsmäßige Disposition zu Angst beispielsweise und bezeichnet auch kein akutes Sichfühlen. Dieser Aspekt wird zentral werden, wenn wir uns ansehen, was Flam als „Habitus der Angst" bezeichnet. Man kann jedoch hier schon sagen, dass der Habitus kein gefühlsmäßiger, zum Beispiel ein „Habitus der Angst", sein kann. Nach Bourdieu müsste ein Gefühl „verschwinden" bzw. aufgehen in einem Gesamtgebilde aus Schemata, aus denen das Fühlen als separate Kategorie nicht heraussubtrahiert werden kann. Sodann handelt es sich beim Habitus um ein Konstrukt. Selbst wenn man – wie Gebauer/Krais – davon ausgeht, dass sich der Habitus in Anknüpfung an neurowissenschaftliche Ergebnisse und an den Schema-Begriff von Hans Lenk empirisch verorten lässt,[74] bleibt die Differenz zur leiblichen Grundstimmung bestehen: Bourdieus Fokus liegt auf der Einheitlichkeit kollektiver sozialer Praktiken als Ergebnis einer durch Erfahrung erworbenen Einheit von Handlungs-, Denk- und Bewertungs-

68 Pierre Bourdieu, *Die feinen Unterschiede. Kritik der gesellschaftlichen Urteilskraft,* Frankfurt am Main [6]1993 (frz. zuerst 1979), S. 283.

69 Ebd., S. 278.

70 Pierre Bourdieu, *Sozialer Sinn*, S. 98.

71 Ebd.

72 „(...) der Habitus ist *Erzeugungsprinzip* objektiv klassifizierbarer Formen von Praxis und *Klassifikationssystem* (...) dieser Formen [Herv. i. Orig.]." (Pierre Bourdieu, *Die feinen Unterschiede*, S. 278)

73 Vgl. Hilge Landweer/Heike Guthoff, Artikel „Habitus", in: Hans J. Sandkühler (Hg.), *Enzyklopädie Philosophie,* Hamburg 2010 (im Erscheinen).

74 Gunter Gebauer/Beate Krais, *Habitus*, S. 63f.

schemata, Schmitz hingegen beschreibt als leibliche Grundstimmung ein stilbildendes und seiner Möglichkeit nach kollektives ganzheitliches Sichfühlen, das nicht nach Klasse oder Geschlecht strukturiert ist und nicht als Ergebnis von äußerlich wirkenden Faktoren der Sozialisierung zu verstehen ist. In keiner Weise will Schmitz die leibliche Grundstimmung als determinierenden Faktor verstanden wissen,[75] wohingegen Bourdieus Interesse an der Regelhaftigkeit von sozialen Praktiken ansetzt. Wir werden im Folgenden sehen, ob sich Flams empirische Erhebungen zu Ängsten besser auf Bourdieu oder auf Schmitz stützen können.

7. *Mosaic of Fear* – Angst als gesellschaftliche Stimmungslage

Im Folgenden gehe ich auf die sozialwissenschaftliche Studie von Flam zum Thema Angst ein, um anhand der empirischen Daten Schmitz' Befunde über die verschiedenen Gefühlsformen und ihre Wechselwirkung zu verifizieren und zu zeigen, dass die Schmitz'sche Begrifflichkeit die Studie besser aufschließt. Wir werden sehen, wie mit Schmitz' Begriffen der kollektiven leiblichen Grundstimmung und des geschichtlichen Klimas Flams Studie weiter expliziert und besser theoretisch grundgelegt werden kann als mit Bourdieu. Mit Flam können wir wiederum genauer in den Blick nehmen, wo politische Faktoren an emotionalem Erleben ansetzen und in welcher Weise Gefühle ein politisches System stabilisieren können.

Flam untersucht in ihrer Studie *Mosaic of Fear. Poland and East Germany Before 1989*[76] die in zwei Staaten des ehemaligen Ostblocks, der DDR und der Volksrepublik Polen, herrschenden regimebezogenen Ängste. Ihre Untersuchung basiert auf Interviews, (Auto-) Biografien und Untergrundschriften und bezieht einschlägige soziologischer Forschungsarbeiten ein. Flams Ziel ist es, einige Elemente in einem „Mosaik der Angst" des Sowjetischen Systems zu rekonstruieren und diese Ängste auf ihre Rolle für dessen Stabilität hin zu untersuchen.[77] Sie differenziert dabei nach den Gruppen Parteimitglieder, Dissidenten und *by-standers*. Letztere bezeichnet sie absichtlich neutral und spricht auch an anderer Stelle[78] von „unengagierte(n) Zuschauer(n)".[79] Sie kann zeigen, dass

75 Hermann Schmitz, „Der Leib im Spiegel der Kunst", S. 82.

76 Helena Flam, *Mosaic of Fear*.

77 Ebd., S. ix.

78 Helena Flam, *Soziologie der Emotionen*, S. 265.

79 Zum einen will sie übliche abwertende Bezeichnungen vermeiden, die meist aus der Sicht einer der Gegenparteien stammen (hier Dissidenten und Parteitreue), der sich die *by-standers* gerade nicht anschließen wollten, zum anderen zeigt sie, dass die *by-standers* gute Gründe und Motive hatten, ihre Position als *eine Position* zu wählen (und nicht als Weigerung, Position zu beziehen, oder als Reaktion aus Gleichgültigkeit) und schließlich geht Flam mit E. E. Schattschneider davon aus, dass in einem Konflikt zwischen zwei Parteien die Zuschauer und Zeugen (also die „Mitläufer" aus Sicht einer Partei) von zentraler Bedeutung sind, weil jede der Parteien sie auf ihre Seite ziehen möchte (Helena Flam, *Mosaic of Fear*, S. 229). In Polen lässt sich auch eine stärkere Nähe der *by-standers* zum Widerstand belegen (Helena Flam, *Mosaic of Fear*, S. 238ff.), von Neutralität kann

die drei Gruppen Unterschiede in der Art aufweisen, wie sie mit den vom Regime kreierten Ängsten umgehen, also hinsichtlich ihres „Angstmanagements".[80] Darüber hinaus erfasst sie in ihren Interviews eine Bandbreite unterschiedlicher Ängste, die ich mit Schmitz zu unterschiedlichen Angstformen zähle.

Flams Interesse gilt auch den verschiedenen politischen, sozialen und wirtschaftlichen Ausgangslagen in den zwei Staaten und deren Bedeutung für die Stärke und die Breitenwirkung der Dissidentenkultur. Ihre These ist, dass Angst die zentrale Emotion ist, die in allen drei von ihr untersuchten Gruppen eine wichtige Rolle spielt, die jeweils die gesamte Gesellschaft prägt und das Regime in spezifischer Weise stabilisiert, insbesondere durch einen „Habitus der Angst", den die heranwachsenden Generationen ausbilden. Sie untersucht darüber hinaus das Gefühl der Ehre bei den Dissidenten. Dieses Gefühl werde ich nicht berücksichtigen, da es nicht für alle drei Gruppen so prägend ist wie die Angst und ihm die stabilisierende Funktion für das politische System fehlt. Für meine Fragestellung sind zum einen die verschiedenen Angsttypen interessant, zum anderen das Angstmanagement sowie Flams Rekurs auf Bourdieu, mit dem sie einen „Habitus der Angst" aufzeigen möchte, und ihr Befund zur Rolle der Ängste für die Stabilität der politischen Systeme. Ich gehe im Folgenden nur auf die *by-standers* ein, weil sie nicht zu einer (selbst-) organisierten Gruppe gehören wie die Dissidenten oder die Parteimitglieder und dadurch keine vorgegebene kollektiv instantiierte Möglichkeit haben, mit ihren Ängsten umzugehen und diese unter Kontrolle zu halten oder zu kanalisieren.[81]

Ich verstehe die Ergebnisse von Flam in Bezug auf Angst bei den *by-standers* (einige der Ergebnisse gelten auch für die anderen Gruppen), für die Diskussion um Stimmungen und Gefühle von mir zusammengefasst und systematisiert, in folgender Weise:

1. Eine bestimmte kollektive Gefühlserziehung führte nach Flam zu einem „Habitus der Angst" a) durch damals typische angstbehaftete Erlebnisse in der Kindheit/Jugend, die auch noch offiziell als biografischer Makel weiter zu bestehen drohten, und b) durch Gefühlslenkung, d. h. die Unterdrückung bestimmter Gefühle (z. B. Empörung und Stolz), zugunsten einer Verstärkung der Angst – meist durch Nahestehende oder Vertrauenspersonen der Betroffenen betrieben. Ich werde dahingehend argumentieren, dass man anstelle eines „Habitus der Angst" nach Bourdieu von einer kollektiven leiblichen Grundstimmung der Angst mit Schmitz sprechen muss.

also nicht die Rede sein – was leider auch in den Begriffen Zuschauer und *by-stander* nicht zum Ausdruck kommt. Es fehlt eine passende Bezeichnung. Ich verwende im Folgenden Flams englischen Terminus.

80 „How (...) anxieties (...) were managed was a key issue which differentiated commnist party members from dissenters and by-standers (...)." (Helena Flam, *Mosaic of Fear*, S. ix). Zum Begriff *fear management* vgl. Helena Flam, *Mosaic of Fear*, S. 216.

81 Mit Bezug auf Alfred Schütz kann Flam zeigen, dass das Schaffen symbolischer Werkzeuge für die Angstbewältigung bei den Dissidenten eine große Rolle spielte – insbesondere bei den polnischen Dissidenten, die sich stark an historischen Vorbildern orientiert haben (Helena Flam, *Mosaic of Fear*, S. 212-218).

2. Episodische Angstgefühle waren nach Flam in den untersuchten politischen Systemen ubiquitär. Sie prägten die Beziehungen zwischen einzelnen Personen sowie zwischen den drei Gruppen Parteimitglieder, *by-standers* und Dissidenten. Die durchaus unterschiedlich ausgerichteten Ängste, mit verschiedenen Objekten der Angst, waren jedoch stets durch die politischen Zustände bedingte und organisierte und banden die hierarchische Gesellschaft zusammen. Ich interpretiere sie als quasi aufeinander abgestimmt oder eingespielt. Flam spricht in diesem Zusammenhang von einer „Pyramide der Angst" – in Anlehnung an eine Interviewaussage – und bezieht sich damit auf eine stark hierarchische Gesellschaft und politische Staatsform, in der jedoch die Angst alle Teile betrifft und zusammenhält, aus Gründen gegenseitiger Kontrolle und der Möglichkeit der Denunziation. Flam kennzeichnet andererseits die gesellschaftliche Stimmungslage auch als ein „Mosaik" der Angst, dies mit Bezug auf das Flotieren unterschiedlichster episodischer Ängste, die sich nur als einzelne zu einem Gesamtbild „der Angst" fügen lassen. Und schließlich erforderten die ubiquitären unterschiedlich ausgerichteten Ängste nach Flam ein „Angstmanagement", das bei den *by-standers* in Form einer Nischensuche und -bildung erfolgte. Hier werde ich ansetzen, um mit der Schmitz'schen Begrifflichkeit unterschiedliche Angstformen zu identifizieren und deren wechselseitigen Zusammenhang darzustellen. Es geht insbesondere darum, eine leibliche Grundstimmung der Angst an den Beispielen aufzuzeigen. Sie übernimmt möglicherweise, so meine ich über Flam und Schmitz hinausgehend, eine Entlastungsfunktion von akuten Angstgefühlen.

3. Neben episodischen Ängsten der Einzelnen kann Flam aus den Interviews heraus eine permanente „Unterströmung" der Angst erfassen, welche die gesamte Gesellschaft durchzog. Diese Unterströmung, so versuche ich im Folgenden darzustellen, ist das, was man mit Schmitz als geschichtliches Klima bezeichnen kann. Eine kollektive leibliche Grundstimmung ist Teil dieses Klimas.

Meine zentrale These ist, dass eine kollektive leibliche Grundstimmung der Angst und nicht etwa die episodischen Angstgefühle ausschlaggebend ist für die von Flam gezeigte Stabilität des sowjetischen Systems.

Ich gehe nun detailliert auf die Charakteristika der Ängste bei Flam ein. Zunächst wende ich mich den episodischen Angstgefühlen unter Punkt 2 zu. Die Ängste waren *ubiquitär*, ohne dass sie stets akut gewesen wären. Selbst Menschen in vermeintlich sicheren Positionen wurden von Angstgefühlen erfasst. Es genügte, um eine Unterschrift bei einer Protestaktion gefragt zu werden: „In the KOR-years [in the late 1970s] there were many protest letters and I went round to collect signatures, chiefly from artists and scientists ... (...) But in general this was a study of human fear among people who, from the point of view of our generation, did not have to fear because they had everything – apartments, careers – for which we still strove."[82]

Ein wesentliches Charakteristikum ist der *Regimebezug*[83] der Ängste bei unterschiedlichen intentionalen Gegenständen der Angst, ihrem „Wovor". Den Regimebezug

82 Helena Flam, *Mosaic of Fear*, S. 216.

83 Flam, ebd., spricht durchgängig von „regime related fears and anxieties", z. B. S. 238.

würde ich folgendermaßen bestimmen: Dass ich z. B. meine Arbeit verlieren könnte, ist dann eine regimebezogene Angst, wenn das Regime diese Art der Sanktion verwendet, um missliebiges Verhalten zu bestrafen. Allgemeiner könnte man formulieren, dass regimebezogene Ängste auf erwartete Aktionen und auch auf Folgen des Regimes bezogen sind. Ein Großteil der Ängste scheint sich jedoch auf Sanktionen zu beziehen.

Flam zeigt, dass sich entgegen den bis dahin einschlägigen Darstellungen in der Forschung die Objekte der regimebezogenen Ängste wandelten, die Angst aber als Hauptemotion in Bezug auf das Regime blieb. Dabei unterscheiden sich die drei untersuchten Gruppen auch synchron und je nach Staat hinsichtlich der regimebezogenen Angstobjekte: Die Ängste richteten sich gegen: Verlust von Lebenschancen,[84] Unterdrückung/Repressalien, Verlust der Freiheit und Internierung („terrible anxiety about imprisonment"[85]), Verlust von Arbeit, Denunziation und Observation, Angst um Familie und insbesondere um die eigenen Kinder, die den Dissidenten in der Regel weggenommen und zur Adoption freigegeben wurden,[86] aber auch gegen Gewalt am eigenen Leib („terribly feared brutal violence"),[87] gegen Verlust des Lebens[88] sowie Untergang und gesamtgesellschaftlichen Verfall.

Die Angst prägte weithin die Beziehungen der Individuen und der drei Gruppen untereinander. Die Herrschaft wurde nicht durch Akte des Herrschaftsapparats allein, sondern durch dessen Wirkung auf die Beziehungen der Menschen untereinander ausgeübt. Angst war ein politischer Faktor.

> „Once one learnt the hard way the rules of the game, one possessed a cultural tool-kit which allowed one to go through the motions in, even take advantage of, a well-known system (...). In well-integrated scientific and art institutes where mutual interdependencies thrived, *a pyramid of fear* [Herv. i. Orig.] enclosed everybody. Everybody tacitly conspired to skirt the true face of the System. It became *a matter of tact, of shared understandings* [Herv. i. Orig.] not to touch the nerve (...)."[89]

Flam interpretiert das Schweigen und die vermeintliche Ignoranz der *by-standers* gegenüber den Angriffen auf Regimekritiker als eine Reaktion aus Angst und nicht als Gleichgültigkeit.[90] Eine Barriere aus Angst trennte *by-standers* und Dissidenten:[91]

84 Ebd., S. 243.
85 Ebd., S. 236.
86 Ebd., S. 245.
87 Ebd., S. 236 und 243.
88 Ebd., S. 235f. u. a.
89 Ebd., S. 239f.
90 Ebd. 239.
91 Die *by-standers* sind generell die Gruppe, um die es in der politischen Auseinandersetzung „geht"; beide Seiten – Partei und Opposition – wetteifern um sie. Es gab also damals fast keine neutrale Position: Z. B. war es stark angstbehaftet, Zeuge eines polizeilichen Übergriffs auf Oppositionelle zu werden; es konnte zur Internierung führen.

„Every time the party apparatus decided to stage a new mobilization campaign, fear itself inserted between regime victims and their silent supporters. Seemingly insignificant individual acts of cowardice in aggregate constructed an inpenetrable wall also between regime-critics and their former public. They helped to erase them from the public memory. In fact, these very acts of timidity co-created the regime.“[92]

Als zentrales Charakteristikum möchte ich eine spezifische Unbestimmtheit der Ängste herausstellen. Aus dem empirischen Material geht deutlich hervor, dass kennzeichnend für die regimebezogenen Ängste ist, dass sie zwar ein konkretes intentionales Objekt haben, ein „Wovor“ (vor Gewalt, vor Internierung etc.), dieses aber zeitlich und örtlich nicht genau bestimmbar ist. Das bedeutet nicht, dass – bei einer Differenzierung der Intentionalität in Verdichtungsbereich und Verankerungspunkt, wie Schmitz sie vornimmt[93] – einer der beiden Bezüge offen wäre.[94] Denn die Ängste sind in beiden Bezügen bestimmt: z. B. Angst um das eigene Leben zu haben und zugleich Angst davor, denunziert und interniert zu werden, Angst um die Grundversorgung mit Lebensmitteln, Angst darum, in einer prekären Sache öffentlich um Zustimmung gefragt zu werden usf. Die Unbestimmtheit der Ängste bezieht sich auf die Unfestlegbarkeit von Situation, Zeit und Ort – sie waren permanent da, weil nicht klar sein konnte, wann sie relevant würden. Sie konnten jederzeit relevant werden. Diese Art unbestimmter Ängste spricht für ein *latentes* Angstempfinden. Zum einen ist *permanente* Angst nicht auszuhalten. Zudem zeugen die Beispiele von einem solchen *Übermaß von Angst*, dass man unter Zuhilfenahme der Schmitz'schen Systematik annehmen muss, dass bei Betroffensein von häufigen und starken Angstgefühlen, und bei diesen Ängsten geht es ja nicht nur um Lebenschancen, sondern auch um das Überleben, das leibliche Befinden tangiert wird, dass sich also die Angstgefühle in der leiblichen Grundstimmung niederschlagen und damit in eine latente Form des Fühlens übergehen Ich halte es für sehr wahrscheinlich, dass sich unter solchen Umständen eine leibliche Grundstimmung der Angst ausbildet. Dies geschieht über leibliche Regungen, die auf Dauer die leibliche Grundstimmung umstimmen. Dafür spricht ein weiterer Befund bei Flam.

Die Unbestimmtheit und Ubiquität der Ängste machte ein Angstmanagement im Sinne einer aktiven Gegenmaßnahme notwendig. Eine Abwehr dieser unerwünschten Emotion

92 Helena Flam, *Mosaic of Fear*, S. 239.

93 Anders auch schon bei Heidegger als das „Wovor“ und das „Worum“ der Furcht bzw. als Angst vor etwas und Angst um etwas (Martin Heidegger, *Sein und Zeit*, Tübingen [17]1993 (zuerst 1927), § 30, S. 140f.).

94 Daher kann man nicht, anstatt von Angst, von Bangnis sprechen (d. h. von einem noch in einer Hinsicht ungerichteten Gefühl), bei der einer der beiden Bezüge bzw. beide offen sind. Vgl. Schmitz' Beispiel aus dem Grimm'schen Märchen von der Räuberbraut, das sich um die Bangnis der Braut in einem unheimlichen Hause dreht: Die Bangnis hat sich noch nicht zur Angst verdichtet, weil das „Worum“, der Verdichtungsbereich, fehlt: Die Braut weiß nicht, dass sie in einem Mörderhaus ist und Angst um ihr Leben haben muss. Ihre Bagnis ist undeutlich auf das Haus gerichtet (Hermann Schmitz, *Was ist Neue Phänomenologie?*, S. 217).

und ein Mittel, „dem Gefürchteten“ auszuweichen, bestand nach Flam darin, sich eine relativ sichere Berufsnische zu suchen, um sich ein möglichst ungestörtes Leben im Privaten und eine Art von Freiheit und Selbstentfaltung im Beruflichen zu sichern.[95] Eine Nische bedeutete eine Art Schlüssel zur Autonomie, eine gewisse tägliche Verhaltensroutine und dadurch einen relativ sicheren Platz vor dem wenig berechenbaren Leben „draußen“; sodann eine „sichere“ Entfernung von der Parteiaufsicht („officials“).[96] Die Nischensuche und -bildung, die ein gängiges Phänomen war, kann so als ein Mittel struktureller Angstbekämpfung interpretiert werden, wie bewusst die Nischenbildung nun auch gewesen sein mag. Ihre starke Verbreitung ist eine strukturelle Antwort auf die eine Gesellschaft prägenden Ängste und zeigt, dass es sich um langfristige Angstgefühle handelte, denen man durch diese Abstandgewinnung begegnen wollte. Ich sehe die Nischenbildung als weiteres Indiz dafür, dass es ein Übermaß an Angstgefühlen gab, mit dem die Menschen umgehen mussten. Dennoch war den Bürgern klar, dass die Nischen nie sicher waren, was bedeutet, dass die Menschen nie ganz frei von Angstempfinden waren.[97] Gilt die Berufsnischenbildung eher für die DDR,[98] so kann man meines Erachtens die Nischenbildung in Polen im (sub-) kulturellen und inoffiziellen wissenschaftlichen Bereichen sehen, z. B. den fliegenden Universitäten, privaten Seminaren u. a.).[99]

An einem weiteren Beispiel zeigt sich, dass bei Verlust einer schützenden Nische plötzlich die Angst aufkam und dann permanent vorherrschte und wie das Angstgefühl schon bei Bedrohung der Nische akut zu werden drohte:

> „I had known no niche. The only niche which I had was my parent's home. And once I went to school it was no longer a firm stronghold for me. It was very vulnerable, eh yes, something like an oil-platform which can be tipped or explode ...
>
> [in] Berlin ... I felt ... pulled back in the claws of the state. And it was bad ... at lunch time, I said I already had something to do, went through the door and there I inhaled deeply and started to run and only ran and ran for about 30 minutes. At least during this half an hour I wanted to give myself to the illusion that nobody could stopp me, that nobody could hold me or force me into a corner and tell me what to do ... I could not stopp. (silence) I felt very locked and politically terribly regimented.
>
> ... I am a pale, wailing misery when I think back to anxiety which I felt this entire time. And, I believe, it was really pure anxiety.“[100]

95 Auch dies aber funktionierte nicht immer – die staatliche Willkür, die aus den nebensächlichsten Bemerkungen Prozesse machte, drohte allgegenwärtig (Helena Flam, *Mosaic of Fear*, S. 234).

96 Ebd., S. 234f.

97 Ebd., S. 234.

98 Ebd., S. xix.

99 Vgl. Helena Flam, *Mosaic of Fear*, S. 242.

100 Ebd.

In diesem Interviewzitat sind die leiblichen Charaktere des affektiven Betroffenseins vom Angstgefühl deutlich: Der Engungstendenz begegnet die Interviewte durch tiefes Einatmen, den gehemmten Fluchtimpuls,[101] das „Weg!“, das typisch für die leibliche Betroffenheit von Angstgefühlen ist, durch ein impulsives Weglaufen, das außer Kontrolle gerät. Letzteres spricht dafür, dass sich die leibliche Regung, die aus dem Betroffensein von der Angst stammt, im Laufen partiell zu entladen sucht. Zugleich berichtet die Interviewte von einer durchgängigen Angst. Mit der Schmitz'schen Begrifflichkeit können wir folgendes Zusammenspiel von Angstformen erkennen: Das Zitat belegt eine durchgängige Angst als leibliche Grundstimmung. Im Fall akut auftretender Angstgefühle als Atmosphären erlebt die Betroffene zumindest eine partielle Entladung durch Laufen, d. h. in Form einer Regung. Diese Zusammenhänge sprechen für eine leibliche Grundstimmung der Angst, die gewissermaßen die Angstgefühle in latenter Form „bindet“. Dies ist aber ein labiles Verhältnis, die Angst kann aus der leiblichen Grundstimmung heraus in Form einer leiblichen Regung aufbrechen. Mit dieser latenten Form des Angsterlebens, die einen „Stil des Fühlens“ bildet, kann man sich jedoch nicht direkt auseinandersetzen oder sie gar abwehren.[102] Sie ist zwar durch Gefühlsatmosphären und leibliche Regungen veränderbar, diese jedoch können wir uns selbst nicht „machen“.

In diesem Zusammenhang möchte ich dafür argumentieren, dass sich ein Übermaß an diesen unbestimmten ubiquitären Angstgefühlen leiblich in einer Grundstimmung niederschlagen kann und auf diese Weise *von permanenten Angstfühlen entlastet*, gerade weil die leibliche Grundstimmung nur in der Art eines Hintergrundgefühls gespürt wird – ein „Gefühlsmanagement“ auch auf leiblicher Ebene sozusagen. Das Ausbilden einer solchen Grundstimmung wäre insofern ein Pendant zur Nischenbildung auf einer anderen Ebene. Denn ein akutes unbestimmtes Angstgefühl führt im leiblichen Erleben und Darstellen zu einer Unbeweglichkeit, Lähmung oder Starre.[103] Auf leiblicher Ebene ist dies ein todesähnlicher Zustand und von lebenden Wesen nicht über längere Zeit aufrechtzuerhalten. Längerfristige Angstgefühle machen unfähig, in der Welt als handelndes Wesen zu leben, und bedürfen, das scheint mir naheliegend zu sein, daher einer leiblichen Verarbeitung bzw. Gegenmaßnahme. Diese „Entlastungsfunktion“ der leiblichen Grundstimmung müsste natürlich empirisch verifiziert werden.

Ich komme zum Punkt 3. Anhand der Interviewaussagen lässt sich festhalten, dass es auch eine Angstform gab, die unthematisch blieb bzw. als Angst von den Betroffenen nicht oder kaum wahrgenommen wurde. Das ist zunächst widersprüchlich, da nicht recht plausibel ist, wie man ein unthematisches Gefühl haben (empfinden oder auch nur wahr-

101 Vgl. zur leiblichen Charakteristik der Angst Hermann Schmitz, „Die Gegenwart“, in: *System der Philosophie* Bd. I, Bonn 1964, S. 175.

102 Dies würde vielmehr spezielle Techniken des Leiblichen erforderlich machen. Dafür spricht auch ein Befund bei Flam, nach welchem die Angst mit den ersten Schlägen durch die Polizei verschwinde. Denn im Geschlagenwerden reagiert der Körper meist mit einer körperlichen Haltung der Abwehr oder Gegenwehr, einem körperlichen Dagegenhalten oder Sichversteifen. Dieses kann zu einer Umstimmung der leiblichen Grundstimmung der Angst führen. Vgl. das oben angeführte Beispiel von Henri Michaux und dem leiblichen Widerstand gegen den Seewind.

103 Vgl. Christoph Demmerling/Hilge Landweer, *Philosophie der Gefühle*, S. 63-65.

nehmen) kann.[104] Hierfür spräche nach gängiger Definition auch eher der Begriff einer Angst*disposition* in der üblichen Bedeutung. Greift man aber auf die Interviewaussagen zurück, kann man folgende Elemente erfassen, die nicht zu einer Gefühlsdisposition nach gängigem Verständnis gehören: Diese Form der Angst hatte einen latenten Charakter, sie bildete eine „dauerhafte Unterströmung im Erleben“ und Handeln der Personen, motivierte das Verhalten und Handeln im Sinne einer Anpassung. Sie *umfasste* die Betroffenen:

> „As a working grown-up one was hardly aware of a *steady undercurrent of fear* [Herv. i. Orig.]. Once one learnt the hard way the rules of the game, one possessed a cultural tool-kit which allowed one to go through the motions in, even take advantage of, a well-known system (...). In well-integrated scientific and art institutes where mutual interdependencies thrived, *a pyramid of fear* [Herv. i. Orig.] *enclosed everybody* [Herv. v. N T.]. Everybody tacitly conspired to skirt the true face of the System. It became *a matter of tact, of shared understandings* [Herv. i. Orig.] not to touch the nerve: ‚... this fear ... was a steady current moving underneath ...‘.“[105]

Das Merkmal des Umfassens („enclosed everybody“) spricht für das geschichtliche Klima nach Schmitz, das als eine Art „Charakter“ der Umgebung wahrgenommen wird. Auch die Bezeichnung als „dauerhafte Unterströmung“ kann dahingehend interpretiert werden, könnte aber auch auf eine kollektive leibliche Grundstimmung verweisen, wenn man „Unterströmung“ als Kennzeichnung des eigenen leiblichen Befindens versteht.

Ich komme nun zu Punkt 1: Ein weiteres und m. E. das wichtigste Charakteristikum der Ängste liegt in der Gefühlserziehung bzw. Habitusbildung zum einen – so bei Flam – und der Gefühlslenkung zum anderen. Mit Gefühlserziehung meine ich die Tatsache, dass einschneidende, meist frühe biografische Erlebnisse die Formierung der Angst prägten, mit „Gefühlslenkung“ meine ich die Unterdrückung anderer Gefühle zugunsten der Angst. Flam konstatiert:

> „In very young people an exposure to one of the worst because the most unpredictable aspects of the regime evoked the first regime-related anxiety and fears. It usually started with what seemed like an innocent remark. It did not matter. Even if it was minor, a teacher or a colleague constructed it as a major anti-regime statement, a serious political offense. The superiors then reacted with a reprimand – face to face or in a small or a large group. Several narrators escaped narrowly being relegated from their schools: their superiors, afraid of their own party superiors, silenced the story which indicated that they had not been in full control.“[106]

104 Oder gar eines, das unbewusst ist. Unproblematischer wird dies in der Psychoanalyse gesehen.

105 Helena Flam, *Mosaic of Fear*, S. 239f.

106 Ebd. 238.

Die Erziehung zur Angst funktionierte über das Wecken einer permanenten unbestimmten Angst, wie sie oben bereits dargestellt wurde. Denn wenn die Interpretationshoheit für das eigene Verhalten bei anderen liegt und den eigenen Absichten kein Gewicht beigemessen wird, handelt es sich um totales Ausgeliefertsein, auf das man mit permanenter Angst reagieren kann. Der Fall zeigt auch, wie stark Kontrolle bzw. Kontrollverlust durch die Reihen hinweg auch ein Gegenstand der Angst war – neben Denunziation.

Flam dokumentiert neben der Gefühlslenkung durch nahestehende Personen die einschneidende biografische Bedeutung dieser typischen Angsterlebnisse in Kindheit und Jugend. In diesem Kontext verweist sie auf Bourdieus Habitus, jedoch ohne die Verbindung zwischen Habitus und Angsterlebnissen eigens zu explizieren.

> „After standing in the center of or witnessing several such events, many young people learnt to conform. Their concerned parents or other well-meaning grown-ups and friends helped them swallow their sense of injustice, anger and pride. Slowly they *developed a fear habitus* (cf Bourdieu 1993) [Herv. v. N. T.]. At times their learning process took a dramatic turn – they became ill, withdrew from the system physically and psychologically. More often the adjustment process left only a few, seemingly forgotten, autobiographical remarks."[107]

Wir haben in Abschnitt 6. gesehen, dass es einen gefühlsmäßigen Habitus nach Bourdieu nicht gibt. Die Beschreibungen bei Flam deuten vielmehr dahin, dass auch bei Heranwachsenden das Übermaß an unbestimmten und ubiquitären Ängsten zur Ausbildung einer leiblichen Grundstimmung nach Schmitz führt. Sie ist insofern kollektiv, als Flam zeigt, dass es sich um typische und verbreitete Formen von Angsterlebnissen handelt, die den Menschen nicht nur in Schulen, sondern überall widerfahren konnten. Durch die unbestimmten, aber ubiquitären Ängste in Form von Gefühlsatmosphären und leiblichen Regungen kann, mit Schmitz gesagt, (eine Um-) Stimmung der leiblichen Grundstimmung in Richtung Angst stattfinden.

Wir haben gesehen, dass es bei Schmitz Überlegungen dazu gibt, dass eine leibliche Grundstimmung kollektiv werden kann durch die „Rückwirkung" kultureller Produktion auf die Leiblichkeit der Menschen, die mit diesen Kulturgütern leben. Mit Flam sehen wir, dass politische Umstände, die systematisch unbestimmte und ubiquitäre Angstgefühle provozieren, ebenfalls zur Ausbildung einer kollektiven leiblichen Grundstimmung führen können, und zwar vermittelt über leibliche Regungen. Flams These von der stabilisierenden Funktion der Ängste für das politische System lässt sich so mithilfe der fundamentalen Kategorie der leiblichen Grundstimmung nach Schmitz fassen, weil Schmitz deren systematischen Stellenwert für leibliche Regungen und Gefühlsatmosphären, also für emotionales Erleben insgesamt, ausweist. Die Stabilität des politischen Systems geht dabei jedoch nicht, wie Flam meint, auf die episodischen Angstgefühle einerseits und einen „Habitus der Angst" andererseits zurück, sondern auf den Niederschlag episodischer Angstgefühle in der kollektiven leiblichen Grundstimmung. Gegen

107 Ebd., S. 239.

diese latente Form des Angsterlebens, die einen „Stil des Fühlens" bildet, kann man sich nicht direkt zur Wehr setzen. Insofern ist es berechtigt, nicht nur von einem „Mosaik" aus Ängsten zu sprechen, sondern von *der* Angst als einer gesellschaftlichen Stimmungslage, mit Schmitz von Angst als einem geschichtlichen Klima.

Literatur

Bloch, Ernst (1972, zuerst 1954–59), „Das antizipierende Bewusstsein", in: *Das Prinzip Hoffnung*, Bd. 5, Frankfurt am Main.

Bourdieu, Pierre (1987, frz. zuerst 1980), *Sozialer Sinn. Kritik der theoretischen Vernunft,* Frankfurt am Main.

Bourdieu, Pierre ([6]1993, frz. zuerst 1979), *Die feinen Unterschiede. Kritik der gesellschaftlichen Urteilskraft,* Frankfurt am Main.

Demmerling Christoph/Hilge Landweer (2007), *Philosophie der Gefühle: von Achtung bis Zorn,* Stuttgart.

Flam, Helena (1998), *Mosaic of Fear. Poland and East Germany Before 1989*, New York: Columbia University Press.

Flam, Helena (2002), *Soziologie der Emotionen*, Konstanz.

Gebauer, Gunter/Beate Krais ([3]2002), *Habitus*, Bielefeld.

Heidegger, Martin ([17]1993, zuerst 1927), *Sein und Zeit*, Tübingen.

Landweer, Hilge/Heike Guthoff (erscheint 2010), Artikel „Habitus", in Hans J. Sandkühler (Hg.), *Enzyklopädie Philosophie,* Hamburg.

Schmitz, Hermann (1964), „Die Gegenwart", in: *System der Philosophie*, Bd. I, Bonn.

Schmitz, Hermann (1966), „Der Leib im Spiegel der Kunst", in: *System der Philosophie*, Bd. II/2, Bonn.

Schmitz, Hermann (1973), „Zusammenhang in der Geschichte", in: *Natur und Geschichte. X. Deutscher Kongress für Philosophie* (Kiel 8.-12.10.1972), Hamburg, S. 143-153.

Schmitz, Hermann (1980), *Die Person, System der Philosophie*, Bd. IV, Bonn.

Schmitz, Hermann ([2]1992, zuerst 1989), *Leib und Gefühl,* hg. v. Hermann Gausebeck/Gerhard Risch, Paderborn.

Schmitz, Hermann (2003), *Was ist Neue Phänomenologie?* Rostock.

Schmitz, Hermann (2005), *Der Gefühlsraum*, *System der Philosophie*, Bd. III/2, Bonn.

Schmitz, Hermann ([3]2007, zuerst 1990), *Der unerschöpfliche Gegenstand*, Bonn.

Slaby, Jan (2008), *Gefühl und Weltbezug. Die menschliche Affektivität im Kontext einer neo-existentialistischen Konzeption von Personalität*, Paderborn.

Soentgen, Jens (1998), *Die verdeckte Wirklichkeit. Einführung in die Neue Phänomenologie von Hermann Schmitz*, Bonn.

Burkhard Meyer-Sickendiek

„Spürest du kaum einen Hauch“

Über die Leiblichkeit in der Lyrik

Ich möchte in meinem Text der Frage nachgehen, welche Anschlussmöglichkeiten sich aus literaturwissenschaftlicher Sicht für die *Neue Phänomenologie* Hermann Schmitz' ergeben. Dabei werde ich mich vor allem auf die Kategorie der Leiblichkeit bzw. die damit verknüpfte Theorie des „eigenleiblichen Spürens“ konzentrieren: Welche Rolle spielen Prozesse des Spürens im Sinne Schmitz' in literarischen Texten? Gibt es spezifische Textformen bzw. Gattungen, die hinsichtlich der Artikulation des sogenannten „eigenleiblichen Spürens“ besonders hervortreten? Lässt sich also eine Poetik denken, für welche Erkenntnisse und Einsichten der *Neuen Phänomenologie* in die Dynamik der Leiblichkeit von – bisher wohl verkannter – Relevanz sind? Es ist wohl keine allzu kühne These zu behaupten, dass dies in erster Linie für lyrische Texte der Fall ist: Zog doch schon Schmitz selber insbesondere im mehrbändigen *System der Philosophie* immer wieder Gedichtbeispiele – speziell aus dem Bereich der goethezeitlichen Stimmungslyrik – heran, um seine Kategorie der Leiblichkeit zu illustrieren. Zudem betonte Schmitz selbst, „daß sich mit Hilfe der von mir verwendeten Methoden, bei geeigneter Modifikation und Ergänzung, wahrscheinlich auch für die Dicht- und Tonkunst aufschlussreiche Ergebnisse finden ließen.“[1] Mein Ziel ist es, erste Bausteine für diese von Schmitz selbst leider nicht weiter ausgeführte These zu liefern. Dabei geht es im Folgenden zwar um Gedichte, diese sollen jedoch nicht präzise und textnah analysiert, sondern eher skizzenhaft gesichtet werden, um somit die Möglichkeiten und Grenzen einer neuphänomenologischen Lyriktheorie erstmals auszuloten. Ergänzend werde ich dabei auch die Überlegungen Gernot Böhmes heranziehen, der die *Neue Phänomenologie* zur Grundlage seiner *Neuen Ästhetik* machte und dieser Ästhetik neben Beispielen aus der Architektur und Physiognomie auch Gedichte – etwa Goethes, Benns, Storms oder Georges – zugrunde legte.[2] Einen vergleichenden Anhaltspunkt wird gegen Ende zudem der von Sibylle Krämer in Anlehnung an Charles Sanders Pierce geprägte Begriff des „Spürsinns“ liefern.[3] Dieser hob im Sinne der Etymologie des Wortes „Spüren“ den Aspekt des „Spurenlesens“ hervor, nahm also Phänomene der Spur, der Absenz und der

1 Hermann Schmitz, *Der Leib im Spiegel der Kunst*, Bonn 1966, S. 6.

2 Gernot Böhme, *Atmosphäre. Essays zur Neuen Ästhetik*, Frankfurt am Main 1995, S. 66-84.

3 Sybille Krämer, „Was also ist eine Spur? Und worin besteht ihre epistemologische Rolle? Eine Bestandsaufnahme“, in: Sybille Krämer/Werner Kogge/Gernot Grube (Hg.), *Spur. Spurenlesen als Orientierungstechnik und Wissenskunst*, Frankfurt am Main 2007, S. 11-33.

Ungleichzeitigkeit in den Blick.[4] Meines Erachtens sind eben dies Aspekte, die in der Schmitzschen Definition des Spürens zu kurz kommen, insofern diese ihren Ausgangspunkt stets in der „primitiven Gegenwart" hat, also das Spüren zumeist als eine Erfahrung der Präsenz begreift.

Warum der Schmitzsche Begriff des „Spürens" mit dem Lesen von Spuren, mit Gespür und einem detektivischen Spürsinn nichts gemein hat, liegt auf der Hand: Im Unterschied zu dem weit eher kognitiv orientierten Begriff des „Spürsinns" ist der Begriff des Spürens bei Schmitz ein genuin „leiblicher". Diese für den Begriff des Spürens zentrale Kategorie der Leiblichkeit gewinnt ihr Profil bekanntermaßen aus der Unterscheidung zur Körperlichkeit. Zum einen strukturiert sich der Leib durch einzelne, disparate „Leibinseln", zum anderen kennzeichnet den Leib im Unterschied zum menschlichen Körper ein „spürbares Zusammenspiel von Engung und Weitung",[5] welches sich im „Erspüren räumlich ergossener Atmosphären" wie etwa Heiterkeit oder Trostlosigkeit äußert. Weder das Verhältnis von Engung und Weitung noch das „Gewoge verschwommener Leibesinseln"[6] lassen sich nach Schmitz mit dem gängigen Verständnis von Körperlichkeit vereinbaren und müssten eben deshalb als Ausdrucksformen des Leibes begriffen werden. Anders gesagt: Der Leib ist nicht durch die Einzelleistungen der fünf Sinne erfassbar bzw. erfahrbar, sondern durch ein davon zu trennendes „Spüren". Und umgekehrt richtet sich dieses Spüren *nicht* auf einen konkreten Gegenstand, der gehört, gesehen, gerochen, geschmeckt oder getastet werden kann, sondern eben auf den Leib. Dieser unterscheidet sich vom menschlichen Körper also auch deshalb, weil man den Körper sehen, ja gar besichtigen und betasten kann. Der Leib ist dagegen das, „was man in dessen Gegend von sich spürt, ohne über ein Sinnesorgan wie Augen oder Hand zu verfügen, das man zum Zweck des Spürens willkürlich einsetzen kann."[7] Der Leib ist also weder von mir noch von anderen Personen gleichsam von außen als ein physiologisches Gebilde erkennbar oder greifbar, sondern stellt das Insgesamt einer spürbaren „leiblichen Regung"[8] dar.

Zu diesen leiblichen Regungen zählt Schmitz bekanntlich die leiblich empfundenen Gefühle wie z. B.: „Schmerz, Hunger, Durst, Schreck, Wollust, Frische, Mattigkeit, Behagen, Ein- und Ausatmen",[9] die sich auf die genannten Grundprinzipien bzw. basalen Regungen der Engung und Weitung zurückführen lassen. Insofern ist der Begriff der Leiblichkeit durch ein Zusammenspiel dieser beiden Tendenzen ausgezeichnet: Entweder dominiert eine dieser beiden Richtungen oder sie sind beide gleichermaßen stark vorhanden. Wenn wir einatmen, dann fühlen wir uns gleichzeitig beengt und geschwellt, Ähnliches geschieht in Gefühlszuständen wie etwa dem Angstzustand, der den Verängstigten einerseits in die Enge treibt, ihn aber zugleich durch den diffusen Charakter der Angst weitet. Es gibt auch Situationen, in denen eine dieser Richtungen überwiegt: Beim

4 Sybille Krämer, „Was also ist eine Spur?", S. 164.
5 Hermann Schmitz, *Der Leib im Spiegel der Kunst*, S. 24ff.
6 Ebd., S. 13-19.
7 Hermann Schmitz, *Der unerschöpfliche Gegenstand. Grundzüge der Philosophie*, Bonn 1990, S. 115.
8 Ebd., S. 115.
9 Ebd.

Einschlafen etwa sind wir in eben diesem Moment ganz geweitet, um uns in den Schlaf fallen lassen zu können. Durch einen Schreck kann es wiederum passieren, dass sich unser leibliches Empfinden schlagartig verengt. Das leibliche Befinden ist also durch die Begriffe der Enge und der Weite beschrieben, wobei diese spürbar werden durch die gegeneinander strebenden, aber mehr oder weniger aneinander gebundenen Tendenzen der Engung und Weitung. „Leiblichsein", so schreibt Schmitz in *Der unerschöpfliche Gegenstand*, „bedeutet in erster Linie: zwischen Enge und Weite in der Mitte stehen und weder von dieser noch von jener ganz loszukommen, wenigstens so lange wie das bewusste Erleben währt. Im heftigen Schreck schwindet es im Extrem einer Engung ohne Weitung, beim Einschlafen und in verwandten Trancezuständen im Extrem einer Weitung ohne Engung (...) Jede von beiden Tendenzen kann dominieren; sie können sich aber auch ungefähr die Waage halten. Das ist der Fall beim Einatmen (...) besonders aber in Angst und Schmerz, zwei Weisen eines expansiven gehemmten Drangs (...)."[10] Entscheidend ist, dass diese Formen des eigenleiblichen Spürens und dessen Dynamik von Engung und Weitung die Grundlage liefern für die Begriffe der Atmosphäre bzw. der Stimmung, denn eben darin liegt der entscheidende Bezug zu lyrischen Texten.

Stimmungslyrik und/als leibliches Spüren

„Das, was am eigenen Leib gespürt werden kann", so heißt es bei Schmitz, seien die „sich wandelnden und abwechselnden Atmosphären oder Klimata, in die das jeweilige leibliche Befinden mit seinen momentanen Regungen, oft unauffällig und unbemerkt, gleichsam eingetaucht ist."[11] Zur genaueren Beschreibung dieses Erspürens von Atmosphären wählte Schmitz in *Der Gefühlsraum* die Kategorie der Stimmung: „Ein Gefühl bezeichne ich, sofern es Weite präsentiert, als Stimmung."[12] Wie einflussreich die *Neue Phänomenologie* als eine Theorie der Stimmungen und Atmosphären in der Kunstgeschichte und Architektur gewesen ist, wissen wir spätestens seit den Arbeiten Michael Hauskellers und Gernot Böhmes. Böhme entwickelte im Anschluss an die *Neue Phänomenologie* seine *Neue Ästhetik*, die in Anlehnung an Schmitz den Begriff der „Atmosphäre" ins Zentrum stellt. Die „kleinbürgerliche Atmosphäre" bzw. der „Muff" einer unbekannten Wohnung, die „zeitlose Stille" eines sonnenbeschienenen Kirchplatzes, die „gruftige Kühle" eines Kellers, die „Weite des Meeres" oder die „Dichte des Waldes" sind Beispiele.[13] Dabei beschränkt sich diese Kategorie keineswegs auf Naturerlebnisse: Böhme nannte zudem die unterkühlte Atmosphäre eines Empfangs, die kulturelle Atmosphäre etwa der 20er-Jahre, die spezifische Atmosphäre der Armut oder die angespannte Atmosphäre sozialer Konflikte.[14] Es bedarf jenes „eigenleiblichen Spürens", um solche

10 Ebd., S. 12f.
11 Hermann Schmitz, *Der Leib im Spiegel der Kunst (= System der Philosophie*, 2. Band, 2. Teil), Bonn 1966, S. X.
12 Ebd., S. 259.
13 Gernot Böhme, *Atmosphäre.*
14 Ebd., S. 95.

Atmosphären wahrzunehmen, denn diese lassen sich nicht einfach sehen, hören, schmecken, riechen oder betasten. Erfasst werden Atmosphären vielmehr in jenen spezifischen Stimmungen, die durch Adjektive wie etwa heiter, düster, drückend, gespannt, trübe und trostlos charakterisiert sind.[15] Sprach Schmitz vom Eingetauchtsein, so entwickelte Böhme im Anschluss daran die Kategorie der „Ingression" als „Hineingeraten" in solch atmosphärische Stimmungen, die stets von einer Erfahrung der „Diskrepanz" als Abweichung vom je eigenen Gestimmtsein begleitet sei.[16] In der Abfolge von Diskrepanz und Ingression sieht er die Hauptkomponente des „eigenleiblichen Spürens".

Allerdings betonte schon Böhme, dass das atmosphärische Spüren als zentrales Prinzip seiner *Neuen Ästhetik* vom leiblichen Spüren im Sinne der *Neuen Phänomenologie* zu unterscheiden sei: „Das leibliche Spüren" sei „ein Sichspüren, während in der Wahrnehmung der Atmosphäre eben doch die Atmosphäre dasjenige ist, was wahrgenommen wird."[17] Diese Differenzierung ist als Ergänzung zu verstehen, deren Sinn anhand einer Unterscheidung von Spüren und Gespür deutlicher werden dürfte. Dass man diesbezüglich differenzieren muss, zeigt nicht nur die grammatikalische Differenz, nach welcher die präpositionale Ergänzung „für" das Gespür stets einem Plural von Stimmungen zuordnet. Das Spüren bezeichnet eine eigenleibliche Empfindung, das Gespür bezeichnet dagegen den Instinkt bzw. die Witterung vielfältiger Töne, Valeurs oder Stimmungen, bezieht sich also auf eine Phänomenologie der „Nuancen".[18] Das Gespür ist das Vermögen, Verborgenes bzw. Nicht-Sichtbares zu erfassen: Dies kann eine erlebbare Atmosphäre, aber auch etwa die Stimmung einer Epoche sein. Entscheidend ist nach Böhme der dem reinen Spüren fehlende Aspekt der Erkenntnis:

> „Erkenntnis setzt schon eine gewisse Distanz voraus und ein Setzen von etwas als etwas. Das bloße Spüren einer Atmosphäre enthält diese Distanz noch nicht. In dem Moment, in dem aber die Atmosphäre als Weise der Anwesenheit von etwas verstanden wird, wird dieses Etwas als etwas erfahren, nämlich als in bestimmter Weise anwesend. Das bloße Spüren wird dadurch zu einem Gewahren. Etwas wird durch die Atmosphäre, die es verbreitet, wahrgenommen."[19]

Wie anschlussfähig die Theorie der Atmosphäre für eine Theorie der Lyrik ist, dies verdeutlicht der in der Germanistik inzwischen neu entdeckte Begriff der „Stimmungslyrik", den Caroline Welsh,[20] Anna-Katharina Gisbertz[21] oder Angelika Ja-

15 Ebd., S. 22.

16 Gernot Böhme, *Aisthetik. Vorlesungen über Ästhetik als allgemeine Wahrnehmungslehre*, München 2001, S. 45-50.

17 Gernot Böhme, *Atmosphäre*, S. 96.

18 Vgl. Wolfgang Lange, *Die Nuance. Kunstgriff und Denkfigur*, München 2005.

19 Gernot Böhme, *Atmosphäre*, S. 136.

20 Caroline Welsh, „Die Figur der Stimmung in den Wissenschaften vom Menschen. Vom Sympathie-Modell zur Gemüts- und Lebensstimmung", in: Arne Höcker/Jeannie Moser/Philippe Weber (Hg.), *Wissen. Erzählen. Narrative der Humanwissenschaften*, Bielefeld 2006, S. 53-64.

21 Anna-Katharina Gisbertz, *Stimmung – Leib – Sprache. Eine Konfiguration in der Wiener Moderne*, München 2009.

cobs[22] bearbeiteten und der zudem durch Studien David Wellberys oder Hans-Ulrich Gumbrechts wieder in den Blick rückte.[23] Stimmungslyrik ist ja ein dezidierter Ausdruck einer „Ingression“, und nicht einer romantischen „Innerlichkeit“. In diesem Punkt ließe sich mithilfe der *Neuen Phänomenologie* ein altes, mit Hegels *Ästhetik* einsetzendes Missverständnis zahlreicher Lyrik-Theorien korrigieren. Schon August Wilhelm Schlegel erhob den Begriff der Stimmung zum zentralen Merkmal von Lyrik: „Die äußere Welt des lyrischen Dichters ist ganz subjektiv bestimmt, es sind für ihn nur solche Gegenstände vorhanden, die mit seiner Stimmung im Zusammenhange stehen.“[24] Im Anschluss an Schellings *Philosophie der Kunst* betonte Hegel in seiner *Ästhetik*, „die innere Subjektivität“ sei „der eigentliche Quell der Lyrik“, diese also sei „auf den Ausdruck rein innerlicher Stimmungen, Reflexionen u. s. f.“ beschränkt, „ohne sich zu einer konkreten auch in ihrer Aeußerlichkeit dargestellten Situation auseinanderzulegen.“[25] Mit Hegels *Ästhetik* beginnt also die folgenreiche Identifikation der Stimmungslyrik als Produkt bzw. als Ausdrucksform romantischer „Innerlichkeit“. Hegels Ansicht, dass Lyrik wesentlich subjektiv sei, ist, über alle ideologischen und methodischen Differenzen hinweg, der Grundkonsens der neueren Lyrik-Theorien, wie Dieter Lamping mit Nachdruck betonte.[26] Wenn man die Kategorie der Stimmungslyrik in dem vorgeschlagenen Sinne anhand der *Neuen Phänomenologie* von Hermann Schmitz bzw. der *Neuen Ästhetik* Gernot Böhmes definiert, dann ist jedoch diese seit Hegels *Ästhetik* geltende Gleichsetzung von Stimmungslyrik und romantischer Innerlichkeit nicht länger haltbar. Denn jenes von Böhme erläuterte Prinzip der Ingression wird vor allem in Stimmungsgedichten der Romantik präzise artikuliert: Man denke nur an Eichendorffs *Mondnacht* oder Goethes *Ein Gleiches*. Solche Ingressions- und Kontinuierungsprozesse atmosphärischen Gestimmtseins sind ja durch „eigenleibliches Spüren“ auf *„räumlich* ergossene Atmosphären“ bezogen, wobei diesbezüglich die Atmosphäre der sich niedersenkenden Ruhe aus Goethes *Ein Gleiches* ein erstes Beispiel sein dürfte. Der Naturlaut der Stille („ist Ruh“) greift beruhigend auf den mit „Du“ im Gedicht Angesprochenen über, wie auch die lyrische Reflexion von der Ferne in die Nähe führt, vom Unendlichen ins eigene Innere. Präzise beschreibt dieses berühmte Gedicht also den Mechanismus der Ingression:

22 Angelika Jacobs, „Den ‚Geist der Nacht‘ sehen. Stimmungskunst in Hofmannsthals lyrischen Dramen“, in: Joachim Grage (Hg.), *Literatur und Musik in der klassischen Moderne. Mediale Konzeptionen und intermediale Poetologien*, Würzburg 2006 (Klassische Moderne, Bd. 7), S. 107-133; dies., „Stimmungskunst als Paradigma der Moderne. Am Beispiel von Novalis, Die Lehrlinge zu Saïs“, in: *Germanistische Mitteilungen. Zeitschrift für deutsche Sprache, Literatur und Kultur 64* (2006), S. 5-27.

23 David Wellbery, „Stimmung“, in: *Ästhetische Grundbegriffe. Historisches Wörterbuch in sieben Bänden*, Bd. 5, hg. v. Karlheinz Barck u. a., Weimar 2003, S. 703-733; Hans-Ulrich Gumbrecht, „Reading for the ‚Stimmung.‘ About the Ontology of Literature Today“, in: *Boundary* 2 / 35 [Fall 2008], S. 213-221.

24 August Wilhelm Schlegel, *Kritische Ausgabe der Vorlesungen*, Bd. 2, Teil 1, S. 72.

25 Georg Wilhelm Friedrich Hegel, *Vorlesungen über die Ästhetik* III, *Theorie Werkausgabe*, Bd. XV, Frankfurt am Main 1970, S. 433.

26 Dieter Lamping, *Das lyrische Gedicht. Definitionen zur Theorie und Geschichte der Gattung*, Göttingen 1993, S. 114.

Über allen Gipfeln
Ist Ruh,
In allen Wipfeln
Spürest du
Kaum einen Hauch;
Die Vögelein schweigen im Walde.
Warte nur, balde
Ruhest du auch.

Beispiel A: Das lyrische Erspüren von Synästhesien

Im Beispiel Goethes wäre das eigenleibliche Spüren an der Atmosphäre der Ruhe orientiert; ein weiteres großes Feld dieses Phänomens wären zudem die synästhetischen Sensationen der romantischen Lyrik, deren Inhalte sich anhand der fünf Sinne allein nicht wahrnehmen ließen. Der Stellenwert synästhetischer Phänomene ist speziell für lyrische Texte häufig betont worden;[27] entgegen den gängigen Theorien zur Synästhesie, die dieses Phänomen zumeist vom naturwissenschaftlichen Standpunkt aus angehen, stelle ich den neuphänomenologischen Ansatz in den Vordergrund. Demnach ist das eigenleibliche Spüren kein weiterer Sinn neben den gängigen fünf, sondern ein grundlegenderes Vermögen, mit dem wir etwa Phänomene wie die Ruhe – in *Ein Gleiches* –, aber auch Schwere oder Tiefe erspüren: Ohne diese ertasten, sehen, riechen oder hören zu können. Orientiert sich der Körper nach den Maßgaben des Visuellen, Akustischen oder Taktilen, so erfasst der von Schmitz theoretisierte Leib dasjenige, was sich unmittelbar zu spüren gibt, wenn man die Daten der fünf Sinne durch diejenigen des „leiblichen Spürens" ergänzt. Auf diese Weise zeige Schmitz, so betonte Gernot Böhme, „dass, was man so Synästhesien nennt, im Grunde Charaktere des eigenleiblichen Spürens sind."[28] Der zuvor erinnerte Begriff der Stimmungslyrik ließe sich entsprechend auf eine von den fünf Sinnen unabhängige Erfahrung des Erspürens beziehen. Das neben *Ein Gleiches* wohl bekannteste Stimmungsgedicht der deutschen Sprache – Eichendorffs *Mondnacht* – vermag diesen Bezug zwischen leiblichem Spüren, synästhetischer Erfahrung und lyrischer Gestimmtheit zu erhellen: Das lyrische Ich erlebt die Atmosphäre einer Mondnacht mit allen Sinnen gleichzeitig, denn es sieht, was es eigentlich nur hören kann:

Der Wind ging durch die Felder,
die Ähren wogten sacht.
Es rauschten leis die Wälder,
so sternklar war die Nacht.[29]

27 Vgl. Petra Wanner-Meyer, *Quintett der Sinne. Synästhesie in der Lyrik des 19. Jahrhunderts*, Bielefeld 1998.

28 Gernot Böhme, „Synästhesien im Rahmen einer Phänomenologie der Wahrnehmung", in: Hans Adler/ Ulrike Zeuch (Hg.), *Synästhesie: Interferenz, Transfer, Synthese der Sinne*, Würzburg 2002, S. 45-56.

29 Joseph von Eichendorff, *Werke*, hg. v. Wolfdietrich Rasch, München 1971, S. 271f.

In der dritten Strophe übernimmt das lyrische Ich diesen Luftzug, der in der zweiten Strophe die Ähren zum Wogen bringt. Konnte es den Wind zuvor nur sehen, so glaubt es nun, ihn eben in unserem Sinne zu erspüren, wenn seine Seele darauf „durch die stillen Lande“ zu fliegen scheint. Sehsinn, Hörsinn und Tastsinn verschmelzen also nicht zu einer einzigen Wahrnehmung, vielmehr formuliert das lyrische Ich ein Erspüren der „Weite“ im Sinne einer leiblichen Weitung. Diese Weitung ist aber nicht aus einer Verschmelzung getrennter Sinnesdaten ableitbar, wie es ein konventionelles Verständnis von Synästhesie meinen könnte. Vielmehr ist es das im Gedicht formulierte Gefühl der Sehnsucht, welches diese Weite und deren synästhetische Illustration motiviert. Die Weite, die das Gedicht durch die erste Strophe im „Kuß“ von Himmel und Erde evoziert, ist also kein Produkt der synästhetischen Erfahrung, sondern ein Ertrag des leiblichen Spürens, der „Ingression“ im zuvor erläuterten Sinne. Sehnsucht wird als „Hineingeraten“ in eine sich weitende Atmosphäre erfahren, ausgelöst vom „Blütenschimmer“ des ausstrahlenden Mondlichts, das nicht nur die Erde milchig „schimmern“, sondern zudem vom Himmel im mythischen Brautkuss „träumen“ lässt.

Nun gehen Studien zur Lyrik der Romantik bzw. der Goethezeit häufig davon aus, dass Synästhesien nicht als ein Vermischen von zuvor Getrenntem zu verstehen sind. Vielmehr seien Synästhesien die grundlegendere Wahrnehmungsform, die in Stimmungsgedichten nur am nachdrücklichsten betont werde.[30] Es fehlte bisher allerdings an theoretischen Grundlagen zur Klärung der Frage, ob und warum sich diverse menschliche Erfahrungen nicht auf die separat arbeitenden Sinnesbereiche zurückführen lassen. Nennen wir daher als zweites Beispiel Clemens Brentanos *Hör, es klagt die Flöte wieder*: Die Zeile „Golden weh'n die Töne nieder“ vermischen Gesichtseindruck, Gefühlseindruck und Gehöreindruck. Auch in diesem Beispiel ist der synästhetische Zustand des lyrischen Ich im Grunde ein Ausdruck eigenleiblichen Spürens. Brentanos Gedicht zeugt ja vom Gefühl des Rausches, dessen synästhetischer Status nicht aus dem Ineinander der fünf Sinne, sondern vielmehr daraus hervorgeht, dass in diesem Falle das Rauschen als sowohl akustische wie visuelle Impression seinerseits auf ein emotionales Symptom zurückgeführt wird: Den Rausch. Deshalb ist die Formel aus der letzten Gedichtzeile – „Blickt zu mir der Töne Licht“ – sinnhaft, weil sowohl das Gefühl als auch der Hörsinn den im Gedicht erspürten Charakter des Rauschens gemein haben. Wollte man eine Lyriktheorie anhand neuphänomenologischer Erkenntnisse formulieren, so hätte man vergleichbar synästhetische Phänomene – auch im Sinne metaphorischer Transfers – als Kennzeichen „eigenleiblichen Spürens“ zu diskutieren. Dies ist jedoch nur ein erster Anhaltspunkt. Weit entscheidender dürfte die Analyse des Wortfeldes „spüren“ in lyrischen Texten sein, denn nur so lässt sich präzise ermitteln, welche Gegenstandsbereiche des Spürens in Gedichten zu finden sind. Fünf weitere Gegenstandsbereiche des lyrischen Spürens seien nun grob skizziert: Der Traumzustand, der Rauschzustand, die Empathie,

30 Vgl. dazu: Silke Pasewalck, *„Die fünffingrige Hand“. Die Bedeutung der sinnlichen Wahrnehmung beim späten Rilke*, Berlin 2002; Peter Utz, *Das Auge und das Ohr im Text. Literarische Sinneswahrnehmung in der Goethezeit*, München 1990; Klaus Späth, *Untersuchungen zur Verwendung der Farben in der modernen Lyrik*, Tübingen 1971; Bernhard Engelen, *Die Synästhesien in der Dichtung Eichendorffs*, Köln 1966.

das Erspüren einer personalen „Aura" sowie das Erspüren des Abwesenden im Anwesenden bzw. des Vergangenen im Gegenwärtigen.

Beispiel B: Das lyrische Erspüren eines Traums

Schon die zweite große Gruppe von Gedichten, in denen das Wortfeld des Spürens Verwendung findet, verdeutlicht, dass viele Gedichte eher auf Ausnahmezustände leiblichen Spürens fokussiert sind. Sie beschreiben also leibliche Regungen bzw. Ich-Zustände, die im Spektrum der Schmitzschen Phänomenologie eher randständig sind. Dies ist beispielsweise im Traumzustand der Fall, der in der *Neuen Phänomenologie* keine „leibliche Regung" im zuvor erläuterten Sinne darstellt. Vielmehr werde im Traum eine „eigenartige Umschichtung oder Umbildung der Leiblichkeit" erfahrbar, „deren Ergebnis als eine Art von Traumatmosphäre spürbar wird."[31] Diese Traumatmosphäre sei als „Dissoziation der leiblichen Ökonomie" beschreibbar: Engung und Weitung als Grundprinzipien des eigenleiblichen Spürens seien im Traum nicht mehr „rhythmisch aneinander gebunden", sondern in einzelne Impulse „zersplittert". Die „Gesamtspannung des körperlichen Leibes" zerfalle im Traumzustand in „Partialspannungen", wobei die „Gewichte der Engung und Weitung in ihren vier Gestalten – als Spannung und privative Engung, Schwellung und privative Weitung" – in ein „ungeregeltes Spielen"[32] gerieten. Schmitz nennt als Beispiel den Flugtraum als „Anzeichen und bildhafte Projektion privativer Weitung" sowie den Angsttraum als „Anzeichen überwiegender Spannung des träumenden Leibes"; betont aber zugleich, dass „Flug- und Angsttraum verbunden" seien: „sei es, daß Angst den Flug begleitet, sei es, daß dieser aus Angst hervorgeht oder in Angst mündet."[33] Erst im „Erwachen" finde wieder eine „Wiederherstellung der Spannung des körperlichen Leibes" statt, sodass „die regelnde leibliche Ökonomie wieder Engung und Weitung zusammenhält".[34]

Es gibt eine ganze Reihe von Gedichten, anhand derer sich diese von Schmitz beschriebenen Gesetzmäßigkeiten beim Erspüren einer „Traumatmosphäre" überprüfen ließen. Viele von diesen beschreiben eben jenes im Erwachen sich vollziehende Nachspüren eines realen Traums, so beispielsweise Clara Müller-Jahnkes Gedicht *Traum* von 1853, Hugo von Hofmannsthals *Ein Traum von großer Magie* von 1896 oder Karl Kraus' Gedicht *Versuch der Erinnerung* von 1930: „Was hab ich nur heute geträumt? / Noch spür ich, wie ich im Schlaf / ohne Schwanken das Richtige traf, / und das Ding gehorchte aufs Wort."[35] Ein Zustand traumwandlerischer Genauigkeit bzgl. des Dichtens, den das lyrische Ich nachträglich erspürt, weil er sich offenkundig von dem vergleichbaren Gefühl unterscheidet, das die gleiche Tätigkeit – das Dichten – im Wachzustand hinterlässt. Die zweite Bedeutung, die das Spüren bzw. Erspüren eines Traums haben kann,

31 Hermann Schmitz, *System der Philosophie*, Zweiter Band, Erster Teil: *Der Leib*, Bonn 1965, S. 195.

32 Ebd., S. 213.

33 Ebd., S. 199f.

34 Ebd., S. 213.

35 Karl Kraus, *Gedichte*, in ders., *Schriften*, Bd. 9, hg. v. Christian Wagenknecht, Frankfurt am Main 1989, S. 599.

bezieht sich natürlich auf die Gleichsetzung bzw. die Vergleichbarkeit von eigenem Leben und Traum, wie dies in Eichendorffs *Frühling* von 1837, Hermann Linggs *Maja* von 1853 oder Trakls *In den Nachmittag geflüstert* von 1912 der Fall ist. Alle drei Gedichte beschreiben eine Gleichsetzung von Leben bzw. Erleben und Traum und bedienen sich bzgl. eben dieser Gleichsetzung aus dem Wortfeld des Erspürens. Es geht also nicht darum, dass das lyrische Ich sein Erwachen aus dem Traum erspürt, vielmehr artikulieren und erspüren diese genannten Gedichte den Zustand des (Tag-)Träumens selbst. Damit aber bestätigen sie die von Schmitz betonte Funktion der Differenz: Das Spüren einer Traumatmosphäre vollzieht sich auf der Basis differenter Ich-Zustände.

Man darf zunächst fragen, ob und inwiefern sich romantisches und modernes Gespür hinsichtlich dieser Thematik unterscheiden. Eichendorffs Gedicht *Frühling* entfaltet diesen Aspekt wie folgt: Im Tagtraum, angestimmt durch die Frühlingsstimmung, erspürt das lyrische Ich seine Herkunft aus dem Himmel als dem „blauen Meer der Sehnsucht“, bevor es dann erkennt, dass es „ein Traum“ war, aus welchem es freilich „im Himmel“ erwacht: „Die dunkeln Gründe säuseln kaum, / Sie schaun so fremd herauf. / Tiefschauernd fühlt er, ’s war ein Traum – / Und wacht im Himmel auf.“[36] Kein Erwachen aus dem erspürten Traumzustand gibt es hingegen in Hermann Linggs Gedicht *Maja*, da dieses den traumwandlerischen Zustand der Verschleierung als einen Zustand erlebt, der das lyrische Ich über dessen gesamten „Lebensweg“ begleitete.[37] Auch in diesem Gedicht bezieht sich das Spüren nicht auf das Erwachen aus dem Traum, sondern auf den Empfindungsmodus im Träumen selbst, insofern dieser beinhaltet, dass auch reale Schmerzen vom lyrischen Ich kaum bzw. sanfter gespürt wurden: Dank dem Schleier der Maja. Ähnliches gilt insofern auch für Trakls *In den Nachmittag geflüstert*, als in diesem das Erleben eines „langen Nachmittags“ dem erträumen von „Gottes Farben“ gleichgesetzt wird: So erlebt das Ich blaue Räume, braune Mädchen, ein weißes Tier und schwarz umsäumte Schatten „wie im Traume“ und spürt zugleich „des Wahnsinns sanfte Flügel“.[38] Wie im Gedicht Hermann Linggs also zeichnet sich das Erspüren des Traumzustands durch das Adjektiv „sanft“ aus, man könnte also unter Vorbehalt sagen, dass sich die von Schmitz betonte, traumtypische Auflösung der körperlichen Spannung auch in lyrischen Texten findet: Diese erspüren den Traumzustand als einen vergleichsweise „sanften“ Zustand. Etwas Ähnliches betont Georges *das kampfspiel das, wo es verletzt, nur spüret*, welches drei Grundformen menschlichen Erlebens im Traumzustand neu erfährt: Im Traum wird das Kampfspiel groß, der wilde Kuss lind und das Scheiden süß.[39]

Beispiel C: Das lyrische Erspüren einer Depersonalisation

Auch zum Phänomen der Entfremdung bzw. der Depersonalisation findet sich eine umfangreiche Analyse in der *Neuen Phänomenologie*. Und wiederum ist dieser in Gedichten häufig zu findende Ich-Zustand eine Ausnahme von der Regel: Depersonalisation be-

36 Joseph von Eichendorff, *Werke*, Bd. 1, München 1970 ff., S. 269f.

37 Hermann von Lingg, *Ausgewählte Gedichte*, Stuttgart/Berlin 1905, S. 233.

38 Georg Trakl, *Das dichterische Werk*, München 1972, S. 31-32.

39 Stefan George, „Der siebente Ring“, in: *Gesamt-Ausgabe der Werke*, Bd. 6/7, Berlin 1931, S. 85-86.

greift Schmitz als „eine Störung der leiblichen Spannung“, d. h. eine Störung der genuinen Leibfunktion, „alles Begegnende (...) auf die Enge des Leibes hin zusammenzuhalten.“[40] Bei einer Störung dieser Spannung verliert der leiblich Betroffene den Bezug zu „seiner Daseinsgewissheit, seine[m] Icherleben und seine[m] Erleben zeitlicher Gegenwart.“ Schmitz erklärt diese Störungen der leiblichen Spannung zum einen „durch Absinken der Spannung“, zum anderen durch Abspaltung einer „an sich starken Spannung.“[41] Auch diesbezüglich lassen sich wiederum Gedichte der Moderne finden, in denen sowohl das Wortfeld des Spürens als auch das Entfremdungsmotiv zu finden sind. Daraus lässt sich schlussfolgern, dass auch der Zustand der Entfremdung sich in erster Linie erspüren lässt, und zwar durchaus im Sinne der von Schmitz genannten Störungstypen: Als Absinken der Spannung bzw. als Abspaltung einer an sich starken Spannung.

So leitet sich Entfremdung auch in Hugo von Hofmannsthals Gedicht *Über Vergänglichkeit* von 1894 aus dem Verlust von Daseinsgewissheit, dem Icherleben und zeitlicher Gegenwart her. Dies kulminiert in einer Beobachtung vergänglicher bzw. verschwindender Ich-Identitäten, sodass „mein eignes Ich, durch nichts gehemmt, / Herüberglitt aus einem kleinen Kind / Mir wie ein Hund unheimlich stumm und fremd.“[42] Die Depersonalisation ist also – vergleichbar der Schmitzschen These vom verlorenen Erleben zeitlicher Gegenwart – eine Folge der den Titel bildenden Vergänglichkeit, die keiner „voll aussinnt.“ Diese wird im Gedicht durch Konjunktionalsätze strukturiert, die betonen, „dass diese nahen Tage / Fort sind“; „Dass alles gleitet und vorüberrinnt“; „dass mein eigenes Ich (...) / Herüber glitt aus einem kleinen Kind,“, und „dass ich auch vor hundert Jahren war / und meine Ahnen (...) / mit mir verwandt sind wie mein eignes Haar.“[43] Gespürt wird dieser Verlust der zeitlichen Gegenwart bereits in der Eingangsstrophe: „Noch spür ich ihren Atem auf den Wangen: / Wie kann das sein, dass diese nahen Tage / Fort sind, für immer fort, und ganz vergangen?“[44]

Expressionistische Gedichte formulieren dagegen eher das extreme Absinken einer Spannung als Ausgangspunkt der Entfremdung: „Unser Leben spüren wir kaum / Und die Welt ist ein Morphiumtraum“[45], so heißt es in Alfred Lichtensteins Gedicht *Die Siechenden*. Lichtenstein dokumentiert Entfremdung als genuine Erfahrung des Ersten Weltkriegs und berichtet über einen Abend im Krankenhaus; die Eingangszeile „Verschüttet ist unser Sterbegesicht“ und der Schlussvers „Schlaf versargt uns das Gesicht“, mit ihren typischen expressionistischen Verbformen sind metaphorische Klammern um ein depraviertes Leben, in welchem die Welt auf den „Morphiumtraum“ reduziert ist. Ähnlich formuliert ein Gedicht Ernst Stadlers mit dem Titel *Die Schwangern* von 1914: „Wir nähren Fremdes, wenn wir Speise schlucken, Wir schwanken vor fremder Müdigkeit und spüren fremde Lust in uns singen.“[46] Die Entfremdung findet also Ausdruck in

40 Hermann Schmitz, *System der Philosophie*, Zweiter Band, Erster Teil: *Der Leib*, S. 271.

41 Ebd.

42 Hugo von Hofmannsthal, *Gesammelte Werke in zehn Einzelbänden*, Bd. 1: *Gedichte, Dramen*, Frankfurt am Main 1979, S. 21.

43 Ebd.

44 Ebd.

45 Alfred Lichtenstein, *Gesammelte Gedichte*, Zürich 1962, S. 58f.

46 Ernst Stadler, *Dichtungen*, Bd. 1, Hamburg o.J. [1954], S. 153f.

Bildern der Vergänglichkeit, des Siechtums, der Schwangerschaft und der generellen Ich-Transformation.

Anders als bei Schmitz ist die erspürte Entfremdung in Gedichten des 20. Jahrhunderts jedoch immer auch ein politisches Thema, wie dies vor allem Günter Kunerts *Wie ich ein Fisch wurde* verdeutlicht. Das Gedicht Kunerts vereint beide Kriterien: Das Wortfeld des Spürens und die Inszenierung einer Depersonalisation. Es schildert die dominante menschliche Disposition zur Anpassung an die ihn umgebenden Verhältnisse im Bild einer regressiven Metamorphose, die Erkenntnis des von einer Sintflut bedrohten Menschen – „Leben heißt; sich ohne Ende wandeln“ – motiviert die Verwandlung des lyrischen Ichs in einen Fisch. Diese Reduktion des Menschen auf eine frühe Entwicklungsstufe, welche der Text als Zeichen einer falsch verstandenen Konformität inszeniert, ist zugleich Indiz für das all zu leichte Vergessen des „Menschseins“. Eben damit aber verbindet das Gedicht den Verlust der Möglichkeit, gegen eine falsche Welt Widerstand zu leisten: „Lasse mich durch dunkle Tiefen träge gleiten, / und ich spüre nichts von Wellen oder Wind, / aber fürchte jetzt die Trockenheiten, / und daß einst das Wasser wiederum verrinnt.“[47] Deutlich wird in diesem Text, dass leibliches Spüren in einem Gedicht häufig auf Bildlichkeit angewiesen ist, d. h. Bilder verwendet, mittels derer sich erspürte Ich-Zustände beschreiben lassen. Kunert zieht dabei den Vergleich zum Fisch, und Hofmannsthal hatten wir gerade zitiert: „mein eignes Ich, durch nichts gehemmt, / Herüberglitt aus einem kleinen Kind / Mir wie ein Hund unheimlich stumm und fremd.“ Lyrische Sprache scheint also gerade aufgrund ihrer Metaphorizität dazu prädestiniert, Phänomene des eigenleiblichen Spürens zu artikulieren. Auch dies ist nur eine erste These eines weiter zu prüfenden Themenfeldes.

Beispiel D: Das lyrische Erspüren eines Rausches

Ziehen wir ein erstes Fazit, dann können wir festhalten, dass das Wortfeld des Spürens in lyrischen Texten häufig gebunden ist an die (leibliche) Dynamik von Engung und Weitung. Denken wir nochmals an Eichendorffs *Mondnacht*, dann beschreibt dieses eine Weitung im Sinne der *Neuen Phänomenologie*: Die ihre „Flügel“ ausspannende Seele vollzieht zweifellos eine „Ablösung, Erlösung und Entrückung“ vom „Machtbereich der Enge des Leibes“.[48] Man könnte gar vermuten, dass die von Schmitz zu den Phänomenen privativer Weitung gezählten Gefühle des „Schwebens“, des Fliegens, der Schwerelosigkeit und der Heautoskopie aus der Lektüre romantischer Stimmungslyrik gewonnen sind, wenngleich Schmitz diesbezüglich nicht auf Lyrik, sondern auf die Ich-Zustände des Einschlafens, Dösens und der Trance verweist. Wichtig für eine neuphänomenologisch orientierte Theorie der Lyrik sind jedoch nicht diese Analogien, sondern vielmehr die Differenzierungen: Schmitz unterteilt die Weitung im Anschluss an Henry Head in eine epikritische und protopathische Tendenz: „Epikritisch ist die ortsfindende, protopathisch die der Ortsfindung entgegenwirkende leibliche Tendenz.“[49] Wenn Schmitz

47 Günter Kunert, *Erinnerung an einen Planeten. Gedichte aus fünfzehn Jahren*, München 1963, S. 41.
48 Hermann Schmitz, *System der Philosophie*, Zweiter Band, Erster Teil: *Der Leib*, S. 126.
49 Ebd., 143.

diese protopathische Tendenz u. a. auf die Wirkkraft von Drogenkonsum zurückführt, dann deckt sich auch dies wiederum mit zahlreichen Beispielen aus der Lyrik. So etwa betont Friedrich Hebbel im Gedicht *Welt und Ich* von 1849 eine ortsfindende, also epikritische Tendenz der Drogenerfahrung: „Erst, wenn du kühn von jedem Wein getrunken, / Wirst du die Kraft im tiefsten Innern spüren, / Die jedem Sturm zu steh'n vermag im Tanze!"[50] Und doch ist der Rausch im modernen Gedicht nicht mehr an die „Kraft im tiefsten Innern" gebunden, sondern wird etwa bei Gottfried Benn als „Taumel" erlebt, als „kleines Rammeln", in welchem sich das lyrische Ich potenziert: „Es sternt mich an / Es ist kein Spott / : Gesicht, ich: mich, einsamen Gott, / Sich groß um einen Donner sammeln."[51] Auch bei Ernst Stadler steht der Rausch im Zeichen des Uferlosen, als Versuch, die Gefasstheit der Sprache und des Verses wegzuschwemmen, um in einem trunken-universalen Wir des eignen Ichs enthoben zu werden:

> Ich spüre eisig über meinem Haupt
> Vergangenes und Ungeborenes
> Mit großem Flügelschlag hinrauschen und
> In einem dunkeln Sturz von fremder Flut
> Ins Uferlose jäh mich fortgerissen.[52]

Auch Oskar Loerkes *Meerfahrt der Seele* greift auf die Metapher der uferlosen Fahrt zurück, um den Rausch zu artikulieren. Die Welt wird so zu einer „schweren, warmen Hesperidentraube", in deren „Ewigkeit" das Ich als Du „geladen" war, „Um sterblich als der Hauch hineinzuwehn / Und dabeizusein in ihrem Überhange"[53]. Was Loerke allerdings auszeichnet, dass ist die Tatsache, dass selbst im Rausch das spürende lyrische Ich die Bewegung des Transitorischen und Unerreichbaren registriert: „Zu spüren, wie sie deinem Drange wich, / Unnahbar immer, immer furchtbar nahe." Gänzlich abstrakt und somit auch unheimlich erscheint der Rausch dagegen in Richard Anders' Gedicht *Weißes Entsetzen* von 1984, in welchem das lyrische „ich die Kälte eines Meeres ohne Wasser" spürt: „eine Art lautlose Unendlichkeit in der die Empfindungen langsam nachlassen und die Träume nicht mehr für Augenblicke erstarren und ich das Weiß ahne das keine Farbe mehr ist."[54]

50 Friedrich Hebbel, *Sämtliche Werke*, 1. Abteilung: *Werke*, Berlin [1911 ff.], S. 317f.

51 Gottfried Benn, *Gedichte. In der Fassung der Erstdrucke*, Frankfurt am Main 1982, S. 85.

52 Ernst Stadler, *Dichtungen. Gedichte und Übertragungen mit einer Auswahl der kleinen kritischen Schriften und Briefe*, eingeleitet, textkritisch durchgesehen und erläutert von Karl Ludwig Schneider, 2 Bde, Hamburg 1954, S. 192.

53 Oskar Loerke, *Gedichte und Prosa I: Die Gedichte*, S. 160.

54 Richard Anders, *Die Pendeluhren haben Ausgangssperre*, ausgewählte und neue Gedichte mit Collagen des Autors, Berlin 1998, S. 148.

Beispiel E: Empathie für Liebende

Ein weiterer Anhaltspunkt unserer Fragestellung ist sicherlich die Schmitzsche Theorie der Einleibung, also jene „participation mystique“, die nach Schmitz im Sadomasochismus, aber auch „bei Hypnose und überhaupt jeder Faszination zu Stande kommt“.[55] Im Sadomasochismus wird dabei nach Schmitz die „Enge des Leibes des Sadisten in den gemarterten Opferleib“[56] übertragen; in Liebesgedichten, so meine These, steht in ähnlicher Form die Weite des Leibes im Mittelpunkt. Wer dabei was überträgt, ist nicht zuletzt eine Frage der epochalen Zugehörigkeit: In der Goethezeit wird die Liebe nämlich zumeist aus der Perspektive einer der beiden Liebenden erfasst, in der Moderne hingegen von einem beobachtenden Dritten. Liebende zu erspüren, deren Ausnahmezustand zu erfassen, nachzuvollziehen, was zwischen den Liebenden als Effekt einer Weitung bzw. als eine Art Fluidum wirkt, ist daher eine vor allem in moderner Lyrik auftretende Motivik. Dies zeigen etwa Peter Hilles Verse über die *Samenzeit* der Liebe: „Schlummernde Seelen die Traum führen, / Tauige Welten in sich spüren / Besamte“,[57] also Liebende. Auch Rilkes zweite *Duineser Elegie* nennt die Liebenden – neben den Helden und den Früh Verstorbenen – als jene menschlichen Wesen, denen das „Offene“ des kreatürlichen Lebens nicht verstellt ist, wie dies bei den übrigen Menschen der Fall sei. „Ich weiß, / ihr berührt euch so selig, weil die Liebkosung verhält, / weil die Stelle nicht schwindet, die ihr, Zärtliche, / zudeckt; weil ihr darunter das reine / Dauern verspürt. So versprecht ihr euch Ewigkeit fast / von der Umarmung.“[58] Es geht also nicht um das rein „voyeuristische“ Beobachten zweier Liebender, sondern um das einfühlsame Erfassen dessen, was sich zwischen diesen Liebenden abspielt, um jenen Zustand der Weitung und Öffnung, der das Liebesgefühl und seine andauernde Beständigkeit etwa von den meist beengenden Formen des Alltags abhebt.

Diese vom Glück des Verliebtseins getragene Weitung ist als ein Schweben über den alltäglichen Dingen wohl am nachdrücklichsten und einprägsamsten in Bertolt Brechts Terzinen-Gedicht *Die Liebenden* von 1928 formuliert. Wie bei Rilke, so besteht auch im Gedicht Brechts die empathische Leistung des lyrischen Ichs in dem Erspüren dessen, was die Liebenden selbst jetzt spüren: „Das Wiegen / Des anderen in dem Wind, den beide spüren / Die jetzt im Fluge beieinander liegen“.[59] Ein solches Erspüren der von den Liebenden selbst wiederum gespürten Phänomene – das reine Dauern bei Rilke, die schwebende Flugfahrt bei Brecht – unterscheidet diese beiden Gedichte von Tucholskys Versuch über das Erspüren Liebender. Denn bei Tucholsky ist das Erspüren ganz eindeutig aufs lyrische Ich bezogen, welches beim Erlauschen der Geschehnisse nebenan, also aus dem Nachbarzimmer, Pulsschlag und Uhrgeticke spürt: Nicht aber den Gefühlszustand der Liebenden selbst:

55 Hermann Schmitz, *System der Philosophie*, Zweiter Band, Erster Teil: *Der Leib*, S. 343.

56 Ebd.

57 Peter Hille, *Gesammelte Werke*, Berlin 1916, S. 70.

58 Rainer Maria Rilke, *Sämtliche Werke*, Bd. I: *Gedichte Erster Teil*, Frankfurt am Main 1987, S. 691.

59 Bertolt Brecht, *Gesammelte Werke*, Bd. 14: *Gedichte* 4, Frankfurt am Main 1989, S. 15f.

Lacht eine Frau? spricht da ein Mann?
ich halte meinen Atem an –
Sind das da zwei? was die wohl sagen?
ich spüre Uhrgetick und Pulse schlagen ...
Ohr an die Wand. Was hör ich dann
von nebenan –?[60]

Man kann die vorliegenden Gedichte vor dem Hintergrund der Schmitzschen Phänomenologie unterteilen in Dokumente einer einseitigen und einer wechselseitigen Einleibung. Auch das Gedicht Tucholskys erspürt am eigenen Leib das begegnende Fremde, aber dies ist ein einseitiger Prozess. Die Gedichte Brechts und Rilkes hingegen erspüren ihrerseits spürende Personen, vollziehen also im Sinne Schmitz' eine wechselseitige Einleibung. Diese Beobachtung ist insofern von Wichtigkeit, als sie zu einer entscheidenden Frage nach dem Profil der Empathie als einer Form der Einleibung beiträgt. Diese Frage bezieht sich auf die Rolle der Metaphorik innerhalb dieser feinsinnigen Wahrnehmungsform. Welche Funktion kommt dem Vergleich innerhalb des Vorgangs der Einleibung zu? Ist das Sprechen im übertragenen Sinne eine genuine Möglichkeit zur Darstellung dieser nach Schmitz nahezu mystischen Erfahrung, die sich nur bedingt logisch erklären, sondern im Grunde nur erspüren lässt? Kann man diesen Mechanismus der Einleibung nur indirekt ausdrücken, in Bildern? Zumindest verdeutlicht das genannte Gedicht Brechts, dass das Einfühlen in den gefühlten Freiheits- und Liebesschwung zweier Liebender im Bild zu Wort kommt: Es findet seine metaphorische Formulierung im Motiv der nebeneinander schwebenden Figuren von Kranich und Wolke, deren gemeinsame Fahrt von zeitlicher Begrenzung ist und eben darin dem vom wiederkehrenden Alltag bedrohten, transitorischen Liebesgefühl zu gleichen scheint. Wer dies erspürt, bedient sich – wie Brecht – einer bildlichen Rede:

Daß so der Kranich mit der Wolke teile
Den schönen Himmel, den sie kurz befliegen
Daß also keines länger hier verweile
Und keines andres sehe als das Wiegen
Des andern in dem Wind, den beide spüren
Die jetzt im Fluge beieinander liegen
So mag der Wind sie in das Nichts entführen
Wenn sie nur nicht vergehen und sich bleiben.[61]

Beispiel F: Die Aura einer abwesenden Person im Gedicht

Wo sind die Grenzen der Einleibung im Schmitzschen Sinne? Man könnte antworten: Im Motiv der Sehnsucht, insofern dieses die reale Abwesenheit der einzuleibenden Person voraussetzt. Die Einleibung scheint dagegen als ein Vorgang gedacht, der stets an die

60 Theobald Tiger, *Die Weltbühne*, 17.01.1928, Nr. 3, S. 104.
61 Bertolt Brecht, *Gesammelte Werke*, Bd. 14, S. 15.

Präsenz, an die reale Gegenwart einer Person gebunden bleibt, wie dies die von Schmitz in *Der Leib* geschilderten sadomasochistischen Folterszenen nahe legen.[62] Wenn Schmitz als Beispiele wechselseitiger Einleibung zudem den rhythmischen Gesang, das Fest oder gar das Rudern nennt, dann wird der Stellenwert der Präsenzerfahrung als Prinzip gespürter Einleibung schnell deutlich. Dagegen scheint die Sehnsucht ein Motiv des Spürens, welches sich spätestens seit der Romantik erst angesichts der Absenz einer Person entfaltet. So betont etwa Grillparzer im Gedicht *Abschied* angesichts der abwesenden Geliebten das Phänomen, „daß ihren Segen man kaum spürt, / Wenn Tag auf Tag entflieht, / Doch schaudernd dessen inne wird, / Sobald sie sich entzieht.“[63] Was dabei an die Stelle der ersehnten Geliebten tritt, wird schon in der Romantik angedeutet: In Achim von Arnims *Was jagd mich* von 1805 finden sich jene Medien der Repräsentation der abwesenden Person, anhand derer der Zurückgebliebene deren Präsenz erspürt: „Das Windspiel / Mit deinem Bande“[64] ist es, welches die fehlende Nähe der Geliebten erträglich macht. Mir scheint in eben diesem Bezug zu den Medien erspürter Präsenz ein Aspekt vorzuliegen, den die *Neue Phänomenologie* unterschätzt bzw. aufgrund theoretischer Prämissen nicht zu integrieren vermag. Denn bei Schmitz hat die Theorie des eigenleiblichen Spürens ihren Ausgangspunkt im Status der „primitiven Gegenwart“,[65] also einem Modus extremer Präsenz. Dagegen ist jedoch auffallend, dass das Erspüren personaler Aura in Gedichten häufig aus einer Erfahrung der Absenz hervorgeht und somit auf Medien der erneuten Präsenz angewiesen ist.

Wichtigstes Medium dieser erspürten personalen Aura ist zweifellos der Fetisch, wenngleich diesem in der Romantik noch nicht jener Status zukommt, den er in der Moderne besitzt. Arnims Erspüren der abwesenden Geliebten bleibt nur halbherzig: „In weichen Armen / In stillem Kuß, / Zu lang mir Armen / Fehlt der Genuß.“[66] Dagegen ist Hofmannsthals Gedicht *Das kleine Stück Brot* von 1899 ganz gezielt auf das fetischhafte Medium des Erspürens bezogen: „Hätt ich das Brot nur immer noch / Davon Du lachend abgebissen / So spürt ich auch den leisen Druck / Von all den fortgeflogenen Küssen.“[67] An die Stelle der romantischen Sehnsucht tritt so die Ästhetisierung eines Ersatzobjektes, das in der Fantasiewelt des lyrischen Ichs die Funktion übernimmt, das Unverfügbare zu ersetzen bzw. spürbar zu machen. Das kleine Stück Brot, die Blume und die Decke werden somit zu Medien einer auratischen Erfahrung der Präsenz einer abwesenden Geliebten und können die romantische Sehnsucht nahezu vollständig kanalisieren. Dass wir es dabei mit einer Art Umbruch zu tun haben, verdeutlicht Hofmannsthals Gedicht *Da ich weiss ...* aus dem selben Jahr 1899, in welchem er noch weit stärker auf eine klassisch romantische Sehnsucht rekurriert, die der Medien nicht bedarf und diese auch kaum als gleichwertigen Ersatz anerkennen würde:

62 Hermann Schmitz, *System der Philosophie*, Zweiter Band, Erster Teil: *Der Leib*, S. 341ff.
63 Franz Grillparzer, *Sämtliche Werke*, Bd. 1, München [1960 – 1965], S. 128-129.
64 Achim von Arnim, *Sämtliche Werke*, Bd. 22: *Gedichte*, Teil 1, Bern 1970, S. 252.
65 Hermann Schmitz, *System der Philosophie*, Zweiter Band, Erster Teil: *Der Leib*, S. 7, 38, 42.
66 Achim von Arnim, *Sämtliche Werke*, Bd. 22, S. 252.
67 Hugo von Hofmannsthal, *Gesammelte Werke*, S. 198.

Ob ich einsam steig am Hügel,
Horch ich doch an Deiner Türe.
Steh ich hier in fremdem Garten,
Du doch bist es, die ich spüre.[68]

Man könnte vor diesem Hintergrund einem Gedicht Max Dauthendeys – *Mein Herz als Mond verkleidet* – die gängigen Vorwürfe im Sinne epigonaler Bindung an die Tradition der Romantik machen. Denn auch in Dauthendeys Gedicht ist das Wort Sehnsucht mehrfach aufgerufen. Man muss aber dennoch eine Innovation hervorheben: Dauthendey bindet diese Phänomenologie des Spürens ein in die Metaphorik seines Gedichts. Im Bild *Mein Herz als Mond verkleidet* wird also die Bildlichkeit lyrischer Rede eingebunden in die Phänomenologie des Spürens.[69] Aber dennoch zeigt der Vergleich zu Hofmannsthal, Erich Fried oder Günter Eich, dass moderne Formen lyrischer Präsenzerfahrung auf romantische Sehnsüchte verzichten. In Erich Frieds *Nähe* von 1979 fehlt die allzu gefühlige Betonung der Sehnsucht, wenngleich es einzig um die Imagination bzw. das Nachspüren der abwesenden Geliebten geht: „Wenn ich weit weg bin von dir / und wenn ich die Augen zumache / und die Lippen öffne / dann spüre ich wie du schmeckst / nicht nach Seife und antiseptischen Salben / nur nach dir."[70] Und in den Liebesgedichten Hofmannsthals oder Eichs rücken ganz gezielt Medien und Ersatzobjekte ins Zentrum: Bei Hofmannsthal ist es das kleine Stück Brot, bei Eich sind es die Fensterscheiben in einer Winterlandschaft, auf die sich die Imagination des lyrischen Ichs bezieht, und an denen sie sich bricht und verlagert:

Muß ich dich jetzt nicht rufen,
weil ich dich nahe gespürt?
Über die Treppenstufen
hat sich kein Schritt gerührt.[71]

Die Grenzen des Schmitzschen Theorems: Über das temporale Gespür in der Lyrik

Wir haben verschiedene Motivkomplexe im großen Spektrum der Lyrik entfaltet, welche sich mit der Kategorie der Leiblichkeit sinnreich erschließen lassen. Man muss jedoch betonen, dass das Wortfeld des Spürens in lyrischen Texten Bereiche umfasst, die die theoretischen Vorgaben der *Neuen Phänomenologie* immer auch transzendieren. Dies zeigte bereits in Ansätzen die erspürte Aura einer abwesenden Person, noch deutlicher wird dies beim generellen Erspüren von Zeitlichkeit als dem vielleicht feinsinnigsten

68 Ebd., S. 200.
69 Max Dauthendey, *Gesammelte Gedichte und kleinere Versdichtungen*, München 1930, S. 138.
70 Erich Fried, *Liebesgedichte*, Berlin 1979, S. 81.
71 Günter Eich, *Abgelegene Gehöfte: Gedichte*, Frankfurt am Main 1968, S. 62.

Phänomen innerhalb des weiten Spektrums lyrischen Gespürs. Dieses scheint mir weder mit der Kategorie der Leiblichkeit im Sinne Hermann Schmitz’ noch mit dem Begriff der Atmosphäre im Sinne Böhmes erfassbar zu sein, weil beide letztlich immer ihren Ausgang im Prinzip der primitiven Gegenwart haben. Dabei bezieht sich das Erspüren von Zeitlichkeit natürlich auch auf jene „primitive Gegenwart“, wie sie Schmitz umfangreich theoretisierte: denken wir etwa an Gedichte wie Hofmannsthals *Gute Stunde* von 1894 oder Gottfried Benns *Astern* von 1935, in denen es gewissermaßen um ein Spüren einer ausgezeichneten Stunde geht: „die Götter halten die Waage / eine zögernde Stunde an.“[72]

Schon bei Benn ist jedoch dieses Erfassen einer ausgezeichneten Stunde an den Mythos und die „alte Beschwörung“ gebunden. Noch deutlicher wird das Transzendieren primitiver Gegenwart in Gedichten, in denen sich ein Erspüren der Präsenz der Vergangenheit in der gegenwärtigen Situation vollzieht: Etwa in Rilkes *Der Pavillon* von 1907, Bertholt Viertels *Das graue Tuch* von 1929, Günter Eichs *Pfannkuchenrezept* von 1945 oder Volker Brauns *Landwüst* von 1971. Mit Sybille Krämer könnte man sagen, dass in diesen Gedichten Spurenlese betrieben, also im Sichtbaren das Unsichtbare, im Anwesenden das Abwesende und im Gegenwärtigen das Vergangene rekonstruiert bzw. erspürt wird. Im Mittelpunkt dieser Gedichte stehen etwa ein leer stehender Pavillon (Rilke), ein Tuch aus der Kindheit (Viertel), ein Pfannkuchenrezept (Eich) oder ein altes Dorf (Braun), also Medien, in denen das lyrische Ich den Spuren vergangener Zeit nachspürt. Ein weiteres großes Feld wären Gedichte, in denen es um ein Erspüren des Kommenden bzw. der Zukunft geht, so etwa in Rilkes *Vorgefühl* von 1904, Ernst Stadtlers *Vorfrühling* von 1914 oder Enzensbergers *Restlicht* von 1983. Der seismographische Charakter etwa von Rilkes *Vorgefühl* – „Ich ahne die Winde, die kommen, und muß sie leben, / während die Dinge unten sich noch nicht rühren“ – transzendiert ebenfalls den Fokus der primitiven Gegenwart. Ähnliches gilt für Gedichte, in denen gewissermaßen ein Spüren der Zeit als einer rücksichtslos vergehenden vorliegt: Hier wären Hofmannsthals *Der nächtliche Weg* von 1899, Rilkes *Perlen entrollen* von 1912 oder Gottfried Benns *In memoriam 317* von 1934 zu nennen. Und schließlich ist auch das melancholisch gefärbte Erspüren eines Endens bzw. eines Endes kaum erfassbar mit den Vorgaben der *Neuen Phänomenologie*, wie wohl das folgende Gedicht Leo Greiners mit dem Titel *Regenabend* zeigt:

Wenn kalt der Regen um die Fenster stiebt,
Der Nebel wankend übern Berg gefunden,
Der Sumpf die Schatten meiner Wiesen trübt,
Spür’ ich: in diesen grau-verschlafnen Stunden
Nimmt vieles Abschied, das ich sehr geliebt,
Ich kann die Wanderstimmen nicht erkennen,
Die dunkle Worte rufen über Feld,
Das Sterben nicht mit Namen nennen,
Das jetzt verhüllt durchwandert meine Welt.

72 Gottfried Benn, *Gedichte*, S. 268.

Ich weiß nur: irgendwo im Sternenschein
Neigt ein geliebtes Haupt sich dunkler Sünde,
Ein Herz wird kalt, ein Baum verlischt im Winde,
In einem Becher welkt der kühle Wein,
Und alles geht und winkt und schwindet fern,
Im Grau verrieselt auch der letzte Stern.[73]

Auch dieses Gedicht erspürt im Anwesenden – dem kalten Regen, dem wankenden Nebel, dem trüben Sumpf, den Wanderstimmen und den dunklen Worten – das Abwesende: das erkaltende Herz, den verlischenden Baum, den welkenden Wein, den verrieselnden Stern. Es erfasst so anhand der umgebenden Spuren die weit entfernten, im „Irgendwo" sich vollziehenden Prozesse des Vergehens und Verschwindens: Ein Vorgang, der sich am ehesten als eine äußerst melancholische Form des Spurenlesen beschreiben ließe. Dieser Mechanismus wird im Spektrum der Leiblichkeit meines Erachtens nicht erfasst, denn er impliziert einen eher kognitiven denn leiblichen Prozess des Spürens. Statt von Einleibung ließe sich daher im Anschluss an Überlegungen Sybille Krämers von einer Abduktion sprechen.[74] Auch die Kategorie der Abduktion ist eine Variante des Gespürs, wurde sie doch – in ihrer Prägung durch Charles Sanders Peirce – häufig am Beispiel des detektivischen Spürsinns illustriert.[75] Peirce definierte Abduktion folgendermaßen: „Eine Abduktion ist darin originär, daß sie als einzige Art von Argumenten eine neue Idee in Umlauf bringt."[76] Peirce begriff die Abduktion also als Form eines dem Menschen eigenen, instinktiven Spürsinns, der es diesem erlaubt, die Gesetze seiner Lebenswelt zu erahnen. Da die Abduktion nur Vermutungen anbietet, ist sie weniger eine Forschungsmethode als eher eine Forschungsstrategie, die einen Ausgleich zwischen instinktiver Einsicht und gültigen logischen Formen schafft. Abduktive Einsichten sind dabei zu unterscheiden von deren Resultat, der Hypothese: Die Abduktion bedarf keiner Rechtfertigung, ganz anderes gilt jedoch für das Produkt der Abduktion: die Hypothese. Sie kann und muss getestet werden, und mit der Hypothese steht oder fällt auch die Abduktion.[77] Entscheidend für unsere Fragestellung jedoch ist, dass dem Begriff der Abduktion über die Peircesche Prägung immer auch der Begriff der Spur bzw. des Spurenlesens eingeschrieben ist, eben dies aber liegt auch den allermeisten der genannten Zeitgedichte zugrunde. Wir können

73 Hans Bethge, *Deutsche Lyrik seit Liliencron*, Leipzig 1921, S. 94.

74 Sybille Krämer, „Was also ist eine Spur?", S. 21ff.

75 Vgl. dazu: Nancy Harrowitz, „Das Wesen des Detektiv-Modells. Charles S. Pierce und Edgar Allan Poe", in: Umberto Eco und Thomas A. Sebeok (Hg.), *Der Zirkel oder Im Zeichen der Drei: Dupin, Holmes, Peirce*, München 1985, S. 262-287; Uwe Wirth, *Die Welt als Zeichen und Hypothese: Perspektiven des semiotischen Pragmatismus von Charles Sanders Peirce*, Frankfurt am Main 2000, S. 394.

76 Charles Sanders Peirce, *Semiotische Schriften*, Bd. I, hg. v. Christian J. W. Kloesel und Helmut Pape, Frankfurt am Main 2000, S. 394.

77 Vgl. dazu: Jo Reichertz, *Die Abduktion in der qualitativen Sozialforschung*, Wiesbaden 2003, S. 94. Vgl. auch: Joachim Lege, *Pragmatismus und Jurisprudenz: Über die Philosophie des Charles Sanders Peirce und über das Verhältnis von Logik, Wertung und Kreativität im Recht*, Tübingen 1999, S. 367ff.

also insgesamt festhalten, dass sich das Wortfeld des Spürens in zahlreichen Gedichten der deutschsprachigen Literatur anhand der *Neuen Phänomenologie* Hermann Schmitz' analysieren lässt. Stets dann aber, wenn sich mit diesem Wortfeld Phänomene verbinden, die den Erfahrungshorizont der primitiven Gegenwart transzendieren, reichen die Vorgaben der *Neuen Phänomenologie* nicht mehr aus. Ist demnach die Leiblichkeit an die Phänomene der Gleichzeitigkeit gebunden, so ist deren Grenze genau dann erreicht, wenn Gedichte im Sichtbaren aufmerksam werden auf das Unsichtbare, im Anwesenden das Abwesende aufspüren und im Gegenwärtigen das Vergangene rekonstruieren. Hier aber wäre nun umgekehrt die Möglichkeit gegeben, Paradigmen der *Neuen Phänomenologie* um die Einsichten moderner Lyrik in die diversen Phänomene der Ungleichzeitigkeit zu ergänzen.

Literatur

Anders, Richard (1998), *Die Pendeluhren haben Ausgangssperre. Ausgewählte und neue Gedichte mit Collagen des Autors*, Berlin.

Arnim, Achim von (1970), *Sämtliche Werke*, Bd. 22: *Gedichte*, Teil 1, Bern.

Benn, Gottfried (1982), *Gedichte. In der Fassung der Erstdrucke*, Frankfurt am Main.

Bethge, Hans (1921), *Deutsche Lyrik seit Liliencron*, Leipzig.

Böhme, Gernot (1995), *Atmosphäre. Essays zur Neuen Ästhetik*, Frankfurt am Main.

Böhme, Gernot (2001), *Aisthetik. Vorlesungen über Ästhetik als allgemeine Wahrnehmungslehre*, München.

Böhme, Gernot (2002), *Synästhesien im Rahmen einer Phänomenologie der Wahrnehmung*, in: *Synästhesie: Interferenz, Transfer, Synthese der Sinne*, hg. v. Hans Adler und Ulrike Zeuch, Würzburg, S. 45-56.

Brecht, Bertolt (1989), *Gesammelte Werke*, Bd. 14: *Gedichte 4*, Frankfurt am Main.

Dauthendey, Max (1930), *Gesammelte Gedichte und kleinere Versdichtungen*, München.

Eich, Günter (1968), *Abgelegene Gehöfte: Gedichte*, Frankfurt am Main.

Eichendorff, Joseph von (1971), *Werke*, hg. v. Wolfdietrich Rasch, München.

Engelen, Bernhard (1966), *Die Synästhesien in der Dichtung Eichendorffs*, Köln.

Fried, Erich (1979), *Liebesgedichte*, Berlin.

George, Stefan (1931), *Der siebente Ring. Gesamt-Ausgabe der Werke*, Bd. 6/7, Berlin.

Gisbertz, Anna-Katharina (2009), *Stimmung – Leib – Sprache. Eine Konfiguration in der Wiener Moderne*, München.

Grillparzer, Franz (1960–1965), *Sämtliche Werke*, Bd. 1, München.

Gumbrecht, Hans-Ulrich (2008), „Reading for the ‚Stimmung.' About the Ontology of Literature Today“, in: *Boundary* 2/35, S. 213-221.

Harrowitz, Nancy (1985), „Das Wesen des Detektiv-Modells. Charles S. Pierce und Edgar Allan Poe“, in: *Der Zirkel oder Im Zeichen der Drei: Dupin, Holmes, Peirce*, hg. v. Umberto Eco und Thomas A. Sebeok, München, S. 262-287.

Hebbel, Friedrich (1911 ff.), *Sämtliche Werke. 1. Abteilung: Werke*, Berlin.

Hegel, Georg Wilhelm Friedrich (1970), *Vorlesungen über die Ästhetik III, Theorie Werkausgabe*, Bd. XV, Frankfurt am Main.

Hille, Peter (1916), *Gesammelte Werke*, Berlin.

Hofmannsthal, Hugo von (1979), *Gesammelte Werke in zehn Einzelbänden*, Bd. 1: *Gedichte, Dramen*, Frankfurt am Main.

Jacobs, Angelika (2006a), „Den ‚Geist der Nacht' sehen. Stimmungskunst in Hofmannsthals lyrischen Dramen", in: Joachim Grage (Hg.), *Literatur und Musik in der klassischen Moderne. Mediale Konzeptionen und intermediale Poetologien*. Würzburg, Ergon (Klassische Moderne. Bd. 7), S. 107-133.

Jacobs, Angelika (2006b), „Stimmungskunst als Paradigma der Moderne. Am Beispiel von Novalis, Die Lehrlinge zu Saïs", in: *Germanistische Mitteilungen. Zeitschrift für deutsche Sprache, Literatur und Kultur 64*, S. 5-27.

Krämer, Sybille/Werner Kogge/Gernot Grube (2007), *Spur. Spurenlesen als Orientierungstechnik und Wissenskunst*, Frankfurt am Main.

Kraus, Karl (1989), *Gedichte*, in: ders.: *Schriften*, Bd. 9, hg. v. Christian Wagenknecht, Frankfurt am Main.

Kunert, Günter (1963), *Erinnerung an einen Planeten. Gedichte aus fünfzehn Jahren*, München.

Lamping, Dieter (1993), *Das lyrische Gedicht. Definitionen zur Theorie und Geschichte der Gattung*, Göttingen.

Lange, Wolfgang (2005), *Die Nuance. Kunstgriff und Denkfigur*, Wilhelm Fink Verlag: München.

Lege, Joachim (1999), *Pragmatismus und Jurisprudenz: Über die Philosophie des Charles Sanders Peirce und über das Verhältnis von Logik, Wertung und Kreativität im Recht*, Tübingen.

Lichtenstein, Alfred (1962), *Gesammelte Gedichte*, Zürich.

Lingg, Hermann von (1905), *Ausgewählte Gedichte*, Stuttgart/Berlin.

Loerke, Oskar (1958), *Gedichte und Prosa I: Die Gedichte*, Frankfurt am Main.

Pasewalck, Silke (2002), *„Die fünffingrige Hand". Die Bedeutung der sinnlichen Wahrnehmung beim späten Rilke*, Berlin.

Peirce, Charles Sanders (2000), *Semiotische Schriften*, Bd. I., hg. v. Christian J. W. Kloesel und Helmut Pape, Frankfurt am Main.

Reichertz, Jo (2003), *Die Abduktion in der qualitativen Sozialforschung*, Wiesbaden.

Rilke, Rainer Maria (1987), *Sämtliche Werke Band I: Gedichte Erster Teil*, Frankfurt am Main.

Schlegel, August Wilhelm, *Kritische Ausgabe der Vorlesungen*, Bd. 2, Teil 1.

Schmitz, Hermann (1965), *System der Philosophie*, Zweiter Band, Erster Teil: *Der Leib*, Bonn.

Schmitz, Hermann (1966), *Der Leib im Spiegel der Kunst*, Bonn.

Schmitz, Hermann (1990), *Der unerschöpfliche Gegenstand. Grundzüge der Philosophie*, Bonn.

Späth, Klaus (1971), *Untersuchungen zur Verwendung der Farben in der modernen Lyrik*, Tübingen.

Stadtler, Ernst (1954), *Dichtungen. Gedichte und Übertragungen mit einer Auswahl der kleinen kritischen Schriften und Briefe*, eingeleitet, textkritisch durchgesehen und erläutert von Karl Ludwig Schneider, 2 Bde, Hamburg.

Stadtler, Ernst, *Dichtungen*, Bd. 1, Hamburg o. J.

Tiger, Theobald, *Die Weltbühne*, 17.01.1928, Nr. 3.

Trakl, Georg (1972), *Das dichterische Werk*, München.

Utz, Peter (1990), *Das Auge und das Ohr im Text. Literarische Sinneswahrnehmung in der Goethezeit*, München.

Wanner-Meyer, Petra (1998), *Quintett der Sinne. Synästhesie in der Lyrik des 19. Jahrhunderts*, Bielefeld.

Wellbery, David (2003), „Stimmung", in: *Ästhetische Grundbegriffe. Historisches Wörterbuch in sieben Bänden*, Bd. 5, hg. v. Karlheinz Barck u. a., Weimar 2003, S. 703-733.

Wirth, Uwe (2000), *Die Welt als Zeichen und Hypothese: Perspektiven des semiotischen Pragmatismus von Charles Sanders Peirce*, Frankfurt am Main.

Donata Schoeller

Der Blick von hier

Die Bedeutung der Erste-Person-Perspektive bei Hermann Schmitz und Eugene Gendlin

1. Hinführung: Perspektivendualismus

„The uneasy relation between inner and out perspectives, neither of which we can escape, makes it hard to maintain a coherent attitude toward the fact that we exist at all, toward our deaths, and toward the meaning or point of our lives, because a detached view of our own existence, once achieved, is not easily made part of the standpoint of which life is lived. From far enough outside my birth seems accidental, my life pointless, and my death insignificant, but from inside my mere having been born seems nearly unimaginable, my life monstrously important, and my death catastrophic. Though the two viewpoints clearly belong to one person – the problems wouldn't arise if they didn't – they function independently enough so that each can come as something of a surprise to the other, like an identity that has been temporarily forgotten."[1]

Der von Nagel geschilderte Perspektivendualismus ergibt sich für ein Selbst, das gelernt hat, objektiv zu werden. Das „strenge universale objektive Selbst",[2] wie Nagel es nennt, gewinnt mühevoll eine Sichtweise, in der die umgebende Welt im Modus der ‚Distanzierung' und nicht ausschließlich gemäß des eigenen ‚Engagements' in Betracht kommt. Die notwendige, bereits von Norbert Elias betonte Affektkontrolle und „tiefe emotionale Entzauberung" ermöglichen erst wissenschaftliche Innovation und Erkenntnis.[3] Elias spricht buchstäblich vom „traumatischen Schock", der einen solchen Objektivierungsprozess begleitet haben muss, in dem sich der Mensch schrittweise aus dem Zentrum der Welt in eine Randposition verwiesen hat.[4] Im Unterschied zur wissenssoziologischen Perspektive blickt Nagel in seinem bekannten Buch *The View from Nowhere* nicht zurück, sondern untersucht auf systematische Weise den Gegensatz zwischen der Ersten-Person-Perspektive mit ihren Gewichtungen, Wertungen und Betrachtungsweisen und der dezentrierten Perspektive des „Blicks von Nirgendwo". Nagels gründliche Studie dieses spannungsreichen Verhältnisses zeigt u. a., wie eine Art Objektivierungsdialektik nicht nur Bedeutung und Relevanz des persönlichen Lebens unnachvollziehbar werden lässt, sondern auch die Eigenart menschlicher Wahrnehmung insge-

1 Thomas Nagel, *The View from Nowhere*, Oxford, New York 1986, S. 209.

2 Vgl. ebd., S. 63.

3 Norbert Elias, *Engagement und Distanzierung*, Frankfurt am Main 1987, S. 111.

4 Ebd., S. 112.

samt (z. B. ob etwas duftet, bunt oder warm, schön oder schmerzlich ist) als sekundäre, nicht zur Welt gehörige Qualitäten zu überwinden trachtet.[5]

Von hier aus tritt die philosophische Herausforderung noch deutlicher hervor, den Bedeutungsweisen der Erste-Person-Perspektive in einer Weise gerecht zu werden, dass ihr Beitrag selbst für wissenschaftliche Erkenntnisprozesse denkbar werden kann.

Hermann Schmitz und Eugene Gendlin, und darin liegt ihre Verwandtschaft begründet, gehen beide in je unterschiedlicher Weise nicht vom Raster der üblichen Entgegensetzung und Bewertung des subjektiven und objektiven Standpunktes aus. Das macht die ungewöhnliche, nach wie vor pionierhafte Leistung ihres Denkens aus. Beide kreieren eine Sprache, die die Bedeutung und die Relevanz des ‚Blicks von hier aus' auf andere Weise fassen und beschreiben kann, und zwar anhand eines Vokabulars, das sich nicht im Rahmen der tradierten Pole von subjektiv und objektiv bewegt. Beide machen an einem gewohnten Begriffsgefüge vorbei auf ‚Anfangsorte' des Denkens aufmerksam, die nicht im üblichen Koordinatensystem einer öffentlichen und objektiv erkennbaren Außenwelt und einer versteckten inneren Welt subjektiver Bedeutung unterzubringen sind.

Wortschöpfungen wie „Hof von Bedeutungen", „Atmosphäre", „impressive Situationen", „binnendiffuse Bedeutsamkeit", „felt sense", „implicit intricacy", „unseparated multiplicity", „eveving" bringen einen Ausgangspunkt von Denkprozessen zu Bewusstsein, der die erwähnte Grundstruktur als hoch voraussetzungsreich erkennbar werden lässt. Die einteilende Struktur, die unsere Erkenntnisse in subjektive und objektive ordnet, ist selbst ein Produkt des Denkens, welches auf ideengeschichtlichen Entwicklungen, Argumenten und Sichtweisen beruht. Dadurch gewinnen Schmitz und Gendlin eine Perspektive, durch die ein meist unhinterfragtes Klassifizierungssystem (innen vs. außen, subjektiv vs. objektiv, affektiv vs. vernünftig etc.) selbst zum Gegenstand der philosophischen Analyse und Beschreibung werden kann. So zum Beispiel detektiert Gendlin, als eine stillschweigende Voraussetzung solcher Rasterungen, folgenden wiederum unhinterfragten Zugang: „It is an approach that renders whatever we study as some thing in space, located over there, subsisting separate from and over against us and having certain properties of it's own. It is as obvious as ‚that orange-colored chair over there,' or ‚an atom,' ‚a cell,' ‚a self,' ‚a sense datum,' ‚a body.'[6]

Ein Zugang, der von separaten Gegenständen ausgeht, die beobachtet werden können, setzt voraus, dass Erkenntnis vor allem darin besteht, richtig wiederzugeben, wie die getrennten Entitäten und Dinge ‚liegen' und zusammenhängen. Ein solches Erkenntnisverständnis wird zwangsläufig von der skeptischen Grundfrage überschattet, ob die Dinge auch wirklich so sind, wie wir sie wahrnehmen. Die Frage nach dem, was wir sicher wissen können, löst wiederum eine einteilende Bewegung aus, die sicheres von unsicherem Wissen unterscheidet und damit Ordnungen generiert, die Objektives von Subjektivem, Außen- von Innenbetrachtung, klare Begriff von verworrenem Gefühl, gesetzgebende Vernunft vom passiven Körper scharf unterscheidet. Ein Netz von Voran-

5 Vgl. Thomas Nagel, *The View from Nowhere*, S. 210.

6 Eugene Gendlin, „An Analysis of Martin Heidegger's ‚What is a thing?'", in: M. Heidegger, *What is a thing?*, Chicago 1967, S. 249.

nahmen konstelliert die Idee dessen, was als gültige Erkenntnis gilt, wobei dieses Netz selbst unsichtbar und damit in der Regel auch unreflektiert geblieben ist.

Tradierte Fragen danach, wie wir wissen können, ob und wie unsere Sinneseindrücke und Urteile mit der Welt übereinstimmen, und welche Kriterien wahre und falsche Aussagen unterscheiden, verdecken jedoch andere Fragen. Dies wird offenbar, wenn man sich mit Gendlins und Schmitz' phänomenologischem Interesse jenen Erfahrungs- oder Erlebensweisen zuwendet, die im traditionellen, erkenntnistheoretisch gewachsenen Begriff von Erfahrung nicht unterkommen können. Zunächst treten dadurch erstaunliche Sensibilitäten und Kompetenzen gewöhnlichen Erfahrens hervor. Wie ist es möglich, wahrzunehmen, dass eine Situation drückend ist? Wie ist es möglich, ganze Situationen und/oder spezifische Aspekte davon feinfühlig zu erfassen? Wie sind jene einzigartig komplex gewebten Empfindlichkeiten möglich, von denen die Weltliteratur über die Jahrhunderte hinweg lebt und denen sie Ausdruck gibt?

2. Skeptische Gespaltenheit

Zurück zu Nagel. Eindringlich beschreibt dieser eine Spaltung, die als Nebeneffekt des objektiven Zugangs zu uns selbst und zur uns umgebenden Welt entsteht.[7] Der Übergang zwischen der Perspektive „from nowhere" (d. h. der objektiven) und der Perspektive „from here" oder „von mir aus" wird zum Problem. Wenn wir uns von dem Zentrum, das wir selbst sind, entfernen, um die Welt objektiv und damit dezentriert erklären zu können, bleibt immer etwas übrig, das diesen Selbstaustritt unvollständig und damit prekär macht: Denn es sind immer noch wir, denen diese Herangehensweise gelingt. Nagel folgert:

> „However often we may try to step ourside of ourselves, something will have to stay behind the lens, something in us will determine the resulting picture, and this will give grounds for doubt that we are really getting any closer to reality."[8]

Das Zitat macht deutlich, wie der Übergang von der sogenannten objektiven und subjektiven Position, *den wir selbst vollziehen*, beide Positionen unterminiert. Ausgerechnet indem *wir* die objektive Perspektive hervorbringen, destabilisieren wir sie fortlaufend. Deshalb reproduziert sich im Verhältnis unserer individuellen, damit auch leiblichen Existenz zur objektiven Sichtweise das Motiv des Skeptizismus. Die empfindliche, veränderliche und affizierbare Lebensweise, aus der heraus Menschen denken, ist zugleich die Grenze der von ihr hervorgebrachten objektiven Denkweise. Zwar kann unser Körper zum Gegenstand objektiver Forschung werden, als erlebter, gelebter ist er aber immer

7 „Objective advance produces a split in the self, and as it gradually widens the problems of integration between the two standpoints become severe, particularly in regard to ethics and personal life. One must arrange somehow to see the world both from nowhere and from here, and to live accordingly." (Thomas Nagel, *The View from Nowhere*, S. 86)

8 Ebd., S. 68.

auch der störende subjektive Rest, der uns nicht an die Welt herankommen lässt, wie sie an sich ist. Statt Verbindungsort zur Welt zu sein, werden *wir selbst* zum unüberwindbaren Hindernis, das uns von der von uns erkannten Welt trennt. Darum glaubt Nagel – nach traditionellem Muster –, dass noch etwas hinzukommen muss, etwas Äquivalentes zur früheren Funktion Gottes als Garant für die Verbindung von Erkennendem und Erkanntem.[9]

Gemäß dieser epistemologischen Sorge sind also wir selbst es, die die gestörte Verbindung zur Welt reproduzieren. Der Tatbestand, dass wir uns selbst nie restlos in Objektives verwandeln, oder mit Schmitz formuliert: der ständige Sprung, der sich in uns vollzieht vom „Milieu der objektiven Tatsachen in das der für mich subjektiven meines affektiven Betroffenseins“,[10] erschafft das nicht abzuschaffende Hindernis vor dem angestrebten, vollständig objektiven Weltbezug. Schmitz hat die ideengeschichtlichen Hintergründe einer solchen Position gründlich aufgearbeitet und geht dabei weit hinter Descartes zurück.

Wir begnügen uns hier jedoch mit einem Rückgang auf Descartes, der prägnant sichtbar werden lässt, wie voraussetzungsreich ein skeptizistisch geprägter Erkenntnis- und ein damit einhergehender Erfahrungsbegriff ist. Eine wesentliche Voraussetzung scheint beispielsweise zu sein, dass der Körper durch das Denken ausgeblendet worden ist.

3. Körper-Entfernung

In der zweiten Meditation fragt sich Descartes, was seinem Zweifel standhalten kann, nachdem seine Umwelt diesem bereits in der ersten Meditation erlegen ist. Nun kommt sein eigener Körper an die Reihe und damit die Frage, ob dieser den Zweifel übersteht:

> „Da bot sich mir nun zunächst dar, daß ich ein Gesicht, Hände, Arme und diese ganze Gliedermaschine hatte, die man auch an einem Leichnam wahrnimmt, und die ich als Körper bezeichnete. Ferner bot sich mir dar, daß ich mich ernähre, gehe, empfinde und denke, und zwar bezog ich diese Tätigkeiten auf die Seele, was aber diese Seele sei, darauf achtete ich entweder gar nicht, oder wenn doch, so stellt ich mir darunter ein feines Etwas vor ... Was aber den Körper angeht, so zweifelte ich daran nicht im mindesten, sondern ich vermeinte, seine Natur deutlich zu kennen. Und wenn ich etwa versucht hätte, sie so zu beschreiben, wie ich sie mir dachte, so würde ich mich folgendermaßen darüber erklärt haben: ‚Unter Körper verstehe ich alles, was durch irgendeine Figur begrenzt, was örtlich um-

9 „To go on unambivalently holding our beliefs once this has been recognized requires that we believe that something – we know not what – is true that plays the role in our relation to the world that Descartes thought was played by God. (Perhaps it would be more accurate to say that Descartes' God is personification of the fit between ourselves and the world for which we have no explanation but which is necessary for thought to yield knowledge).“ (Thomas Nagel, *The View from Nowhere*, S. 85).

10 Hermann Schmitz, *Begriffene Erfahrung. Studien zur Neuen Phänomenologie*, Rostock 2005, S. 145.

> schrieben werden kann und einen Raum so erfüllt, daß es aus ihm jeden anderen Körper ausschließt; was durch Gefühl, Gesicht, Gehör, Geschmack oder Geruch wahrgenommen oder auch auf mannigfache Art bewegt werden kann, zwar nicht durch sich selbst, aber durch irgend etwas anders, wodurch es berührt wird.‘ Denn ich nahm an, daß die Fähigkeit, sich selbst zu bewegen, ebenso wie die zu empfinden oder zu denken keineswegs zur Natur des Körpers gehören, vielmehr wunderte ich mich eher darüber, daß sich solche Fähigkeiten in manchen Körpern vorfinden.“[11]

Der Körper, der hier beschrieben wird, wie Descartes ihn sich ‚dachte‘ und von dem aus sich Descartes' Zweifel ungehemmt weiter ausbreiten kann, scheint in Anbetracht von Descartes phänomenologischen Fähigkeiten den tagtäglichen Erfahrungen, die wir als leibliche Wesen haben, erstaunlich entrückt. Descartes rückt den eigenen Körper in die Position eines distanzierbaren Objektes. Es könnten auch eine Lampe oder sein Schreibtisch sein, die er beschreibt. Er nähert sich ihm über die Figur, die begrenzt ist und einen bestimmten Ort hat. Dieser Körper kann wahrgenommen und bewegt *werden*, wie andere Objekte auch. Die Fähigkeit zu empfinden, sich zu bewegen oder zu denken gehört nicht zur Natur des Körpers. Descartes ist verwundert darüber, dass diese Befähigung überhaupt in manchen Körpern vorzufinden ist. Wenig erstaunlich erscheint es deshalb, dass dieser Körper Descartes Zweifel nicht überlebt. Diesen Körper, so meint er, könne er auch träumen oder der maligne Geist könnte ihn vortäuschen. Das einzige, was den Zweifel überlebt, ist sein Denken:

„Hier finde ich nun: Das Denken ist's, es allein kann von mir nicht *getrennt* werden: ich bin, ich existiere, das ist gewiß.“[12] (Hervorhebung D. S.). Daraufhin erfolgt die berühmte Selbsterkenntnis, wonach sich Descartes als „denkendes Ding“ erkennt. Alles andere sei von ihm abtrennbar.

Die Zusammengehörigkeit folgender Motive sei festgehalten:

Der Körper als Gliedermaschine, die von der Seele bewegt und empfunden werden kann, überlebt den Zweifel nicht, weil er *abtrennbar* ist von dem Ich, das Descartes als seine Identität markiert. Buchstäblich sagt Descartes, dass die Gewissheit des Denkens darin besteht, dass das Denken nicht von ihm *getrennt* werden kann. *Zweifel* und *Abtrennbarkeit* gehören also zusammen. Diese Ausgangskonstellation scheint eine Art Grundvoraussetzung für den Zweifel zu schaffen. Die durch das Denken gesetzte Trennung (des ‚gedachten‘ Körpers) gibt zu massivem Zweifel Anlass, aus dem wiederum nur das Denken retten soll. Ein derartiges Körperbild, das durch seine Begrenzung im buchstäblichen Sinn charakterisiert wird (es ist durch seine Figur begrenzt und schließt jeden anderen Körper aus), ist ein Produkt des Denkens, das eine Außenperspektive auf den Körper ermöglicht. Descartes Körper ist gedanklich vom denkenden Ich abtrennbar, und diese Trennung nährt den Zweifel. Das hat Descartes übersehen: Ein Denken, das

11 René Descartes, *Meditationen über die Grundlagen der Philosophie*, Hamburg 1994 (zuerst 1641), S. 19.

12 Ebd., S. 20.

sich vom Körper abtrennen kann, ist unfähig, wiederum seinen Zweifel vom abgetrennten Körper abzutrennen, denn mit diesem abgetrennten Körper ist der Zweifel verbunden, sonst könnte Descartes nicht daran zweifeln, dass er einen Körper hat. Mit diesem Körperbild ist ein Selbstverständnis des Denkens verbunden, das meint, sich vom Körper abtrennen zu können, und dabei nicht zu bedenken vermag, dass es leiblich getragen bzw. verkörpert ist. Wenn die Atmung aussetzte oder die Nahrung ausfiele, bliebe von diesem Denken nicht mehr viel übrig. Hätte Descartes während seiner Reflexionen kurz die Luft angehalten, hätte er bemerkt, dass dies sein Denken bald unterbricht.[13]

Descartes Meditation zum Körper ist also äußerst voraussetzungsreich. Aufgrund einer vorgängigen Abstraktion hat sich sein Denken auf seinen Körper erst gar nicht eingelassen. In diesem Denken wird der Körper auf eine Position gerückt, die seine Herausforderung ausradiert: nämlich die vielfältige, intensive leibliche Weltverbundenheit. Der von Descartes gedachte Körper hat nichts, das er dem Denken entgegensetzen könnte. Jede Art der Reaktion des Körpers ist bereits einer anderen Instanz (der Seele) zugeschrieben, sodass der Reichtum, der im Empfinden und damit im leiblichen Bezug zur Welt enthalten ist, gar nicht erst aufkommen kann.

Diese mit Descartes verschärfte Trennung von Körper und Geist befestigt eine ideengeschichtliche Denkweise, die den eigenen Körper ‚hinter' bzw. ‚neben' sich lassen zu können glaubt und dadurch zugleich unablässig von Spielarten der Frage getrieben wird: Wie können wir überhaupt irgendetwas sicher wissen? Was garantiert unsere Bezugsweise zur Welt? Welche Kriterien verbürgen Wahrheit? Klar diagnostiziert Stanley Cavell, wie das skeptizistische Projekt unablässig damit befasst ist, die Verbindung zur Welt zu sichern, die eben von den Prämissen desselben unterbunden werden. Denn die Philosophie, wie Cavell mit Emerson formuliert, ignoriert gerne die Tatsache, dass das menschliche Leben an das Leben des menschlichen Körpers gebunden ist, an „den Riesen, den ich immer mit mir führe".[14] Der ignorierte Körper bleibt übrig als einzelner Sinn, von dem aus die Welt zusammengesetzt werden soll. Cavell schreibt:

> „It is as though the philosopher, having begun in wonder, a modern wonder I characterized as a feeling of being sealed off from the world, within an eternal round of experience, removed from the daily round of action, from the forms of life which contain the criteria in terms of which our concepts are employed (...) it is as though the philosopher, in that position, is left only with his eyes, or generally, the ability of sense. (...) I mean, rather, that ‚the senses' the philosopher is left with, or comes up with, is as a matter of construction opposed to the revelation of things as they are."[15]

13 Entsprechend heißt es bei William James, aber auf Kant gemünzt: „The ‚I think' which Kant said must be able to accompany all my objects, is the ‚I breathe' which actually does accompany them." (William James, „Does ‚Consciousness' Exist?", in: *Writings 1902–1910*, New York 1987, S. 1157)

14 Stanley Cavell, *Die andere Stimme*, Berlin 2002, S. 135.

15 Stanley Cavell, *The Claim of Reason: Wittgenstein, Scepticism, Morality and Tragedy*, Oxford/New York 1999 (zuerst 1979), S. 224.

Und so fragt sich Cavell: „What I am trying to make out is *how* he has dismissed himself; and therewith delineate a danger we all run, a fact about human knowing."[16]

4. Der wiedereingenommene Körper

Die Worte Cavells helfen, das Projekt von Gendlin und Schmitz folgendermaßen zu charakterisieren: Beide widmen sich in unterschiedlicher Weise der Aufgabe, dieser Form der philosophischen Selbstentlassung inklusive der Spaltung in sich gegenseitig unterminierende Perspektiven entgegenzuwirken. Beide analysieren das Ungenügen einer Auffassungsweise, die hinter der Komplexität unserer je schon körperlich/leiblichen Erfahrungsweise zurückbleibt und dadurch den Menschen in der von ihm beschriebenen Welt außen vor lässt. Schmitz schreibt, „der Kontakt mit der sinnfälligen Umwelt ist im Licht dieser Auffassung vom Menschsein so sehr unterbrochen, daß von dieser Umwelt und vom eigenen Körper nur noch objektive Tatsachen in Reindarstellung übrig bleiben, während die Subjektivität sich in die Seele zurückzieht."[17] Und Gendlin: „The usual conceptual model deprives everything of implying and meaning, not just living bodies. It constructs its objets in empty positional space and time, so that everything consists of information at space-time point. The space and the objects are presented before someone – who is not presented in the space."[18]

Beide Denker überarbeiten in ihrem Werk nichts Geringeres als philosophische Ausgangspositionen. Schmitz macht deutlich, dass eine auf affektiver Betroffenheit beruhende Identität jeder gegebenen Einzelheit vorhergeht.[19] Er zeigt, dass man zunächst von der Ganzheit einer Situation ausgehen muss,[20] bevor „einzelne Sachverhalte des Fallseins" auszumachen sind.[21] Er macht darauf aufmerksam, dass dem Erleben nur „ganze Situationen zur Verfügung (stehen), die sich in leiblicher Kommunikation bilden und umbilden und durch oft hoch entwickelte intelligente Anpassungsleistungen verarbeitet werden."[22] Gendlin und Schmitz sind Verbündete im Denken eines Primats von Bedeutsamkeit,[23] aus der erst bestimmte Sachverhalte, Gegenstände, Entitäten, Probleme als Einzelheiten entstehen können. Die Werke dieser beiden Philosophen machen deutlich, dass diese Formen primärer Bedeutsamkeit jeder distanzierenden, Subjekt und Objekt gegenüber-

16 Ebd., S. 222.

17 Hermann Schmitz, *Husserl und Heidegger*, Bonn 1996, S. 10.

18 Eugene Gendlin, *A Process Modell*, http://www.focusing.org/process.html, 1997, S. 34.

19 Vgl. Hermann Schmitz, *Begriffene Erfahrung*, S. 21.

20 Vgl. ebd., S. 22.

21 Vgl. Hermann Schmitz, *Begriffene Erfahrung. Beiträge zur antireduktionistischen Phänomenologie* (mit Beiträgen von Gabriela Marx u. Andrea Moldzio), Rostock 2002, S. 26.

22 Hermann Schmitz, *Begriffene Erfahrung*, S. 22.

23 „Die Bedeutsamkeit ist primär. Es ist also nicht etwa so, dass an sich bedeutungslose einzelne Dinge oder einzelne Ereignisse erst nachträglich von Lebewesen, je nach deren Bedürfnissen und Erfahrungen, mit Bedeutung ausgestattet würden" (Vgl. Hermann Schmitz, *Begriffene Erfahrung*, S. 17).

stellenden Denkweise vorausgehen. Dabei erfährt das affektiv-leibliche Gespür eine Umwertung: Seine für allgemeine Erkenntnis scheinbar unbrauchbare Subjektivität wird – vor allem bei Gendlin – als Suprakomplexität ausgewiesen, die für Theorienbildung unerlässlich ist.[24]

Neben zahlreichen Übereinstimmungen lässt sich ein wesentlicher Unterschied zwischen Schmitz und Gendlin wohl darin sehen, dass Gendlin die Bedingungen der Möglichkeit leiblicher Intelligenz mit einem Prozess-Model zu erschließen sucht, dessen Grundprinzip „interaction first" Entwicklung und Neuerung mitermöglicht:

> „The very word ‚interaction' sounds as if first there are two, and only then is there an ‚inter'. We seem to need two nouns first. (...) It is commonly said that each of our relationships brings out different traits in us, as if all possible traits were already in us, waiting only to be ‚brought out.' But actually you affect me. And with me you are not just yourself as usual, either. You and I happening together makes us immediately different than we usually are. Just as my foot cannot be the walking kind of foot-pressure in water, we occur differently when we are environment of each other. How you are, when you affect me is already affected by me, and not by me as I usually am, but by me as I occur with you.
>
> We want to devise concepts to capture this exact aspect of ‚interaction first': What each is within an interaction is already affected by the other."[25]

Trotz oder gerade wegen ihrer Differenzen ergänzen sich Schmitz und Gendlin. Bei Gendlin findet man zu gewissen Themen Vertiefungen und Erweiterungen des Schmitzschen Ansatzes, bei Schmitz einen systematischen und gründlichen Bezug zur Tradition, den man bei Gendlin vermisst. Beide leisten einen Beitrag, „die Abstraktionsbasis, d. h. den Filter, der darüber entscheidet, was von der unwillkürlichen Lebenserfahrung in Begriffe, Theorien und Bewertungen Eingang findet, tiefer in diese Lebenserfahrung hineinzulegen."[26]

Gendlin weist dabei dem individuellen Leben eine eigene, in der Interaktion sich vollziehende Ausrichtung zu, die sich in präziser Responsivität äußert. Mit anderen Worten: es spielt jeweils eine Rolle, was geschieht – und zwar in äußerst sensiblem Verhältnis zum eigenen Lebensprozess. Je nachdem, wie fein man die Linse einstellt, ist das responsive Verhältnis von Ereignissen und Lebensprozessen bis hin zu den Subtilitäten des Ausdrucksgeschehens zu bemerken: Unterschiedliche Wendungen, die wir benutzen, um ‚etwas zum Ausdruck' zu bringen, affizieren nicht nur unser Gegenüber, sondern auch uns selbst. Eine Wendung kann ermöglichen, dass nun Weiteres ‚sichtbar' und sagbar wird, das uns zuvor *so* nicht zu sagen möglich war. Andererseits können eigene Ausdrucksweisen den Gedankenfluss auch unterbrechen und die Pointe, um die es uns ging, verflüchtigen. Insofern Gendlin dem individuellen Leben bis in den Ausdruck hinein eine

24 Vgl. Eugene Gendlin, „Thinking at the Edge: A New Philosophical Practice" in: *The Folio. A Journal for Focusing and Experiential Therapy*, Vol. 19, No. 1 (2000–2004).

25 Eugene Gendlin, *A Process Modell*, S. 30.

26 Vgl. Hermann Schmitz, *Begriffene Erfahrung*, S. 22.

eigene, interaktiv-responsive und damit kreativ-prozessuelle Bedeutsamkeit beimisst, differiert er von Schmitz, bei dem Gefühle (als Halbdinge), Probleme und Programme gleichsam unabhängig vom Individuum an dieses von außen heranzukommen scheinen.[27]

Die elegante Umschreibung des Wesens der Philosophie im Schmitzschen Sinn als Sich-Finden in der Umgebung bedeutet gemäß Gendlin jeweils auch den nächsten *Schritt* zu finden, der einen sich selbst sein lässt. Nie ist dieses Sich-Finden ein statische, abschließbare Angelegenheit der Identitätsfindung, sondern ein immer wieder neu Sich-auf-die-Spur-Kommen durch die Art und Weise, wie man mit Situationen umzugehen und darin weiterzuleben, weiterzuhandeln und weiterzusprechen vermag. Und jeder nächste Schritt bindet mich und meine Umgebung wiederum neu zu einem sich weiterbildenden Geschehen zusammen, sodass das Sich-Finden jeweils ‚frisch' im Zusammenspiel mit der Umwelt zu geschehen hat. Aus dieser Dynamik erwachsen Erfahrungsweisen, Denksysteme und Ausdruckswelten, die wiederum auf die Umwelt, aus der sie entstanden sind, im kleinen wie im großen Maßstab zurückwirken.

Schmitz und Gendlin ergänzen sich auch in der Kritik an einem Instrumentalisierungs-Interesse, das „den spürbaren Leib, mit dem jeder beständig zu tun hat, aus der begreifenden Aufmerksamkeit verdrängt hat". Dagegen stellt Schmitz die Forderung: „Nichts aber tut dieser Kultur gegenwärtig so not wie die Rehabilitierung der Sensibilität."[28] Im Einklang damit hat Gendlin jahrzehntelang die Praxis des Focusing[29] entwickelt, die zu jener ‚begreifenden Aufmerksamkeit' befähigt, die Schmitz ein philosophisches Anliegen ist. Sie funktioniert aufgrund der von beiden Philosophen untersuchten unauslotbaren Vielschichtigkeit, ‚bodily'/‚leiblich' in Situationen sein zu können. Was Schmitz als „chaotisch mannigfaltige Bedeutsamkeit der Situation" benennt, wodurch in ihr „unübersehbar viele Situationen eingewachsen (sind), die sich in retrospektive, präsentische und prospektive Anteile gliedern lassen",[30] tritt in der methodisch geschulten Aufmerksamkeit des Focusing offen und nachvollziehbar zu Tage. Aufgrund der verwickelten Dichte bedeutsamer Situationen lernt die Fokussierende – entgegen der Konnotation von Focusing – sich nicht nur auf das Klare und Bekannte zu konzentrieren, nicht nur auf das zu Erwartende, zu Befürchtende oder der Situation Dienliche, sondern sich auf die gespürte Breite momentaner Bedeutsamkeit einzulassen und diese als ‚Ganze' in der Aufmerksamkeit zu halten. Dafür muss die Aufmerksamkeit pausieren, sich verlangsamen und bereit sein, die zunächst unklare Dichte sich allmählich und schrittweise, in Interaktion mit Worten, entfalten zu lassen. Geübt wird dabei ein Umgang mit Sprache, die nicht den Anspruch hat, repräsentantiv zu sein, sondern – auch hier – responsiv. Ob ein Ausdruck stimmt oder nicht, ist an der sensiblen und spezifi-

27 „From itself, a process does not form ‚just any event whatever'. The next event will be relevant, not just by definition, but by carrying the process forward. We will be able to see how the preceding event has functioned in the formation of this one. We can define ‚relevance' more exactly: It is the function performed by (the role played by) the many in the formation of a given one (the next one)". (Eugene Gendlin, *A Process Modell*, S. 23)

28 Hermann Schmitz, *Begriffene Erfahrung*, S. 143.

29 Eugene Gendlin, *Focusing*, New York 1978. Das Buch ist in zehn Sprachen übersetzt worden.

30 Hermann Schmitz, *Husserl und Heidegger*, S. 71.

schen Reaktion auf diesen Ausdruck zu ermessen. In dieser Aufmerksamkeitsübung wird erfahrbar, wie reich an präziser, ineinander verschränkter Bedeutung ein vages (Körper-) Gefühl sein kann: „Even with keen attention anything we say or do is shaped by a vast many implicit factors. We cannot call them unconscious since they are implicitly functioning in what we are attending to. If we are able to get a felt sense and enter it, we may find some of these, but always only some."[31]

Obwohl Focusing dem Schmitzschen Anliegen einer Rehabilitierung der Sensibilität entgegenzukommen scheint und durch Focusing überdies seine phänomenologische Analyse der ‚mannigfaltigen Bedeutsamkeit der Situation', in die ‚unübersehbar viele Situationen eingewachsen' sind, stets aufs neue ‚am eigenen Leib' erfahrbar werden kann, vermag diese Praxis einen weiteren Unterschied zu Schmitz zu verdeutlichen. Dem Fokussierenden nämlich eröffnet sich ein fast unerschöpfliches leibliches Alphabet und der ‚felt sense' zu einer Situation kann sich so vielfältig äußern, dass das duale Muster von Enge und Weite zu kurz greift (man ‚spürt',„quadratische leere Schachteln", die „weh tun", „Knoten", die „drängen", „dicke Mauern", die Lebendiges von Totem trennen; man spürt „Unfreundlichkeit", das Gefühl von „Unerwünschtsein", „innerliche Unsicherheit", aber auch Energie, das „gute Gefühl", „nicht allein zu sein"; man spürt eine spezifische „Verbundenheit", man spürt etwas „schneidend Schmerzhaftes", man spürt etwas „Graues"[32]). Dabei zeigt Gendlin, dass eine gesteigerte Aufmerksamkeit auf die philosophisch unterschätzten unklar gespürten Bedeutungen Übergänge von ‚bodily sensing' zu ‚meaning' ermöglicht, die – wie Gendlin in langjähriger therapeutischer Recherche und Praxis erforscht[33] – zu grundlegenden Veränderungen führen können. Die von Schmitz artikulierte Forderung nach einer Rehabilitierung der Sensibilität wird daher in ihrer gesundheitsfördernden, aber auch politisch-gesellschaftlichen Funktion nicht nur durch Gendlins Forschungsarbeiten unterstützt,[34] sondern durch dessen sich transdisziplinär ausbreitende Praktiken in nachvollziehbare Schritte umgesetzt.[35]

Die skeptische Frage, inwiefern unsere Erkenntnisse überhaupt etwas mit der Welt zu tun haben – so ist im Durchgang durch das Werk beider Philosophen zu bemerken –, blendet je schon aus, was die Vielschichtigkeit leiblicher Erfahrungen philosophisch sonst noch zu denken gibt. Die reichhaltigen Philosophien von Schmitz und Gendlin sowie dessen zusätzliche Praktiken legen den Gedanken nahe, dass, so wie eine objektive Bezugsweise gedacht, gelernt und geübt werden musste und muss, um einen Zugang zu erlangen, der die Grenzen des eigenen Horizonts überschreitet, auch ein Zugang gedacht, geübt und kultiviert sein muss, der der Ersten-Person-Perspektive gerecht werden

31 Eugene Gendlin, *The Implicitly Functioning Body*, unveröffentlichtes Manuskript (2008).

32 Vgl. die Transkripte in Eugene Gendlin, *Focusing-orientierte Psychotherapie. Ein Handbuch der erlebensbezogenen Methode*, München 1996.

33 Zur Übersicht der Literatur siehe http://www.focusing.org/gendlin.

34 Vgl. Eugene Gendlin, „Experiencing: A Variable in the Process of Therapeutic Change", in: *American Journal of Psychotherapy*, *15*(2), 1961, S. 233-245, oder Eugene Gendlin, *Experiencing and the Creation of Meaning*, Evanston 1997.

35 Wie breit Focusing eingesetzt wird, ist an folgender Website zu sehen: http://www.focusing.org/focusing_and.html.

kann. Aus dieser Denk-Übung wird reflektierbar, dass es nicht genügt, nur konsistente und klare Unterscheidungen zu treffen und Wahrheitskonditionen zu sichern, sondern dass es stets mitzubedenken gilt, wie sich diese Unterscheidungen und Konditionen auf das sensible Lebewesen und dessen Umwelt auswirken, das sie denkt.

Literatur

Cavell, Stanley (1999, zuerst 1979), *The Claim of Reason: Wittgenstein, Scepticism, Morality and Tragedy*, Oxford/New York.

Cavell, Stanley (2002), *Die andere Stimme*, Berlin.

Descartes, René (1994, zuerst 1637), *Meditationen über die Grundlagen der Philosophie*, Hamburg.

Elias, Norbert (1987), *Engagement und Distanzierung*, Frankfurt am Main.

Gendlin, Eugene (1961), „Experiencing: A Variable in the Process of Therapeutic Change", in: *American Journal of Psychotherapy, 15*(2), S. 233-245.

Gendlin, Eugene (1967), „An Analysis of Martin Heidegger's ‚What is a thing?'", in: M. Heidegger, *What is a thing?*, Chicago.

Gendlin, Eugene (1978), *Focusing*, New York.

Gendlin, Eugene (1996), *Focusing-orientierte Psychotherapie. Ein Handbuch der erlebensbezogenen Methode*, München.

Gendlin, Eugene (1997), *A Process Modell*, http://www.focusing.org/process.html.

Gendlin, Eugene (1997), *Experiencing and the Creation of Meaning*, Evanston.

Gendlin, Eugene (2000–2004), „Thinking at the Edge: A New Philosophical Practice" in: *The Folio. A Journal for Focusing and Experiential Therapy*, Vol. 19, No. 1.

Gendlin, Eugene (2008), *The Implicitly Functioning Body*, unveröffentlichtes Manuskript.

James, William (1987), „Does ‚Consciousness' Exist?", in: W. James, *Writings 1902–1910*, New York.

Jung, Matthias (2009), *Der bewusste Ausdruck. Anthropologie der Artikulation*, Berlin, New York.

Nagel, Thomas (1986), *The View from Nowhere*, Oxford, New York.

Schmitz, Hermann (1996), *Husserl und Heidegger*, Bonn.

Schmitz, Hermann (2002), *Begriffene Erfahrung. Beiträge zur antireduktionistischen Phänomenologie* (mit Beiträgen von Gabriela Marx und Andrea Moldzio), Rostock.

Schmitz, Hermann (2005), *Situationen und Konstellationen. Wider die Ideologie totaler Vernetzung*, Freiburg.

Íngrid Vendrell Ferran

Metaphern der Liebe

Alexander Pfänder und Hermann Schmitz[1]

1. Die Liebe in der Phänomenologie

Das phänomenologische Interesse an den Gefühlen reicht von den Ursprüngen der Phänomenologie bei Husserl, Pfänder und den Frühphänomenologen über ihre existentiellen Verwandlungen bei Heidegger und Sartre bis hin zu den neuesten Beiträgen von Hermann Schmitz. Die Gefühle sind gleichsam ein thematisches Bindeglied aller dieser verschiedenen phänomenologischen Schulen, wenn auch die Motivation für dieses Interesse, der Brennpunkt der Aufmerksamkeit sowie die methodologischen Strategien in jeder dieser Strömungen verschieden sind. In diesem Aufsatz geht es darum, die Behandlung der Liebe in der Phänomenologie vor allem an den Beispielen Pfänders und Schmitz' zu untersuchen.

In der Frühphänomenologie von Pfänder, Scheler und Ortega y Gasset wird die Liebe als affektiver Akt verstanden, der uns als Personen ausmacht und unseren Zugang zur Welt ermöglicht. Hinter diesem Verständnis der Liebe als *ratio essendi* und *cognoscendi* steht die anthropologische These, dass der Mensch zum Lieben bestimmt sei. In der existentiellen Transformation der Phänomenologie bei Heidegger und Sartre dagegen spielt die Liebe kaum eine Rolle. Die negativen Abwehrreaktionen der Angst und des Ekels werden zu den Grundstimmungen der aus Sicht dieser Existentialisten einsamen, verzweifelten und auf den Tod gerichteten menschlichen Existenz.[2] Erst die Neue Phänomenologie von Hermann Schmitz macht die Liebe wieder zum Objekt phänomenologischer Untersuchung und hebt sie – als Gefühl und als Situation – in ihrer Rolle für den Menschen hervor.

In diesem Aufsatz möchte ich die ersten phänomenologischen Untersuchungen der Liebe mit den aktuellsten Entwicklungen der Neuen Phänomenologie in Zusammenhang bringen. Ich werde dabei die existentiell ausgerichteten Phänomenologen außer Acht lassen, weil sie die Liebe nicht behandeln und somit eine Art Unterbrechung in der phänomenologischen Auseinandersetzung mit dem Thema Liebe darstellen.

1 Ich möchte mich bei Christoph Johanssen, Kevin Mulligan, Pedro Chamizo und Jan Straßheim bedanken.

2 Manuel Durán, „Dos filósofos de la simpatía y el amor: Ortega y Max Scheler", in: *La Torre*, IV, S. 104.

Konkret möchte ich Alexander Pfänders und Hermann Schmitz' Beiträge zum Thema einander gegenüberstellen. Diese Auswahl ist zum einen durch den Wunsch motiviert, die Relevanz der Figur Alexander Pfänders, die bislang in Darstellungen zur Geschichte der Philosophie der Gefühle stark vernachlässigt wurde, als Mitbegründer der Phänomenologie ebenso hervorzuheben wie die Bedeutung Hermann Schmitz' als Gründer der Neuen Phänomenologie, einer Schule, die sich im kritischen Anschluss an die Frühphänomenologie versteht. Eine noch stärkere Motivation indessen liegt in der Tatsache, dass beide Philosophen auf ähnliche Art und Weise mit Metaphern arbeiten. Dadurch wollen Pfänder und Schmitz die Beschränkungen einer zur Erfassung von Gefühlen als ungenügend empfundenen Alltagssprache überwinden und wesentliche Aspekte des Phänomens der Liebe genauer artikulieren. Diese Parallele zwischen beiden Autoren bietet die Möglichkeit eines fruchtbaren Vergleichs; sie schließt jedoch zugleich eine Schwierigkeit ein: Pfänder und Schmitz vertreten jeweils sehr spezifische Konzeptionen der Gefühle und entwickeln einzigartige und sehr persönliche Konstellationen von Metaphern, was einen Vergleich nicht immer einfach macht.

Nach einer Darstellung von Pfänders und Schmitz' allgemeiner Auffassung der Gefühle werde ich die Untersuchung um vier Achsen herum aufbauen: Ist Liebe ein Gefühl? Ist sie ein statisches oder ein dynamisches Phänomen? Kann man in „Gefühllosigkeit" geraten? Sind Liebe und Hass absolute Gegenpole? Diese systematische Fragestellung soll den Vergleich beider Autoren vereinfachen. Ich werde den Aufsatz mit einer Reflexion über die Metaphern beider Philosophen zum Thema Liebe abschließen.

2. Pfänder und Schmitz: Ihre Konzeptionen der Gefühle im Vergleich

a. Die „seelische Wärme" von Gefühlen und Gesinnungen (Pfänder)

Alexander Pfänder (1870–1941) gilt wegen seines Werkes *Die Phänomenologie des Wollens* (1900) neben Husserl als einer der Begründer der Phänomenologie. Um seine Person herum versammelte sich in München eine Gruppe von Forschern, zu denen Else Voigtländer, Willy Haas, Moritz Geiger, Gerda Walther u. a. gehörten. In der Dekade von 1910 bis 1920 entwickelte Pfänder eine Phänomenologie der Gefühle, die als zweibändige *Psychologie der Gesinnungen* veröffentlicht wurde. In diesem Werk erhalten Liebe und Hass als paradigmatische Fälle von Gesinnungen eine besondere Stellung. Pfänders Analysen der Liebe sind dabei im Rahmen eines ethischen Projekts zu begreifen, das er mit den anderen Frühphänomenologen teilt. Es handelt sich um die Entwicklung einer Ethik der Werte, in der das, was man tun soll, nicht wie bei Kant durch Normen bestimmt wird, sondern durch unsere affektiven Akte.

Um Pfänders Konzeption der Gefühle und Gesinnungen zu verstehen, ist es erforderlich, zunächst auf einige Aspekte von Pfänders Bild des psychischen Subjektes einzugehen. Pfänder teilt in seinem metaphorischen Sprachgebrauch das psychische Subjekt in ein „Selbst" und einen „Ichkern":

> „Das psychische Subjekt ist also nicht punktförmig, sondern es besitzt einen gewissen Umfang verschiedener Stellen. Diese Stellen sind aber nicht alle einander gleichgeordnet, sondern eine Stelle ist als die seelische Mitte der Gesamtheit der übrigen Stellen übergeordnet. Wir wollen diese seelische Mitte als das ‚Ich'-Zentrum bezeichnen, und die Gesamtheit der übrigen Stellen des psychischen Subjekts ihm als das ‚Selbst' gegenüberstellen. Das psychische Subjekt gliedert sich demnach in das punktförmige Ich-Zentrum und das voluminöse Selbst."[3]

In dieser Beschreibung ist das Psychische ein Raum mit verschiedenen Stellen, die in einem teils hierarchischen Verhältnis stehen. Damit stellt sich die Frage, welchen Platz die Gefühle hier einnehmen. Gefühle ereignen sich laut Pfänder an verschiedenen Stellen des „Selbst"; der „Ichkern" kann dann der Gefühle des Selbst innewerden. Dabei ist der Ichkern gemäß dieser Metapher eine Art Zuschauer mit begrenzter Macht über das Selbst. Er spürt die Gefühle, zu denen es im Selbst kommt, und er kann nur bis zu einem gewissem Grad ihre Ausdehnung und ihre Auswirkungen im ganzen psychischen Gefüge unter Kontrolle halten. Die Gefühle ihrerseits sind vom Ichkern relativ unabhängig. So wie sie in diesem Bild gefassst sind, könnte man sogar von einer Verdinglichung der Gefühle in der Seele des Subjektes sprechen.

Von Gefühlen streng zu trennen sind laut Pfänder Gesinnungen. Gesinnungen treten paarweise auf: Liebe und Hass, Freundschaft und Feindschaft, Wohlwollen und Übelwollen usw. Sie sind eine Art affektiver Akte, die stark Dispositionen ähneln und sich wesentlich auf Objekte richten.[4] Damit ist bereits ein erster Unterschied zu den Gefühlen benannt: Während Gefühle nicht wesentlich mit ihrem Objekt verbunden sind, zeichnen sich Gesinnungen durch eine besondere Verbindung von Subjekt und Objekt aus. Bei der Gesinnung ist das Subjekt Ausgangs- und Erzeugungspunkt einer Bewegung zum Objekt hin. Daher bezeichnet Pfänder Gesinnungen als *„zentrifugal"*.[5] Der Gegenstand der Gesinnungen wird laut Pfänder durch eine Wahrnehmung, eine Vorstellung oder einen Gedanken vermittelt,[6] d. h. Gesinnungen benötigen immer eine kognitive Grundlage. Beide Thesen sind in ähnlicher Weise bei Brentano sowie bei dessen Schülern Scheler, Stein und Meinong sowie in der heutigen analytischen Philosophie seit Kenny in der These zu finden, Emotionen seien intentional und gründeten auf einer kognitiven Basis.[7]

3 Alexander Pfänder, *Zur Psychologie der Gesinnungen*, Halle 1922 (zuerst 1913), Bd. II, S. 67.

4 Edith Stein interpretiert die Gesinnungen als Emotionen, die sich auf Personen richten (*Zum Problem der Einfühlung*, Halle 1917). Aurel Kolnai definiert sie als Phänomene, die stark von einer Gegenstandsintention geprägt sind (*Der ethische Wert und Wirklichkeit*, Freiburg i. B. 1927, S. 151). Gesinnungen können sich aber nach Pfänder nicht nur auf Personen richten, sondern auch auf Tiere, Pflanzen, körperliche Dinge, soziale Gemeinschaften, kulturelle Gebilde und übermenschliche Wesen (Alexander Pfänder, *Zur Psychologie der Gesinnungen*, S. 15).

5 Alexander Pfänder, *Zur Psychologie der Gesinnungen*, Bd. I, S. 9

6 Ebd., S. 16.

7 Franz Brentano, *Psychologie vom empirischen Standpunkt*, Bd. I, Leipzig 1924 (zuerst 1874), S. 125; Max Scheler, *Der Formalismus in der Ethik und die materiale Wertethik*, in: ders., *Gesammelte Werke*, Band 2, Bern 1954 (zuerst 1913 und 1916); Edith Stein, *Zum Problem der Einfühlung*; Ale-

Ein weiterer Unterschied zwischen Gefühlen und Gesinnungen liegt laut Pfänder darin, dass Gefühle zwischen den Polen der Lust und Unlust schwanken, während Gesinnungen das nicht tun. Obgleich wir dazu neigen, etwas zu lieben, das uns Lust bereitet, und etwas zu hassen, das uns Schmerzen verursacht, können Liebe und Hass nicht mit Lust und Unlust gleichgesetzt werden. Es gibt laut Pfänder schmerzerfüllte Freundlichkeit, Zuneigung und Liebe – und andererseits lustgefärbte Feindseligkeit oder Abneigung und lustgefärbten Hass.[8]

Gesinnungen haben in Pfänders Bild des Psychischen das, was er „seelische Wärme" nennt.[9] Dieses Merkmal teilen sie mit den Gefühlen und den Stimmungen, nicht aber mit intellektuellen Akten wie Wahrnehmen, Denken, Aufmerken und Vorstellen oder mit Willensakten wie Streben und Wollen. Die „seelische Wärme" ist der „Stoff", aus dem die Gesinnungen gleichsam gemacht sind. Dieser Stoff wird als „fördernde, wärmende, belebende Beschaffenheit" oder „wärmende Belebungskraft" im Fall der positiven Gesinnungen und als „ätzende, verbrennende, zerstörende Beschaffenheit" oder „ätzende Virulenz" im Fall der negativen Gesinnungen bezeichnet.[10] Obgleich Pfänder hier Metaphern der sensorischen Wahrnehmung benutzt, ist nicht von körperlichen Auswirkungen die Rede, sondern von einer intrinsischen konstitutiven Eigenschaft der Gesinnungen. Des Weiteren charakterisiert Pfänder die Liebe durch den Charakter einer Einigung mit dem Objekt, während er den Hass als ein Entzweiungsgefühl beschreibt, in dem man eine Vertiefung der Kluft oder Distanz zum Objekt sucht. Darüber hinaus impliziert die Liebe einen Bejahungsakt zur Existenz der geliebten Person und der Hass einen entsprechenden Verneinungsakt.

Gesinnungssubjekte können in Bezug auf die Gesinnungsobjekte übergeordnet, gleichgeordnet und untergeordnet sein. Eine Unterordnung impliziert eine hinaufblickende Beziehung zum Objekt, wie im Fall der Kindesliebe zur Mutter. Eine geradeausblickende Gesinnung ist etwa die kameradschaftliche Liebe, eine übergeordnete Liebe die Liebe der Mutter zum Kind.

Pfänder hat die Kraft der Metaphern für die phänomenologische Forschung entdeckt und konsequent für seine Forschung genutzt. In dieser Hinsicht ist seine Analyse der Gesinnungen höchst originell. Pfänders Ziel scheint es zu sein, Lebenserfahrungen wie Gefühle, die schwierig in Worte zu fassen sind, mithilfe der Metaphern genauer zu beschreiben. Diese Auskristallisierung der Lebenserfahrung in Metaphern vereinfacht die phänomenologische Arbeit des Vergleichens und In-Zusammenhang-Stellens, die es uns erlaubt, ein Phänomen besser zu verstehen.[11] Metaphern sind lebendig und anschaulich

xius Meinong, „A. Meinong", in: R. Schmidt (1923), *Philosophie der Gegenwart*, Band I, Leipzig 1923, S. 134; Alexius Meinong, „Über emotionale Präsentation", in: *Gesamtausgabe* III, *Abhandlungen zur Werttheorie*, Abh. IV, Graz 1968 (zuerst 1917), S. 117; Anthony Kenny (1963), *Action, Emotion and Will*, London 1963.

8 Alexander Pfänder, *Zur Psychologie der Gesinnungen*, Bd. I, S. 35.

9 Ebd., S. 38.

10 Ebd., S. 40-42.

11 M. Geiger, „Alexander Pfänders methodische Stellung", in: *Neue Münchener Philosophische Abhandlungen*, hg. v. E. Heller und F. Löw, Leipzig 1933, S. 1-16.

im Vergleich zu anderen sprachlichen Ausdrücken. Pfänder beschreibt die Seele als einen „Raum“, innerhalb dessen die Gefühle, Gesinnungen und Stimmungen ihren Ort haben. Die affektiven Phänomene erhalten eine eigene, vom Ichkern unabhängige Realität. Sie sind an verschiedenen „Stellen“ dieses metaphorischen Raumes platziert. Affektive Akte werden als Bewegungen im Raum mit einer bestimmten Richtung charakterisiert. Ferner ist die Rede von „zentrifugalen Strömungen“, bei denen die Richtung durch Adjektive des Sehens wie „hinaufblickend“ und „geradeausblickend“ näher ausgedrückt wird. Andere Metaphern wie „warm“ oder „belebend“ stammen aus dem sensorischen Bereich. Dies alles steht im Kontrast zu der geringen Beachtung, die Pfänder der Leiblichkeit von Emotionen schenkt. Während Scheler, Stein, Ortega y Gasset und Kolnai das Affektive über das Merkmal der Leiblichkeit kennzeichnen, lässt Pfänder die These von der Leiblichkeit der Gefühle unbeachtet.[12] Hermann Schmitz wird diesen Aspekt der Leiblichkeit zu einem Grundstein seiner Philosophie der Gefühle machen.

b. Gefühle als „Atmosphären“ (Schmitz)

Hermann Schmitz (1928) entwickelt in den 1960er- und 1970er-Jahren ein umfassendes *System der Philosophie*, den Grundstein zu einer neuen Ausrichtung der Phänomenologie, die Schmitz als Neue Phänomenologie bezeichnet.

Schmitz' Phänomenologie der Gefühle muss im Kontext seiner Kritik an dem Verständnis von Selbst und Welt in der philosophischen Tradition verstanden werden. Im 5. Jahrhundert vor Christus, so die These von Schmitz, habe eine „psychologisch-reduktionistisch-introjektionistische Vergegenständlichung“ stattgefunden, die immer noch unser Denken beherrsche.[13] Diese Vergegenständlichung führe zu einer Spaltung der empirischen Welt und des Menschen als einem Teil von ihr in eine psychische Innenwelt bzw. ein Bewusstsein und eine Außenwelt bzw. einen Körper. Diese Abspaltung habe zur Folge, dass vielen Bereichen der menschlichen Erfahrung mit Blick auf den Leib, den Raum oder die Gefühle keine ausreichende Beachtung zuteil geworden sei und dass wir daher auch kaum Wörter für ihre Beschreibung hätten, da die Sprache hier unterentwickelt geblieben sei.[14] Aufgabe der Neuen Phänomenologie sei es, angemessene Termini und Ausdrücke für diese Erfahrungen zu finden. In diesem Zusammenhang scheint auch Schmitz der Metapher eine große Bedeutung einzuräumen.

Geleitet von dem Wunsch, das noch immer vorherrschende dualistische Paradigma von Welt und Selbst zu überwinden, richtet Schmitz seine Aufmerksamkeit auf die Gefühle. Seine Absicht ist es, die These der Privatheit der Gefühle in der Seele und die

12 Max Scheler, *Der Formalismus in der Ethik und die materiale Wertethik*, S. 408-409; Edith Stein, *Zum Problem der Einfühlung*, S. 45; Aurel Kolnai, „The Standard Modes of Aversion: Fear, Disgust and Hatred“, in: *Mind* CVII, 1998, S. 581-595; José Ortega y Gasset, „Über den Ausdruck als kosmisches Phänomen“, in: *Gesammelte Werke*, Bd. 1, Stuttgart 1954, S. 393.

13 Hermann Schmitz, „Gefühle als Atmosphären“, in: Stephan Debus/Roland Posner (Hg.), *Atmosphären im Alltag*, Psychiatrie Verlag 2008, S. 260.

14 Hermann Schmitz, *Die Liebe*, Bonn 2007 (zuerst 1993), S. 37.

Auffassung der Gefühle als subjektive Seelenzustände der Innenwelt zu bekämpfen[15] sowie den Gefühlen eine eigene selbstständige Realität zuzuschreiben, die sich durch deren Räumlichkeit, Leiblichkeit und Bindungskraft charakterisieren lässt. Um die Gefühle angemessen zu beschreiben, wählt Schmitz einen Terminus aus der Domäne der Meteorologie: Er spricht von „Atmosphäre". So wie es bestimmte Wetterzustände gebe, die wir als Atmosphären beschrieben und die trotz ihrer räumlichen Ausdehnung nicht zu verorten seien, könnten auch Gefühle als Atmosphären verstanden werden. Aus diesem Vergleich ergibt sich die Bestimmung, die zu einer zentralen These der Neuen Phänomenologie geworden ist: „Gefühle sind anspruchsvolle, ortlos ergossene Atmosphären".[16]

Der provokative Charakter dieser These ist kaum zu übersehen. Er wird besonders im Kontext heutiger Gefühlstheorien deutlich, von denen die analytischen ihren Schwerpunkt auf die kognitiven Elemente der Emotionen legen. Kenny, Taylor und viele andere postulieren etwa, dass Emotionen auf Urteilen gründeten, für Solomon und Nussbaum sind Emotionen Urteile und Werturteile,[17] Marks und Greens reduzieren sie auf Komplexe von Urteilen und Wünschen[18] und Ben-ze'ev konzipiert Gefühle als Komposita aus Urteilen, Kognitionen, Empfindungen und Motivationen.[19] Gegenüber dieser Hervorhebung der kognitiven Aspekte des Fühlens wendet sich Schmitz einem Aspekt der Gefühle zu, der wenig Beachtung gefunden hat, nämlich der Eigenschaft von Gefühlen, uns leiblich zu betreffen.[20]

Noch in einem anderen Sinn provoziert Schmitz' These von den Gefühlen als Atmosphären. Gefühle gehören demnach nicht mehr allein dem Bereich des Subjektiven an. Sie sind vielmehr „eigenständige, mächtige Atmosphären",[21] und sie wirken auf Subjekte und Objekte, indem sie ihnen ihren Stempel aufdrücken. Mit dieser These will Schmitz die metaphysische Entzweiung der Welt in Subjekt und Objekt aufheben, die insbesondere der Frühphänomenologie noch stark anhaftet.[22] Folgerichtig leugnet er die verbreitete These von der Intentionalität der Gefühle. Die Gefühle selbst werden in seinem Modell in gewissem Maße „verdinglicht" – Schmitz spricht sogar von den Gefühlen als „Halbdingen".[23] Während Pfänder die Gefühle im Selbst als vom Ichkern unabhängige Zustände auffasst und so eine „Verdinglichung" der Gefühle in der Seele vorbringt, ohne das dualistische Schema von Subjekt und Objekt zu verlassen, geht Schmitz einen

15 Ebd., S. 9.

16 Hermann Schmitz, *Der Gefühlsraum. System der Philosophie,* Band III/2. Bonn 2005 (zuerst 1969), S. 343; Hermann Schmitz, *Die Liebe*, S. 32; Hermann Schmitz, „Gefühle als Atmosphären", S. 269.

17 Robert Solomon, *The Passions: Emotions and the Meaning of Life*, Indianapolis 1993, M. Nussbaum, *The Upheavals of Thought. The Intelligence of Emotions*, Cambridge 2005.

18 Paul Griffiths, *What Emotions really are*, Chicago 1998, S. 3.

19 Aaron Ben-ze' ev, *The Subtility of Emotions*, Massachusetts 2000, S. 49.

20 Hermann Schmitz, „Gefühle als Atmosphären", S. 279.

21 Hermann Schmitz, *Der Gefühlsraum*, S. 102.

22 Schmitz nimmt in seine Analysen eine historische Perspektive ein, die bei den Frühphänomenologen selten zu finden ist (eine Ausnahme bieten die Arbeiten Ortega y Gassets).

23 Hermann Schmitz, „Gefühle als Atmosphären".

Schritt weiter und spricht von den Gefühlen als eigenen Mächten, die außerhalb des Paradigmas von Innen- und Außenwelt stehen.

Ähnlich wie vor ihm Pfänder[24] unterscheidet Schmitz zwischen zwei Bedeutungen von Fühlen: „Fühlen als Wahrnehmen des Gefühls als einer Atmosphäre und Fühlen als affektives Betroffensein davon (Ergriffenheit)“.[25] Im ersten Fall nehmen wir ein Gefühl wahr, etwa die Traurigkeit einer Situation. In dem zweiten Fall sind wir von dem Gefühl der Traurigkeit betroffen, fühlen uns dann also tatsächlich traurig. Nach diesem Muster ist es möglich, ein Gefühl wahrzunehmen, ohne von ihm betroffen zu werden. Die Fälle, die Schmitz als „soziale Gefühlskontraste“ bezeichnet, sind ein gutes Beispiel dafür.[26] So nimmt etwa ein fröhlicher Mensch einen Kontrast wahr, wenn er auf eine trauernde Gesellschaft trifft.

Das wirft die Frage auf, worin genau der Unterschied zwischen der bloßen Wahrnehmung eines Gefühls und dem Betroffenwerden von ihm besteht. Schmitz behauptet, dass ein Betroffenwerden nur dann eintritt, wenn die Atmosphären uns ergreifen und sich mit einer eigenen Autorität präsentieren.[27] Dieses Moment bezeichnet er als „affektives Betroffensein“; die These lautet, dass Gefühle uns durch leibliche Regungen ergreifen.[28] Der Leib ist der Resonanzboden für die Gefühle.[29] Nur wenn beispielsweise der Kummer mir die Brust zuschnürt oder sich in anderer Weise leiblich bemerkbar macht, wird er zu *meinem* Kummer.[30] Obgleich jeder Mensch von einem Gefühl ergriffen werden kann und dann dazu neigt, die Bewegungsintentionen dieses Gefühls zu vollziehen, ist Schmitz sich bewusst, dass dieser Vollzug auf der Ebene der subjektiven Erfahrung einem persönlichen Stil folgt, der den einzelnen Menschen als solchen mit charakterisiert. Das Gefühl, mit dem der Kummer leiblich gespürt wird, erhält dadurch eine persönliche Besonderheit.[31]

Schmitz entwickelt die frühphänomenologische Unterscheidung zwischen dem Leib und dem Körper fort.[32] Während der Körper dreidimensional ausgedehnt und in Flächen

24 Diese Unterscheidung ist auch in der Frühphänomenologie Schelers, Steins und Kolnais zu finden, doch bekommt sie bei Schmitz durch die leibliche Dimension ein größeres Gewicht.

25 Hermann Schmitz, *Die Liebe*, S. 34.

26 Ebd., S. 31.

27 Die These von der Autorität der Gefühle ist im analytischen Kontext auch von Mark Johnston vertreten worden, wenn auch in einem anderen Sinne. Johnston ist der Meinung, dass wir mit Emotionen Werte wahrnehmen (Mark Johnston, „The Authority of Affect“, in: *Philosophy and Phenomenological Research*, Vol 63, nr. 1., 2001, S. 181-214).

28 Hermann Schmitz, *Die Liebe*, S. 115.

29 Ebd., S. 40.

30 Ebd., S. 35.

31 Hermann Schmitz, „Gefühle als Atmosphären“, S. 268.

32 Die Frühphänomenologen Scheler, Stein und Ortega y Gasset unterschieden den Leibbegriff vom Körperbegriff (Max Scheler, *Der Formalismus in der Ethik und die materiale Wertethik*, S. 408-409). Allerdings bleibt die Unterscheidung bei ihnen noch dem alten Paradigma von Innen und Außen verhaftet. Damit wird ignoriert, dass das Leibliche eine Dimension *per se* konstituiert, die Dimension des Sich-Fühlens und des Spürens, die Schmitz zu einem der Bausteine seiner Philosophie machen

zerlegbar sei, wird der Leib als das verstanden, was ein Mensch in der Gegend seines Körpers von sich spürt, ohne sich auf das Zeugnis der sogenannten fünf Sinne und des mit ihrer Hilfe gebildeten perzeptiven Körperschemas zu stützen.[33] Der Leib ist unteilbar ausgedehnt, besitzt eine räumliche Qualität und Organisation sowie eine eigene Dynamik. Diese Dynamik spielt sich laut Schmitz hauptsächlich in der Dimension der Enge und Weite und den zwei gegensätzlichen Tendenzen der Engung und Weitung ab. Engung erlebt man etwa beim Erschrecken, Weitung hingegen beim Einschlafen. Die leibliche Dimension der Spannung und der Schwellung ist auch für die Gefühle wichtig. Angst und Schmerz sind Beispiele für Spannung, während Wollust als Beispiel für die leibliche Dimension der Schwellung gilt.

Unter „Gefühl" fasst Schmitz ein breites Spektrum affektiver Phänomene zusammen: „Stimmungen", „Erregungen" und „zentrierte Gefühle". Diese drei Klassen bauen aufeinander auf: Jedes sogenannte zentrierte Gefühl setzt eine Erregung und jede Erregung setzt eine Stimmung voraus.[34] Insofern Gefühle ergossene Atmosphären sind und einen Weiteraum haben, sind sie auch *Stimmungen.* In dieser Hinsicht sind alle Gefühle Stimmungen. Reine Stimmungen, d. h. Gefühle ohne Richtung, gibt es allerdings nur zwei: Zufriedenheit als erfülltes und Verzweiflung als leeres Gefühl. An zweiter Stelle bringen *Erregungen* im Vergleich zu reinen Stimmungen eine Richtung ins Spiel. Obwohl Erregungen eine Struktur haben, sind sie diffus. Erregungen können einseitig oder allseitig gerichtet sein. Freude und Trauer sind einseitige Erregungen. Sie können thematisch oder unthematisch zentriert sein. Allseitig gerichtete Erregungen können zentripetal oder zentrifugal sein oder beides gleichzeitig. Allseitig zentrifugal ist etwa die pubertäre Sehnsucht; allseitig zentripetal ist eine diffuse Bangnis. Schließlich gibt es die *zentrierten Gefühle.* Ein zentriertes Gefühl tritt auf, wenn eine Atmosphäre ein Thema erhält. Im Prinzip geht es hier um das, was die Frühphänomenologen als Intentionalität der Gefühle bezeichnen, aber Schmitz weigert sich, diesen Terminus zu benutzen, und dies aus drei Gründen: Die These von der Intentionalität ignoriert laut Schmitz den Unterschied zwischen Stimmungen und Erregungen, sie versteht die Gefühle als Akte eines Bewusstseins und sie missversteht die Gefühle als auf einen Gegenstand gerichtet.[35]

Um die „zentrierten Gefühle" zu erläutern, spricht Schmitz von Gefühlen als „Gestalten"[36] mit einem Verdichtungsbereich und einem Verankerungspunkt. Beide Termini übernimmt er aus der Gestaltpsychologie Metzgers[37] und erläutert sie wie folgt: „Der Verdichtungsbereich einer Gestalt ist die Stelle, wo sich ihr Gepräge anschaulich sammelt, beim Blatt etwa der charakteristisch gezackte Umriss, Verankerungspunkt aber die

wird (vgl. Íngrid Vendrell Ferran, *Die Emotionen. Gefühle in der realistischen Phänomenologie*, Berlin 2008).

33 Hermann Schmitz, *Die Liebe*, S. 36, auch Hermann Schmitz, „Gefühle als Atmosphären", S. 264.

34 Hermann Schmitz, *Die Liebe*, S. 50.

35 Ebd., S. 52.

36 Ebd., S. 53.

37 Wolfgang Metzger, *Psychologie. Die Entwicklung ihrer Grundannahmen seit der Einführung des Experiments*, Darmstadt 1968, S. 178 und 181.

Stelle, von wo sich die Gestalt anschaulich aufbaut, beim Blatt der Ansatz am Stiel“.[38] Mir scheint, dass diese Bilder auf den Wortschatz der Frühphänomenologie und den der analytischen Philosophie nicht übertragbar sind. Allerdings können einige Beispiele zum Verständnis beitragen. Die Furcht vor dem Zahnarzt hat als Verdichtungsbereich den Arzt und seine Geräte und als Verankerungspunkt – von Metzger auch als „Quellpunkt“ bezeichnet[39] – die Tatsache, dass die Behandlung schmerzhaft sein wird. Der Verdichtungsbereich des Zorns ist der Mensch oder Gegenstand, auf den man zornig ist, während sein Verankerungspunkt der Sachverhalt ist, über den man Zorn empfindet (Schmitz 2007, 54).

Schmitz' Metaphern für Gefühle stammen aus der Domäne des Raumes und der räumlichen Gestalten. So spricht er von „Verdichtungs*bereich*“, „Verankerungs*punkt*“, „Dimensionen“, „Enge“, „Weite“, „zentriert“ und „ergossen“. Andere Metaphern drücken Bewegungen aus: „zentrifugal“, „zentripetal“, „Spannung“, „Schwellung“. Gefühle als eigenständige Entitäten sind fähig, die Funktion des Handlungsträgers zu übernehmen: Sie können „verankern“, „verdichten“, „bedrücken“. Viele dieser Aktionen zeigen die Fähigkeit der Gefühle, Kraft auf den Erlebenden auszuüben: Sie können „erobern“ und „ergreifen“, sie sind „mächtig“ und haben „Autorität“. Die eigene Realität der Gefühle wird in den Metaphern „Atmosphäre“ und „Halbding“ ausgedrückt.

3. Ist Liebe ein Gefühl?

Mit der oben erörterten Unterscheidung zwischen Gefühl und Gesinnung und der Charakterisierung der Liebe als paradigmatischem Fall der letzteren verbannt Pfänder die Liebe aus dem Reich der Gefühle. Die Liebe ist laut Pfänder kein Gefühl, weil sie nicht als Lust oder als Unlust charakterisiert werden kann; sie ist wesentlich auf ihr Objekt bezogen und impliziert eine Stellungnahme ihm gegenüber. Diesen Charakter der Gesinnung drückt Pfänder mit Metaphern der „Strömung“ und „Wärme“ aus.

Auch andere Phänomenologen haben der Liebe eine Sonderstellung zugeschrieben. Max Scheler versteht in *Wesen und Formen der Sympathie* die Liebe als eine Grundhaltung, die unser Dasein bestimmt und unseren Zugang zur Welt und den Werten ermöglicht. Liebe – und dies gilt auch für den Hass – ist laut Scheler keine Emotion, denn sie reagiert nicht auf einen gefühlten Wert. Wir können etwas oder jemanden lieben, dessen Unwert uns deutlich vor Augen steht. Diese Tatsache wurde auch von der Frühphänomenologin Else Voigtländer hervorgehoben.[40] Scheler charakterisiert die Liebe als eine Bewegung in der Richtung eines höheren möglichen Wertes, ohne dass der Wert schon gegeben wäre. Die Liebe führt uns dazu, Werte zu entdecken, während beim Hass Werte verborgen bleiben.[41]

38 Hermann Schmitz, *Die Liebe*, S. 54.

39 Wolfgang Metzger, *Psychologie*, S. 182.

40 Else Voigtländer, *Vom Selbstgefühl. Ein Beitrag zur Förderung psychologischen Denkens*, Leipzig 1910, S. 111.

41 Max Scheler, „Wesen und Formen der Sympathie“, in: ders., *Gesammelte Werke*, Bd.7, hg. v. Manfred Frings, Bern/München 1973 (zuerst 1913 und 1923), S. 159, auch S. 191.

Ortega y Gasset hat der Liebe, der Verliebtheit und der Liebeswahl Teile seines Werkes gewidmet.[42] Im Unterschied zu den anderen Phänomenologen und genau wie später Schmitz berücksichtigt Ortega die historische Perspektive bei seiner Erforschung der Liebe und stellt fest, dass bestimmte Formen der Liebe sozio-kulturelle Produkte ihrer Zeit sind.[43] Liebe ist laut Ortega ein „aktives Gefühl", das durch eine „Bewegung auf das Geliebte hin" und durch eine ihm eigene „seelische Temperatur" gekennzeichnet ist.[44] Aktive Gefühle sind charakterisiert durch drei Merkmale: „Liebe und Hass sind zentrifugal, sie sind ein virtuelles Hingehen zum Objekt, und sie sind dauernd oder fließend".[45] Die Liebe hüllt ihren Gegenstand laut Ortega in eine günstige „Atmosphäre", sie sei „Liebkosung, Lob, Bestätigung".[46]

Gegenüber diesen Positionen vertritt Schmitz dezidiert den Status der Liebe als Gefühl, obgleich er einige Besonderheiten festhält. Die Liebe ist ihm zufolge nicht ein aktuelles Gefühl wie der Zorn oder die Freude, sondern eine dauerhafte Disposition, die sich im Verhalten ausdrückt. Diesen Sonderstatus bezeichnet Schmitz als den einer „Situation".[47] Darüber hinaus beobachtet Schmitz wie schon zuvor Pfänder, dass das Paar Liebe und Hass sich nicht mit dem Paar Lust und Unlust deckt. Es gibt schmerzhafte, unlustvolle Liebe. Ferner beinhaltet das Gefühl der Liebe ein weiteres Spektrum von Gefühlen.[48]

Schmitz versteht die Liebe als eine räumlich ergossene Atmosphäre, die mehrere Menschen betrifft. Anders als bei der These von der Liebe als privatem Seelenzustand – hier ist erneut Pfänder zu nennen – wird die Liebe als eine Bewegung vom Subjekt zum Objekt hin verstanden. Eine wechselseitige Liebe wäre laut Pfänder und anderen so zu verstehen, dass in verschiedenen Innenwelten zwei getrennte Lieben korrespondierten. Demgegenüber plädiert Schmitz für die „Einheit der Liebe":[49] „Wir sprechen von *der* Liebe, die ihre (...) Liebe zu einander ist, nicht von zwei Lieben, die sich überkreuzen oder wie Flammen nebeneinander brennen".[50] Mit dieser Referenz, einschließlich der Metapher der brennenden Flamme, die als Liebesmetapher eine lange Tradition hat und die leibliche Erfahrung der Liebe bildhaft ausdrückt, vertritt Schmitz die These, dass wechselseitige Liebe *eine* Liebe ist – nicht zwei Gefühle, die sich irgendwie treffen. Ist für dieses Verständnis der Liebe als räumlicher Atmosphäre die Tatsache problematisch,

42 José Ortega y Gasset, *Obras Completas*, IV, Madrid 1947; José Ortega y Gasset, *Über die Liebe. Meditationen*, Stuttgart 1957; vgl. Íngrid Vendrell Ferran, „Schelers anthropologisches Denken und die frühe Rezeption in Spanien", in: K.-H. Lembeck/K. Mertens/E. W. Orth (Hg.), *Phänomenologische Forschungen* 2009, S. 175-202.

43 Nelson Orringer, *Ortega y sus fuentes germánicas*, Madrid 1979.

44 José Ortega y Gasset, *Über die Liebe*, S. 129 und 102.

45 Ebd., S. 102.

46 Ebd., S. 104.

47 Hermann Schmitz, „Gefühle als Atmosphären", S. 7.

48 Hermann Schmitz, *Die Liebe*, S. 44.

49 Ebd., S. 28.

50 Ebd., S. 8.

dass die Liebenden manchmal räumlich entfernt sind? Für Schmitz nicht. Denn die Gefühle als Atmosphären sind ihm zufolge nicht in einem *physikalischen* Raum verortet.[51]

Wenn wir von der Liebe betroffen werden, ergreift sie uns leiblich. Vom Standpunkt des Leibes des einzelnen Subjekts aus unternimmt Schmitz eine Analyse der Wollust im Brust-, Genital- und Mundbereich. Die Leiblichkeit kann aber auch vom Gesichtspunkt des Liebespaars aus als ein System untersucht werden. Hilfreich ist dabei der Begriff der „Einleibung".[52] Darunter versteht Schmitz die Möglichkeit, dass der eigene Leib sich mit Dingen vereinigen kann, die ihm nicht angehören. Wenn das geschieht, entsteht ein Gebilde, das die Struktur der leiblichen Dynamik zeigt. Als Kanäle der Einleibung gelten das Gespräch und der Blick. Wichtig ist, dass Einleibung sowohl einseitig als auch wechselseitig sein kann. Das ist von Bedeutung, da sich hierin auch auf der Ebene des Leibes zeigt, dass Liebe als gemeinsames Gefühl zu verstehen ist. Allerdings soll dabei zugleich die These in Erinnerung gerufen werden, dass vom Gesichtspunkt der subjektiven Erfahrung aus eine unüberwindbare Kluft zwischen den Liebenden besteht: Die affektive Qualität der Liebe als Gefühl ist von Mensch zu Mensch unterschiedlich.[53] Es sind jeweils inkommensurable Milieus der Subjektivität, die zwei Menschen die Liebe als unterschiedliche subjektive Tatsache erfahren lassen.

Welche Art von Gefühl ist nun die Liebe in Schmitz' Parametersystem? Sie ist ohne Zweifel ein zentriertes Gefühl, da sie ein Thema hat. Allerdings ist in den markantesten Fällen der Paarliebe nicht unbedingt eine Spaltung zwischen Verdichtungsbereich und Verankerungspunkt gegeben.[54] Zu einer solchen Spaltung kommt es etwa dann, wenn jemand seinen Partner liebt, weil dieser ihn an einen früheren Partner erinnert, oder wenn jemand eine Person liebt, die dem aktuellen, aber zurzeit abwesenden Partner ähnlich ist.[55] In diesen Fällen ist der Verdichtungsbereich der Liebe, hier der Partner, abgespalten von ihrem Verankerungspunkt.

Während für Pfänder die Liebe eine gegenstandsgerichtete Gesinnung ist, versteht Schmitz die Liebe als Gefühl im Sinne einer räumlich ergossenen Atmosphäre. Dieser Perspektivenunterschied geht aus den unterschiedlichen Gefühlskonzeptionen der beiden Autoren hervor.

4. Verwandlungen der Liebe

Bei Pfänder wurde die Liebe quasi innerhalb der Seele verdinglicht. Schmitz verdinglicht die Liebe außerhalb des Paradigmas von Innen und Außen und bezeichnet sie als ergreifende, mächtige Atmosphäre. Dadurch entsteht der Eindruck, als spiele die Person keine Rolle bei der Ausgestaltung und beim Verlauf der Liebe. Jedoch lassen der historische Kontext und das vitale Moment, Erwartungen und Erinnerungen, das Bewusstsein

51 Ebd., S. 32.
52 Ebd., S. 130.
53 Ebd., S. 106.
54 Ebd., S. 56.
55 Ebd.

von Möglichkeiten sowie Charakter und Persönlichkeit das Erlebnis der Liebe keineswegs unberührt. Sowohl Pfänder als auch Schmitz haben, wenn auch in sehr unterschiedlichen Weisen, diese Tatsache anerkannt und sie in ihre jeweilige Philosophie der Liebe einzubeziehen versucht.

Pfänder hat den vom Liebenden abhängigen, dynamischen Charakter der Liebe in seiner Typologie der Gesinnungen zu erfassen versucht. Drei Formen hat er bei dieser Typologie besonders im Auge: unechte, schwebende und niedergehaltene Gesinnungen. Was aber ist eine „unechte" Liebe? Laut Pfänder kann jeder psychische Akt als echt oder als unecht auftreten:[56] Ein Glaube ist unecht, wenn wir ihn ausschließlich von der Tradition übernehmen; ein Gedanke ist unecht, wenn er einen bloß auswendig gelernten Inhalt umfasst; eine Liebe ist unecht, wenn sie bloß von der Umgebung übernommen wird. So ist die Liebe eines kleinen Kindes zu seinen Geschwistern laut Pfänder unecht, wenn das Kind seine Geschwister nur darum liebt, weil die Eltern ihm dies vorgeben. Solche unechten Gesinnungen zeigen eine spezifische Qualität gegenüber den echten: Sie haben den „Charakter blasser Vorzeichnungen oder schemenhafter Nachahmungen"[57] und werden als „schemenhaft, hohl, luftig, kern- oder substanzlos" beschrieben.[58] Unechte Gesinnungen können echt werden, wenn das Subjekt seine Einstellung ändert. Die anfangs unechte Liebe des Kindes wird echt, wenn es die Liebe zu den Geschwistern spontan aus sich selbst heraus fühlt.

Die sogenannten „schwebenden" Gesinnungen treten in drei Klassen auf: als transzendente, episodische und provisorische Gesinnungen. Eine „schwebende transzendente Liebe" ist diejenige Liebe, welche gleichsam über der „seelischen Wirklichkeit" schwebt.[59] Ein Festredner, der seine Liebe zum Jubilar ausdrückt, fühlt diese Liebe am Anfang seiner Rede zunächst als unecht und nur im Laufe seiner Rede gewinnt sie an Wirklichkeit. Diese Liebe ist durch ihren Mangel an Gewicht bestimmt – daher der Ausdruck „schwebende Gesinnung" – und auch durch ihre flüchtige Beziehung zur seelischen Wirklichkeit, daher nennt Pfänder sie „überwirklich".[60]

Liebe kann überdies schwebend „episodisch" oder „nebenwirklich" sein. Dies geschieht etwa, wenn uns mitten während einer Beschäftigung ein geliebter Mensch entgegenkommt. Wir wenden uns dann diesem Menschen mit einer flüchtigen Liebesregung zu, der es an Gewicht mangelt. Diese Liebesregung ist laut Pfänder wirklich; doch sie ist von dem entfernt, was er als seelische Mittellage bezeichnet.

In der Mehrheit der Fälle aber hat Liebe nach Pfänders Auffassung die Form der schwebenden „provisorischen" oder auch „unterwirklichen" Gesinnung. Dies ist etwa der Fall, wenn wir jemanden lieben und nicht sicher sind, ob diese Liebe erwidert wird. So-

56 Diese These ist auch bei Meinong, Voigtländer, Haas und Scheler u. a. zu finden (Alexius Meinong, „A. Meinong"; Else Voigtländer, *Vom Selbstgefühl*; Willy Haas, *Über Echtheit und Unechtheit von Gefühlen*, Nürnberg 1910; Max Scheler, Max, „Idealismus-Realismus", in: *Gesammelte Werke*, Bd. IX, Bern/München 1976 (zuerst 1928), S. 183-242.

57 Alexander Pfänder, *Zur Psychologie der Gesinnungen*, Bd. I, S. 58.

58 Alexander Pfänder, *Zur Psychologie der Gesinnungen*, Bd. II, S. 1.

59 Ebd., S. 6.

60 Ebd., S. 4.

lange wir keine Sicherheit erlangen, hat die Liebe einen unterwirklichen Charakter, da der Liebende sie bewusst oder unterbewusst unterdrückt, damit sie nicht ihre volle Wirklichkeit erlangt.[61] Wenn das Subjekt dazu neigt, diese Einstellung zu den eigenen Regungen einzunehmen, dann erhält der ganze Charakter der Person das Merkmal des „Provisorischen". Dieses Phänomen drückt Pfänder mit dem Terminus „Lebensrenitenz" aus: Die „Nicht-Erfüllung seiner Ansprüche an das Leben ist dem Individuum gerade schmerzlich fühlbar geworden, und der ganze seelische Lebensstrom wird unwillkürlich zurückgedämmt."[62] Der lebensrenitente Mensch leidet daran, dass er bewusst oder unbewusst seine eigenen Regungen hemmt und eindämmt.

Eine dritte Form bilden die „niedergehaltenen Gesinnungen". Wenn wir sehr konzentriert arbeiten und jemand zu uns kommt, den wir lieben, fühlen wir, dass diese Person die Gesinnung der Liebe fordert. Aber da wir arbeiten wollen, halten wir diese Gesinnung nieder: „Durch die Niederhaltung wird sie nun nicht nur abgehalten, sich in gewissen Mienen, Gebärden, Worten und Taten zu äußern, sondern sie erleidet auch in sich eine innere Zusammendrückung, durch die sie an ihrer eigenen vollen Entfaltung gehindert wird."[63]

Pfänder bedient sich hier zahlreicher Metaphern, welche die Seele als einen Raum mit verschiedenen Positionen auffassen und die Liebe als einen „Stoff" oder als „Strömung" mit mehr oder weniger „Wirklichkeit" und „Gewicht" interpretieren. Der Erlebende fühlt, dass die Gesinnung eine bestimmte Reaktion von ihm fordert, doch ist er nicht vollkommen ausgeliefert und kann gegenüber der Gesinnung eine aktive Rolle einnehmen. Als Stoff kann sie „hohl", „luftig", „kernlos" und „unterwirklich" oder „überwirklich" sein, ihre Wahrnehmung durch das Subjekt lässt sie als „schwebend", „episodisch" oder „provisorisch" erscheinen. Die Stellung des Subjekts ist hier aktiv in dem Sinne, dass es die Liebe „zurückdämmt" und „niederhält".

Auch bei Schmitz besteht die Möglichkeit, die Liebe trotz ihrer „Autorität" als Gefühl zu gestalten. Während Pfänder die Verwandlungsmöglichkeiten der Liebe im Zusammenhang mit dem Erlebenden in Typologien zu erfassen versucht, versteht Schmitz die Wandelbarkeit der Liebe in Bezug auf den Erlebenden als ein Verfahren mit verschiedenen Reifungsmomenten[64] und plädiert für eine doppelte Auffassung der Liebe als Gefühl und als „Situation".[65]

Unter einer „Situation" versteht Schmitz Aspekte des Lebens, die durch verschiedene Elemente zusammengehalten werden. Prinzipiell gibt es drei Situationsarten: Eindrücke, persönliche Situationen und gemeinsame Situationen. Schmitz definiert *Eindrücke* als etwas Vielsagendes, Aufschlussreiches, aber noch nicht Enthülltes, „das einem mit einer gewissen ganzheitlichen Geschlossenheit frisch und bedeutungsvoll, aber noch nicht ganz

61 Ebd., S. 33.

62 Ebd., S. 34.

63 Ebd., S. 43.

64 Ich beziehe mich hier nur auf die Liebe auf der Ebene des Liebenden, obwohl Schmitz auch auf die verschiedenen historischen Formen der Liebe aufmerksam macht.

65 Hermann Schmitz, *Die Liebe*, S. 63.

durchsichtig, zustößt oder entgegenkommt".[66] Bei der Liebe – und hier meint Schmitz hauptsächlich die Partnerliebe – gibt es einen „Leiteindruck",[67] der dafür verantwortlich ist, dass einem Menschen ein anderer auffällt. Ausgehend von diesem Eindruck gibt es die Möglichkeit, dass die Liebe reift. Als *persönliche Situation* bezeichnet Schmitz grundsätzlich die Persönlichkeit eines Menschen, in die viele Situationen eingeschmolzen sind. Erinnerungen, Wünsche und aktuelle Interessen sind in der persönlichen Situation alle zusammen gegeben. Zuletzt gibt es *gemeinsame Situationen,* die für die Liebe bestimmend sind.[68] In ihnen wächst die persönliche Situation und es entwickelt sich die Liebe im engeren Sinn.

Schmitz spricht in diesem Zusammenhang von einer eigentlichen und einer uneigentlichen Gemeinsamkeit in der Liebe. Bei letzterer handelt es sich um Fälle exzessiver Innigkeit,[69] in denen man gleichsam das Gefühl hat, nicht genau zu wissen, wo der eine anfängt und der andere aufhört.

Die Liebe als Situation entsteht unter dem Leiteindruck einer Person, die unsere Aufmerksamkeit fesselt und unser Interesse weckt. Die Persönlichkeit eines Menschen bestimmt die Liebe in dem Sinne, dass sie für sie Erwartungen, Intentionen und Erinnerungen bereitstellt. Schließlich ist die Liebe eine gemeinsame Situation, in der die Persönlichkeiten sich entfalten und entwickeln und in der man zusammenwächst oder sich auseinanderlebt.

Der doppelte Charakter der Liebe als Gefühl und Situation ist laut Schmitz nicht frei von Spannungen. Während sich das Gefühl frei entwickeln kann, ist es möglich, dass es der Situation nicht angemessen ist. Es kann geschehen, dass sich das Gefühl zur Situation zu frei oder zu locker verhält; dann „flattert die Liebe, und die zuständliche Situation schlägt in eine aktuelle um; wenn das Gefühl dagegen zu fest in die Situation eingewachsen ist, (...) [gilt]: Es ist noch da, kann aber nicht mehr mobilisiert oder aus dem Hintergrund der Situation freigelegt werden".[70] Dies geschieht etwa in sehr langen Partnerschaften, in denen das Gefühl gelegentlich nur noch als Reflex auf die Bedeutsamkeit der Situation vorhanden ist.

Mit dieser Charakterisierung als „Situation" versteht Schmitz die Liebe als ein Verfahren, in dem etwas Gemeinsames entsteht, und als eingebettet in wechselseitige Verbindungen zwischen den Einstellungen der Beteiligten, nicht – wie in Pfänders dualistischem Modell – als eine Bewegung vom Subjekt zum Objekt. Die Liebe als Situation wird als eine Entität mit zeitlichem Verlauf verstanden, die ihren Anfang mit einem „Leiteindruck" nimmt, einen Prozess der „Reifung" erfährt und vor einem offenen Ende steht.

66 Ebd., S. 67.
67 Ebd., S. 90.
68 Ebd., S. 75.
69 Ebd., S. 108.
70 Ebd., S. 275.

5. „Gefühlslosigkeit": Einstellung oder Gefühl?

Nach Pfänders und Schmitz' Auffassung der Gefühle ist es möglich, ein Gefühl wahrzunehmen, ohne davon betroffen zu werden. Wie ist dieser Zustand zu verstehen?

In Pfänders Modell entsteht die Liebe im „Selbst" und kann dann vom „Ichkern" wahrgenommen werden. Diesem Muster zufolge kann der Ichkern für die Liebe und andere Gefühle und Gesinnungen dauerhaft oder zeitweise offen oder geschlossen sein. Achten wir auf diesen letzten Fall, so gibt es laut Pfänder zwei Möglichkeiten: Verschlossenheit und Verhärtung. Als „Verschlossenheit" bezeichnet er die Unfähigkeit eines Subjektes, den Emotionen freien Lauf zu lassen, also „denjenigen erlebten Zustand, der die zentrifugalen Ausströmungen hindert".[71] Der Erlebende ist nicht ein „kalter" Mensch und er ist auch nicht für die Gefühle „stumpf", da verschlossene Menschen sehr wohl Gefühle haben können, allerdings werden die Entwicklung und der Ausdruck der Emotion behindert. Der Depressive etwa ist unfähig, den Gefühlen in sich freien Lauf zu lassen. Als „Verhärtung" bezeichnet Pfänder das Unvermögen, die Gegenstände der Emotionen in uns wirken zu lassen: Sie ist „derjenige erlebte Zustand, der die eindringenden, zentripetalen Reizungen unwirksam macht".[72] So kann man laut Pfänder in Extremsituationen, etwa im Krieg, lernen, von der Umgebung nicht mehr betroffen zu werden, damit man sein Leben erträglich weiterführen kann. Diesen Zustand der Abgeschlossenheit des Subjektes gegenüber den eigenen affektiven Zuständen versteht Pfänder als eine „Einstellung".

Verschlossenheit und Verhärtung können sich gegenseitig beeinflussen. Verschlossenheit kann zur Verhärtung führen und die Verhärtung kann dann verstärkend auf die Verschlossenheit zurückwirken. Sowohl die Verschlossenheit als auch die Verhärtung können außerdem unterschiedliche Stärkegrade zeigen, willentlich oder willkürlich und von der Lebenssituation abhängig sein, uns vorübergehend oder auch jahrelang begleiten, allmählich oder plötzlich auftreten und wieder verschwinden. Das Subjekt kann sie als mit der eigenen Lebenslage im Einklag erleben oder als eine störende Kraft. Beide Phänomene können sich aber auch zu allgemeinen Charakterzügen verstetigen.

Auch Hermann Schmitz anerkennt die Möglichkeit, dass ein Mensch die Gefühle, die auf ihn einströmen, als Atmosphären mit eigener Autorität wahrnimmt und dennoch nicht von ihnen ergriffen wird.[73] Im Unterschied zu Pfänder jedoch, der dieses Phänomen als Einstellung beschreibt, bezeichnet Schmitz diesen Zustand als „Gefühl der Gefühlslosigkeit". Zur Veranschaulichung dieses Gefühls der „Gefühlslosigkeit" führt Schmitz den Fall der Frau Friedrich Schleiermachers an, von der er schreibt: „Die Frau nimmt die Gefühle, die auf sie einströmen, als anspruchsvolle Atmosphären wahr und möchte diesem Anspruch genügen, kann es aber nicht, weil ihre leibliche Disposition der Ergriffenheit nicht gewachsen ist (...)".[74] Die Parallele dieser Beschreibung zur Einstellung der „Verschlossenheit" bei Pfänder lässt sich nicht übersehen. In beiden Fällen

71 Alexander Pfänder, *Zur Psychologie der Gesinnungen*, Bd. II, S. 54.

72 Ebd.

73 Hermann Schmitz, *Die Liebe*, S. 43.

74 Ebd.

bemerkt der Erlebende, dass er ein Gefühl hat, das sich nicht richtig entfalten und ausleben lässt. Pfänders Phänomen der „Verhärtung" hingegen findet bei Schmitz keine Entsprechung.

Pfänder bedient sich in seiner Beschreibung der Gesinnung der Metapher der „Strömung" und behandelt das Subjekt als eine poröse Entität, die sich gegenüber den Gesinnungen und Objekten öffnen, verschließen oder verhärten kann. Das Subjekt wird zudem mit Metaphern der sinnlichen Wahrnehmung als „kalt" oder „stumpf" beschrieben. Schmitz arbeitet ähnlich mit Bildern der Gefühle als „hinströmenden" Kräften, die „Autorität" haben und denen der Erlebende mehr oder weniger ausgeliefert ist. Zutreffend charakterisiert Schmitz die „Gefühlslosigkeit" als Gefühl, denn damit wird er den Aussagen von Menschen gerecht, die unter einer Depression oder einem posttraumatischen Schock leiden und ihren Zustand als Gefühl beschreiben. Andererseits scheint mir Pfänders Analyse zutreffender, insofern als er diese Phänomene detaillierter und differenzierter analysiert und ihre verschiedenen Motive aufdeckt.

6. Liebe und Hass: Duale Spiegelbilder oder Asymmetrie?

In seiner *Psychologie der Gesinnungen* spricht Pfänder von Liebe und Hass als absoluten Gegenpolen, die sich nur in ihrer Richtung unterscheiden. So wie es bei den Gefühlen die Gegensätzlichkeit von Lust und Unlust gibt, gibt es bei den Gesinnungen auch „entgegengesetzte Gattungen".[75] Mit dieser These schließt Pfänder an die Tradition Franz Brentanos an, der in seiner *Psychologie vom empirischen Standpunkt* beide Phänomene als symmetrisch darstellt.

Diese These der Symmetrie beider Emotionen lässt sich bei anderen Phänomenologen nicht finden. Max Scheler spricht zwar im Formalismusbuch und in *Wesen und Formen der Sympathie* von beiden affektiven Phänomenen so, als seien sie symmetrische Gegengebilder, die sich nur in ihren entgegengesetzten Richtungen unterschieden: Die Liebe richtet sich auf die Existenz des höheren möglichen Werts, der Hass auf die des niedrigeren.[76] Dies erweckt den Eindruck, als verhielten sich für ihn – genauso wie für Pfänder – Liebe und Hass spiegelbildlich zueinander, und nach dieser Lesart wäre Schmitz' Kritik an Scheler angemessen.[77] Allerdings hat Scheler die Unterschiede zwischen beiden Phänomenen durchaus nicht verkannt. Selbst in *Wesen und Formen* spricht Scheler über die Liebe als ein viel grundlegenderes Phänomen als der Hass, da sie die Sympathieakte ermögliche und als fundierend für alle kognitiven, emotionalen und volitiven Phänomene fungiere. Dieser ethische und anthropologische Primat der Liebe wird noch deutlicher in Schelers Aufsatz „Ordo amoris", in dem er schreibt: „Hass und Liebe sind also zwar entgegengesetzte emotionale Verhaltungsweisen – (...) –, aber sie sind nicht gleich ursprüngliche Verhaltungsweisen. *Unser Herz ist primär bestimmt zu lieben,* nicht

75 Alexander Pfänder, *Zur Psychologie der Gesinnungen*, Bd. I, S. 10, auch S. 29.

76 Max Scheler, „Wesen und Formen der Sympathie", S. 155-156.

77 Hermann Schmitz, *Die Liebe*, S. 212.

zu hassen: Der Hass ist nur eine Reaktion gegen ein irgendwie falsches Lieben."[78] Die Liebe konstituiert für Scheler den Kern der Person und bestimmt unseren Zugang zur Welt und zu den Anderen. Dem Hass hingegen fehlt die Ursprünglichkeit der Liebe.

Ortega y Gasset schreibt der Liebe in seinem Werk ebenfalls eine viel grundlegendere Bedeutung zu als dem Hass. Im Anschluss an Schelers Thesen spricht Ortega von der Liebe als ratio essendi und ratio cognoscendi, beschreibt sie also als Kern unserer Persönlichkeit und Möglichkeitsbedingung für das Denken und Wollen. Aurel Kolnai kritisiert in seiner Analyse des Hasses Pfänders These einer Symmetrie beider Emotionen.[79] Bei Kolnai ist der Hass ein im Vergleich zur Liebe viel beschränkteres Phänomen, dessen Erscheinungsmodi zudem viel ärmer seien als die Erscheinungsmodi der Liebe.

Hermann Schmitz bekämpft die These, dass Liebe und Hass sich spiegelbildlich zueinander verhielten,[80] und vertritt dezidiert die These der „Absolutheit der Liebe" gegenüber dem Hass. Damit stellt er sich zwar gegen Pfänder, steht aber in derselben Linie wie die Frühphänomenologen Scheler, Ortega y Gasset und Kolnai. Schmitz' Postulat der „Absolutheit der Liebe" ist indessen weder im anthropologischen noch im kognitiven Sinn zu verstehen – wie dies bei den Frühphänomenologen der Fall ist. Für Schmitz ist die Liebe im Vergleich zum Hass absolut, weil sie ohne Anlass und Motivation existieren kann, während sich für den Hass fast immer Gründe angeben lassen. In Schmitz' eigener Terminologie gesprochen: Während die Liebe ohne Verankerungspunkt existieren kann, also ohne dass es etwas gäbe, dass die Liebe rechtfertigte, hat der Hass in den meisten Fällen einen Verankerungspunkt. Eine ähnliche These hat auch Kolnai in seiner Analyse des Hasses entwickelt.

7. Metaphern der Liebe

Metaphern sind rhetorische Figuren, in denen ein Wort in einem übertragenen Sinn verwendet wird, um auf ein Phänomen zu referieren. Zwischen dem wörtlichen Referenten des Ausdrucks und dem Phänomen besteht eine Beziehung der tatsächlichen oder möglichen Ähnlichkeit. Einer der großen Vorteile der Arbeit mit Metaphern ist der, dass mit ihrer Hilfe schwierig zu fassende Lebenserfahrungen zur Sprache gebracht werden können. Das macht Metaphern nützlich für die Untersuchung der Gefühle, und zwar in zweierlei Hinsicht. Zum einen sind Gefühle Lebenserfahrungen, die sehr persönlich und privat erscheinen und die uns oft zu stark ergreifen und mitnehmen, um sie mit Worten auszudrücken. Zum anderen ist – wie Pfänder und Schmitz richtig beobachten – unsere direkte Sprache oft zu arm, um über Gefühle zu sprechen, sodass wir auf Farben („alles sieht schwarz aus", „das Leben ist rosa"), Temperaturen („es lässt mich kalt", „Wärme spüren"), Gerüche („man kann einen anderen nicht riechen"), leibliche Erfahrungen („vor

78 Max Scheler, „Ordo Amoris", in: ders., *Gesammelte Werke*, Bd. 10, Schriften aus dem Nachlass, Bonn 1986 (zuerst 1914 und 1916), S. 369.

79 Aurel Kolnai, „Versuch über den Hass", in: *Philosoph. Jahrbuch der Görres-Gesellschaft* 48, 2/3, 1935, S. 147-187, und Aurel Kolnai, „The Standard Modes of Aversion".

80 Hermann Schmitz, *Die Liebe*, S. 61.

Wut platzen") usw. zurückgreifen, um unsere Gefühlserfahrungen anderen und uns selbst verständlich zu machen.

Alexander Pfänder und Hermann Schmitz haben die Bedeutung von Metaphern nicht nur für den Ausdruck von Gefühlen, sondern auch für deren wissenschaftliche Erforschung erkannt.

Mit Metaphern können komplexe, vielfältige Lebenserfahrungen bildhaft zu Wort gebracht werden, ohne auf ihren Reichtum verzichten zu müssen. Unsere Gefühlserfahrungen werden mithilfe von Metaphorik in Worte kristallisiert, sodass einige ihrer Merkmale in den Vordergrund treten, somit leichter zu analysieren sind und sich besser für Vergleiche anbieten. Natürlich sind dabei jene Aspekte der Erfahrungen, die ans Licht gebracht werden, von den jeweils gewählten Metaphern abhängig, sodass hier durchaus Gefahren der Verfälschung lauern – die aber prinzipiell mit jeder sprachlichen Beschreibung einhergehen.

Pfänder und Schmitz ist gemeinsam, dass ihre Metaphern der Liebe dieses Phänomen manchmal als statisch und manchmal als dynamisch erfassen und dass das Subjekt sich gegenüber dem Phänomen Liebe unter beiden Aspekten jeweils aktiv oder passiv verhalten kann. Im folgenden Schema sind einige Beispiele zusammengestellt:

A. Metaphern des Statischen

a. Passiv Erlebender: Liebe als warmer seelischer Akt, Liebe mit Gewicht oder Luftigkeit, Liebe als seelischer Stoff, Liebe als Wärme, Liebe als ortlos ergossene Atmosphäre, Liebe als Halbding, Einheit der Liebe, Absolutheit der Liebe, Autorität der Liebe
b. Aktiv Erlebender: hinaufblickende, hinunterblickende Liebe, Engung und Weitung der Liebe

B. Metaphern des Dynamischen

a. Passiv Erlebender: Liebe als zentrifugale Bewegung, Liebe als mächtige, ergreifende Atmosphäre, Liebe als brennende Flamme
b. Aktiv Erlebender: Liebe als niedergehaltene, schwebende Gesinnung, Liebe als belebende, fördernde Gesinnung, Liebe als Situation.

Beide Autoren greifen auf die semantischen Felder des Raumes, der Bewegung und der sensoriellen Wahrnehmung zurück, um Metaphern für die Liebe zu finden. Die Gefühle sind dabei selbst verdinglicht und verräumlicht. Die phänomenologische Einstellung, der beide Autoren treu bleiben, führt in beiden Fällen zu ähnlichen Ergebnissen, sodass ich hier von einer Komplementarität und Ergänzung phänomenologischer Perspektiven sprechen möchte. Allerdings sind auch die Unterschiede zwischen beiden Autoren nicht zu ignorieren. Methodologisch folgen beide unterschiedlichen Strategien: Pfänder zielt auf die sogenannte Wesensschau ab, während Schmitz nicht die These eines durch die Geschichte hindurch unabänderlichen Wesens der Liebe teilt, das erkannt werden soll. Als affektives Phänomen versteht Pfänder die Liebe als Gesinnung und achtet besonders auf ihren gegenstandsgerichteten Charakter, ohne ihre Leiblichkeit zu berücksichtigen.

Schmitz hingegen macht die Leiblichkeit zu einem Grundbaustein seiner Philosophie der Gefühle und besonders der Liebe. Auch hinsichtlich des Verhältnisses der Liebe zum Hass bestehen starke Unterschiede. Für Pfänder handelt es sich um symmetrische Gebilde, für Schmitz dagegen ist die Absolutheit der Liebe gegenüber dem Hass unstrittig. Die Unterschiede beider Autoren spiegeln sich aber besonders in der jeweiligen Motivation ihrer Forschung wider: Pfänder untersucht die Liebe im Rahmen eines ethischen Projekts als Bewegung vom Subjekt zum Objekt und bleibt damit einem dualistischen Schema von Innen und Außen verhaftet, Schmitz dagegen untersucht die Gefühle und speziell die Liebe, die er als Atmosphäre versteht, um den von ihm so bezeichneten introjektionistischen Reduktionismus zu überwinden.

Literatur

Ben-ze' ev, Aaron (2000), *The Subtility of Emotions*, Massachusetts.

Brentano, Franz (1924, zuerst 1874), *Psychologie vom empirischen Standpunkt*, Bd. I, Leipzig.

Durán, Manuel (1956), „Dos filósofos de la simpatía y el amor: Ortega y Max Scheler", in: *La Torre*, IV, S. 103-118.

Geiger, M. (1933), „Alexander Pfänders methodische Stellung", in: *Neue Münchener Philosophische Abhandlungen*, hg. v. E. Heller und F. Löw, Leipzig, S. 1-16.

Griffiths, Paul (1998), *What Emotions really are*, Chicago.

Haas, Willy (1910), *Über Echtheit und Unechtheit von Gefühlen*, Nürnberg

Johnston, Mark (2001), „The Authority of Affect", in: *Philosophy and Phenomenological Research*, Vol 63, nr. 1, S. 181-214.

Kenny, Anthony (1963), *Action, Emotion and Will*, London.

Kolnai, Aurel (1927), *Der ethische Wert und Wirklichkeit*, Freiburg i. B.

Kolnai, Aurel (1935), „Versuch über den Hass", in: *Philosoph. Jahrbuch der Görres-Gesellschaft* 48, 2/3, S. 147-187.

Kolnai, Aurel (1998), „The Standard Modes of Aversion: Fear, Disgust and Hatred", in: *Mind* CVII, S. 581-595.

Meinong, Alexius (1923), „A. Meinong", in: R. Schmidt (1923), *Philosophie der Gegenwart*, Bd. I, Leipzig, S. 100-158.

Meinong, Alexius (1968, zuerst 1917), „Über emotionale Präsentation", in: *Gesamtausgabe* III, *Abhandlungen zur Werttheorie*, Abh. IV, Graz, S. 1-181.

Metzger, Wolfgang (1968), *Psychologie. Die Entwicklung ihrer Grundannahmen seit der Einführung des Experiments*, Darmstadt.

Nussbaum, M. (2005), *The Upheavals of Thought. The Intelligence of Emotions*, Cambridge.

Orringer, Nelson (1979), *Ortega y sus fuentes germánicas*, Madrid.

Ortega y Gasset, José (1947), *Obras Completas*, IV, Madrid.

Ortega y Gasset, José (1954), „Über den Ausdruck als kosmisches Phänomen", in: ders., *Gesammelte Werke*, Bd. 1, Stuttgart.

Ortega y Gasset, José (1957), *Über die Liebe. Meditationen*, Stuttgart.

Pfänder, Alexander (1922, zuerst 1913), *Zur Psychologie der Gesinnungen*, Halle.

Scheler, Max (1954, zuerst 1913 und 1916), *Der Formalismus in der Ethik und die materiale Wertethik*, in: ders., *Gesammelte Werke*, Bd. 2, Bern.

Scheler, Max (1973, zuerst 1913 und 1923), „Wesen und Formen der Sympathie", in: ders., *Gesammelte Werke*, Band 7, hg. v. Manfred Frings, Bern/München, S. 9-258.

Scheler, Max (1976, zuerst 1928), „Idealismus-Realismus", in: ders., *Gesammelte Werke*, Bd. IX, Bern/München, S. 183-242.

Scheler, Max (1986, zuerst 1914 und 1916), „Ordo Amoris", in: ders., *Gesammelte Werke*, Bd. 10, Schriften aus dem Nachlass, Bonn, S. 345-376.

Schmitz, Hermann (2005, zuerst 1969), *Der Gefühlsraum. System der Philosophie,* Bd. III/2. Bonn.

Schmitz, Hermann (2007, zuerst 1993), *Die Liebe*, Bonn.

Schmitz, Hermann (2008), „Gefühle als Atmosphären", in: Stephan Debus/Roland Posner (Hg.), *Atmosphären im Alltag*, Psychiatrie Verlag S. 260-280.

Solomon, Robert (1993), *The Passions: Emotions and the Meaning of Life*, Indianapolis.

Stein, Edith (1917), *Zum Problem der Einfühlung*, Halle.

Vendrell Ferran, Íngrid (2008), *Die Emotionen. Gefühle in der realistischen Phänomenologie*, Berlin.

Vendrell Ferran, Íngrid (2009), „Schelers anthropologisches Denken und die frühe Rezeption in Spanien", in: K.-H. Lembeck/K. Mertens/E. W. Orth (Hg.), *Phänomenologische Forschungen*, S. 175-202.

Voigtländer, Else (1910), *Vom Selbstgefühl. Ein Beitrag zur Förderung psychologischen Denkens,* Leipzig.

Personenverzeichnis

Aischylos 32
Alexander der Große 22
Andermann, Kerstin 13
Anders, Richard 224
Arendt, Hannah 57, 74
Aristoteles 13, 22, 28, 40, 71f., 91, 145
Arnim, Achim von 227

Bell, Jerôme 149
Ben-ze'ev, Aaron 250
Benn, Gottfried 213, 224, 229
Bernard, Claude 100
Bischof, Norbert 106
Bloch, Ernst 198
Boisserrée, Sulpiz 160
Bollnow, Otto Friedrich 105, 114, 135
Bourdieu, Pierre 16, 69, 184, 199-203, 210
Braun, Volker 229
Brecht, Bertolt 225f.
Brentano, Clemens 219
Brentano, Franz 90, 247, 260
Brown, Trisha 149

Cannon, Walter 101
Cavell, Stanley 238f.
Ciompi, Luc 105f.
Conrad, Klaus 169, 179

Dalcroce, Jacques 148
Damasio, Antonio R. 104, 125
Darwin, Charles 49
Dauthendey, Max 228
Deleuze, Gilles 85, 88
Demmerling, Christoph 12, 35, 38, 79
Demokrit 9, 21, 26
Dennis, Ruth 148
Descartes, René 21, 78, 86-88, 107, 120, 236-238
Droste-Hülshoff, Annette von 171
Duncan, Isadora 148

Eberlein, Undine 14
Eckermann, Johann Peter 160f.
Eich, Günter 228f.
Eichendorff, Joseph von 217f., 221, 223
Einstein, Albert 91
Ekaman, Paul 49
Emerson, Ralph Waldo 238

Figal, Günter 82f.
Flam, Helena 184, 193, 199-210
Freud, Sigmund 15, 106, 167f., 172f.
Fried, Erich 228
Fuchs, Thomas 15, 186
Fuller, Loiie 148

Gadamer, Hans-Georg 73f., 108
Gebauer, Gunter 201
Geiger, Moritz 246
Gendlin, Eugene 17, 233-235, 239-242
Gisbertz, Anna-Katharina 216
Goethe, Johann Wolfgang von 11, 15, 31, 130, 157-162, 165, 213, 217f.
Gumbrecht, Hans-Ulrich 217
Grillparzer, Franz 227

Haas, Willy 246
Hartmann, Nicolai 84
Hauser, Beatrix 146
Hauskeller, Michael 47, 215
Head, Henry 223
Hebbel, Friedrich 224

Hegel, Georg Wilhelm Friedrich 217
Heidegger, Martin 43f., 52, 68, 76, 82f., 98, 101, 105, 107-116, 118-121, 132, 137, 176, 206, 245
Hellpach, Willy 163
Helmholtz, Hermann von 110
Hille, Peter 225
Hoffmann, E. T. A. 167, 173
Hofmannsthal, Hugo von 220, 222f., 227-229
Howard, Duke 158, 162
Humboldt, Alexander von 154, 163
Hume, David 21, 91
Husserl, Edmund 7-9, 21f., 74, 80-84, 86, 90, 94, 108f., 176, 245f.

Jacobs, Angelika 217
James, Henry 21
James, William 238
Jaspers, Karl 114, 174
Jentsch, Ernst 15, 167f., 173
Johnston, Mark 251

Khan, Akram 141, 144
Kant, Immanuel 21f., 31, 57f., 60, 65, 69, 72-74, 80, 91, 107, 110, 238, 246
Kenny, Anthony 247, 250
Kleist, Heinrich von 35, 39, 41
Kolnai, Aurel 247, 249, 251, 261
Krämer, Sibylle 213, 229f.
Krais, Beate 201
Kraus, Karl 220
Kunert, Günter 223

Lamping, Dieter 217
Landweer, Hilge 12
LeDoux, Joseph 49
Lenk, Hans 201
Lersch, Philipp 105
Lichtenstein, Alfred 222
Lingg, Hermann 221
Locke, John 21, 91
Loerke, Oskar 224

Mach, Ernst 91
Marks, Joel 250
Martin, John J. 148
Maupassant, Guy de 171
Meinong, Alexius 247, 256
Merleau-Ponty, Maurice 81, 84f., 150
Metzger, Wolfgang 252f.
Meyer-Sickendiek, Burkhard 16
Michaux, Henri 198, 208
Mörike, Eduard 50
Müller-Jahnke, Clara 220
Murdoch, Iris 70, 74

Nagel, Thomas 17, 62, 233, 235f.
Nietzsche, Friedrich 10
Nussbaum, Martha 250

Ortega y Gasset, José 245, 249-251, 254, 261

Piaget, Jean 100, 106, 114
Platon 9, 21f., 26, 62
Plessner, Helmuth 86-88
Purcell, Henry 145

Obuchowski, Kasimierz 102
Otto, Rudolf 171

Quine, Willard Van Orman 36
Quintilian 72

Panofsky, Erwin 200
Paxton, Steve 149
Pfänder, Alexander 17, 245-251, 253-263
Peirce, Charles Sanders 230

Rainer, Yvonne 149
Ratcliffe, Matthew 132, 136f.
Riehl, Wilhelm Heinrich 154
Rilke, Rainer Maria 225f., 229
Rothacker, Erich 192
Roy, Xavier le 149

Sartre, Jean-Paul 21, 67, 116, 185, 245
Scheler, Max 245, 247, 249, 251, 253, 260f.
Schelling, Friedrich Wilhelm Joseph 167, 172, 217
Schlegel, August Wilhelm 217
Schleiermacher, Friedrich Daniel Ernst 259
Schleiermacher, Henriette 259
Schopenhauer, Arthur 110
Schneider, Kurt 23
Schoeller, Donata 17
Schütz, Alfred 203

Shakespeare, William 161
Slaby, Jan 13f.
Solomon, Andrew 128
Solomon, Robert 126, 250
Stadler, Ernst 222, 224
Stein, Edith 247, 249, 251
Stevenson, Robert Louis 173
Storm, Theodor 213
Ströker, Elisabeth 155
Stuart, Meg 149

Taylor, Charles 54, 250
Thomas von Aquino 28
Tomansello, Michael 65
Topitsch, Ernst 85
Trakl, Georg 221
Trčka, Nina 16, 57
Tucholsky, Kurt 225f.
Tugendhat, Ernst 60f.

Vendrell Ferran, Íngrid 17
Viertel, Bertholt 229
Voigtländer, Else 246, 253

Walther, Gerda 246
Weizäcker, Carl Friedrich von 120
Wellbery, David 217
Welsh, Caroline 216
Wigman, Mary 148
Williams, Bernard 60
Wimmer, Manfred 13
Wolpert, Lewis 129

Zelter, Carl Friedrich 161

www.ingramcontent.com/pod-product-compliance
Lightning Source LLC
Chambersburg PA
CBHW061927190326
41458CB00009B/2682
* 9 7 8 3 0 5 0 0 4 9 3 0 4 *